Two Wheels Good

The History and Mystery of the Bicycle

雙輪上的單車史

Jody Rosen
裘迪・羅森

臉譜書房 FS0175

雙輪上的單車史

從運輸、休閒、社運到綠色交通革命，見證人類與單車的愛恨情仇，以及雙輪牽動社會文化變革的歷史

Two Wheels Good: The History and Mystery of the Bicycle

作　　者　裘迪・羅森（Jody Rosen）
譯　　者　王翎
編輯總監　劉麗真
總 編 輯　謝至平
責任編輯　許舒涵
行銷企劃　陳彩玉、林詩玟

發 行 人　凃玉雲
出　　版　臉譜出版
城邦文化事業股份有限公司
台北市中山區民生東路二段141號5樓
電話：886-2-25007696　傳真：886-2-25001952
發　　行　英屬蓋曼群島商家庭傳媒股份有限公司城邦分公司
台北市中山區民生東路二段141號11樓
客服專線：886-2-25007718；2500-7719
24小時傳真專線：886-2-25001990；25001991
服務時間：週一至週五上午09:30-12:00；下午13:30-17:00
劃撥帳號：19863813　戶名：書虫股份有限公司
城邦花園網址：http://www.cite.com.tw
讀者服務信箱：service@readingclub.com.tw

香港發行所　城邦（香港）出版集團有限公司
香港九龍九龍城土瓜灣道86號順聯工業大廈6樓A室
電話：852-25086231　傳真：852-25789337
電子信箱：hkcite@biznetvigator.com

新馬發行所　城邦（新、馬）出版集團
【Cite（M）Sdn.Bhd.（458372U）】
41-1, Jalan Radin Anum, Bandar Baru Sri Petaling,
57000 Kuala Lumpur, Malaysia.
電話：603-90578822　傳真：603-90576622
讀者服務信箱：services@cite.com.my
一版一刷　2023年11月

城邦讀書花園
www.cite.com.tw

ISBN 978-626-315-384-4
售價　NT$ 550

獻給

蘿倫（Lauren）
莎夏（Sasha）
和席歐（Theo）

目錄

導言

奔月之旅

《「明燦號」單車》。亨利・布隆傑（Henri Boulanger；又名亨利・葛赫〔Henri Gray〕）設計之廣告海報，一九〇〇年。

一八九〇年代的廣告海報描繪穿行於太空中的單車。在過往今來最著名的數張單車圖像之中，單車或高懸蒼穹，或在彗星和行星間奔馳，或沿著如鉤彎月的弧線疾行而下。圖像中的單車騎士往往是女性——或者該說是女神。她們袒胸露乳，古希臘衣袍飄動翻飛，長長的秀髮飛揚宛如拖曳尾流。在法國「天狼星單車」（Cycles Sirius）公司推出的一幅廣告中，一名幾近全裸的騎士側坐騎乘穿越星空，她閉著雙眼，仰起的臉龐露出欲仙欲死的微笑。圖像傳達的訊息是，單車能讓人獲得超脫世俗的愉悅。騎一趟單車能讓人飛騰星空，讓女神阿芙蘿黛蒂直上九霄。另一家法國公司「明燦單車」（Cycles Brillant）的一九〇〇年廣告海報中，則描繪飛飄在銀河中兩名身上幾無寸縷的女性。其中一女背上生著一對仙子翅膀，左手舉著一根橄欖枝伸向一輛單車的前輪，高掛於兩女頭上的單車如同日復一日升起落下的太陽。單車本身光芒四射，反射飄浮在近處的鑽石投射的光輝。在這個超現實的景象中，單車本身即是神祇，是發出光芒照亮地球的天體。

這些海報的創作時空背景是十九、二十世紀之交的單車熱潮，這一段短暫的時期發生在汽車興起之前，當時單車曾經紅遍天下無敵手，單車廠商為了在飽和的市場中脫穎而出，開始推出令人瞠目結舌的新藝術風格（art nouveau）海報以塑造產品的獨特形象。但飛天單車不只是廠商誇張賣弄、強迫推銷的噱頭。最早的單車原型於一八一〇年代晚期至一八二〇年代早期之間問世，沒有踏板或曲柄，連一根鏈條也沒有，當時的愛好者將它比作希臘神話中生有雙翼的飛馬佩加索斯（Pegasus）。將近五十年後，一位記錄巴黎「腳蹬車」（velocipede）熱潮歷史的史家驚嘆，這種交通工具「速度之快，重量之輕，發展可說臻於完美」，以至於外觀予人「騰雲駕霧」之感。[1]同時代的一幅漫畫更是明顯表現出單車與飛天之間的連結。[2]漫畫中的男子頭戴大禮帽、身穿燕尾服，跨騎於一輛前後兩端由熱氣球拉起、懸於半空中的腳蹬車，車輪是旋翼葉片，車手把上裝設著一架黃銅單筒望遠鏡。這輛自行車呼嘯飛越巴黎上空，要往城外駛去。圖說寫著：奔月之旅。

一輛蜿蜒穿梭群星之間的飛天單車，踩著踏板就能抵達月亮，諸如此類的意象始終存留在流行文化之中。二十世紀中葉，單車廠商開始行銷具有類似噴射機流線造型的車款，並發想許多讓人聯想到航空和太空旅行的品名：「雲雀」（Skylark）、「天際特快」（Skyliner）、「星際航線」（Starliner）、「太空班機」（Spaceliner）、「太空登陸者」（Spacelander）、「噴流火焰」（Jet Fire）、「火箭」（Rocket）、「飛騰」（Airflyte）及「宇航飛天」（Astro Flite）。飛天單車在兒童文學、廉價低俗小說（pulp novel）和科幻作品中登場。在《腳踏車阿單及小男孩吉米的其他故事》（*Bikey the Skicycle and Other Tales of Jimmieboy*；1902）一書中，美國作家約翰·肯瑞克·班斯（John Kendrick Bangs）描繪了小男孩和一輛會講話和飛天的神奇腳踏車。男孩騎著腳踏車飛越教堂尖塔，橫越大西洋，越過阿爾卑斯山，甚至飛到外太空，他們甚至駛上土星外環——「美麗的金色道路」上面擠滿了「來自宇宙各處的單車騎士」。[3] 羅伯特·海萊因（Robert Heinlein）於一九五二年出版的小說《滾石家族遊太空》（*The Rolling Stones*）描述一對住在月球殖民地上的兄弟騎腳踏車去火星探勘放射性礦石。（「礦工在斯德哥爾摩街上騎單車可能看起來很怪……但在火星或月球上騎單車，就如同在加拿大的溪流划獨木舟，再適合不過。」[4]）現今，在外太空騎單車旅行的故事，為專屬二十一世紀的政治和身分認同問題發聲。二〇二〇年出版的一部「女性主義跨性別及非二元單車科幻冒險故事」合集就以「跨星系單車行」（Trans-Galactic Bike Ride）為書名。[5]

當然還有《E.T. 外星人》（*E.T. the Extra-Terrestrial*）最膾炙人口的場景：一輛單車從郊區大片空地邊緣的松樹林升起，朝高空駛去。史蒂芬·史匹柏（Steven Spielberg）所執導電影中這個畫面令人印象無比深刻：在斗大光亮到不可思議的滿月映襯下，是十歲的地球男孩騎著ＢＭＸ單車，前側車籃裡載著外星人的剪影。

這些奇幻想像的影響深遠，它們呈現了一股想要擺脫重力束縛、加速駛離地球的原初欲望。但它們真的只是奇幻想像嗎？英國內科醫師暨作家班傑明．沃德．理查森（Benjamin Ward Richardson）於一八八三年預測，單車所賦予人類「突飛猛進這個嶄新獨立的饋贈」很快就會以驚人的方式擴大延伸：「現今進行中的偉大實驗將帶來務實的結果，即飛行的藝術。」[6]十九世紀最末數年，有無數人嘗試結合單車和飛船。報紙和科學期刊陸續發表「空中單車」（Aerial-Cycle）、「航空自行車」（Luftvelociped）、「飛天鐵馬」（Pegasipede）等新發明問世的消息。有的單車設計是裝設可轉動的旋翼，有的裝設呼咻轉動風扇葉片或是風箏形狀的「車帆」，也有人發想出由多人踩踏單車提供動力的飛船。上述這些設計從未真正升空，但在一九〇三年十二月十七日，即理查森公開預測的二十年後，「萊特飛行器」（Wright Flyer）於北卡羅萊納州小鷹鎮（Kitty Hawk, North Carolina）的伏魔山（Kill Devil Hills）飛上天空。萊特兄弟奧維爾和威爾伯（Orville and Wilbur Wright）是單車技師及製造商，他們在單車手把上裝設一個令人意想不到的裝置——橫擺並加設阻力板和「機翼」模型的腳踏車輪，接著騎單車在俄亥俄州（Ohio）代頓（Dayton）大街小巷穿行讓橫擺的車輪轉動，以進一步了解升力和阻力現象，因此有了重大突破。他們了解製造單車所需的平衡度、穩定性和彈性，並運用在飛行器的設計上，直接用單車店的工具和零件打造出飛行器。正如理查森所預測，單車熱潮延伸擴展之下，造就了航空時代的開端。

如今在世界各地頂尖大學的航空與太空實驗室，工程師已經設計出多種造型類似十九世紀所想像單車與飛船混合體的機器，例如以踩踏板提供動力的直升機、撲翼機（ornithopter）及其他輕型飛行器。

還有其他願景尚未實現。接續一九七一年的阿波羅十五號任務（Apollo 15），美國太空總署（NASA）一度考慮為太空人提供電動單車。美國太空總署存檔的一張照片記錄了試車情況[7]：穿著全套太空衣的騎士跨騎在一輛「月球迷你單車」原型車上，在太空人暱稱為「催吐彗星」的訓練用低重力環境中穿行。迷你單車計畫後來束之高閣，太空總署選中暱稱為「月球越野車」（moon buggy）的四輪交通工具。無論在太空或地球，汽車文化皆大勝單車文化。

但是騎單車登月的夢想並未灰飛煙滅。大力推崇單車者以麻省理工學院（MIT）教授大衛・戈登・威爾森（David Gordon Wilson）為首，他著有堪稱單車工程學及物理學聖經的《單車的科學》（*Bicycle Science*）。即使美國太空總署已在多年前放棄開發月球單車的計畫，威爾森仍積極鼓吹太空人使用以腳踩踏板為動力的交通工具。他提出的構想是採半坐臥式設計的雙人協力車，改用專門打造的金屬網狀車輪在遍布塵土的月球表面上能夠通行無阻，並以雙圈平行的高強度鋼絲輻條取代傳統的鏈條傳動系統。[8]威爾森宣稱這種單車既能供太空人進行必要的體能練習，也能當成在外太空進行科學探險時的交通工具。他認為在月球上騎單車將能體驗全新的氣候條件，享受「無需抵抗任何風阻所帶來的自由」[9]。威爾森也在提案中附上精確計算的結果：「一名全身裝備齊全的太空人獨自騎著可容納兩人的交通工具，在月球表面鬆散土壤上『航行』的速度會是每秒二十七・五英尺，或時速十八・七五英里（約時速三十公里）。」[10]

除了月球單車，威爾森還發想了其他與太空交通運輸有關的點子。他在一九七九年的文章中描述了「人造衛星上的太空殖民地」生活，描繪殖民地天際線上穿梭航行的飛機「駕駛員仰躺踩著踏板」。[11]這些飛行器供所有殖民地居民免費使用，威爾森形容這種系統類似阿姆斯特丹（Amsterdam）無政府主義者於一九六〇年代中葉推行的「白色共享單車計畫」（White Bicycle Plan），但他想像的單車文化與地球上任何的單車文化都大不相同。「我試圖勾勒出未來月球探險和太空殖民地將會使用的人力交通工具，與目前地球上緩慢累人、似乎被貶為次級體系的腳踏車不同。」[12]他寫道。「我想像的腳踏飛機能夠表演特技飛行，以後搬演第一次世界大戰著名空戰情景將成為熱門活動。未來很可能不再需要降落傘，即使在空中發生碰撞，飛機和駕駛員也能緩緩飄降落地。」

在大衛．威爾森寫下上述句子的九十年後，在愛爾蘭發生了交通工具演變歷史上的重要大事。在愛爾蘭首都貝爾法斯特（Belfast），有一位來自蘇格蘭的四十七歲執業獸醫約翰．博伊德．登祿普（John Boyd Dunlop）。[13]登祿普從來沒有騎過單車，但他的九歲兒子強尼（Johnnie）很常騎，他會在住家附近公園鋪築好的小道上騎三輪車和朋友比賽誰騎得快，一騎就是好幾個小時。強尼常常跟父親抱怨從公園回家這段路很難騎。如果強尼只走平坦的碎石路，就還算好騎，但是碎石路最後會接上鋪了花崗岩板的街道，街道上還有縱橫交錯的路面電車軌道，市區大部分路面都凹凸顛簸，不僅踩踏板前進很費力，人騎在車上也很不舒服。登祿普對這個問題並不陌生。他搭馬車出診時會穿越貝爾法斯特的大街小巷，注意到無論是四輪或雙輪的車廂，行進過程中的震動都讓乘客很不舒服。這些馬車跟強尼的三輪車一樣採用質地硬實的車輪，除非行駛在最平滑的道路上，否則一前進必定是在顛簸抖震中硬生生拖行。

登祿普心靈手巧，看起來也很有發明家的派頭。他的銳利目光帶著探詢意味，長而濃密的落腮鬍頗具專業感，像精心修剪過的幾何形狀樹籬。他喜歡將巧智運用在實務問題上，構思出解決方法，也喜歡動腦兼動手打造新奇玩意。他自行設計製造了數種獸醫用的外科器械。他也自行調配專門給狗和馬匹的藥物，取得專利後對外販售。他對「道路、鐵路和海運問題永遠滿懷興趣」[14]，曾說小時候在蘇格蘭西南部愛爾郡（Ayrshire）的自家農場觀察木製滾壓輪如何滾動壓過犁溝，從此就對輪子的運作機制特別著迷。而在一八八七年秋天，登祿普將注意力放在兒子的三輪車很不好騎的問題上。他能不能想辦法改良強尼的三輪車，讓兒子騎回家的那段路程稍微舒適一些，或許也能讓兒子在公園跟朋友賽車時占一點優勢？

登祿普全神貫注研究三輪車的橡膠輪胎。如果加以改良，就能提升輪胎的耐用度，更能承受道路的衝擊力道，而且具有足夠的彈性，在駛過凹凸不平地面時減少顛簸。登祿普猜測，騎起來愈平順，或許也能加快行駛速度。如果改用物理學的術語說明，他研究的是滾動阻力與減震問題。「我靈機一動，」多年後他如此寫道，「增加速度或讓車輪更輕鬆推進的問題……或許可以用布、橡膠和木頭特製出的機械裝置來解決。」[15]

其中的關鍵是橡膠。登祿普想到可以取一段橡膠管，在其中填入某種物質，將管子黏附在腳踏車輪上，這種物質就能在車輪滾壓過地面時提供緩衝。他首先嘗試在橡膠水管裡裝水。實驗結果成效不佳，他試著填入另一種物質：壓縮空氣。他在橡膠片捲成的管子裡打入壓縮空氣，有點類似幫足球充氣，又在填充了空氣的管子外面包覆一層亞麻布，然後黏附在大型木製圓盤周緣。他在獸醫診所的院子裡進行了一系列實驗，證明這個裝置比傳統腳踏車輪滾動得更遠，滾動起來也更輕鬆。接著他正式打造新發明原型：一組直徑三十六英寸、厚三英寸的木造車輪輪框，將充氣橡膠管固定在輪框上並包覆帆布，外面再加裹一層橡膠片。

一八八八年二月二十八日，登祿普幫兒子的三輪車換上這組輪胎當後輪。強尼立刻騎車出發，「迫不及待要測試新配備的速度」。[16]當時將近晚上十點，貝爾法斯特的街道這時候基本上一片空蕩。「當天是滿月，夜空萬里無雲，」登祿普寫道，「不巧當天發生月蝕，強尼就回家了。月蝕結束後，他又出門騎了好久的車。隔天早上我仔細檢查輪胎，橡膠上連一點刮痕都找不著。」

在月光照亮的礫石地面上，男孩騎著全新改造的三輪車順暢疾駛當下究竟有什麼念頭，現今已無從得知。雖然登祿普曾多次重提這件往事，也曾在書中記述當時經過，但從未提到強尼的心得。但是一八八八年二月這趟三輪車之旅的重大意義卻是世所公認：這是有史以來第一趟採用充氣輪胎的腳踏車旅程。五個月後，約翰・博伊德・登祿普取得「兩輪車、三輪車或其他路行車輛之輪胎改良」專利，拜這項重大突破所賜，十九世紀最後十年迎來數百萬人騎乘二輪快意疾馳。

時至今日，由於有輪胎公司以登祿普為名，他的大名無人不知、無人不曉。登祿普還在世時，一則注釋讓他的歷史地位有所爭議。有人在一八九〇年發現更早之前就曾出現充氣輪胎，登祿普並不知情，但他取得的專利仍遭撤銷。將近半世紀之前，另一名蘇格蘭人羅伯特・威廉・湯姆森（Robert William Thomson）同樣發揮想像力勇敢嘗試[17]，取得了內裝充氣套管的新型馬車車輪專利，這個裝置能夠替車輪周緣「阻截路面傳來的震動」。[18]湯姆森為自己的發明取了很有詩意的名字：「浮空輪」（Aerial Wheels）[19]。

此處所談騎單車與飛行之間的連結僅是比喻性質。甚至可以說是精神性靈上的，用來表現騎單車時所感受到強而有力的自由奔放和興奮快活，但也是對於物理層面事實的回應。如果單車騎士想像自己飛了起來，那是因為從某方面來說，他們確實飛了起來。

騎單車時，確實是騰空前行。你身下的車輪轉動時，將條帶狀的壓縮空氣不斷滑入單車和路面之間，支托著你浮在半空中。單車承載身體的方式，更強化了這種身輕如燕、飄浮在半空中的感覺：你的雙腿負責推動交通工具前進，但是支撐身體重量的工作卻外包給單車本身。現今你可以在座桿上裝設充氣式鞍座，當單車車輪輕快轉動，你就像靠坐在空氣枕上。或許你跟強尼·登祿普一樣，在某個寂靜的夜晚於一條空無人車的道路上騎著單車，或者像艾略特（Elliott）跟外星人，在月圓的夜晚騎著單車。單車固然沒辦法帶你奔月，但還是能帶你稍微脫離地面的束縛。騎單車的你置身另一個世界，一個中介區域，在堅實大地和廣闊無垠的天空之間滑翔。

序章

單車星球

騎乘單車的婦女和小孩，於馬拉威（Malawi）西北部姆津巴區（Mzimba District），二〇一二年。

烏托邦裡將遍布自行車道。[1]

——赫伯特．威爾斯（H. G. Wells）著，《現代烏托邦》（*A Modern Utopia*，1905）

人類在超過四百萬年的演化中，都企圖避免身體過度操勞。如今卻有一群思想不進反退的返祖人士，騎在成對呼啦圈上咬牙切齒賣力踩踏到氣喘吁吁、胸口發熱，彷彿回到更新世的莽原，被劍齒虎追著死命奔逃。想想看為了打造出凱迪拉克（Cadillac）雙門豪華轎車「Coupe de Ville」車款，在漫長光陰中投注了多少希望、夢想、心力、才華和純粹的意志力。單車騎士卻將這些全都掃進歷史的灰燼。[2]

——派翠克．歐魯克（P. J. O'Rourke）著，〈試從邏輯冷靜分析單車構成之威脅〉（A Cool and Logical Analysis of the Bicycle Menace，1984）

兩百年來，大眾看著單車，心中懷抱超凡脫俗的夢想。就算夢想的不是騎單車探月逐星，單車騎士仍舊在簡樸的兩輪車上寄託遠大的理想。從古至今，單車召喚烏托邦願景，令人情緒澎湃激昂，不僅激發許多奇思狂想，更為作家帶來靈感，催生無數詞藻華麗的篇章。單車的發展歷時數十年，在不同階段斷斷續續展開相關技術的改良，從一八一七年原始的「滑跑機器」（running machine），到一八六〇至七〇年代的「簸顛號」（boneshaker）和「高輪車」（high-wheeler），再到一八八〇年代發明了所謂「安全腳踏車」，由此奠定現今公認的單車經典造型，也在世紀末引發一波單車熱潮。無論在上述哪一時期，單車都被奉為劃時代的革命，能夠促成典範轉移並撼動世界。

人類終於實現的單車夢，與在空中飛翔的夢想一樣古老。單車是難以捉摸的個人交通工具，這種裝置讓人類不用再依賴馱畜，讓個人憑藉一己之力就能在陸地上更迅捷地移動。就如同十九世紀另一項發明蒸汽火車頭，單車也是「空間消滅者」，將距離縮短，讓世界變小。但是火車旅客是被動的乘客，他只能呆坐，由煤、蒸汽和鋼鐵帶著前進。單車騎士的動力自給自足。「你是自主旅行移動，」一名單車愛好者於一八七八年寫道，「而非身不由己。」[3]

之後數十年，接連數波單車風潮席捲歐美，大眾也將社會上一些重大變化歸因於單車熱潮。對單車的讚頌諸如能夠消除社會階級、滌淨身體、解放性靈和心智。「全世界對於婦女解放最有助益的事物……莫過於騎單車。」[4]蘇珊・安東尼（Susan B. Anthony）於一八九六年表示。同年《底特律論壇報》（*Detroit Tribune*）一篇社論評道：「如果後人研究歷史的結論是，單車發明臻於完美堪稱十九世紀最重大的事件，也一點都不奇怪。」[5]

我們可能傾向認為這些說法已經過時，只不過是往昔年代的典型誇大之詞。但二十世紀晚期和二十一世紀初關於單車的種種宣稱，其誇大程度可說不遑多讓。一九七〇年代，大西洋兩岸的社運人士對單車推崇備至，認為單車既環保且有益心靈健康。汽車文化汙染天空、讓城市窒息，單車就是解方，而單車也代表了進步價值，是愛、和平和團結一致等崇高理想的化身。套一句七〇年代「腳踏的力量」宣傳標語：「單車或許能連接東方和西方，單車讓全天下的人親如手足。」[6]如今世人皆知氣候變遷威脅地球所有生靈，推廣單車的論調彷彿在傳教救世。當代的支持者稱單車為「最高貴的發明」[7]、「最良善的機器」[8]、「可以騎乘而且大概可以拯救世界的藝術」。[9]十九世紀的單車神乎其技，而在現今二十一世紀的概念裡，單車正派仁義。從前單車很神奇，如今單車很開明。單車很棒——或者說得再精準一點，單車很良善。

單車的推崇者錯了嗎？單車的卓越傑出可說難以駁斥。如今全世界的汽車總數約為十億，而單車總數是汽車的兩倍。[10]光是二〇二一年在中國製造的單車數量，就超過在全世界生產的汽車總量。我們的經濟、法規和居住的城市鄉鎮都是為汽車設計的，搭上飛機就能往返各大洲，但我們生活的星球卻是單車星球。

世界各地騎單車的人數，超過使用其他交通工具的人數。無論在南半球國家的內陸鄉間，或北歐各國首都的市中心，單車皆是主要的交通工具。荷蘭的單車數量達到兩千三百萬——比荷蘭公民人口多出五百萬。幾乎任何人都能學騎單車，幾乎所有人都會騎。

單車的無所不在，恰好證明了它的無所不能。單車可以是交通工具，可以是運動器材，可供休閒用途，也可供勞動用途。可以騎單車送信、遊覽鄉間，也可以騎單車鍛鍊肌肉、燃燒卡路里。單車可以是小孩的玩具，也可以是小孩母親通勤上班的交通工具。

單車載送乘客往來移動，也運送物品進進出出。新加坡和馬尼拉（Manila）的街道上，成千上萬輛腳踩式三輪計程車擠得水洩不通。越南、印度等國家自給自足的農民將單車加以改造，用來犁地、耕田和耙土。單車在祕魯是小販的行動蔬果攤，在尚比亞（Zambia）是運送商品到市集、載送病人去醫院的交通工具。在世界上大部分地區，「腳踏的力量」推動城市持續運轉，讓商業買賣活絡興盛，也是生死關頭時的救命助力。

單車的重要性持久不墜，不僅推翻了進步的迷思，也挑戰世人對於歷史是穩定前進以及科技呈線性發展的認知。[11]單車甚至悖反簡單的邏輯。從很多方面來看，單車都不切實際。騎單車不能在付費道路上風馳電掣，也不能越洋過海。暴雨天騎單車會淋得全身溼，下雪天騎單車更是危機四伏。「找輛單車來騎，」馬克·吐溫（Mark Twain）於一八八六年寫道，「你不會後悔的，前提是你還活著。」[12]

這些警語至今依然適用。如果你跟我一樣每天在紐約市騎單車，簡直就是在玩命，忽而騎在橫行霸道的汽車前方，忽而又要閃避路邊車子猛然開啟的車門。一名單車騎士將車門打開的聲音比擬為扣下槍械扳機，令人印象深刻。「騎單車是在實習自殺，」[13]墨西哥散文家（Julio Torri）胡利歐·托里寫道，「馬路上的汽車數量成倍增長，我從前景仰鬥牛士，如今將這股景仰之情保留給單車騎士。」

十九世紀其他發明，舉凡蒸汽機、打字機、電報和銀版攝影法（Daguerreotype），皆過時遭到淘汰，或在大規模改良之下已經認不出原樣。然而單車基本上仍維持原樣，一台簡約、優雅、精巧得不可思議的機器：兩個同樣大小的車輪、兩個外胎、一副菱形骨架、後輪鏈條傳動系統、一對踏板、車手把、座墊——而坐在座墊上的人類既是乘客，也是交通工具的動力來源。這就是英國發明家約翰·肯普·史塔利（John Kemp Starley）於一八八五年的劃時代發明：「漫遊單車」（Rover bicycle）。一九〇三年首屆環法自行車賽（Tour de France）冠軍莫里斯·加蘭（Maurice Garin）騎的單車、愛因斯坦（Albert Einstein）在普林斯頓大學（Princeton University）校園的代步單車、鄧小平讚揚為中國社會契約之光的飛鴿牌自行車，或者世界極限運動會（X Games）選手、餐點外送員、在美墨邊境探索聖地牙哥郡（San Diego County）無人地帶的移民[14]、在無人地帶巡查的美國邊境巡邏隊（U.S. Border Patrol）自行車小隊、只有週末有空從事激烈運動的萊卡緊身裝人士，甚至於「無政府女性主義者」單車社成員騎的單車，我的單車或你的單車，這些機器大同小異，全是始祖「漫遊單車」的微調版本。即使是將老派的踏板曲柄升級為電池和電動馬達的電動自行車，也沿用最基本的單車設計。數十、數百年過去，歷經科技和其他方面的多次革命，世界已然改頭換面。唯有單車，轉動如昔。

單車所到之處，無不掀起激烈爭議和文化戰爭。世人發現單車處在當代一些論辯激烈的重大議題核心時，往往大為驚訝，單車牽涉交通政策上的爭議純屬意料之中，但此外單車也涉及階級、種族、道德、永續性（sustainability）、地球上所有生命的未來等更宏大的議題。單車本身是維多利亞時代古雅老派甚至討人喜愛的遺緒，這些以單車為核心的激烈爭論乍看與單車本質完全對立。但單車一直以來只是扮演「吸炮火」的角色。關於單車的論戰有來有往：每次有人撰文對單車大肆謳歌，就一定會有人寫下長篇大論憤怒回擊。

最早具雛型的單車於一八一九年前後問世，在歐美非三洲皆招致批評和法規禁制，反對單車的聲浪也在此時湧現。單車很得富裕人家和趕流行人士的歡心，但旋即成為民粹主義者嘲弄的對象。（「有人發明了名為『腳蹬車』的古怪兩輪交通工具，拉車的不是馬，是蠢驢。」[15]）馬車夫和行人都反對讓腳蹬車行駛於馬路和人行徑道，有關當局隨即展開取締。一八一九年三月，倫敦市政府禁止騎乘腳蹬車，其他地方很快跟進頒布類似禁令。美國一家報紙社論呼籲公民「摧毀」腳蹬車，造成自行車騎士人車皆遭民眾施暴。[16]

最早這波打壓單車的行動，與後來數波反對浪潮有著驚人的相似之處。因階級差異而產生的仇視對抗，關於用路權的爭執，覺得自行車從定義來看就荒謬且違法，應該予以嘲諷無視，可以的話最好將之完全消滅——延續到現今的反單車情緒仍具備這些特徵。單車熱潮在一八九〇年代達到高峰，對單車的批判也演變得更為歇斯底里。在英美及其他地區，單車熱潮引發眾怒，挑起衛道人士的恐慌。他們對單車極盡貶抑之能事，指稱單車威脅傳統價值、公共秩序、經濟穩定和婦女貞潔。通俗聳動的八卦小報歷數單車騎士令人髮指的惡行惡狀，醫學期刊刊出對於單車臉、單車頸、單車足、單車駝背、單車狂躁症、「單車騎士脊柱後彎」[17]等各種騎單車相關病症的診斷。牧師講道時疾言厲色痛斥單車，衛道人士的宣言更對單車多所抨擊。「單車受撒旦驅使，」美國婦女救援聯盟（Women's Rescue League of the United States）於一八九六年發表聲明，「無論在道德或實體層面，單車都是惡魔的先遣人員。」[18]

過去的言論或許誇張過分，但今人不必急著對古人的說法翻白眼，因為當代的主張也不遑多讓。貶抑詆毀的用詞變了，但攻訐的炮火依舊猛烈。十九、二十世紀之交的評論者譴責單車是威脅現代性的惡勢力，派翠克．歐魯克則視單車為阻礙進步、屬於「思想落後的返祖人士」的機器。歐魯克可能只是為了達到諷刺效果，刻意用誇張言詞表達義憤填膺——但也許不是誇飾？不妨看看社會科學的研究成果。二〇一九年一項澳洲研究探討「在許多國家」普遍對於單車騎士的負面看法，以及在「關於單車騎士受到暴力對待的公開言論和玩笑話」與單車騎士遭到他人行凶傷害事件之中表現的偏見。[19]研究者指出在以機動車輛為中心的社會，單車騎士會被去人性化：「路上的單車騎士……外觀和行為都與典型『人類』不同。他們移動的方式很機械化，機動車輛駕駛往往無法看清他們的面貌，因此難以將他們看成人類同胞並展現同理心。」汽車駕駛將道路視為自己的領域，單車騎士看起來就像外來他者，是非得趕走或踩扁消滅的害蟲。（「很多反對單車人士私底下對單車騎士的蔑稱是『小強』和『蚊子』。」）該研究的結論為不騎單車的人之中，有百分之四十九認為騎單車的人「不像真正的人類」。

本書娓娓道來人類與單車之間的愛恨情仇。這則故事裡有人對單車情真意切，也有人對單車深惡痛絕，故事中也探索了這些迴異的態度如何在歷史、文化以及個人的心靈與生命中不斷迴盪。時至今日，這齣愛恨糾纏的戲碼仍在大規模搬演。全世界各個城市騎單車通勤的人口爆增之下，現今可以看到又一波單車熱潮興起。全球單車市場規模在過去十年增長了數十億美金，分析師預測將於二〇二七年攀升至八百億美金。[20]這些數字反映了單車熱潮的規模之大，顯示單車比從前更加普及，有更多不同社會背景的群體成為單車族。距離單車發明的時代已有兩百年，當下這一波正是有史以來最盛大的單車熱潮。

單車熱潮也引發單車論戰。新穎的自行車基礎建設在各個城市街道上如雨後春筍竄冒，共享單車系統激增，川流不息、漸趨密集的單車車陣中，還有踏板輔助電動自行車嗡嗡穿行——愛單車族和恨單車族提高嗓門爭辯不休的歷史重演。雙方唇槍舌戰的激烈程度多少透露了單車的地位之高，無論擁護者或批判者，都意識到單車再次改變了人類生活的地方和生活其間的方式。過去會發生單車熱潮，起因大多可追溯至科技上的變革和新單車款式的發明。但當下的熱潮似乎是由多股更巨大的力量所推動，包括全球於第三個千禧年頭三十年陷入的危機和困境。二十一世紀生態環境瀕危，社會動盪不安，急速都市化的地區飽受塞車之苦，更有疫情肆虐全球，自十九世紀存留至今的老派單車似乎正好派上用場。

接下來有許多章皆聚焦於與單車相關的論戰，這些爭議形塑了單車過去的歷史，也讓單車的現在擾攘不安。單車的政治乍看或許不言自明。在美國，單車連結的是開明觀點和進步價值，是支持民主黨的

「藍州」和綠色環保政策，是潮人文青和「布波族」（bourgeois bohemian），是「單車臨界量」運動（Critical Mass）之中變節叛離、以打游擊式揪團騎單車快閃行動示威和爭取單車族權利的分子，以及其他立場偏左者。*這些當然都是陳腔濫調，有無數單車騎士根本不符合這些刻板印象。但在歷史上，單車與進步主義和激進主義（radicalism）的關係根深柢固。

一八九〇年代英國的社會主義單車社團是年代最早的單車族團體之一，他們推崇單車是推動平權的「國民鐵馬」。數十年過去，單車的反文化潛力始終如一。一九六〇年代的荷蘭無政府主義分子推動全世界第一個共享單車計畫，他們的「撥挑運動」（Provo）宣言描繪的願景是「現代主義者（mod）、學生、藝術家、搖滾客、不良少年、反核武人士、邊緣人……不想要功成名就、不想過規律生活，或覺得自己像在高速公路上騎單車的人」聯合發動革命。[21]

政府長久以來皆視單車為一種抗爭手段。阿道夫．希特勒（Adolf Hitler）在一九三三年執掌大權，新官上任其中一把火即是強行解散德國自行車手協會（Bund Deutscher Radfahrer）[22]，這個協會與數個反納粹政黨有交情，有能力動員成千上萬的單車騎士上街示威。之後德軍所到之處，從丹麥、荷蘭到法國和其他國家，皆派士兵沒收當地人的單車。[23]單車對高壓政權或占領軍來說是一種威脅，異議者騎單車就能悄悄靠近他們和加速逃離，還能更方便地組織動員和躲避抓捕。

單車被譽為社會變革的催化劑，主要源於它在婦女運動中扮演的角色。十九、二十世紀之交，美

---

*譯註：「critical mass」可理解為「臨界大眾」、「群聚效應」或「關鍵多數」；單車騎士集結上街的「Critical Mass」遊行則稱為「單車臨界量」運動。

國、英國及歐陸的女性主義改革者將單車視為價值觀改變的代表和抗議用的工具。（套用伊麗莎白・凱迪・斯坦頓〔Elizabeth Cady Stanton〕的話：「婦女騎著單車在爭取參政權之路上前進。」[24]）騎單車讓婦女獲得新的自主，同時破除了種種女性身體虛弱的迷思。當時的婦女穿著如同建築物聳立的臀墊跟鯨骨裙撐，根本沒辦法坐上單車，遑論騎單車，而單車於是推動了另一種解放，讓婦女得以擺脫這種維多利亞時代衣裝的束縛。女性主義單車騎士熱切擁護「理性服裝」（rational dress），其中最為人所熟知的就是燈籠褲（pantaloon；或稱「布魯默褲」〔bloomer〕），燈籠褲和單車本身都成了解放後「新女性」（New Womanhood）的象徵。

直到今天，單車仍是引爆女權運動的導火線。亞洲和中東的威權政府一再禁止女性騎單車。[25]二〇一六年，伊朗最高領袖哈米尼（Ali Khamenei）發布了一道伊斯蘭教令禁止婦女在公共場所騎單車[26]，理由是這種行為「吸引陌生男性的注意，妨害社會善良風化」。[27]伊朗婦女的回應是在社交平台發布自己騎單車的照片，照片中的她們衣服上標註：「別想入非非，我只是在騎單車」。[28]伊朗大眾普遍反抗該禁令，政府也未嚴格執法，但伊朗有數省的神職人員態度強硬，仍持續下令禁止婦女騎單車。近年來，伊朗婦女的單車遭到沒收，個人則遭逮捕入獄或依伊斯蘭教法處以其他懲罰[29]，據報也有人遭到暴力攻擊和性侵害。[30]對於全球數百萬的婦女來說，騎單車始終離不開政治，騎單車是一種反抗行動，也是一種冒險追求自由的主張。

在關於單車的傳說軼聞中，這些故事意義重大。許多記述單車歷史的篇章皆強調單車帶來解放的力量，並將單車騎士描繪成英勇的弱勢者。如此形塑定調，與認為單車很叛逆「龐克」、破壞保守主義、統合主義（corporatism）和汽車文化的浪漫看法相互呼應。

單車政治很複雜，事實未必符合「單車信徒」所想。近年的研究發現，單車的歷史其實沒有那麼神聖正派。[31]在許多地方，最早的一批單車騎士可能是士兵、殖民者或探礦者，他們的目的可能是強迫他人改變信仰，可能是追尋更多的領土、財富或迷失的靈魂。無論是打造菱形骨架的鋼鐵，或登祿普神奇輪胎和內胎用到的橡膠，取得製造單車的原料不僅會產生環境成本，人類也必須付出代價，有些原料甚至是殖民國家採取系統性暴力壓迫原住民族而得來的。

標準的單車歷史傳述各種高尚正派的故事，講述人類踩踏著和平的「綠色環保機器」獲得自由、實現自我，但也存在大異其趣的歷史場景。在英屬馬來亞（British Malaya）、德屬多哥蘭（German Togoland）和法屬阿爾及利亞（French Algeria），步兵、憲兵、稅吏和其他殖民地官員騎著單車縱橫來去。在西印度群島，黑人奴僕騎人力車載著種植園主人來來去去。在馬拉威、印度和菲律賓，歐洲傳教士騎單車到各地宣教。白人尋寶獵人騎單車進入奈及利亞（Nigeria）的油田和澳洲內陸的金礦區。列強「瓜分非洲」（Scramble for Africa）衝突中具代表性的第二次波耳戰爭（Second Boer War）中，大英帝國和奧蘭治自由邦（Orange Free State）皆曾採用自行車營編制，派出騎單車的士兵上陣廝殺。在比利時國王利奧波德二世（Leopold II）私人擁有的剛果自由邦（Congo Free State）叢林裡，數百萬剛果人忙於採收橡膠——這個等同種族滅絕的強迫勞動體制，是在單車蔚為風行帶動橡膠市場蓬勃發展時建立的。

當然，重點不是單車罪大惡極。重點是單車的歷史錯綜複雜，而真實世界中的真實事物多半也是如此，而工業資本主義的產物或許更是如此。以單車和汽車的關係為例，兩者的親緣關係比大多數人以為的更加密切。T 型車（Model T）於底特律（Detroit）問世二十年前，亨利・福特（Henry Ford）製造出第一台動力車輛：「四輪車」（Quadricycle）。[32]這輛車車如其名，是一輛四輪版腳踏車，配備小型骨架、可供兩人乘座的座椅及一顆雙缸乙醇引擎，引擎驅動的後輪則採用腳踏車輪。發展出汽車不可或缺的零件如滾珠軸承和剎車片，最早都是為單車設計的零件。汽車工業的基石，舉凡生產線、經銷商體系、計畫性報廢等，都由單車大廠首創，其中多項在汽車貿易中皆沿襲採用。

然後還有車行道路，美國的車行道路即是「造好路運動」（Good Roads Movement）的產物，這是一場單車族於世紀之交發動的政治聖戰。州際公路系統、郊區蔓延發展（suburban sprawl）和沿著公路林立的商店賣場等美國地景特徵有利有弊，一般常歸因於汽車文化，但起源可追溯至一八九〇年代勢力龐大的「單車陣營」（bicycle bloc）最先推動全國鋪滿碎石路的願景。[33,34]單車行動主義可說名副其實為汽車「鋪好了路」。「單車、汽車和它們共用的道路之間的物質關係十分複雜，從批判角度研究單車史的學者的任務即是揭露這段關係的真正歷史，」[35]社會史學者伊恩・博爾（Iain Boal）寫道，「那些自認與機動車輛擁護者無疑完全對立的單車正統主義者，需要重新思考這番想像。」

這些複雜議題不只是過往時代的產物。現今的單車熱潮讓種族和社會階級間的緊繃關係浮上檯面。在歐美許多城市，共享單車計畫和其他推廣使用單車的措施，皆與吸引全球資金和助長經濟不平等的政策密切相關。學者指出新穎自行車基礎建設與房地產開發商大肆掠奪之間的關聯，顯示單車道往往成為「仕紳化地圖」。[36]單車文化支持者的世界也有「仕紳化」（gentrification）的課題，這個世界往往由白人男性主宰。愈來愈多評論者使用「看不見的單車族」一詞[37]，譴責體制內的活躍人士將黑人、拉丁裔、女性和勞工階級單車族邊緣化。某些擁護單車的活躍人士在政治層面義憤填膺，可說反映了某種資格感：白人男性在馬路上騎單車，可能會體驗到在人生中其他時候絕不會碰到的結構性不平等。

事實是，單車的政治涵義一直開放任人解讀。在疫情肆虐全球的二〇二〇年夏天，全美各大城市爆發「黑人的命也是命」（Black Lives Matter）運動，很多示威者騎著單車上街遊行。他們遇上另一群單車騎士：全副武裝騎單車的警察，他們施展鎮暴戰術，並將單車也當成武器，掄起單車當警棍重擊示威者。單車或許是最高貴的發明，是最良善的機器；但是高貴和良善並非它們的本質。關於單車的理想，就如同關於正義和平等的理想，受制於持續不斷的爭鬥——而爭鬥有時就發生在街頭巷尾。

撰寫本書時，我努力將相關議題的錯綜複雜謹記在心。接下來的章節講了很多歷史，但不只是單車本身的歷史。單車史上的一些重大主題，就留給其他人記述。例如書中對自行車比賽並未多加著墨，光是寫這個主題的書籍就足以在單車圖書館占滿數公里寬的書架空間。

我的目標是讓大家注意到比較不同的故事。傳統單車史重點都放在大西洋兩岸，幾乎完全聚焦於歐洲和美國，擁護單車的活躍人士也展現類似的地方主義。都市設計師暨單車擁護者米切爾·寇維爾－安徒生（Mikael Colville-Andersen）極富影響力，現今單車推廣運動的口號「哥本哈根化」（Copenhagenize）就是由他所喊出，讓單車友善的丹麥首都榮任單車宇宙的精神中心。[38]

但是全世界大多數單車和單車騎士其實與丹麥相距十萬八千里遠。根據統計結果，隨機挑選一名二十一世紀的單車騎士，比較有可能是亞洲、非洲或拉丁美洲某個巨型城市的移工，而非展現「單車時尚」（cycle chic；另一個寇維爾－安徒生的自創詞語）[39]的歐洲白人。西方的單車擁護者關注的議題不外乎推動城市計畫以單車通勤為優先，以及將騎單車當成「生活方式的選擇」，這與數億名單車族的現實生活幾乎毫無關聯，騎單車對他們來說只是生活必需，單車是他們唯一實際可用且負擔得起的交通工具。

無論在已發展或發展中國家，單車皆是屬於城市的機器，本書過半篇幅就是在講述城市的故事。當然，在鄉間還有數百萬名單車族。單車可說自從問世那一刻起，就被頌讚為帶人從大都會遁逃的交通工具，能夠呼咻一聲將疲憊煩躁的都市人送往空氣純淨的青山綠地。但是單車不僅是在城市中由城市所生，也是為了城市而生。無論單車未來命運如何，必然會在城市的街道上開展。事實上，城市的命運有可能由單車決定。據人口統計學家估算，全世界居住在城市的人口到了二〇三〇年將達到六成。地球面臨氣候危機，各地的巨型都會仍持續擴張，都市交通問題不再只是生活品質的問題，而是塞車情況惡化、通勤路程難熬的重大問題。我們的移動方式或許不只會決定我們如何生活，也會決定我們能否生存。

輿論風向慢慢開始改變，有愈來愈多人開始相信單車擁護者長久以來堅信之事：汽車文化正在謀殺我們。學者指出機動車輛是造成氣候變遷加劇最重大的因素。[40]即使改用電動車或油電混合車也無法解決問題，因為機動車輛排放的汙染物中，輪胎磨耗和廢氣以外的汙染物就占了很高的比例。[41]

汽車文化造成的損失之慘重，讓氣候變遷加劇只是冰山一角。汽車年代可說是腥風血雨。全球每年有一百二十五萬人死於車禍[42]，等於每天平均三千四百餘人命喪輪下。世界各國十五到二十九歲年輕人的頭號死因就是機動車輛事故，另外每年全世界還有兩千萬到三千萬人在道路交通事故中受傷或失能。

汽車文化也造成地緣政治上的重大影響：為了保持石油不虞匱乏，各國捨棄原則，權宜之下結交不可靠的盟友，甚至大動干戈造成人命傷亡。

在一片慘絕人寰的背景中，單車自帶聖潔光環。「單車是人類所知最文明的交通工具，其他交通工具變得愈來愈像可怕惡夢，只有單車仍維持澄淨初心。」[43]艾瑞斯．梅鐸（Iris Murdoch）於一九六五年寫下這句話，她當時可能幾乎無法想像數十年後的現今，全球各國首都的財閥富豪是租直升機呼嘯來去，避開因堵車而癱瘓的街道交通。

有一些徵兆顯示歷史可能會逆向發展。新冠病毒於二〇二〇年初開始全球大流行，數百萬人為了維持社交距離，開始騎單車代步。在實施封城措施的地方，單車騎士踩著踏板行經空蕩得令人發毛的街道，路上只剩極少行人和機動車輛。世界上各大城市忽然都成了單車城市，是融合反烏托邦和烏托邦的古怪產物。空蕩的市景就像末世災難片場景——不過讓人得以懷抱希望一窺未來的世界，也許是未被廢氣燻黑的藍天之下，單車在寧靜街道上穿梭如織。無論單車能否「拯救世界」，一個只有極少汽車和很多單車的城市，幾乎無疑會是一個更安全、明智、健康、宜居且人性化的地方。

單車擁護者最喜愛的口號是：「兩輪善，四輪惡」。[44]這句口號肆無忌憚改編了喬治．歐威爾（George Orwell）的名句，但似乎帶著一絲假清高的意味：肯定單車在道德上比汽車更優越，而單車騎士比汽車駕駛更高貴。

然而「兩輪是善」卻是平鋪直述的事實。在這個充斥賠錢交易的世界，單車的投資報酬率極佳。單車便宜耐用、輕便可攜，幾乎不占什麼空間。騎單車可以到五到十英里外的近處，也可以到相距兩百英里的遠處；回到自家公寓時，還可以扛著單車上樓。倒是可以看看能不能把跑車或皮卡車扛回家。

單車族從單車獲得的，比付出的更多。單車這種裝置將人力轉化成移動動能的效率奇高：騎單車移動的速度比步行快了四倍，但消耗的能量僅為步行時的五分之一。「單車是完美的換能器，讓人類的代謝能量剛好能克服移動時的阻抗，」[45]上上世代的哲學家暨社會評論家伊凡・伊利希（Ivan Illich）寫道，「人有了這種工具，就能在效率上超越所有機器甚至所有其他動物。」即使是堅信地球上萬物皆可透過「科技」最佳化的數位時代烏托邦主義者，面對蒸氣龐克時代單車無與倫比的效率也要甘拜下風。連史蒂夫・賈伯斯（Steve Jobs）本人都曾形容個人電腦為「為人類心智打造的自行車」。[46]

又或者，單車本身就是為人類心智打造的機器。很多人都知道騎單車時思維會更為活絡，更加耳聰目明，感官更為敏銳。就我所知，騎單車是改變意識最好的方式——嚴格來說還無法達到更崇高或醍醐灌頂的狀態，但絕對能讓意識更加靈活。騎單車比瑜伽、喝葡萄酒或抽大麻更好，效果和性愛或咖啡並駕齊驅。依據我的個人經驗，也是突破寫作瓶頸的靈丹妙藥。如果卡住寫不下去，需要讓遲鈍打結、積灰生鏽的大腦放鬆一下，不妨騎上單車出門蹓躂，就會發現自己忽然文思泉湧。無論結果好壞，說不定最後就寫出一本書了。

第一章

單車花窗

英格蘭白金漢郡（Buckinghamshire）斯托克波吉斯（Stoke Poges）聖吉爾斯教堂（St. Giles' Church）的「單車花窗」。

在倫敦以西二十五英里的白金漢郡斯托克波吉斯村，小小的聖吉爾斯教區教堂坐落於宜人綠蔭環繞的土地上。早在撒克遜人（Saxons）的年代，此處就建有祈神祭拜的宗教建築。教堂建築最古老的部分是以粗削石塊築成的塔樓，為諾曼征服（Norman Conquest）時期所遺留。

此處也是有特定氣質的特定年齡層文人雅士造訪的神聖場地。一七四二年，托瑪斯・格雷（Thomas Gray）於聖吉爾斯教堂寫下〈鄉村墓園哀歌〉（Elegy Written in a Country Churchyard）[1]，這首省思死亡和傷慟的詩作曾是最受讚譽的英詩之一和必讀作品，但詞藻華麗的詩作後來慢慢不再流行。如今，格雷本人也長眠於教堂墓園，他的墳上豎立著祭壇造型的墓碑，就位在教堂東面附屬小禮拜堂其中一個窗口外面。聖吉爾斯教堂是個迷人的地方，恬淡靜謐、風景如畫，是暫時休息和永遠安息的理想地點。如果在天氣宜人的晚間來到此處，放眼望去的景緻幾乎就是在格雷描繪之下永恆不朽的場景：

微光閃爍之景朦朧暗淡，
周遭頓陷一片寂靜莊嚴，
唯有甲蟲嗡嗡振翼打轉，
悠遠叮鈴哄誘羊群入眠。

我是在春季造訪聖吉爾斯教堂，那天陽光普照，暖風徐徐。放眼望去將教堂、墓園綠意和周圍鄉村盡收眼底，景色美得不可思議，我漫步在蜿蜒穿過教堂土地的長徑，聽到鳥兒鳴啼得渾然忘我，忍不住點開蘋果手機的語音備忘錄應用程式錄了下來。教堂往南約一百碼，依稀可見莊園大宅（Manor House）

巍然聳立，建造於十六世紀的莊園曾為女王伊莉莎白一世（Elizabeth I）所有，後來則成為美國賓州創立者威廉・賓恩（William Penn）之子湯瑪斯・賓恩爵士（Sir Thomas Penn）的產業。像我這樣的美國人不曾在綠意蔥蘢的倫敦周圍各郡久待，但長時間浸淫於十九世紀小說和觀賞小說改編的古裝劇，看到這樣充滿異國情調的場景反而有種熟悉之感，彷彿隨時會看到身著古裝的瑪姬・史密斯女爵（Dame Maggie Smith）匆忙走出教堂。

從教堂走出的人影逐漸清晰成形，是聖吉爾斯教堂的哈利・雷森（Harry Latham）牧師。牧師本人只要衣裝稍微調整一下，就活脫脫是從珍・奧斯汀（Jane Austen）小說書頁中走出來的人物。他看起來正是如假包換的英俊鄉間教區牧師。雷森牧師約莫四十五歲，皮膚光滑沒有皺紋，加上髮際線平整，看起來很年輕。他戴著金屬細框眼鏡，細條紋襯衫領口豎著羅馬領。他說話時的抑揚頓挫有點像在唱歌，待人親切和善。雷森牧師也會去附近約一英里外的聖安德魯教堂（St. Andrew's）講道，這座聖吉爾斯的姊妹教堂會眾比較年輕，禮拜儀式沒有那麼正式，布道時會彈吉他、打鼓伴奏甚至大家合唱。雷森牧師的任一形象，無論是在聖吉爾斯教堂的中世紀拱頂下方頌唱「八福」（Beatitudes），或是在聖安德魯教堂的講道台上隨興撥彈木吉他，同時套著露趾涼鞋的兩腳輕輕跟著打拍子，都很容易想像。

數個月前我致電給牧師約定拜會時間，後續則以電子信件聯絡，在我抵達前一晚還收到了一封信。但直到那天下午我跟雷森牧師在教堂墓園相見，我才發現他顯然不清楚我是誰，對於我去那裡想做什麼也毫無頭緒。我看著他將我從頭到腳打量了一遍，確認以下幾點事實：他沒有見過我，我講英文帶著美國腔，我顯然不是要尋求宗教指引，也不是要和托瑪斯・格雷的鬼魂交流。他立刻下了最顯而易見的結論。「你在找單車花窗。」雷森牧師說。

單車無疑是十九世紀的產物。它是扎實科學知識和機器時代工程學的結晶，由大量生產和全球貿易所造就。它是由維多利亞時代商業文化所催生，在街頭廣告看板、報紙廣告和流行歌曲的宣傳推廣之下炙手可熱、蔚為風行。單車代表了現代性和現代主義。史上首份以單車為主題的刊物《自行車畫報》（*Le vélocipède illustré*）創刊號於一八六九年在巴黎發行，以「進步女士」（Lady Progress）為其吉祥物。雜誌刊頭上方的插畫描繪一名英姿颯爽的女單車騎士，她手裡緊抓一面旗幟並騎著單車向前疾衝，車頭燈照亮前路，輪後揚起滾滾塵土。這張畫一方面向德拉克洛瓦（Delacroix）的畫作《自由領導人民》（*Liberty Leading the People*）致敬，另一方面也將單車婦女解放、新科技、速度及自由等變動時代的特徵連結在一起。即便到了數十年後，藝術家和作家如畢卡索（Picasso）、馬塞爾・杜象（Duchamp）等依舊推崇單車，視之為前衛的象徵。

然而關於單車，有一點千真萬確，即單車的問世無論就歷史和科技方面而言，發生的時間晚得不合邏輯。單車本身就是時代錯置的發明。史上第一輛單車問世的時間，比發明蒸汽火車頭的時間還晚了大約十五年。等單車發展出理想形式的時候，汽車革命已經蓄勢待發。富開創性的「漫遊單車」於一八八五年上市，同年戈特利布・戴姆勒（Gottlieb Daimler）發明了原型摩托車「單軌」（Einspur），而卡爾・賓士（Karl Benz）打造出第一輛「動力車」（Motorwagen）。製造單車必備的知識和材料自從中世紀開始就已存在，但卻要等到數百年後，創意巧思加上機緣巧合才成就單車這項發明。

或許這就是為什麼單車相關書籍中充斥穿鑿附會之說，有各種天馬行空的想像、瞎說胡扯或偽造的單車起源故事，聲稱單車的歷史可以追溯至數百年甚至數千年前。維多利亞時代的人幻想古典時期就有單車，想像古羅馬騎兵騎著腳蹬車，而埃及帝王谷（Valley of the Kings）的法老陵墓裡能夠挖出鍍金單車。廣告設計反映了他們的想像，於是出現描繪單車與古典神話人物的廣告。超現實主義劇作家阿弗雷．雅里（Alfred Jarry）熱愛開玩笑，他在創作〈當受難記成了單車爬坡賽〉（The Passion Considered as an Uphill Bicycle Race，1903）時或許就有類似構想，這則諷刺短篇重述耶穌遭釘死於十字架的故事，其中描繪耶穌用荊棘冠冕刺穿了車胎，牽著單車上了各各他（Golgotha）。[2]

> 現今使用的單車骨架是相對晚近的發明，於一八九〇年前後問世。在此之前，單車的車身是將兩段相互垂直的管子焊接而成，通常稱為直角單車或十字單車。耶穌在刺破車胎之後徒步走上山坡，肩上扛著單車骨架，或者要說扛著十字也行。

讀者肯定看得懂雅里是以插科打諢的方式改編。但是類似的迷思不僅滲透到歷史書籍之中，甚至出現在正經的新聞報導裡。《紐約時報》（*New York Times*）一九七四年的報導宣稱「古巴比倫、埃及和龐貝城的淺浮雕可看到單車圖像」[3]，輕輕鬆鬆將單車問世的時間改成早了數千年。一眾學者也仍奮力不懈尋找失落的原型單車。就好像即使對於最熟悉歷史的人來說，單車這種機器源於十九世紀的事實在某種基本層面還是令人難以置信。研究者不放過任何蛛絲馬跡，想辨識可能的單車前身：一幅十五世紀木刻版畫裡疑似出現玩具三輪車，十七世紀曾出現一種以踏板提供動力的「身障代步車」（invalid carriage），還有其他數種藉由轉動曲柄和壓下手把打氣以人力推進的機器。

尋覓疑似單車前身或許饒富趣味，但純屬牽強附會。耶羅尼米斯・波希（Hieronymus Bosch）至少有兩幅畫作出現了疑似單車原型的裝置而備受關注，想到單車最早可能是由以怪誕奇想著稱的偉大畫家憑空想像出來的也很有趣。波希在素描作品《女巫》（*Witches*；年代約為一五〇〇年）中描繪了某種原始的三輪車：一名女子跨騎在巨大木輪上，兩腳踩住木輪上類似踏板的扣帶。這個裝置在典型詭異怪誕的波希風格世界中滾動，似乎即將朝著一名屁股被鳥以長嘴喙插入的全裸人物撞過去。

另一則假造單車起源的故事同樣惡名昭彰，主角則是另一位文藝復興大師。一九七四年九月，各地媒體紛紛報導在先前不曾公開的達文西繪圖和文字手稿集《大西洋手稿》（*Codex Atlanticus*）中發現了一幅單車素描，這則消息讓全世界的報紙讀者大為震驚。這幅素描據說是達文西的徒弟兼僕人沙萊（Salai）依據達文西本人的設計所繪製。學者樂見這樣的發現，但仍半信半疑。素描鉅細靡遺且看起來很現代，曲柄、踏板、傳動後輪的鏈輪和擋泥板一應俱全，反而啟人疑竇。此後出現了一卡車的證據證明這幅圖是後人偽造[4]，很可能是有人在一九六六到一九六九年之間偶然玩心大起，在手稿集中隨手塗鴉而成，並非有意訛詐。加州大學洛杉磯分校（ＵＣＬＡ）一名藝術史學者發現，在《大西洋手稿》中被後人畫上單車那一頁，原本畫著簡略抽象的幾何圖形，是與多道弧線相交的兩個圓圈。或許是手稿頁面上的圖案讓這次惡作劇的始作俑者想到單車，他隨手加上幾筆就大功告成。

也有人猜測「達文西的單車」素描出自羅馬附近格羅塔費拉塔聖母修道院（Abbey of Santa Maria di Grottaferrata）某個淘氣修士的手筆，手稿集在修復期間有多年皆藏於該修道院。真凶究竟是誰，可能永遠查不出來。無論如何，問題不在於查出真凶，而是為何如此顯而易見的偽作，大眾和政府卻不疑有他，一頭熱地信以為真。就如研究單車歷史的學者東尼・哈德蘭（Tony Hadland）和漢斯・艾哈德－萊辛（Hans Erhard-Lessing）所指出：「義大利政府的文化部門官員……仍舊堅持是『達文西的單車』。」作家庫齊奧．馬拉帕泰（Curzio Malaparte）的詼諧說法或許可以解釋他們為何固執己見[5]：「單車在義大利人心目中屬於國寶級藝術傳統，地位可比達文西的《蒙娜麗莎》、聖伯多祿大殿的圓頂或但丁的《神曲》（*Divine Comedy*）……如果你在義大利說發明單車的不是義大利人……整個義大利半島的脊梁，從北邊的阿爾卑斯山到南邊的埃特納火山（Etna）都將悚然震顫。」[6]

這種情懷或許可以稱為「單車民族主義」，而義大利並非唯一堅持類似主張的國家。關於單車的歷史書寫讓人彷彿霧裡看花，關於單車起源和演變、優先權主張的記述各說各話、矛盾扞格，反映的是各國的愛國人士自吹自擂，爭相往自己臉上貼金。《單車的全球史》（*The Bicycle: Towards a Global History*）作者保羅．史梅瑟斯特（Paul Smethurst）如此描寫單車發明者頭銜爭奪戰背後的政治：「無論任何偉大的發明、概念或藝術作品，只要能夠歸功於個人，或者加以延伸成國家，就能建構出宛如神話般宏偉堂皇的理論架構。十九世紀的歐洲盛行狂熱愛國主義，有時更瀰漫著濃厚的侵略主義（jingoism），這種宏偉理論架構就有助於大大宣揚國威，而且科技進步在現代更是備受崇尚。」[7]

在單車的眾多起源神話中，至少有一則主張單車是在歐洲以外的地方問世。一八九七年，清朝北洋大臣李鴻章聲稱中國古代即已發明單車。李鴻章告訴一群美國記者，早在公元前二三〇〇年左右的上古時期，帝堯就發明了單車。他說中國的單車稱為「快活龍」，大受百姓歡迎，由於婦女只顧著騎單車而荒廢家務，甚至造成社會混亂失序，帝堯於是下令禁絕單車。李鴻章編造的故事十分巧妙，自圓其說解釋了為何在中國再也見不到「快活龍」的蹤跡，同時呼應當時的女性主義者單車族興起並引發反彈聲浪等事件。

李鴻章以妙語如珠、擅講奇聞軼事著稱，這則故事很可能只是他信口胡謅。不過有一些關於單車起源的主張，顯然就是刻意捏造作為政治宣傳。蘇聯《體育及運動》（*Physical Culture and Sport*）期刊於一九四九年刊登一篇文章，文中詳述俄羅斯農奴艾菲．阿塔莫諾夫（Efim Artamonov）如何在一八〇一年發明了高輪單車，比西歐出現類似機器裝置的年分早了將近七十年。[8]根據該篇文章，阿塔莫諾夫以手工打造出這輛單車之後，從位在烏拉山脈（Urals）的家鄉維爾霍圖里耶（Verkhoturye）出發，騎了一千一百英里抵達莫斯科，將單車當成新婚賀禮獻給沙皇亞歷山大一世（Czar Alexander I）。（沙皇為了獎勵這位農奴發明家，賜他自由之身。）文章刊出一年後，《蘇維埃百科全書》（*Great Soviet Encyclopedia*）收錄了阿塔莫諾夫發明單車的故事，不久之後莫斯科的工藝博物館（Polytechnic Museum）就開始展出意義重大的第一輛單車的複製品。阿塔莫諾夫傳說背後的冷戰較勁痕跡再明顯不過，一方面建立蘇聯在單車發展史的權威，另一方面帶到頌揚蘇聯工人榮光的熟悉主調。（「阿塔莫諾夫的發明領先現代單車數十年，堪稱本土智慧和匠心巧思的楷模。」[9]）蘇聯解體之後，學者深入研究文獻檔案，揭穿這段單車發明史純屬虛構。儘管如此，如今在烏拉山脈的葉卡捷琳堡（Yekaterinburg）仍可看到紀念單車發明人阿塔莫諾夫的青銅雕像。

阿塔莫諾夫騙局頗有波赫士（Jorge Luis Borges）作品的況味，他讓研究單車史的學生陷入文獻迷宮之中，奮力追查一筆又一筆的註腳卻只是屢屢碰壁。十九世紀另有一場文學騙局，其目的則是讓法國成為單車的起源地。主使者是一名巴黎記者，他為了自抬身分，做了一件波赫士可能會很欣賞的事，在本名路易．波德里（Louis Baudry）後面加上了帶著貴族氣派的頭銜「德．索尼耶」（de Saunier）。波德里以此為筆名，於一八九一年出版了《自行車通史》（*Histoire générale de la vélocipédie*）[10]，書中指出最早的單車是在剛好一百年前問世——作者這樣的行銷手法相當聰明，因為這就表示他的著作出版這一年適逢單車發明一百周年。根據波德里的著作，史上第一輛單車是「純粹的」兩輪車（沒有踏板或控制行進方向的裝置），車頭則刻成駿馬或獅子造型作為裝飾。這輛交通工具稱為「捷飛車」（célérifère），據波德里書中指稱，是由貴族戴代．德．席瓦克伯爵（Comte Dédé de Sivrac）所發明。其實無論「捷飛車」或戴代．德．席瓦克伯爵皆是子虛烏有，但自此之後有無數書籍引用這番說法，而歐洲和美國的單車博物館皆陳列了所謂「捷飛車」的複製品。波德里毫不掩飾自己的愛國情操，他捏造了一段長達近四分之一個世紀、由法國獨領風騷的單車發展史，年代從法國大革命恐怖時期（Reign of Terror）一直到波旁王朝復辟（Bourbon Restoration），並加油添醋虛構許多動人場景，例如捷飛車在皇家宮殿（Palais-Royal）首次亮相，以及郵差騎著捷飛車穿梭在巴黎的大街小巷。不過波德里的修辭巧妙高明，貶損捷飛車簡樸陽春的同時又推崇它是史上第一輛單車，堪稱史詩級的假謙虛真誇耀。「德．席瓦克先生的發明不過是一顆光裸可憐的小種子！」[11]他寫道，「經歷了無數年的努力，付出了多少汗水、淚水和代價，才從十八世紀原始的捷飛車，發展成現今作工講究的單車！」

波德里的長篇大論裡最鏗鏘有力的，莫過於駁斥那些宣稱是自己國家首先發明單車的外國人的段落。他對法國東北方的鄰國尤其懷抱強烈敵意。「來自萊茵河另一側的大腦有可能構思出單車嗎？」他寫道，「這樣真的合理嗎？」[12]

波德里文中所指，是某位來自萊茵河流域的人士：出身下層貴族的卡爾．馮．德萊斯男爵（Baron Karl von Drais），他來自日耳曼邦聯（German Confederation）西隅巴登大公國（Grand Duchy of Baden）的卡爾斯魯爾（Karlsruhe）。波德里對德萊斯深惡痛絕，在書中有時幾乎痛恨到無法直接寫出德萊斯之名。(「這個巴登人不過是盜取別人想法的小偷。」[13])但相關紀錄一清二楚。單車之所以問世,是因為卡爾・馮・德萊斯的大腦發想出具突破性的想法。德萊斯設計出史上第一輛單車,於一八一七年暮春時節騎著單車駛入萊茵河東岸曼海姆(Mannheim)的市區。

關於單車起源故事的基本事實於是確立。[14]一八一七年六月十二日,德萊斯公開了他稱為「滑跑機器」(Laufmaschine)的新發明。那天,德萊斯在曼海姆市中心往南的道路上示範騎一小段,不到一小時內騎了八英里的路程。當時究竟有多少人在場見證「滑跑機器」首駕,已經不得而知,不過在場的觀眾肯定大感新奇,或許感到興奮不已。「滑跑機器」有兩個一前一後排列的輪子,每個輪子直徑約二十七英寸,輪子之間以一塊厚木板連接,上面裝了加襯墊的鞍座。騎乘者跨坐在座墊上,將身體重心放在交通工具正中央,兩腳輪流在地上踩滑讓輪子滾動——動作有點像是「滑跑」或跑步而得名。騎乘是用某種舵柄來控制方向,是一根和前輪輪軸相接的長支桿。騎乘者碰到山坡或其他難以正常行駛的地形時,他可以從機器上下來,將方向桿向前轉,就能拖著這輛「滑步機器」一起走。機器也配備用拉繩操作的剎車裝置。為了防止他人仿造,德萊斯將剎車裝置裝設在機器骨架前段、會被騎乘者雙腿遮住的位置。

德萊斯的設計從各個層面來看都十分巧妙。他將鞍座裝設在骨架上靠後側的位置,高度比較低,讓騎乘者雙腳能夠踩得到地。在滑跑機器的另一端,他裝了一塊墊子讓騎乘者可以將前臂靠在上面。這樣的設計讓騎乘者將身體保持在最有利的姿勢,即背部挺直、身軀微微前傾,這個姿勢既舒適又方便滑動雙腳。「裝置和騎乘者能夠保持平衡。」[15]德萊斯在最早出版的新裝置說明文件中指出。他想通的是單車力學最關鍵也最奇特之處：人與機器形成共生，騎乘單車者本身即是單車的動力來源。德萊斯不僅頗具人體工學上的洞見，也具備極佳的美感。若與現今我們所知的單車造型相比，滑跑機器顯得原始，欠缺多個重要部件，尤其少了踏板。但是它的輪廓無疑就是部單車——纖細的骨架下方兩端裝設了同樣大小的輪子，可以前後移動。看到一八一七年的滑跑機器，彷彿得窺未來。

話雖如此，看到德萊斯第一次駕駛滑跑機器的觀眾恐怕覺得好笑多於驚奇。十九世紀初的人看到滑跑機器，會覺得看到笑話上演：這部機器就是在諧擬雙輪馬車。德萊斯委託一名馬車匠建造滑跑機器，而使用的材料如風乾梣木製作的骨架及包覆鐵框的輻條木輪，全是打造馬車車用的材料。簡而言之，就是一輛少了馬和大部分車體的馬車，換成人類來出力拉車並操控方向。評論者譏笑滑跑機器是一輛強迫乘客走泥巴地的馬車，同時讓乘客負擔通常分派給四隻腳馱獸的吃重勞役，堪稱「把人當成馬」的新奇裝置。[16]

事實上，第一個將人比作馬的就是德萊斯本人。他誇稱滑跑機器能夠取代馬匹，提供旅人某種新的自主權，而且在適當條件下可以更快速地行進。「如果路面乾燥硬實，滑跑機器在平地上的行進速度可以達到時速八或九英里，和馬匹疾馳的速度相當。」德萊斯寫道。「如果是下坡路段，就能和全速奔馳的馬匹跑得一樣快。」[17]德萊斯認為滑跑機器是「促進器」和「加速器」，是能夠增強人類天生運動能力的裝置。這種機器不會去除騎乘者的人性——如果真要說造成什麼改變，應該是讓騎乘者成為超人，能夠更快速、更有效率、更自由地行動。

在發明滑跑機器之後五、六年間，德萊斯就是這樣告訴全歐洲的人。他花了數年改良設計，打造新款的滑跑機器，包括雙人協力款、三輪款、四輪款和加裝座墊「供女士乘坐」款，同時也在各國申請專利權。德萊斯不是很成功的推廣者，他為人古怪，吸引了不少崇拜者，但也得罪了不少人。他於一七八五年在卡爾斯魯爾出生，本名卡爾・弗德里希・克里斯蒂安・路德威・德萊斯・馮・紹爾－布洪男爵（Karl Friedrich Christian Ludwig Freiherr Drais von Sauer-bronn）。德萊斯家有貴族頭銜，卻不是富裕人家。他的母親是馮・卡滕塔爾女爵（Baroness von Kaltenthal），父親威廉・馮・德萊斯男爵（Baron Wilhelm von Drais）是巴登大公卡爾・弗德里希（Karl Friedrich）的宮廷顧問。卡爾・馮・德萊斯的名字就是為了紀念大公而取，巴登大公還曾參加他的受洗儀式。

卡爾小時候就對機械很有興趣，會自己設計新機器。他十多歲時，雙親決定培養他成為政府文官，讓他進入由其叔父經營的林務學校就讀。德萊斯後來到海德堡大學（University of Heidelberg）唸建築、物理和數學，但擔任林務官員仍會是最理想的工作。

一八一〇年，德萊斯獲派成為巴登大公的林務官。官銜很氣派，但這份工作幾乎稱不上是工作。林務官這個職位是虛銜：德萊斯坐領乾薪，基本上無事可做。他在一八一一年正式「交班」但薪水照領，他住在曼海姆，得以盡情沉浸於個人嗜好。實際上，由於領取政府發的生活津貼，他就有作夢幻想和敲敲打打擺弄機械的餘裕。這筆投資相當划算。德萊斯後來又發明了潛望鏡、燒木柴的爐子、絞肉機、在紙上記錄琴音的機器、最早的鍵盤打字機，以及第一部速記謄寫機。德萊斯三十出頭時曾留下一幅肖像畫，畫中人一副古怪紳士發明家的樣子：頭髮蓬亂，穿著不合身的大衣，雙眼炯炯有神望向遠方。

德萊斯對於交通運輸問題特別熱衷。由於科學、醫學和工程學的種種突破，歐洲人的日常生活發生了天翻地覆的改變，但是陸地上以馬匹拉動的載人運具已沿用數百年，沒有任何重大的改良革新。德萊斯在一八一三年小試身手，設計了一輛可由兩人或更多人駕駛的四輪車，車子裝設了以腳踩提供動力的曲柄和手動操控的「方向舵」。他將車子命名為「駕行機器」（Fahrmaschine）。這部機器在技術上有不少缺點，但顯然是德萊斯不久之後發想出的兩輪車的前身。

德萊斯怎麼會想到要發明滑跑機器？歷史學家為了這個問題絞盡腦汁。為德萊斯作傳的漢斯·艾哈德－萊辛認為，發明駕行機器和滑跑機器都與農作歉收有關，德萊斯因此想探索有沒有可能發明一種不用馬匹的個人交通工具，如此就不需要擔心燕麥或玉米存量不足。萊辛指出，促使德萊斯發明滑跑機器的是一場全球性的災難：印尼松巴哇島（Sumbawa）的坦博拉火山（Mount Tambora）於一八一五年四月十日以「超級巨大」的驚人規模爆發，噴出的火山灰直衝雲霄。大量火山灰於隔年飄到北半球，造成氣候異常和生態災難，一八一六年成為「無夏之年」，那一年直到入夏仍和冬季一樣低溫嚴寒、頻降暴雪，歐洲和北美洲農作物歉收。[18]萊茵河谷是影響最嚴重的地區之一，萊辛的理論是由於作物嚴重短缺加上馬匹大量死亡，德萊斯被迫再次開始研究不用馬匹的交通工具。這則起源故事很吸引人，原來單車的起源真的是一場「大爆炸」，而且是有史以來最大規模的火山爆發。

不過這只是萊辛的理論，而籠罩著德萊斯靈光乍現片刻的迷霧可能永遠不會消散。至於滑跑機器如何式微，就是後人所熟知的了。滑跑機器在數個歐美城市曾短暫流行，但數年後就乏人問津，直到現今依舊顯得古怪奇特：它在歷史上曇花一現，既是科技史上的里程碑，也是有意思的老古董。

然而滑跑機器是劃時代的發明。在德萊斯發明滑跑機器之後又過了數十年，才有人發明以腳踩踏板驅動的兩輪車，然後又過了三十多年，才出現改良後的現代單車。但是如果德萊斯不曾建立學者所謂「兩輪車原則」，即兩個輪子一前一後對齊排列，就不會出現上述這些單車。德萊斯發揮想像力大膽突破，獲得「自行車之父」（Vater des Fahrrads）這個迷人稱號，可說實至名歸。

但德萊斯生前並未獲得推崇讚揚，反而醜聞纏身。他後來的人生際遇坎坷，受到所處時代的重大事件和貴族圈的冷血政治氛圍波及。一八二二年，德萊斯的父親當時是巴登地位最高的法官，他的一項判決引起爭議，暴動的學生於是找上德萊斯。德萊斯逃往巴西躲藏數年，在一名德俄混血貴族的種植園擔任土地測量員。他在一八二七年回到巴登，但又因為支持民主改革且觀念逐漸偏向自由派民族主義而飽受攻訐。當局屢屢找麻煩，汙衊他是瘋子、酒鬼。媒體也隨之起舞，稱德萊斯為「愚蠢的林務官」，嘲笑他只會發明無用的機器。曾有人數次想將他強制送入療養院，另外還發生過至少一次暗殺，所幸他死裡逃生。一八四八年發生法國「二月革命」（February Revolution）之後，他拋棄貴族頭銜，改名為「公民卡爾・德萊斯」（Citizen Karl Drais）。巴登的革命分子於一八四九年起義失敗後，德萊斯的財產遭沒收充公，退休金也遭停發——政府說是用來償付「革命的代價」。德萊斯回到家鄉卡爾斯魯爾，另一名機動運具先驅卡爾・賓士的家和他住的地方相隔僅數條街。德萊斯在一八五一年十二月十日過世，死時窮困潦倒，身後僅留下寥寥數件遺物，其中就有一輛滑跑機器。德萊斯長眠於卡爾斯魯爾，墓碑上並未提及他的發明，只以乏味官腔如此總結他的一生：「宮務侍臣、林務官、機械學教授」。

關於德萊斯發明滑跑機器的故事，有些層面仍眾說紛紜。正統敘事納入了漢斯・艾哈德－萊辛的「無夏之年」假說，在相關書籍和紀念活動中，皆將此說法當成確切事實。二〇一七年，適逢德萊斯首次試駕滑跑機器滿兩百周年，德國發行一枚面額二十歐元的紀念銀幣，幣面鐫刻滑跑機器和坦博拉火山爆發的圖案。然而萊辛坦承他是根據間接證據提出假說，並無任何德萊斯本人的說詞能夠證明發明滑跑機器與一八一六年的氣候災難有關。（事實上，德萊斯本人唯一述及的靈感來源是溜冰——帶動滑跑機器用的踩踏溜滑明顯承襲了溜冰的動作。）保羅．史梅瑟斯特指出，大眾對於「無夏之年」說法的接受度之高，背後或許隱涵「環保修正主義」思維。[19]他認為：「單車在二十一世紀成為『環保機器』的象徵，因此將發明單車與兩百年前的環境危機相互連結，可能就顯得很『自然』。」

其他學者的爭議就比較吹毛求疵，例如有人主張不應將滑跑機器歸類為單車，因為它沒有踏板。單車發展史上有許多里程碑，在德萊斯之後陸陸續續出現一長串設計上的重大突破及機械上的改良革新。發展過程中有許多「史上第一」，而法國、英格蘭、蘇格蘭、美國、義大利、日本等國家都聲稱在單車的技術沿革中扮演了關鍵角色。但即使面對眾多異想天開的奇葩怪傑挑戰，滑跑機器身為單車始祖的地位依然屹立不搖。

當然，永遠有人懷抱夢想。有一些狂熱的單車愛好者，既不在乎學術爭議的枝微末節，也不在乎哪一國有權主張自己是單車發明國。他們對單車的熱愛帶著一抹神祕主義氣息。對於這些浪漫主義者來說，一旦展開追尋單車起源的路途，他們必將來到斯托克波吉斯的聖吉爾斯教堂，來找單車花窗。

在教堂內部的西側牆面的尖拱中，鑲著一面彩繪玻璃花窗。花窗主圖是一份二戰陣亡人員名單，紀念八名於二戰喪命的聖吉爾斯教堂教友。紀念名單右上方還有一片十八英寸見方的彩繪玻璃，並不是花窗原本設計的一部分，彷彿在色彩斑斕的花窗上補上一塊作工粗糙的補丁。這塊彩繪玻璃的圖案費人疑猜：一名渾身肌肉的矮個子裸男，也許是天使「基路伯」（cherub），跨騎在裝設單個輻條輪的古怪裝置上面吹奏號角。

這塊彩繪玻璃就是「單車花窗」。其產地和製造年代，或者圖像究竟在描繪什麼，都沒有人能夠確定。曾有不同人員調查花窗的來源，有一說是十五世紀的法蘭德斯（Flanders），也有一說是十六世紀的義大利。有人認為花窗上描繪的裝置，是中世紀時測繪土地用的「測距器」（waywiser）。[20]（彩繪玻璃左上方描繪的打結繩子，和測距器上的繩子相似。）也有人指出《以西結書》（Book of Ezekiel）裡數段經文提到基路伯旁邊有輪子，另外也有描繪這類場景的宗教主題繪畫和鑲嵌畫。

無論如何，單車花窗顯然與單車無關。「單車花窗」明顯是較大塊花窗構圖中的一小塊，其他有助釐清吹號角者騎乘何種裝置的細節已遭割除，只留下彩繪玻璃邊框之內的片段畫面。有輪裝置後側的弧線似乎呈現圓形，但要說遭截斷的形體就是某種單車或類單車運具的後輪，就太過牽強。

儘管如此，很多人還是下了前述結論。一名單車社成員於一八八四年參觀斯托克波吉斯之後，彩繪玻璃上有單車圖像一事就此傳開。單車雜誌開始刊登相關報導，早期的單車史書籍哈利・休威特・葛里芬（Harry Hewitt Griffin）所著《自行車與相關運動》（*Cycles and Cycling*，1890）收錄了一幅花窗速寫，下方圖說文字指稱其年代為十七世紀，還光明正大聲稱圖像描繪的就是單車：「一六四二年的教堂花窗單車騎士。」[21]葛里芬在書中更進一步論證，聖吉爾斯教堂花窗就是單車發展史上的「失落環節」，稱之為「供熱衷研究人力運動行進發展的學習者追溯的線索」。[22]

十九、二十世紀之交，聖吉爾斯教堂「單車花窗」已經遠近馳名，旅遊書甚至將它和托瑪斯・格雷之墓並列為觀光景點：「來到斯托克波吉斯的遊客必定會到托瑪斯・格雷墓前致意，近年來也少不了前往所謂『單車花窗』朝聖一番。」[23]「朝聖」一詞名副其實。即使是想像力不怎麼豐富的遊客，在置身聖吉爾斯教堂感受現場氣氛，尤其是親眼看到彩繪玻璃上拱頂和眾天使環繞的「神聖單車」之後，可能也會浮想聯翩。

如今仍有人陸續前來聖吉爾斯教堂「朝聖」，不過雷森牧師表示人潮已經不若以往洶湧。那天下午雷森牧師帶我進入教堂參觀時，我還是聽得出來他之前曾經替遊客導覽。聖吉爾斯教堂的建築風格堪稱大雜燴，可知數百年來歷經多次修建和重建。撒克遜時期的窗戶，諾曼時期的牆壁，哥德式中殿，都鐸王朝風格的小禮拜堂，十七世紀晚期的喪儀紋標（hatchment），維多利亞時期的拱結構。教堂內只有我跟牧師兩人，周遭靜謐陰暗，而且很溼冷。外頭很溫暖，但教堂裡十分冷冽，千年來英格蘭冬季的寒氣和溼氣吹進來後，從此盤桓不去。牧師帶我走過復活聖龕（Easter Sepulchre），聖龕下方埋著十四世紀騎士（Sir John de Molyns）的遺骸。他說：「在帶你去看單車花窗之前，我想應該先讓你看一下它是從哪裡來的。」

在聖吉爾斯教堂南側的木造門廊對面有一處獨立入口，由此進入可前往一座小小的廳室。這座廳室稱為莊園大宅入口。如名稱所示，這裡以前是隔壁豪華宅邸居民進出教堂的專用出入口，聖吉爾斯教堂最奢華時髦的教友們在進入教堂之前，會先在這裡打點準備，或在雨天時換掉淋溼衣物。後來莊園大宅的居民不再從這裡進出，這座前廳成了教堂神職人員收放打掃用具、園藝工具、一兩輛單車等大型物品的儲藏室。「我們現在把這裡當成小廚房。」牧師說。角落有一張小桌子，旁邊是一台小冰箱。

廳室裡最古怪的地方是兩面朝南的小窗，上面掛著的裝飾形容為彩繪玻璃拼貼應該最為貼切。小窗上的怪異裝飾和圖像五花八門：花卉、垂綵花飾（swag）、渦捲裝飾、犬、鳥禽、嘴喙中叼著紋章的凶猛獅鷲。多年來，單車花窗就在彩繪玻璃拼貼之中，只是超現實大雜燴其中一個元素。聖吉爾斯教堂的神職人員從前是帶遊客到廳室參觀單車花窗，數十年前開始覺得這麼做實在太累了。於是他們將這片單車花窗切割下來，直接裝設在教堂裡。

這片單車花窗其實曾兩度遭到去脈絡化。它最初的家既不是提供神聖庇護的教堂，也不是鄰近的廳室，而是與兩者截然不同的建築物，是莊園大宅。「那座廳室是在縮減改建莊園大宅期間建造的，」牧師說，「我們猜想應該是在十七世紀中葉修建的，顯然他們改建大宅時留下幾片彩繪玻璃，打算回收再利用。」換句話說，單車花窗原本只是私人家藏的古怪玩意，是貴族家庭奢華宅邸裡的一件裝飾。伊莉莎白女王曾在一六〇一年造訪莊園大宅，也許她本人就曾看過這片花窗。牧師說：「他們把從莊園大宅拆下來的彩繪玻璃搬到這裡胡亂裝上。坦白說，我想他們當時並不怎麼講究，我的意思是，就只是七拼八湊。」

雷森牧師帶我走進一段狹小走廊，我們又回到教堂。他說：「我覺得把單車花窗移到教堂裡是個好主意，要一直帶遊客過去參觀真的很累人。所以囉，你也知道，大家就想說：『我們把它移到大家都看得到的地方。』從此以後就不用煩惱了，它現在就成為教堂裝飾的一部分。無論如何，它就在那了。」

它就在那裡。夕陽餘暉灑落聖吉爾斯教堂的西側立面，而我和雷森牧師就站在裡側，看著昏黃光線穿透單車花窗。當我置身古老優美的地方如聖吉爾斯教堂，心中會有一種感動油然而生。砌石磊落，遺骸悠邈，光芒下微塵閃爍，空氣中霉味繚繞，歷史迷離撲朔，屢現神祕奧妙。教堂內的氣氛如此神聖莊嚴，但並未帶給我多少信心，反倒讓我心中充滿自我懷疑，將我先前對一己心智力量和世俗知識價值的自信全都掃除殆盡——先前對於宇宙萬物的不解之謎，包括單車的起源，即使曾自以為略有著墨，此刻也忍不住滿懷疑惑。我花了數分鐘仔細察看花窗，一下上前近看，一下退後遠觀，拍了數張照片，接著又凝神細看，牧師只是耐心地站在一旁。毫無疑問，這是一件古怪又迷人的文物。騎乘者的右腳腳趾看似向下伸去要踩到地，而他的左腳抬起懸在半空。我不得不承認，如果有誰看到花窗，認為圖像裡的人物帶動騎乘物事所做出的踩滑動作，就是跟德萊斯驅動滑跑機器相同的動作，可謂合情合理。我問雷森牧師覺得那個裝置看起來像不像單車。「不算是，」他說，「但我想看起來算滿相似的。」

我們走出聖吉爾斯教堂，再次感受白金漢郡明媚春日的強風吹拂。雷森牧師帶我繞教堂外圍一圈，又介紹了一些建築特色。最後我們走到一個豎立著花崗岩紀念碑的地方，這座石碑紀念的是全教堂墓園最著名的亡者：**托瑪斯．格雷長眠於此，他生前面臨喪親之痛時，曾於此石碑對面的墳前滿懷哀思寫下悽惻輓詩**。牧師說：「做這份工作學到的其中一件事，就是大家都喜歡神祕難解的事物。我想他們對於神祕難解的事物，就像對於明白確定的事物一樣熱衷。」

第二章

紈褲戰馬

《休閒玩意；或態度才是王道，獲准題獻給所有紈褲騎士》。手工上色蝕刻畫，一八一九年於倫敦印行。

一八一九年，倫敦。人群聚集在帕丁頓（Paddington）準備觀看某種運動賽事。比賽的賽道大致呈半圓形，從起點開始轉入埃奇威爾路（Edgeware Road）東側上流仕紳出入的街道和廣場，向西從大匯通自來水廠（Grand Junction Water-Works）出來後向南走，再轉向東來到終點站海德公園（Hyde Park）東北隅的泰伯恩收費亭（Tyburn Turnpike）。

在倫敦街頭上演的龍爭虎鬥向來冠蓋雲集，參與者非富即貴。對戰的兩方分別是一位爵士和一位伯爵，觀眾個個出身名門、衣冠楚楚，穿著精緻平紋細布材質衣裝和簇新馬褲，一身講究入時的行頭足以媲美下午齊聚雅士谷賽馬場（Ascot）的觀眾。畢竟這是一場有獎金的比賽，獲勝者將贏得一百堅尼。然而這場比賽沒有馬匹。這場賽事將會展示當下轟動一時、聞名於世的邪惡新玩意，它有各式各樣的名稱，諸如腳蹬車、「休閒鐵馬」（hobby-horse）、「走步車」（pedestrian curricle）、「飛步車」（swiftwalker）、「加速機」（accelerator）、「漫遊車」（perambulator）、「德萊斯車」（draisine），但最靈動貼切的名稱莫過於：「紈褲鐵馬」（dandy horse）、「紈褲玩意」（dandy hobby）、「紈褲戰馬」（dandy charger）。

槍聲響起。參賽者出發了，兩人大力擺動雙腿，在路面石板上踩滑帶動所騎乘的運具前進。兩輪運具移動的景象既令人大為驚奇，也讓人感到荒謬不已。直行以及路面平坦時，這種運具表現良好，能夠輕鬆省力地滑行前進，甚至稱得上是動作優雅。但是碰到上坡路段，參賽者就得哼哧哼哧竭盡全力，碰到很長的下坡路段和急轉彎時，原本的吃力費勁成了驚慌失措，只見他們一陣手忙腳亂，拚命拉動手煞車之餘，還得笨拙地操縱方向桿讓運具與塵土覆蓋的倫敦地面保持垂直。

剛開始的前半英里，爵士和伯爵可說是並駕齊驅。駛近自來水廠時，一見到前方很不妙的景象，兩人都瞪大了眼睛。一頭母牛衝上賽道。伯爵緊急轉向順利閃過，但爵士轉彎的動作不夠快，直接朝母牛身上重重撞去，一團混亂中傳來連串咒罵聲和低沉哞叫。一名掃煙囪工人扶著跌倒的爵士起身。爵士拍了拍身上的灰土，再次騎上運具回到賽道，雖然落後一小段，但仍急起直追。不久之後，兩名參賽者駛近海德公園北側的康諾特廄屋（Connaught Mews）轉角，伯爵此時反而意外衝出賽道——他打滑翻倒，幾乎摔在地上。趁著伯爵這次失誤，爵士得以拉近距離，片刻過後，兩人已經抵達泰伯恩，比賽勝負難分。兩人衝過終點線時，觀賽群眾歡聲雷動，卻分辨不出究竟是哪一位紈褲公子最先衝抵終點。

這場賽事可能是英格蘭最早的一場單車比賽，甚至可說是全世界最早的一場——前提是真的舉行過這麼一場比賽。賽事過程記錄在一本小冊：《關於全新走步車或步行加速機精確無誤的荒誕奇想紀事！》（*An Accurate, Whimsical, and Satirical, Description of the New Pedestrian Carriage, or Walking Accelerator!!*），作者姓名為約翰・費爾本（John Fairburn）。[1]小冊於一八一九年出版，所記錄的賽事據稱是在同一年舉行。但根據種種線索，可以合理懷疑這部紀事是單車史上另一部「偽經」，稱不上精確無誤，但相當荒誕不經且嘲諷意味濃厚。小冊中僅稱兩名參賽者為「尤某爵士」和「貝某伯爵」。比賽賭注一百堅尼，換算現今幣值為將近一萬美金，即使對揮金如土的貴族來說也是一筆驚人鉅款。紀事中的鬧劇元素，例如彷彿從舞台兩側神速登場的母牛和掃煙囪工人，疑似是作者刻意加油添醋。還有作者在標題之前加上引題，指稱全倫敦的男女老少看比賽看得目不轉睛，而比賽結果則由信鴿傳訊給在布萊頓（Brighton）的濱海別宮英皇閣（Royal Pavilion）度假的攝政王喬治（George, the Prince Regent）。[2]

不過即使這則紀事嚴格來說與事實不符，其中仍有些片段所言非虛。從費爾本的生動敘事可知，史上第一波單車熱潮堪稱攝政時期鬧劇，粉墨登場的人物都來自英國上流階級。滑跑機器最早是外銷至法國，發明人德萊斯於一八一八年初於法國取得專利。滑跑機器在巴黎蔚為風行，大批市民開始騎乘一種名為「德萊斯車」或「腳蹬車」的機器，消息慢慢傳到海峽另一邊的英國；其後於一八一八年，在巴斯（Bath）出現了一輛這種兩輪車，是一名與德萊斯相識的日耳曼人請當地工匠打造而成。不久之後，倫敦的馬車製匠丹尼斯．強生（Denis Johnson）取得「走步車或腳蹬車」專利。[3]強生打造的機器以德萊斯的設計為藍圖，並加入自己的巧思稍微改造。[4]他改良了操控方向的裝置，並將部分木頭零件改成金屬零件，讓整部機器更為牢固耐用。他還設計了可調整高度的座墊，能夠配合個別騎乘者的身高升高或降低。市場上很快出現其他製造商自行打造的變化版，大多數可能是侵害強生專利權的盜版品。

及至一八一九年，英格蘭各地使用中的新型兩輪運具已經多達數百輛。從城市街道到鄉村巷弄，從溫徹斯特（Winchester）、坎特伯里（Canterbury）、赫爾（Hull）甚至鄉間的漢普郡（Hampshire），新運具無所不在，而漢普郡甚至鬧出人命——一匹拉車的馬被行經的腳蹬車嚇到發狂，造成馬車上的婦女摔落喪命。[5]在曼徹斯特、雪菲爾（Sheffield）和里茲（Leeds），民眾圍觀腳蹬車的騎乘示範。丹尼斯．強生為了刺激買氣，帶著自己設計的腳蹬車到伯明罕（Birmingham）、利物浦（Liverpool）等城市的飯店和音樂廳巡迴展售。[6]各地開始舉辦起自行車比賽。[7]很多是非正式比賽，例如費爾本的小冊中記述的賽事。有一回據傳有腳蹬車騎士要來表演騎乘，數百民眾便聚集在格拉斯哥（Glasgow）城外的道路旁想圍觀。「他們全都被耍了，」報導寫道，「根本沒看到任何『紈褲鐵馬』。」

單車熱潮以倫敦為中心。「天氣好的時候，每天傍晚都可以在新路（New Road）上看到許多輛腳蹬車來回穿梭，尤其是靠近芬斯伯里廣場（Finsbury Square）還有波特蘭路（Portland Road）起頭處，那裡有人出租自行車，按鐘點計費，」[8]一名倫敦人如此回憶，「城裡數個區域開放了練習騎車的場地。」當時波斯由於與俄羅斯帝國（Russian Empire）發生衝突而派遣特使前來英國尋求援助，激發了民眾對於波斯的興趣，一篇報導將大眾對於腳蹬車的熱潮與對波斯的熱衷相互連結：「如今大眾津津樂道者，若非波斯大使，就是腳蹬車。」[9]而在各種娛樂節目如滑稽短劇和歌曲中，腳蹬車則成了飽受嘲諷的流行蠢玩意。[10]「當今的無謂之物是一部稱為腳蹬車的機器。」詩人約翰．濟慈（John Keats）於一八一九年三月從倫敦寄給弟弟和弟媳的信中寫道。「要像騎木馬一般跨騎的輪車」很古怪卻大受歡迎，濟慈坦承對此感到困惑不解。[11]

法國和英國首都各自為這項新發明賦予某些意義，而這些意義相當符合與英法兩國予人的典型印象。在巴黎，腳蹬車象徵性事：據說一男一女會各租一輛兩輪車，相偕騎入公園和森林裡的隱祕處幽會。在倫敦，這種運具是社會階級的象徵。腳蹬車要價不菲。（據濟慈在信中所述，一輛售價八堅尼。）自行車熱潮並不侷限於菁英階級：教人騎自行車的學校以及鐘點計費租車市場興起，表示自行車受到普羅大眾歡迎，也有當時留下的記述指出，鄉間牧師會騎著腳蹬車巡迴探訪教區居民。而富裕的英格蘭人著迷於新奇事物和找樂子，自行車對他們來說尤其具備特殊的魅力。

這群年輕仕紳從一七七〇年代起就是英格蘭社會的萬人迷，他們打扮時髦、無憂無慮，能夠浪擲金錢和時間從事一些大部分人會認為是尋歡作樂的活動。英王喬治三世（George III）飽受精神疾病之苦，無法繼續治理國家，於一八二〇年由長子喬治王子（Prince George）攝政，而這種「紈褲子弟」形象也因為攝政王從一八二〇年代開始著稱於世。王子早就因為驕奢放蕩的習氣而惡名昭彰，他縱情聲色犬馬，舉辦狂歡派對，耽溺於佳餚和藝術，揮金如土、債台高築，對於責任義務和禮儀規矩不屑一顧。有些人還存有一絲期待，盼望王子接下攝政的重責大任之後會洗心革面。但是權力愈大，縱情享樂的機會也愈多，王子也充分把握機會。

喬治王子自一八一一年開始攝政至一八二〇年，將國事政務都交給內閣眾臣，尤其是首相利物浦爵士（Lord Liverpool），自己幾乎不負任何責任樂得輕鬆，甚至連當時英國與法國拿破崙的戰事也不關心。英國與法國交戰最後幾年投入大量軍費，此後陷入財政赤字，國內多重危機紛至沓來，而王子只顧專心致志過著奢華生活。王子種種奢侈享受中最具代表性者非英皇閣莫屬，這座由建築師約翰・奈許（John Nash）設計的別宮極富東方風情，彷彿抽鴉片後陷入迷濛幻夢中的場景，前往宮殿的貴族和趨炎附勢者絡繹不絕，他們在風格迷幻的穹頂和仿宣禮塔的尖塔之下，恣意享受口腹之樂和魚水之歡。別宮常客包括王子的多名情婦和多位時髦貴公子，其中包括紈褲子弟界的翹楚：喬治王子在伊頓公學（Eton）的密友「美男子」布魯梅爾（Beau Brummell）。

王子和他的人馬窮奢極侈的行為讓社會大眾驚愕不已，引發一片譁然。與王子社交圈有關的一切人事物既顯得無比魅惑，也成為民眾痛恨的對象。因此腳蹬車雖然一時之間大為流行，但不久後就聲名狼藉。讀者從報紙上得知，腳蹬車是王子宮殿居所的必備配件，也是派對上不可或缺的裝飾玩意。一八一九年八月，主要在倫敦發行的《早報》（*Morning Post*）報導攝政王於溫莎城堡（Windsor Castle）舉辦慶生派對，場面豪華鋪張，現場大玩「少年人的遊戲」如「邊跳邊吃小圓麵包」、「玩摔角搶短外套」和「騎紈褲鐵馬競速」。[12]新聞報導也指出，攝政王的賓客習慣騎自行車前往英皇閣。（「如今已經很常看到有人從倫敦騎腳蹬車去布萊頓。」[13]）喬治王子對自行車也很有興趣：據說他購買了四輛，並由陸軍軍官從倫敦運送到英皇閣，載送的車隊「排場盛大如同閱兵儀式」。[14]現已無法確知王子本人會不會騎乘自行車，但是由於王子大腹便便，相關的臆測倒是引發不少人打趣說笑。

即使不是王室貴賓名單上的貴族菁英，同樣可以一窺腳踏車的真面目。「海德公園裡，時髦男士個個有車騎。」[15]一八一九年發表的歌謠〈漫遊車：或紈褲子弟的休閒鐵馬〉（The Perambulator; or, Pedestrian Dandy Hobby Horse）歌詞裡提到。海德公園是倫敦的自行車聖地，時髦貴公子的主場。（「如果我們**真的**一見有人犯蠢就射殺，」一名觀察自行車穿梭場景的人士寫道，「週日的海德公園將會屍橫遍野，不會有任何紈褲子弟生還。」[16]）大眾對於腳踏車最初的認知，就是它們是「有閒有頭銜」的時髦城市人的玩物，而詼諧社會評論和諷刺詩作更加深了這樣的想法。

> 你可見過如此
> 高明巧妙機器，
> 引英格蘭貴族傾巢而出；
> 紈褲子弟跨騎，
> 無不歡欣得意，
> 駕著鐵馬行走在爛泥地。[17]

還有更為嚴厲尖銳的控訴。一八一九年五月的一篇報紙社論哀嘆「紈褲作風引發的醜事公憤」[18]連累腳踏車也惡名昭彰，讓大眾無法注意到它的創新設計，以及可供「鍛練肌肉」的務實用途。政治週刊

《戈爾貢》（*The Gorgon*）的某位作者則認為，腳蹬車是英格蘭菁英腐敗墮落的症狀和象徵：「國家辛苦養活的這些所謂『閒散貴族』究竟是何方神聖？一群游手好閒的年輕小伙子……不是在公園裡策馬奔馳，就是騎著紈褲鐵馬閒晃——同時勞工食不果腹，商人貨物滯銷，農民無法耕作，因為他們繳的稅金全讓這些敗家子給揮霍掉了。」[19]

如此惡毒的批評，反映的是當時大環境的政治氛圍。十九世紀初期，英國面臨種種變動，社會動盪不安。生產製造邁入工業化，自由貿易政策的施行，加上與法國大動干戈之後蒙受各種損失，時局變動和過往創傷造成社會氣氛擾攘不安，對於已經很緊繃的階級關係來說不啻火上澆油。英國攝政時期，英格蘭有多達三分之一的人口挨餓。糧食不足和其他因素造成民間暴動不斷，政府則出動軍隊鎮壓。一八一一至一八一三年，盧德分子（Luddite）發起破壞機器的運動，當時政府調動的英軍人數甚至超過數年前威靈頓公爵（Wellington）派去伊比利半島（Iberian Peninsula）對抗拿破崙軍隊的兵員人數。一八一九年八月，六萬人聚集在曼徹斯特的聖彼得廣場（St. Peter's Field）示威，要求議會進行改革，卻在英國騎兵鐵蹄踐踏之下傷亡慘重。此事件稱為「彼得盧屠殺」（Peterloo Massacre），共有十八人喪命，數百人受傷，是「十九世紀在英格蘭土地上發生過最血腥的政治事件」。[20]

上述即為英格蘭出現腳蹬車熱潮的時代背景。無論自行車本身可能具備何種吸引力，也許是新奇的科技、進步的象徵，或者是奇特逗趣的玩意，都因為與冷酷無情的統治階級扯上關係而魅力全失。英國百姓在得知自行車是從法國傳來之後，更是惱怒反感。「崇法」（Francophilia）之風在攝政時期英國大行其道，「凡是自認優雅時尚或獨具品味者」[21]全都以法國馬首是瞻。拿破崙戰爭（Napoleonic Wars）時期，英國菁英階級照樣「戀法」，他們追隨法國時尚潮流，講話時夾雜法文詞語，收藏大量賽佛爾

（Sèvres）瓷器，品飲波爾多葡萄酒，「將巴黎視為精神上的故鄉並思慕嚮往」。[22]大多數英國人則極度仇視法國，堅信貴族階級的窮奢極欲不只墮落，更是通敵叛國，即使英法之間的戰事結束，這股遭到背叛的感覺仍縈繞不去。一八一九年六月，距離拿破崙於滑鐵盧（Waterloo）落敗將近四年，倫敦的柯芬園劇院（Covent Garden Theatre）有一名喜劇演員登台表演。[23]他騎著一輛腳蹬車，打扮有如紈褲子弟，口中吟詠華麗詩句稱讚他的巴黎「木馬」。全場觀眾都抓到了笑點。

最辛辣生動的嘲諷作品出自諷刺漫畫家手筆[24]，他們繪製大量蝕刻畫和雕版畫，對腳蹬車熱潮極盡挖苦之能事。（倫敦一名記者於一八一九年指出，腳蹬車「成了版畫店鋪的諷刺畫題材，逗得行人忍俊不禁。」[25]）當時的諷刺版畫作品用色大膽、風格幽默，反映了在當時大眾認知中，腳蹬車危害公共安全，可能引起死亡事故，或至少會害人摔傷手腳。畫作中多描繪失控的自行車以高速疾衝，無疑將撞得車毀人傷的瘋狂場景。

但畫作嘲諷挖苦的主要對象是自行車騎士。漫畫家描繪那些戴著大禮帽、領巾幾乎遮掉半張臉、衣著華貴考究的紈褲子弟，手忙腳亂地想操控橫衝直撞的腳蹬車。很多諷刺漫畫更將騎自行車與荒淫放縱混為一談。攝政王喬治是常見的諷刺對象，漫畫中描繪他置身各種荒唐的香豔場景，同時跨騎在自行車和情婦身上。其中一幅版畫作品據認是知名畫家喬治・克魯襄克（George Cruikshank）所繪[26]，描繪攝政王伸長手腳趴在自行車上，而他的情婦赫福德夫人（Lady Hertford）就跨騎在他和自行車上。攝政王嘴裡咬著馬銜，赫福德夫人左手拉緊韁繩，高舉過頭的右手裡則握著馬鞭。在背景還可看到另一名自行車騎士，是攝政王的弟弟約克公爵費德里克（Frederick, the Duke of York），他對眼前的施虐與受虐場景似乎樂在其中。

在此出現了似曾相識的歷史場景。我們可以看到英國攝政時期的反自行車氛圍，與現今對於一身時髦打扮、騎單速車（fixed-gear bike）的「潮人文青」的鄙視之間的相似性。諷刺漫畫中也有其他元素，與當今社會上單車相關爭議遙相呼應。民眾對於腳蹬車的輕蔑不屑，主因是它們以有錢人的玩意著稱。然而自行車剛問世時在英格蘭和其他地方註定推廣不利，起因是「鄰避效應」（NIMBYism）：自行車是非法侵入者，無論在馬匹和馬車行駛的道路、公園或專屬行人的人行道上都不受歡迎。倫敦某家報紙一八一九年三月的報導宣稱：「大都市的擁擠狀態，不容許這種新型態運動存在。」[27]批評者認為腳蹬車危險不受控，會對人畜造成威脅，而那些偏要騎自行車的愚人更是危險分子。

最根本的問題在於，自行車這種機器本身的方向控制機制設計不良，又沒有妥善的煞車裝置。自行車行進間，可能因為車輪陷入馬車留下的車轍，導致騎乘者絆倒飛出去；自行車也可能相撞，或是急轉彎擋到路人或載客馬車。報紙繪聲繪影記述輕重程度不一的撞車事故，故事裡的自行車騎士或打滑撞向圍籬籬柱，或在練習室裡摔個四腳朝天，或重重撞上牆壁、柵門或船塢。根據報導，發生車禍的騎士有的骨折，有的摔斷牙齒，市場裡發生的車禍還造成攤位翻倒，貨品散得滿地都是。還有傳聞說那些「週日沉迷於騎自行車的人」都罹患一種會傳染的「破裂病」或「疝氣」。[28]一名倫敦人在多年後回想，他如此形容自行車事故所引發某些公民的集體歇斯底里：

> 對於安適好靜的人們而言，看到一輛腳蹬車喀哩喀啦從陡峭山坡一路朝他們直衝而下，電光火石間飆馳而過，行進速度愈來愈快，而騎士瘋狂衝刺的終點，是在他們眼前陷入狂亂絕望，一頭栽進泥漿厚到可以淹過額頭和眼睛的深溝裡，為人正派的他們不知該如何解釋眼前騎

士的狂暴舉動，只能在心裡暗自認定對方心理狀態有異——肯定是腳蹬車造成的精神失常；而旁人則忍不住想到一群野豬，在魔鬼蠱惑之下沿著陡峭下坡狂奔，最後衝進大海裡慘遭滅頂。[29]

民眾對於腳蹬車的反彈，逐漸演變為暴力相向。年輕人會結夥圍堵自行車騎士，將他們趕出海德公園。[30]暴民也會大肆破壞落在他們手裡的自行車。有一回，在倫敦東北的埃平森林（Epping Forest），數名自行車騎士加入數百名騎馬獵人的行列一同獵鹿，但「休閒鐵馬最後反倒成為攻擊目標並遭到摧毀」。[31]這些行使私刑者的行為很快就獲得官方認證。當局於一八一九年頒布在倫敦禁騎自行車的法令。[32]英格蘭其他地區，甚至其他已引進德萊斯新發明的偏遠地區，也實施了同樣的禁令。米蘭（Milan）、紐約和費城（Philadelphia）也開始施行類似禁令。在康乃狄克州的紐黑文（New Haven, Connecticut），一篇報紙社論建議民眾「圍捕所有騎在人行道上的腳蹬車，將它們破壞、摧毀或是當成戰利品加以改造利用。」[33]當大英帝國其他偏遠角落也引進了自行車，一連串似曾相識的事件也再度上演。「加爾各答（Calcutta）的紈褲子弟騎著腳蹬車逍遙穿梭，似乎對於大都會的正派公民造成不小的困擾。」[34]一八二〇年五月的《倫敦太陽報》（*The Sun*）在報導中語帶諷刺，該篇報導指出加爾各答總督已經頒布禁騎自行車的法令。

有些熱愛自行車的騎士一度公然藐視法律，但是他們遭受嚴重打擊。當局將自行車視為違禁品，且堅決維持同樣立場。腳蹬車不過數個月前還是倫敦報章媒體所稱的時尚寵兒，一下子成了過去式。「社會大眾一度對所謂的腳蹬車滿懷期待，」一八二〇年夏季的一篇報導寫道，「但發現它們竟然如此瘋狂且難以操控，索性棄而不用。」[35]追逐時尚潮流的族群轉而找尋其他流行事物，還有其他新奇玩意能夠激發科技愛好者的想像力：「目前任何類型的紈褲戰馬，都難以和新出現的汽船旅遊匹敵。」[36]

其他變動接踵而至。英王喬治三世於一八二〇年駕崩，王子登基為國王喬治四世。國王並未發憤圖強，依舊懶散放縱。（「沒有哪個傢伙比這個國王更加懦弱可鄙、自私無情，他的敗德惡行和短處缺點下流至極，令人鄙夷唾棄。」樞密院成員暨日記作家查爾斯．葛瑞維爾〔Charles Greville寫道〕。[37]）然而國王的身體早已過度耗損，在人生最後十年一蹶不振：一眼失明，臃腫痴肥，深受痛風和水腫之苦，靠著服用鴉片酊度日。攝政時期已經走入歷史，甚至連腳蹬車也已成過往，即使真有人提起，也只是當成那個豪奢浮華年代的一筆註腳。一八二二年，一名文學批評家品評拜倫動爵的詩作（Lord Byron），他的評價並不高，認為拜倫「跟布魯梅爾或腳蹬車一樣轉瞬即逝」[38]。

然而有些人獨排眾議——他們記得腳蹬車的美好，也窺見它的未來。這些先知人物在歷史上留下了紀錄。於倫敦發行的科學刊物《機械學雜誌》（*The Mechanics' Magazine*）編輯部於一八二九年收到一封匿名信，信中盛讚腳蹬車「迅捷輕巧、優雅簡約、牢固耐用、容易推進」，稱其為「這個創意年代其中一項最具潛力的發明……不應和其他多種發明同樣遭到大眾遺忘。」[39]匿名信作者的先見之明令人印象深刻，他建議或許可以藉由加上「踏板和曲柄」改良腳蹬車。

大約八年後，有人提出更有說服力的主張。一八三七年五月，還是少女的維多利亞公主（Princess Victoria）繼位成為女王的一個月前，一個名叫湯瑪斯．史蒂芬斯．戴維仕（Thomas Stephens Davies）

的男子於倫敦一座素富聲望的機構發表演講。[40]戴維仕是數學家，也是英國皇家學會（Royal Academy）會員，是所謂「紳士科學家」（gentleman of science），通常會發表〈論以球座標系統表現之球體表面的軌跡方程〉之類的專題演講題目。

他這次的講題〈論腳蹬車〉（On the Velocipede）雖然不在他平常探究的知識領域之內，卻是單車文獻中值得注意的文本：既是安魂曲，也是預言書，更是有史以來最高瞻遠矚的一篇「為單車答辯文」。演講地點為位在倫敦東南部伍爾威治（Woolwich）的皇家軍事學院（Royal Military Academy），此地氣氛莊嚴，戴維仕於演講前不久才剛為學院編纂完畢多部數學教科書。出席的聽眾多為個性嚴肅淡漠的學者或職業軍人。戴維仕知道聽眾可能會對他稱頌腳蹬車感到困惑，畢竟這種機器已經罕有人知（「腳蹬車如今和黑天鵝一樣罕見，年輕一輩幾乎沒幾個人知道那是什麼」），有些人即使記得，也會認為那是過時冷僻之物。「有人建議我，」他說，「應先向諸位致歉，因為我要講的主題對有些人來說可能微不足道，不值得貴學院成員費心留意。」

但是戴維仕仍舊堅持，腳蹬車值得大家重新探究。他稱之為「出色的發明」，卻還來不及充分發展就遭到「迫害」和「禁絕」。他坦承腳蹬車設計上確有不足之處，在高速行駛時也會變得難以操控。但他認為腳蹬車式微的箇中原因，既非設計不良，也非紈褲奢華之風。腳蹬車之所以沒落，主因是大眾眼光短淺、庸俗保守，凡是新穎陌異之物，有一大群人一律粗聲粗氣嚷嚷反對：「雨傘最初問世時，他們粗聲嚷嚷，蒸汽機剛開始運作時，他們得意洋洋嚷嚷反對的聲音之嘹亮，不僅響徹大西洋兩岸，還從北美洲傳回陣陣回音。」

戴維仕認為群眾的嚷嚷聲決定了腳蹬車步向衰亡的命運。但腳蹬車真的就要從此滅絕嗎？戴維仕認為也許還有轉機。他放眼未來，揣想著總有一天，將會有人為德萊斯翻案，到時候腳蹬車或它的某個後代，將會再次大放異采。「我相信在座有許多人會認同我的看法，在某種新機器的原理或理論獲得充分探究之前，不應該任它就這樣束之高閣被大眾遺忘，」戴維仕說，「如果出現創新的構想，我們不應該漏看，如果發明者本身未能發掘這個構想的發展和應用潛力，也許後繼者可以做到。」

第三章

單車藝術

一名男子正在修理單車車輪，約一八九〇年代。

單車功能未臻完善之前，是以外表美觀取勝。如果要當成安全可靠的交通工具，德萊斯設計的原型單車還有許多不足之處，但無可否認是一件藝術品：車形輪廓富有曲線美，車輪裝配優雅輪框和輻條，整體造型賞心悅目。

德萊斯的發明問世之後數十年，許多發明家先後予以重新設計和調整改良，這些改良款同樣極具藝術感，最終催生了現代眾所熟知的單車。一八六〇年代在法國引爆一波單車熱潮的車款暱稱「簸顛號」，是因騎乘者必須忍受鑄鐵車架和包鐵木輪傳來的震動顛簸而得名。一八七〇年代到一八八〇年代初期的著名車款則是「高輪車」，又稱「常規車」（ordinary）或「便士法尋車」（penny-farthing），這種車款前輪巨大但後輪很小，很難跨騎上去而且難以操控。「便士法尋車」的騎乘者很容易「一頭栽倒」，即頭下腳上，連人帶車手把向下仆倒。在一八九〇年代帶動空前盛大單車熱潮、具突破性的新車款則稱為「安全腳踏車」，其名稱證明了先前車款帶給騎乘者的莫大風險。然而簸顛號與滑跑機器同樣有著優雅曲線，而便士法尋車則名列有史以來最令人見之驚奇的交通工具。

如今回顧，或許會令人訝異，沒想到單車這種東西居然需要有人「發明」。菱形車架連結兩個同樣大小、前後對齊排列的車輪，後輪裝設鏈條傳動系統——安全腳踏車的經典形式看似一切註定，如同人類有兩臂兩腿一樣渾然天成。單車的幾何結構十分美觀：弧形彎曲的車手把、平整流暢的管材，纖細車輪輻條發散交織。單車或許靜止不動，或許懶洋洋倚著停車腳架，但流線形輪廓卻讓它看起來像在運動行進。西蒙・德・波娃（Simone de Beauvoir）如此描述一輛單車的外觀：「如此靈動，如此苗條，即使靜置不用，也彷彿切穿空氣。」[1]

有一種人不僅喜歡騎乘單車，也喜歡觀賞單車。我還記得自己第一次用螺絲在公寓套房天花板上鎖了一個掛鈎，將單車前輪朝下吊掛起來。我的上班代步工具這下子也成了壁面裝飾，這件藝術品主宰了小小的生活空間。夜裡，燈光盡熄，單車的緣角和輻條閃爍，反射外面人行道透進來的路燈光芒。當我轉動前輪，牆面上光影飛掠旋轉，宛如點亮七彩霓虹燈。

早已有前人也陶醉於這番景象。馬塞爾．杜象的「現成物」雕塑作品《腳踏車輪》（*Bicycle Wheel*，1913）舉世聞名，他回憶這個倒立固定於圓凳上的二十六英寸車輪轉動時的景象令他目眩神迷。「看到輪子轉動，給人一種很安心、舒適的感覺，」杜象說，「我非常喜歡看它轉動，就跟喜歡看壁爐裡的火焰舞動一樣。」[2]建築師暨設計理論家阿道夫．路斯（Adolf Loos）心目中的單車則是近乎完美的藝術品，其純粹足以和古希臘羅馬的偉大創作媲美。路斯曾說，古希臘花瓶「優美如同單車」。[3]

單車設計傳述了很多重要的故事。接管銅焊（lug）和前齒盤以它們的語言講述歷史，中軸的高度、座墊的形狀乃至上管的斜度，無一不在講述歷史。便士法尋車的造型異想天開，而它的巨大前輪承載了已成過往的維多利亞時代。席溫公司出產的「魟魚號」（Schwinn Sting-Ray）為採用低座高把式車架和加長型「香蕉座墊」（banana seat）的兒童越野單車，已經成為美國文化的象徵，就跟喇叭牛仔褲和「史萊與史東家族」（Sly and the Family Stone）超級精選曲目一樣，讓人立刻就聯想到放克音樂蔚為風行的一九六〇年代和七〇年代初期。這種美國流行車款的輪胎漲如氣球，車架笨重，還有仿重型機車的「假油箱」，可以和同時期歐洲的主流車款如車身苗條、風格簡樸的「休閒自行車」（cruiser）和「城市自行車」（roadster）相互比較。立刻可以看出相互扞格的兩種世界觀：在歐洲的都市社會，單車是融入日常生活的實用機器；而在以汽車文化為主流的美國，單車的地位遭到貶抑，只是小孩的玩具和機動車輛替代品，連單車車架也免不了沾染「戀汽油癖」。[4]

在單車講述的主線故事中，實用、簡約與美觀三者密不可分。這就是為什麼反對裝飾性設計的包浩斯主義（Bauhaus）理論家如路斯，會盛讚單車是現代主義理想的化身。單車展現了「形隨機能」（form follows function）的原則，其設計之澄澈通透，罕有其他人類造物能夠匹敵。對於大部分機器來說，要了解其運作，必須先埋頭研讀使用手冊，再埋身鑽進機器內部研究。汽車的運作機制隱藏於引擎蓋、各種罩蓋和光亮烤漆之下，隱藏於底盤底面之中。而單車則如羅德里克・華森（Roderick Watson）和馬汀・葛雷（Martin Gray）所稱「裸裎而來」：「車輪、踏板、鏈條、曲柄和前叉皆單純展現其機能，除此之外幾乎沒有一丁點冗贅。」[5]現代單車具有功能的零件只有數十個，大致上皆牢靠耐用、容易維護。單車最容易損壞的零件是車輪內胎，維修或替換皆快速省時且成本低廉。

自從出現安全腳踏車之後，單車的設計和製造歷經多次革新。至今已有無數新穎零件和材料登場，諸如變速器、碟煞、鈦合金或碳纖維車架，也有全新類型的單車問世。有配備折疊扣件的折疊式單車，折疊收合後就像背包或公事包易於攜帶；也有3D列印單車，從開源網站下載設計檔之後，即可自行用3D列印機印製。然而單車的基本造型，即經典的安全腳踏車形式，始終是不變的王道。劉易斯・孟福（Lewis Mumford）寫道：「每種藝術之中，都有一些隱含於過程中的形式與機能如此和諧一致，以至於在實際用途上可說『永恆不朽』。」[6]孟福所指的物件包括安全別針和飲水用的碗皿，它們古老悠久，似乎完全當得起「永恆不朽」的迷人頭銜。單車在歷史上算是很新的物品，但其形式讓人感覺如此簡約基本、不容改變，一如別針、碗皿或希臘古甕。

單車史的肇始，非兩個輪子莫屬。由於單車有兩個輪子，英文裡就稱單車為「bicycle」，字面意思即「雙輪」，而「cycle」則源自希臘文的「圓圈」。作家羅伯特・潘恩（Robert Penn）曾打趣道，將現代單車除了輪子以外的重要部件，如齒盤、鏈條、煞車、踏板全都拿掉，剩下來的還是一輛單車。[7]（事實上，如果將單車部件減到最少，就成了一輛基本的德萊斯滑跑機器。）但輪子卻不可或缺：拿掉輪子，幾乎寸步難移。

單車車輪兼具力量、輕巧、穩定和彈性——這些特質大致上讓單車具備獨樹一格的運作機制。[8]吊橋也展現了類似特質，而單車車輪就時常被比擬為吊橋。單車車輪和吊橋皆依賴鋼絲或鋼纜網絡的張力；兩者看起來如此優雅纖細，讓人難以想像能夠支撐載重。在人類創造的所有裝置之中，單車車輪的強度名列前茅，能夠支撐的重量約達本身重量的四百倍之多。[9]理論上可以讓一頭水牛踩著踏板騎車，而車輪不會被牠的體重壓垮。

最初的一批單車車輪基本上是馬車車輪，輪子本體和固定式輻條皆以鐵和木頭製成。這種輪子硬實沉重，原本的設計也不適合承載單車和騎士加起來的重量。輪子轉動時，單車和騎士的重量會傳遞到輪子底部最靠近地面的輻條，也就是會在此施加相當大的壓力。

一八六〇年代晚期到一八七〇年代初期，金屬絲輻條為單車車輪的設計帶來重大突破。現今的典型單車車輪鋼絲輻條數為二十八、三十二或三十六支，綳緊的鋼絲輻條將外圍輪圈拉向中心的花鼓，保持車輪處於張力狀態。這種車輪圓周上任何一點，皆能承受騎士和車架的重量，也能承受來自不同區域和角度的壓力，例如車輪壓滾過路面時由下向上施加的應力，以及鏈條驅動後輪向前轉動時施加的扭轉應力。在單車車輪發展的初期階段，輻條是以花鼓為中心呈放射狀穿引至輪圈，但設計者發現若將輻條改採正切模式排列，也就是將以花鼓為中心發散的輻條相互交叉編排，車輪就更不容易扭曲變形。此外，正切編排的鋼絲輻條也很引人注目。洛杉磯的拉丁裔單車族就以騎乘量身訂製的閃亮亮眩目仿低底盤單車（lowrider bicycle）著稱，有的鋼絲輻條數甚至多達一百四十四支，多半為鍍鉻或鍍金輻條。仿低底盤單車或許是「單車即藝術」最純粹的表現，因為很多這類單車根本無法騎乘：中軸位置太靠近地面，根本沒辦法踩踏板。仿低底盤單車愛好者就和杜象一樣，他們眼中的單車車輪是火焰，是閃爍耀目的金屬焰光，讓他們忍不住添柴加油，只為了讓焰光熾烈燦亮。

你可以凝望單車車輪，也可以凝神諦聽。單車車輪轉動時發出的隱約喀噠顫聲，與大自然的聲音一樣舒緩靜心——如河床上流過大小石頭的潺潺水流聲一樣能哄人入眠。單車車輪能夠奏出各式各樣的樂音。一九六三年，年輕的法蘭克．札帕（Frank Zappa）登上綜藝節目《史提夫艾倫秀》（*The Steve Allen Show*），他拉著低音提琴琴弓擦刮休閒自行車的鋼絲輻條，演奏出怪異的曲調。[10]（主持人艾倫聽得興味盎然，札帕告訴他自己過去「大約兩週」都在演奏自行車。）製造單車的匠人有時會用音叉測試車輪，他們會像撥吉他弦一樣撥動鋼絲，藉由聆聽鋼絲發出的音高是否相同，來判斷鋼絲的張力值是否符合標準。

所謂輪圈「偏擺校正」（trueing），就是調整鋼絲輻條的張力，讓位在煞車片之間的輪圈能夠順暢轉動。對於有哲人氣質的人來說，經過「校正」的單車車輪代表著更宏大的真理正道。「校正」的車輪能夠奏音成調；「校正」的車輪能夠達致歐幾里德（Euclidean）式的理想。花鼓與輪圈之間的鋼絲輻條永遠在拔河，兩端持續奮力拉扯，讓車輪形狀能維持一個完美的圓。

檢視一下單車，你會發現更多的圓，圓中還有圓。這些圓是由登祿普發明的，輪胎的圓圈形套管裡裹套著填滿空氣的環形內胎。另外還有許多圓形零件，諸如座管束、墊圈（華司）、螺絲和軸承襯套，這些構成了單車的各個部分，也發揮固定功能。還有大盤和飛輪，鏈條就是沿著飛輪上多片齒輪的周緣傳動。

在單車設計史上，繼德萊斯將兩個車輪前後對齊排列之後最重要的里程碑，或許就是發展出鏈條傳動系統。第一階段的沿革始於一八六〇年代，「簸顛號」問世，即將德萊斯的滑跑機器改裝為以腳踩踏板來驅動的裝置。簸顛號屬於「直接驅動式」交通工具：可轉動的曲柄和踏板固定於前輪花鼓，曲柄每轉一圈只會帶動前輪轉一圈。如果要達到比較高的「傳動比」，即增加曲柄每轉一圈所帶動車子前進的距離，就必須增加車輪的周長。於是出現了「便士法尋車」，利用巨大無比的前輪來達到較高的傳動比，但騎乘的難度和風險也因此增加。在凹凸不平的路面只要稍微顛簸一下，就可能發生大家最害怕的意外，連人帶車子頭下腳上栽倒——可能是從車手把上方飛出仆倒、瘀青、骨折、摔斷脖子，甚至如以卵擊石般撞爛腦袋。

為了解決前述問題，機械技師和發明家十多年來絞盡腦汁、無暇他顧。他們終於在一八七〇年代末想出解決方法，全新設計以傳動系統取代直接驅動：藉由新的裝置，騎士踩踏板產生的動能就能經由鏈條傳送帶動單車車輪。早期曾出現過將鏈條傳動系統與前輪連結的設計。但現今單車的曲柄和踏板位在中央處，而鏈條則從前齒盤向後繞到後輪。騎乘者踩下踏板時，曲柄轉動並啟動鏈條，帶動後輪向前轉，單車於是向前行進。

這次改良簡單卻十分巧妙。鏈條帶動不同大小的齒片轉動，如最大的前齒盤齒片和最小的飛輪齒片，就能達到齒輪傳動：踏板每轉一圈，即可帶動後輪轉好幾圈。於是便士法尋車的巨大前輪和超小後輪的組合遭到淘汰，接著出現最早的安全腳踏車車款改採大小相近的車輪，不久之後的新車款則改用大小相同的車輪，如此一來上下單車和騎乘操作都變得更為方便。此外也可改以前輪來控制方向，比從前讓踏板兼具操縱方向功能的安排更加簡單。簡而言之，鏈條傳動系統堪稱促進單車普及的偉大改革。單車從此變得更安全，結構更為簡單，騎單車從專屬運動好手和冒險家的活動，搖身一變成了老少咸宜、連四肢不太發達的人也能採用的交通方式。很關鍵的一點在於，大多數男人原本主張女人沒辦法騎單車，認為女人太柔弱，承受不住騎乘簸顛號和便士法尋車的磨難煎熬，安全腳踏車的出現推翻了這個理論。

人類長久以來孜孜矻矻，希望找到更優良的工具，而單車的鏈條傳動系統在技術發展的歷史上可說意義重大，解決了困擾人類許久的難題。自從古希臘羅馬時期就有人使用手搖曲柄裝置，但是安全腳踏車的傳動系統充分運用了腿部肌群，將這個人體最大的肌肉群當成效率超高的馬達。而圓形這個孋美護身符的形狀，也再次發揮效用。單車的運動效率基礎，是雙腳上下來回壓踩踏板的往復運動，轉換成踏板和曲柄最夢幻的繞圈旋轉運動。（單車術語中所謂「踩圓成方」〔pedaling squares〕，就是形容騎士踩踏技巧不佳，或騎士疲勞時無法保持良好的踩踏技巧。）轉換結果是要將能量利用最佳化。如羅伯特．潘恩所寫：「騎乘配備常規踏板和曲柄的單車時，雙腿其實並未踩壓踏板轉動整圈，而是只有一小部分、大約六十度。每一圈裡的剩下三百度，腿部的主要肌肉如膕旁肌和股四頭肌其實都在休息，藉由吸收血液中的營養以補充能量。」[11]

單車的另一個關鍵形狀是三角形。一八八〇年代安全腳踏車問世之後，菱形車架成為經典，而這個造型其實是由兩個相連的三角形組成。其中一個三角形由上管、下管、立管構成，第二個三角形的其中一邊也是立管，另外兩邊則是後上叉和後下叉，分別延伸至斜後方連接後輪輪軸。車架裡還藏了其他比較隱微的三角形，例如前叉與前輪輪軸相連，而後下叉則與後輪輪軸相連，也分別構成了三角形。結構工程師早已發現，三角形是最強固的幾何形狀，即使承受很大的應力也不容易變形。一輛單車發生嚴重碰撞事故之後，前叉可能撞歪，車輪可能對折宛如墨西哥捲餅，還有不少部位零件也可能變形損壞。但是車架很可能仍然完好。由於車架本身的配置健全完整，設計者得以在不犧牲穩定性的前提下改採更新的輕質車架管材料，例如鋁合金、鈦合金或碳纖維材質。三角形能夠保持形狀不變。

無論何種單車，車架的幾何和功能都有許多變數。舉凡車架管的長度和寬度、轉向軸的角度、中軸位置高低、兩輪軸距長短等等因素，都會影響車架對於騎乘者來說是否適合，以及單車的行進速度和操控度。從過去到現今不時出現獨樹一格的車架設計，二十一世紀開始，也開始出現變化極大的全新設計和新穎的車架形狀。但菱形仍是標準形狀——大多數標新立異的車架，其實只是以菱形為基礎再加入變化。「只要單車的剛性車架還是藉由將管材相接來打造，就不太可能將車架打造成菱形以外的形狀，」打造單車的技師謝爾頓．布朗（Sheldon Brown）寫道，「這是現今已知最接近完美的一種設計。」[12]

無論機器的設計是臻於完美或尚待加強，都不是像變魔術般憑空冒現。要打造一輛單車，必須先蒐

集各種原料運輸至製造地。以公路車為例，製造鋁合金車架的原料可能包括鋁、鋼、鐵、銅、錳、鎂、鋅、鉻、鈦、礦物油、硫、碳黑、合成橡膠和天然橡膠。[13]這些原料或自礦坑採掘而得，或提取自植物，或於工廠中合成。在製造單車和多種零件的過程中，需要進行研磨、熔煉、液壓成型、擠壓成型、橡膠硫化等多道精煉和加工處理。在每個階段都會產生廢棄物和排放物。我們大多數人都相信騎單車非常正當環保，覺得做出這個選擇心安理得。但是單車沒辦法超塵絕俗，不可能脫離本身也是工業製品的現實：在製造單車的過程中，提取的天然資源，消耗的能源及勞力，都會產生相應的代價。凡製造單車，必留下痕跡。

只是痕跡範圍有多大，很難說得準。全球化的單車工業錯綜複雜，現今大多數單車的零件分別是在數個不同國家生產。有研究者試圖探究單車的生命週期，發現很難追溯至供應鏈最上游的原料產地，無從得知鋁合金車架的主要原料鋁土礦，究竟來自幾內亞、迦納或中國的露天礦場，或者製造輪胎的天然橡膠是在世界上哪個地方提取。單車生命週期初期階段所涉及的各種開採工業，即便寬容看待，其環保和人權紀錄仍算是劣跡斑斑，光是這一點就已相當充分。假如只以單車是單車為理由，就認定單車的誕生乾淨又環保，就只是感情用事。對於單車組裝工廠的勞動環境，我們也不應抱持天真想像。已有記者揭發單車產業剝削勞工的情事，例如在柬埔寨（Cambodia）、孟加拉（Bangladesh）等國的單車工廠都見得到童工。[14]

回顧歷史，還有其他更黑暗的紀錄。無需捨近求遠，約翰．博伊德．登祿普和他發明的充氣橡膠輪胎就是現成的例子。在標準版的單車史中，登祿普發明輪胎的故事正如本書序文所述，在技術和商業上皆大獲成功，這次終極突破更推動了十九世紀晚期的單車熱潮。但是這則故事並未追溯無數輪胎和內胎所用橡膠的來源：在亞馬遜盆地（Amazon basin）的橡膠種植園，以及血淚斑斑的「紅色橡膠」產地比屬剛果（Belgian Congo），數百萬人為了採收俗稱「剛果橡膠藤」（*Landolphia owariensis*）這種植物的乳膠而喪命。在巴西，每收成一百五十公斤橡膠，就有一人喪命；在剛果，平均每十公斤的橡膠收成，就有一條人命犧牲。[15]「單車熱潮自一八九〇年代席捲全球，假如你是跟上熱潮的數百萬單車族中的一人，當你騎著單車乘風暢遊，底下可能就是產於剛果的橡膠。」歷史學家瑪雅・加薩諾夫（Maya Jasanoff）如此指出。[16]世紀之交的單車熱潮與歐洲列強罔顧人道和破壞生態的惡行互有關聯，而除了橡膠之外，至少還有一種天然資源也牽連其中：無數歐美騎士騎單車時車輪駛過的平坦路面，是用英國殖民地千里達（Trinidad）遭剝削勞工挖出的天然瀝青所鋪成。[17]

「偉人故事」版的單車史中盡是卓越的歐洲發明家和創新改革家，而殘酷黑暗的歷史紀錄或許會讓我們熱情稍減。儘管如此，這些大人物的成就依然令人敬佩。除了德萊斯、登祿普和安全腳踏車創始人約翰・肯普・史塔利，單車史學家推崇備至的還有據信打造出第一台「簸顛號」的巴黎鐵匠皮耶・米肖（Pierre Michaux），以及在高輪車的發展中扮演關鍵角色的尤金・梅耶（Eugène Meyer）。如果細究到最微小的零件層級，還有其他厥功至偉的人物。其中一名關鍵人物是巴黎的單車製匠儒勒－皮耶・蘇希赫（Jules-Pierre Suriray），他的專利滾珠軸承有「機械時代的原子」之稱[18]，那不只是單車和汽車運作不可或缺的零件，也是釣竿捲線器、空調設備、電腦硬碟、哈伯太空望遠鏡甚至火星探測車的重要零件。

由於單車起源依舊眾說紛紜，相關紀錄也難免混淆不清。[19]對於發明單車踏板應該歸功於米肖，或是他的其他幾位十九世紀中葉法國單車業同行，歷史學界仍未有定論。（近年學界則達成新的共識，一致同意是移居康乃狄克州的法國技師皮耶・拉勒蒙〔Pierre Lallement〕於一八六六年在美國首度取得以踏板驅動之腳蹬車的專利。）此外引發爭議的還有來自蘇格蘭敦夫里斯（Dumfries）的鐵匠柯派崔克·麥米蘭（Kirkpatrick Macmillan），據某些資料指出，他在一八三〇年代發明了利用踏板和橫桿來驅動後輪傳動裝置的單車。

單車演變的歷史也是一部工業發展史，是關於創新產品和推出新產品上市的公司的故事。市場上每次出現新的單車類型，都會帶動一波波或大或小的單車熱潮，例如一八八〇年代的三輪車、一九三〇年代的競賽用自行車（racing bicycle）、六〇和七〇年代的變速車和BMX單車、八〇年代的登山車（mountain bike），以及現今的電動自行車。資深單車玩家對於單車零件和設備自有獨特品味，各有鍾愛的零件和心目中的神級零件製造商。單車零件製造商如康帕紐羅（Campagnolo）、島野（Shimano）和速聯（SRAM）帶著一股神祕色彩，分別有大批狂熱擁護者效忠，支持不同品牌的陣營壁壘分明，光是這個主題就值得以專書探討。

然而將單車視為上對下的恩賜，是由豪氣萬千的英雄和高瞻遠矚的製造商所賦予世界，這樣的看法絕不正確。單車屬於平民大眾，是基層人民創新改革以及各個階層知識交流匯聚的成果。單車形式所具備最重要的特質之一，就是容許各種介入改造，可以任人調整改裝和翻新改良。單車的運作機制簡單易懂，也因此喚起數百萬愛好者體內的瘋狂科學魂。只要給好奇的孩子適合的扳手組，他就能將一輛單車拆解到連軸承（培林）都卸下來，再重新組裝回去，有興趣的話還可以加裝車鈴和哨子。

十九世紀晚期開始盛行人人皆技師的文化，最初投入的一群人以單車族為主，他們發現自己組裝安全腳踏車簡單又好玩。「利用單車運動有兩種方法，」英格蘭幽默作家傑羅姆·克拉普卡·傑羅姆（Jerome K. Jerome）於一九〇〇年寫道，「可以騎著單車出門，或是在家大修全車。」[20]無數的混合型單車，以及類似單車的機器，例如飛天單車、水上單車和騎乘時像臥在沙發一樣的躺式單車，在在反映了改裝單車有多麼輕而易舉，以及大眾堅信單車可以也**應該**容許無限改造，能夠發展出多種新穎形式和多元功能。一八八六年，一名美國記者如此嘲諷這股「不創造混種單車會死」的強烈衝動：「等到終於改裝出一輛無所不包的單車，蒸汽引擎、主帆、大三角帆，凡是想得到、發明過的設備裝置一應俱全，大家也就不想活了，這個全新的自殺方法保證流行。」[21]

改裝單車也改變了歷史事件的進程。單車最初是以帝國工具之姿來到越南[22]：法屬印度支那（French Indochina）殖民地的官員偏好單車這種交通和遊憩工具，法國製造商則將單車這種產品視為搖錢樹，多年來可說壟斷越南的單車產業。但當地人很快開始依照各自的需求運用單車，包括反抗殖民統治、在游擊戰中對抗法國人，以及對抗後來進占越南的美軍。越南人不僅用單車運送炸彈，也把單車**當成**炸彈，把爆炸物藏在立管和上管的空心處。一九六六年五月發出的一份美軍機密報告警告要小心這種手段：「有時候單車本身就是致命武器，中空的車架管裝有塑膠爆炸物，計時器則藏在座墊底下。恐怖分子會騎單車抵達該區域，將單車斜靠於目標建築物，點燃引信之後步行離開。」[23]接下來數十年，「單車炸彈」成為不對稱作戰和對抗入侵勢力時常用的武器。在所謂反恐戰爭中，美軍駐伊拉克和阿富汗的部隊時常成為攻擊目標，對方所用武器即是附有或藏有爆炸物的單車。

完全拆解和加強改良的衝動，為這個世界催生了新的單車類型和新的騎車方式。以現代登山車的起源為例，可以追溯到一九七〇年代的北加州，一群單車族為了騎車上下馬林郡（Marin County）著名的塔馬派斯山（Mount Tamalpais），自行改裝老舊單車。[24]他們將席溫公司於戰前生產的單車改裝，加強車架，換新車手把，裝上新輪胎、齒輪裝置、曲柄和煞車，打造出的「破舊老車」（klunker）能夠行駛在塔馬派斯山其中一座山麓丘陵松丘（Pine Mountain）的崎嶇坡面上陡降近一千三百英尺的山徑。單車族稱這條路徑為「重裹路」（Repack），向沿路少不了的黑手活致敬：當他們騎著單車邊尖叫邊一路衝下丘坡時，腳煞花鼓會變得熱燙並發出尖銳異音，必須不時停下幫腳煞花鼓「重裹」潤滑油。

最後「重裹路」上其中一名頂尖好手喬．布利茲（Joe Breeze）創立了登山車品牌，開始設計、製造和販售登山專用單車。單車產業很快跟進。從某些標準來衡量，登山車是繼安全腳踏車之後最為普及的單車類型。登山車構造堅固、傳動比低，配備懸吊避震系統，而且容易操控，成為數百萬不走任何越野路徑的人的最愛車款。

時至今日，自己動手改裝仍是單車文化中很基本的一環，也是單車次文化的基礎。在亞洲、非洲和中南美洲的開發中國家，單車有各式各樣的實用功能，客製改裝單車無所不在：兩輪車大改一下就能改裝成載貨用的三輪車或四輪車，還有各種利用踏板和傳動系統產生動力以供應工具和電力系統的新奇設計。在某些叛逆不羈的孤立飛地，自己打造單車是一種政治行動，也是表達殊異的身分認同的方式。所謂「怪胎單車」（freak bike）或「突變單車」（mutant bike）運動衍生自龐克文化和無政府主義行動，主要發生在美國城市，運動參與者致力於用四處找來的廢料零件打造特大或特小、奇形怪狀的單車。[25]怪胎單車實現了回收再利用的理想。它們看起來破爛不堪、以「低科技」自豪，以這樣的外觀表明反對消費主義，對於工廠大量生產的閃亮嶄新單車，和頂級市場講究工藝的訂製單車都輕蔑不屑，同時將單車當成一種龐克藝術品，一種荒謬主義遊戲和展演的媒介。「變種超高單車」高七英尺，騎士高舉雙臂如猿猴般抓著高吊手把（ape hanger），車身是由三個菱形車架上下相疊焊接而成——無論任何人，只要曾在城市道路上與這樣的車隊同行，從此都會對單車藝術大為改觀。

即使對改裝單車的黑手活沒有興趣或志不在此，還是可以從單車獲得動手實作的獨特樂趣。轉動變速轉把時的喀噠聲。煞車皮箝住輪圈時的C夾動作。在以數位裝置為中介所進行疏離、零摩擦的互動主宰的時代，單車讓人返璞歸真，喚起機械時代科技親手觸摸帶來的滿足感。單車部件的運作帶著詩意。「想到鏈條如此完美圓滿，恆常與齒片卡扣咬合，其樂也無窮，」文學學者休．肯納（Hugh Kenner）寫道，「思索某個特定連結之於同一齒盤忽而靜止、忽而運動，兩種狀況不停切換毫無間斷，就是在思索那種撫慰人心的奧祕……那種投入一輩子研究卻永遠無法參透的奧祕。」[26]

單車最重要的構件，是它的動力來源，換言之，即騎乘者。單車設計的精髓，在於以一種不可思議的方式將機器與人融合。高級訂製單車製造商提供精準客製化服務，利用電腦程式和數學公式計算和打造最適合客人體型的車架。但即使騎的是垃圾堆撿來的報廢破車，騎乘者依舊能領會那股人車合一的奇異感受。在詩作〈腳蹬車〉（Le Vélocipède，1869）中，詩人泰奧多．佛揚．龐維爾（Théodore Faullain de Banville）形容單車騎士是：「一種新動物／……半輪半腦。」[27]傑出單車詩人弗蘭．歐布萊恩（Flann O'Brien）如此描述：「這些地區的居民幾乎已達半人半單車的境界……人與車的原子相互交換，以致人的個性與車的個性相混交融。」[28]這些人車嵌合的隱喻，或許是最接近以文字所能捕捉的騎在車上那種格外自在流暢之感，你的身體和存在，從雙肩、雙手、髖臀、雙腿、骨頭、肌肉、皮膚到大腦，似乎都與既強壯又柔軟的車架合為一體難以分離。在這樣的時刻，把單車當成交通工具或許不盡正確，想成義肢假體或許更為精確。理想上，人中有車，車中有人，交融的騎士與單車之間，界線模糊難定。

第四章

靜默駿馬

名為「馬兒」的「可拆卸式單車裝飾」。韓國設計師金恩智（Eungi Kim；音譯）於二〇一〇年設計。

數千年文明更迭遞嬗，背景總是伴著躂躂的馬蹄聲。**踢躂——踢躂——踢躂**：那是旅行的韻律，是標註旅程時光的節拍器。馬蹄聲躂躂響起，更顯鄉間道路寧靜無聲。蹄鐵敲在卵石路面清脆作響，是城市裡嘈雜喧囂的主調。這種聲響令人喜悅：「馬蹄嘚嘚！——噢，甜美迷人的樂曲／原是陸地自馬蹄鐵偷取。」[1]詩人威爾．歐吉維（Will H. Ogilvie）寫道。馬蹄聲也令人驚恐，如《耶利米書》（Book of Jeremiah）中的死亡預告：「境內的居民都必哀號。聽見敵人壯馬蹄跳的響聲和戰車隆隆、車輪轟轟……」[2]無論如何，馬蹄聲無所不在，令人避無可避。要在陸地上快速移動，就免不了那熟悉的踢躂響聲伴隨。

單車帶來意想不到的新奇體驗：交通工具的輪子飛轉，載著你如箭矢般橫越陸地，卻幾乎不發出任何聲響，高速移動的旅程途中近乎寂靜無聲。單車就這樣悄無聲息跟上了十九世紀的腳步。「看見單車騎士無聲無息快速前進，飛也似的經過眼前又消失無蹤，會覺得有點詭異，幾乎可說離奇可怖。」[3]一名記者於一八九一年指稱。單車問世初期，最讓許多評論者大感驚奇的竟是它的聲音，或者該說它的無聲，如今看來倒是令人驚訝。當時的人認為單車能夠改變整個社會。一八九二年，一名作家預言單車將能終結馬拉運具「刺耳的格嘎喀躂聲」，消滅「造成所有城市居民緊繃焦躁、飽受折磨的主要源頭」。[4]為了區分新發明的機器和歷史悠久、會噴氣跺腳的拉車馱獸，幽默詼諧人士自創新詞，戲稱單車為「靜默駿馬」（the Silent Steed）。

單車還有其他別名：「鐵馬」、「機械座騎」、「鍍鎳雄駒」、「鋼鐵馴馬」、「兩輪布賽弗勒斯」（two-wheeled Bucephalus）。單車在法國稱為「機械馬」；在法蘭德斯地區的名稱「vlosse-peerd」（字面意思為「絲線馬」）則源自「velocipede」，是帶有雙關意味的詞語[5]；中國於清朝時代則曾稱單車為

「洋馬兒」。這一系列的別稱，都源自單車最初問世的時代。當英國人戲稱德萊斯的滑跑機器為「休閒鐵馬」、「紈褲鐵馬」和「紈褲戰馬」，其實就突顯了兩者再明顯不過的關聯。對於兩者之間的關聯，德萊斯本人自然也明確表態。德萊斯新發明首駕所選的目的地也在意料之中，是設有馬廄畜養驛馬、可換掉疲乏馬匹的史威辛格驛站（Schwetzinger Relaishaus）。[6]

現今單車與汽車的意識型態之爭，還比不上十九世紀單車與馬匹的激烈對決。雙方要爭的，不只是吵鬧和「安靜」運具孰優孰劣的問題。單車與馬匹之戰，代表的是新世界與傳統舊時代之戰，也是城市社會與農業主義之戰，是機器與自然之戰，是進步求新和過時守舊之爭。單車代表充滿希望的迷人願景，馬匹則代表黯淡無望的末日悲途，兩者展開正面對決。

十九世紀早已發生過類似的激烈衝突。數十年前蒸汽機問世時，就曾爆發類似爭議，當時蒸汽機同樣被人稱為「鐵馬」。[7]不過將蒸汽機比喻為馬並不精準。火車是在鐵軌上行進，往返於多個定點之間載運大量旅客。如歷史學家大衛．賀利希（David Herlihy）所形容，單車是個人化的交通工具，是「只聽命於一個人的單匹馬」。[8]單車跟馬匹一樣，可以載送騎乘者出了家門之後直抵目的地，或至少如詩人的巧比妙喻，能夠爬坡翻山、前往遠方：

默駿影沉靜，越谷翻坡嶺，
迅飛如流雲，乘南風順行。

無鞭刺銜勒，健美令心驚；
太陽神座騎，曠野任馳騁。[9]

將單車比喻為駿馬很合理。跨騎於單車的姿勢就如同騎士跨騎於座騎；直至今日，英文中仍稱單車座桿上加裝的軟墊為「saddle」（即「馬鞍」）。早期的單車相關文獻中，作者也用馬匹的特質來形容單車：「腳蹬車很輕巧，會撒嬌般地依偎在你身上，它的步態從容一致」[10]；「它像動物一樣，厚重鎳和搪瓷毛皮之下輕輕震顫，不時發出嗚咽嘶鳴」[11]；「它快跑，它跳躍，忽而人立，忽而打滾，忽而羞怯，忽而飛踢；它靜不下來，動個不停，似乎神經敏感緊繃；騎乘者身下的它宛如活物。」[12]

第一代單車族是在成年之後學騎單車，將難以駕馭的單車想成需要「馴服」的野馬。傑羅姆．克拉普卡．傑羅姆如此描述單車：「它們會使出所有下流招數以擺脫騎乘者，會衝上屋側和牆面，衝進陰溝裡躺平，無緣無故頭上腳下倒立，猛然弓背躍起，與載客馬車和公共馬車作對，只要它們想得到，它們會無所不用其極讓騎乘者吃盡苦頭，直到騎乘者表示有意俯首聽命。」[13]馬克．吐溫於〈馴單車〉（Taming the Bicycle，1886）中記述自己是如何掌握純熟的「高輪車」騎乘技術。[14]他寫道：「我的這輛還未成年，只是匹小馬駒，前輪高五十英寸，踏板高度縮減為四十八英寸，它就跟其他馬駒一樣浮躁不安。」這匹「小馬駒」動不動就想將騎乘者甩下背：

這匹鍍鎳馬兒突然義無反顧朝路緣石歪倒，無論你如何求神禱告，如何使盡力氣要讓它改變主意——你的心懸在半空，上氣不接下氣，雙腿不聽使喚，終究連人帶車直衝過去，你和路

> 緣石之間的距離只剩下幾英尺。……你猛然將車輪**轉向**，總算沒有**直撞**路緣石，而你就在不太友善的花崗岩路緣跌個四腳朝天。

至於那些靠馬匹謀生者，單車帶來了另一種風險。一八一九年正值英格蘭的腳蹬車熱潮最高峰，當時的一幅諷刺蝕刻版畫描繪鐵匠和獸醫對不需釘蹄鐵和診治開藥的新奇「鐵馬」展開報復。[15]畫中的鐵匠揮舞鎚子將單車砸得稀巴爛，騎乘者（當然是紈褲子弟）則摔倒在地，獸醫對他怒目相向，雙手持著巨大針筒作勢要注射藥劑。

畫中情景只是想像，但卻反映了真實的焦慮情緒。從單車問世開始，支持者就推崇單車為划算的馬匹替代品。「不用餵飼料，不用鋪墊料，不用釘蹄鐵，不用請獸醫，可以省下多少開銷！」倫敦一名腳蹬車愛好者於一八一九年寫道，「只要有一鍋黏膠、一袋釘子、一把鎚子和一點油，就一應俱全了；如果『紈褲戰馬』的頭撞掉了，騎乘者只要下車把它重新釘回去就好。」[16]半世紀之後，其中一位最早自稱單車史學家的高達德（J. T. Goddard）也表達了類似的觀點：「我們認為單車這種動物假以時日將大勝馬匹，單車的成本比較低，不用吃喝，不會踢人咬人，不會生病，也不會死亡。」[17]單車製造商充分把握這個賣點。一幀著名的哥倫比亞自行車公司（Columbia Bicycle）廣告就大肆宣傳該公司的高輪車是「唯一一種不用吃喝的套鞍馬匹」。

未必人人都能接受這種比較方式。紐約一名記者於一八六八年撰文嘲笑舉行單車比賽的想法，並描繪連一匹馬都沒有的賽馬場景：「我們或許可以想像各地賽馬場專門辦起這種比賽，數百名興奮的紳士揮舞著馬鞭，但不是抽打各自的座騎，而是互相打頭。」[18]法國漫畫家更進一步描繪單車騎士在賽道上賣力繞圈子，一群賽馬則在主看台的陽傘下方悠閒觀看比賽。[19]單車擁護者提出要參與通常專屬菁英階級的騎馬活動，例如打馬球和攜犬狩獵，莫不引來許多冷嘲熱諷。

但嘲諷諧擬跟不上現實發展的速度。利物浦腳踏車俱樂部（Liverpool Velocipede Club）於一八六九年舉行的比賽中，就納入騎單車擊劍、長矛比武和擲標槍等項目。[20]在英美兩國皆成立了多間單車馬球俱樂部。鄉間的馬術障礙賽也遭單車滲透，原本騎馬進行的比賽如挑營樁（tent pegging）、五月柱織綵（Maypole plaiting）都改為騎單車。仕紳階級也流行起在莊園裡騎單車。一份一八九五年的外交通訊如此描述巴黎的單車風潮：「新的僕役類型於是誕生——打理單車的車僮……這個職務在豪華鄉間別墅不算是閒差，因為訪客蜂擁而來，每個人都會騎單車。」[21]

當時的打趣說法是將單車騎士比作現代「遊俠」（knight-errant），他們的座騎「不是駿馬而是可靠車輪」[22]。最知名的例子見於馬克．吐溫的名著《亞瑟王宮廷的康州美國佬》（*A Connecticut Yankee in King Arthur's Court*，1889），其中一個場景描述整支「單車蘭斯洛」分遣隊，總共「五百名著護甲佩腰帶的騎士騎著單車」絡繹不絕現身。[23]但現實發展再次超越了虛構故事。在一八七〇到一八七一年的普法戰爭（Franco-Prussian War）中，法軍派出單車部隊進行偵察任務。及至一八八〇年代，歐洲各個主要國家的軍隊都有自行車營編制。關於「自行車騎兵」相對於傳統騎兵的優點，戰略專家多有討論。《美國兵役制度期刊》（*Journal of the Military Service Institution of the United States*）主筆於一八九六年撰文指出，自行車在數個重要領域皆優於馬匹：「馬匹受重傷時就成了累贅……再者，單車比較容易藏匿，藏起來以後回頭也比較好找。」[24]

單車在軍事上的最大效益是隱蔽性極佳：「相較於會嘶叫和發出蹄聲的馬匹，無聲無息的單車有顯著優勢。」在戰場上，騎著「靜默駿馬」的士兵能神不知鬼不覺奇襲敵方。第二次波耳戰爭（發生於一八九九至一九〇二年間）成了自行車部隊的重要試驗場，這場醜惡卑劣的戰事之所以爆發，是因為大英帝國和兩個波耳人建立的共和國為爭奪南非土地及其下鑽石和金礦的主控權。英國陸軍步兵帶著配備的折疊自行車首次出現在戰場時，一名奧蘭治自由邦士兵打趣道：「英國佬從不讓人失望，還發明了坐著也能移動的方法。」[25]但英軍和波耳人雙方都發現，自行車很適合當地地形，對該場戰爭中的戰術運用也很有利：部隊騎車移動的速度比徒步更快，又比騎馬更靜悄無聲，在包抄和偷襲時都能占盡上風。

波耳人陣營中負責偵察的「自行車騎士隊」（Wielrijders Rapportgangers Corps）則充分善用單車優勢。帶隊的丹尼爾・特隆（Daniel Theron）曾為突擊隊員，足智多謀、勇猛無畏，有「頂尖騎士」之名。[26]他率領的部隊讓英軍不堪其擾，他們騎自行車穿越茂密灌木叢或橫越開闊原野，在關鍵陣地發動伏擊，炸燬鐵路機場和橋梁，俘擄數百名英軍官兵，也成功救出淪為戰俘的波耳人。英軍總司令羅伯茲爵士（Lord Roberts）稱特隆為「插在英國勢力背上最硬的一根芒刺」。[27]為了消滅僅有一百零八人的波耳人自行車部隊，羅伯茲派出四千人大軍，並懸賞要取特隆的項上人頭。特隆最終於一九〇〇年九月陣亡，當時他獨自深入敵軍後方偵察，卻碰上英軍的菁英騎兵部隊「馬歇爾驍騎」（Marshall's Horse）成員。但特隆的死絕非輕如鴻毛。他開槍射中七名英國騎兵，殺死四人，最後在「爆炸不斷、彈片紛飛的地獄」倒下。[28]英國人記取教訓：特隆死後不久，他們就將自行車部隊人數擴充至原本的四倍。

在民間，還有一場戰爭也打得如火如荼。愛馬人士自有一套名言錦句和酸言冷語：**馬匹站定時不會**

摔倒。你不能輕輕拍撫單車。碰到有什麼迎面而來，馬匹會左閃右避，單車會直撞過去。單車不會倒斃在地留下腐爛屍體。單車陣營則反唇相譏：**騎單車永遠用不上韁繩套索。單車不會沿路排糞搞得臭氣薰天。單車不會倒斃在地留下腐爛屍體。**這些譏諷打趣的話語呼應了層次更高的論述。進步改革派人士爭取改善城市的衛生條件，認為單車優於馬匹，因為單車不像馬匹會汙染街道和傳播疾病。改革人士擁護單車的另一個理由是基於動物福利。美國公理會牧師查爾斯・雪爾頓（Charles Sheldon）於一八九六年出版的小說《跟隨祂的腳蹤行》（*In His Steps*）以大眾琅琅上口的名句「如果是耶穌，祂會怎麼做？」（What would Jesus do?）著稱，他的立場是選擇單車合乎道德：「我想如果是耶穌，祂可能會選單車，既能為自己省下氣力，也能讓動物免於受苦。」[29]

單車與女性主義之間有所關聯，則讓傳統人士倒向支持馬匹的陣營：有人指出婦女只要側鞍騎乘，就能繼續穿著裙襬很長的連身裙，不用改穿騎單車的「新女性」（New Woman）偏好的燈籠褲。另一方面，單車擁護者則推崇單車是比馬車更為陽剛的旅行方式，認為搭乘馬車是削弱男子氣概、「奢華陰柔的交通方式」。

關於單車和馬匹的討論，重點大多放在社會階級。單車最初是「紈褲鐵馬」，是攝政時期菁英階級的玩意兒，經過數十年演變才平民化，成為市井小民也買得起、可替代馬匹的「大眾鐵馬」（people's nag）。一八六〇到七〇年代的「簸顛號」腳蹬車和便士法尋車，皆為中上資產階級地位的象徵。隨著一八八〇年代安全腳踏車問世，情況開始轉變，單車不再是平民百姓買不起的奢侈品。當然，從貝爾格萊維亞（Belgravia）和伯克郡（Berkshire）的豪宅裡仍有「車僮」，可知富裕階級仍然很流行騎單車。但隨著單車逐漸普及至社會各個階層，馬匹則被視為區分階級的標誌。一八九五年一篇報紙社論描繪了某些批評單車者典型的愛慕虛榮表現：「生活中其中一件最有意思的事……是有個年輕人一輩子也只騎過兩、三次馬，就到處跟朋友滔滔不絕講述自己不買單車、租馬來騎，省了好大一筆錢。」[30]從高傲勢利的言談，可以聽出其中藏著戒心，或許還有畏懼。十九世紀末，大批單車湧入擁擠街道，在馬車陣中飛快穿梭，這般瘋狂的場景預示了之後一連串劇變，社會階級的流動將更為頻繁快速。馬車代表上流社會、古老階級和歷史悠久的應得權利；單車代表無政府、暴動造反，是混亂和改變的媒介。「從前區分富人和窮人的唯一標記是什麼？」美國海軍部長約翰・隆格（John D. Long）於一八九九年的演講中問道，「富人可以騎馬，窮人只能走路。」[31]如今這種區隔已經不存，隆格說道：「有單車的人就有自己的座騎，還能濺得馬車裡的人滿臉塵土。」

單車和馬匹之爭不只在隱喻或修辭上。在歐洲和美國，政壇和法律界開始爭論分類的問題：究竟什麼車才是單車？單車只是玩具嗎？或者它是正當合法的交通工具，本身就是「有輪運具」？美國各個城市的市政府制定法規，禁止市民在街道和公園騎單車，而社運人士則藉由告上法院向政府挑戰，也時常騎車上街頭，以直接行動和刻意違法的方式來示威。[32]

單車遭受的批評之一是會嚇到馬匹。大眾認為單車的靜悄無聲會構成威脅：單車常常偷偷摸摸接近馬匹，造成意外事故甚至釀成大亂。有人聲稱馬匹會受到單車驚嚇而「發狂」，將騎乘者摔下地，造成馬車車廂翻覆。依賴馬匹和馬車謀生者如運貨馬車和出租馬車的車夫，更採取攻擊以行使駕馬人士的特權。車夫將馬車橫在路中間阻擋單車通行，合力封鎖道路，甚至指揮馬匹撞倒行進中的單車。如果有騎士將單車停在路旁，回來時會發現無人看管的單車「已經遭運貨馬車的馬匹撞倒在地並踐踏損毀，幾乎看不出原本是一輛單車。」[33]一八九五年，紐約市一名運貨馬車車夫艾米爾・羅培茲（Emil Rothpetz）遭到逮捕，他從運貨同行的馬車後方朝單車騎士吐口水。主審法官裁定將羅培茲還押四天候審，表示希望這項裁決能讓許多「似乎以騷擾單車族為樂」[34]的運貨車夫引以為鑑。

雙方陣營你來我往、互不相讓。單車刊物中，由馬車夫刻意引發的事故和惡行相關報導已是家常便飯。美國單車旅行家暨作家賴曼・赫屈奇・貝格（Lyman Hotchkiss Bagg）著作等身，他以卡爾・克朗（Karl Kron）為筆名發表了多部單車遊記，作品中不乏嘲諷詆毀馬匹和騎馬駕馬車者的尖酸語句。他在一八八七年的巨著《一萬英里單車行》（*Ten Thousand Miles on a Bicycle*）中寫道：「騎乘易受驚嚇又不受控制的馬匹是很危險的休閒活動，樂在其中的人士不值得大書特書，順帶一句短評足矣，事實就是他們會有種怪異的妄想，以為買了一匹馬就同時買了霸占公路的特權。」[35]貝格為那些享有特權的騎馬駕馬車者取的稱號仍沿用至今：「路霸」（Road hog）。

創業家和劇院經理也注意到了單車與馬匹之爭：其中商機無限。一八八〇年代開始，美國的室內運動場和露天會場開始出現單車對戰馬匹的比賽，場場座無虛席。主辦單位在宣傳賽事時往往會賦予某些象徵意義：「新與舊的競賽，對於最先進機械動力與最原始推進助力的考驗」。一八八四年春季於舊金山機械展覽館（Mechanics' Pavilion）舉行的比賽聲名大噪，對陣的雙方分別是騎師查爾斯・安德森（Charles Anderson）以及自行車手路薏絲・亞曼朵（Louise Armaindo）和約翰・普林斯（John Prince）組成的單車隊。這場比賽遵循六日自行車賽的模式，將近一週中每天的賽程都從中午到半夜，考驗雙方的體力和耐力，完成圈數最多、里程最長者獲勝。騎師分配到接近正面看台的外圈賽道，自行車手的賽道不同，是用粉筆在場館地板上標出的內圈賽道。最後安德森勝出，以八百七十四英里的成績擊敗對手的八百七十二英里。但搶盡風頭的卻是亞曼朵，這位加拿大自行車賽車手以浮誇賣弄著稱，贏得了大眾和媒體的注目。「在她的強壯四肢操縱下，單車繞著賽道疾馳，」《上加利福尼亞日報》（*Daily Alta California*）報導寫道，「亞曼朵騎著閃亮機械飛掠而過時，所有馬匹都驚奇地瞪圓雙眼看著她的景象實在滑稽。」[36]

單車對決馬匹的比賽在英國和歐洲也很流行。有時候，這類競賽也成為地緣政治上的小規模「代理人衝突」。來自愛荷華州（Iowa）的山繆・法蘭克林・寇迪（Samuel Franklin Cody）仿效「水牛比爾」（Buffalo Bill），自稱「牛仔之王」，他於一八九三年前往英格蘭和歐陸巡迴演出，到處向頂尖自行車手下戰帖，比賽吸引了大批觀眾，相關報導更是鋪天蓋地。[37]

寇迪是天生的行銷高手。他的八字鬍自然垂落，戴著寬邊帽，穿著鹿皮夾克，在受訪時口沫橫飛吹噓自己偷盜牛群、跟印第安部落蘇族（Sioux）打仗的豐功偉業。寇迪參加過的比賽中，最為人所知的是一八九三年十月於巴黎郊區勒瓦盧瓦－佩雷（Levallois-Perret）舉行的賽事，對手是法國自行車手迪耶普的邁耶（Meyer de Dieppe），吸引了數千人前來觀賽。這場賽事迎合歐洲觀眾的偏見，刻意將「新世界」形塑成一片很老派的大陸，盡是服裝五顏六色的鄉巴佬騎著馬在廣闊平原遊蕩。相較之下，歐洲則是單車的發源地——是都市化、科技和未來之地。寇迪不只在勒瓦盧瓦－佩雷的比賽中擊敗邁耶，之後在歐洲多地的賽事也數度獲勝，或許老派美國與先進歐洲的對比讓歐洲觀眾對於比賽結果稍感釋懷。據稱寇迪贏得比賽獎金之外，自己還在外圍賭盤下注，發了一筆小財。他也獲得新綽號，各家報紙封這位「牛仔之王」為「自行車殺手」[38]。

然而蒙福承受地土的會是單車族，至少在一八九〇年代看起來是如此。*美國的「單車行動主義」於一八九六年總統大選達到巔峰，共和黨候選人威廉・麥金利（William McKinley）和民主黨候選人威廉・詹寧斯・布萊恩（William Jennings Bryan）都爭取美國自行車手聯盟（League of American Wheelmen，LAW）[39]為自己站台，以確保吸引「單車陣營」選民的選票。該聯盟在一八八〇年由哥倫比亞自行車公司大亨艾伯特・波普（Albert A. Pope）於羅德島州紐波特（Newport, Rhode Island）成立，結合數千個地方單車社團組成全國組織，並整合了單車政策遊說團體的力量。聯盟成立初期，成員大多是上流社會的紳士（包括約翰・洛克菲勒〔John D. Rockefeller〕、約翰・雅各・阿斯特〔John Jacob Astor〕和其他「鍍金時代」〔Gilded Age〕的富豪巨賈）。到了麥金利和布萊恩競選總統的時候，美國自行車手聯盟成員人數超過十萬，實力雄厚且具備相當的民意基礎。該聯盟也奉行種族主義。該聯盟的組織章程於一八九四年獲批准施行，明文禁止非白人取得會員資格；由於聯盟擔任美國自行車賽事的監管機構，也禁止非白人選手參與美國大多數的自行車比賽。美國自行車手聯盟一八九七年的年度大會於費城召開，為期四天，會期最後以一場「盛大單車遊行」[40]告終，集結了兩萬五千名成員扮裝騎單車遊行，很多騎士塗黑臉扮裝，或扮成「日本人、印第安人、愛斯基摩人……和南太平洋島民」等不同民族或種族。（聯盟總會和地方分會辦活動以「黑臉走唱秀」〔minstrel-show〕表演為主軸之一，已有數十年歷史，許多與聯盟有關的單車遊行和示威活動，也以有成員塗黑臉扮裝為特色。[41]）聯盟成立後的數十年間兩度解散又重組（英文名稱後改為「League of American Bicyclists」），直到一九九九年才正式廢除種族歧視的禁令。

美國自行車手聯盟或許稱不上是社會進步派，但頗具政治手腕和遠見。他們的成立宗旨是集合所有成員之力推行「造好路運動」，推動清除所有「沙土礫石和泥坑」[42]，以及建立連結遼闊國土的路網，在美國所有城市和鄉村鋪遍安全平整的街道和公路。英格蘭也有團體發起類似運動，歐洲則早在數十年前就開始於既有道路鋪上碎石。但在美國，尤其是市區以外的區域，道路品質亟需改善。「一個國家如果不因應改善公路品質，絕不可能發展出更先進的文明。」波普於一八九三年致美國國會的公開信中寫道。[43]信中用語值得注意。如美國自行車手聯盟所強調，他們的目標不只是要推動美國現代化，還希望讓美國更為文明，讓這個年輕的國家能與歐洲並駕齊驅，遵行擴張主義讓殖民者建立的國家持續發展出更加「先進」的文明。其實北美大陸上的既有道路多為原住民部族的徑道，聯盟不去點破這個事實，但是大家心照不宣。事實證明，對於艾伯特・波普這樣的單車大亨來說，造好路就代表賺大錢。

即使至今已遭大多數人遺忘，造好路運動卻是美國歷史上其中一項影響最為深遠的改革運動。這個運動無疑對於單車、馬匹，以及它們分別在美國人生活中的地位都有很重大的影響。單車的「當然歸宿」是城市；建造深入美國內陸的單車族友善道路，即是擴大單車族的地盤，讓「鐵馬」侵入原本屬於馬匹的領域。

在一八九〇年代中葉的美國，馬匹在多個方面的使用逐漸式微。馬匹市場蕭條，一般認為是單車熱潮所造成。一八九七年，紐約《太陽報》（*The Sun*）報導乾草銷量暴跌，指出原因是「馬匹的使用已在各方面遭到單車大幅取代」[44]，而馬車製造商和馬匹租賃業者的生意愈來愈清淡也是單車造成。報導也指出，馬匹貿易商開始改行為單車業者：「馬鞍和挽具製造商……轉而製作單車座墊。騎術學校也轉型

＊譯註：此句可能引用《馬太福音》第五章第五節：「溫柔的人有福了！因為他們必承受地土。」的典故。

成單車學校。」[45]

歷史學者認為，單車在這個變遷時期扮演的角色可能遭到誇大，還有其他因素也牽涉其中，例如一八九〇年代的通貨緊縮，以及路面電車取代馬拉街車，這些因素對於馬匹的式微或許影響更大。但在十九、二十世紀之交，民眾對於相關議題的看法很悲觀：「馬匹主宰的時代告終，以後就永遠是單車的天下。」[46]在這個時期，馬匹在大眾心目中有了全新形象，既是理想化的溫馴可愛動物，會在原野上玩耍嬉鬧，同時也遭貶低為「馴服不了的野獸」、「任性不可靠的畜生」，會為城市帶來髒亂和疾病，「應該待在鄉下」[47]。不論將馬匹視為聖獸或是賤畜，馬匹無疑已跟不上時代，對於單車代表的進步發展來說是種阻礙。

當然，二十世紀進步發展的領頭者並非單車。第一部福特（Ford）T型車於一九〇八年自底特律出廠。隔年美國全國單車銷量僅為十六萬輛[48]，相較於十年前的年銷量一百二十萬輛可說是銳減。單車在歐洲遭到邊緣化的時間拉得比較長，但註定會遭到來勢洶洶的機動車輛取代。未來並不屬於靜默駿馬，而是屬於裝上四輪、配備內燃機轟隆運轉的「無馬車」（horseless carriage）。

現今關於單車和汽車的論辯，重演了單車和馬匹之爭時期的許多論辯。在汽車文化中，單車是討人厭的老古董，行動遲緩又愛擋路。單車陣營訴諸道德的主張則似曾相識。就如同十九世紀晚期的單車族痛斥馬匹造成汙染，現今的單車擁護者也口口聲聲說汽車造成環境汙染、有害大眾健康。汽車還有一點也常引起不滿：單車陣營指稱被汽車堵得水洩不通的城市「嘈雜喧囂如在地獄」[49]，引發各種「壓力相關疾病」。[50]

至於馬匹雖已不在交通運輸論辯範圍之內，牠們的身影卻在大眾意識中縈繞不去。車輛製造商在計算引擎功率時，仍舊以「馬力」（horsepower）為單位。在單車史裡，仍可不時看到馬匹的蹤影。在美國的一九五〇到六〇年代，馬匹成了單車產業包裝行銷兒童腳踏車的賣點。[51]製造商將「男孩的腳踏車」車款命名為「野馬」、「牛仔小霸王」（Hopalong Cassidy）或「少年遊俠」（Juvenile Ranger），塑造神祕的西部荒野風情，在這裡奔馳的野馬需要英勇牛仔前來馴服。腳踏車則有「駿馬黑」、「帕洛米諾金褐」（Palomino Tan）等顏色可選[52]，很多車款還附送「牛仔」必備配件。摩納克・銀王公司（Monark Silver King Company）推出的「金・奧崔西部腳踏車」（Gene Autry Western Bike）車架鑲有水鑽，座墊套有仿馬鞍的流蘇，下方裝設蹄鐵造型反光片，還附贈「正宗金・奧崔款紅柄手槍及真皮槍套」。[53]郊區的孩子騎著腳踏車，幻想自己策馬在蠻荒西部馳騁，而他們夢想中的西部早已湮沒於長達數英里的瀝青和混凝土道路之下，也就是州際公路系統——這個優良路網的規模遠比美國自行車手聯盟的高瞻遠矚之士想像得更大，而且更不適合單車通行。

喜劇可說是保存歷史的一種形式。數十年前的單車與馬匹之爭如今捲土重來，成了視覺雙關的笑點所在。我近年在紐約市已經看過好幾輛在車手把加裝塑膠馬頭的單車，這種玩笑屢見不鮮。在網路上可以找到不少「鐵馬扮真馬」的照片，有戴上紙漿雕塑馬頭的單車擔任「單車臨界量」遊行隊伍的開路先鋒，有單車騎士在上管綑上孩童玩的木馬，也有三輪車在後輪之間加裝特殊風格的馬尾巴。「單車加獨角獸」的混生種也很熱門。

數年前，一家倫敦設計公司開始行銷一種號稱「領先全世界的混生單車馬」裝置。[54]這種名為「躂蹄飛」（Trotify）是由兩塊椰子殼組成的小配件，可以裝在單車前煞車卡鉗上，椰子殼在單車前行時會相互敲擊。詭異的是，敲擊聲響竟然很像馬匹小跑時的踢躂蹄聲，這種音效可能會讓前方的單車騎士大吃一驚，他們聽到會以為後方有馬匹銜著自己撒蹄疾奔。「靜默駿馬」不再靜默。單車車輪轉動時幾乎靜悄無聲，「蹉蹄飛」卻敲擊出屬於往昔的古老節奏：**踼躂**——**踼躂**——**踼躂**。

第五章

一八九〇年代的單車熱

《整條路上他們最大！》（*The Biggest People on the Road!*）。一八九六年五月紐約《潑克》（*Puck*）雜誌封面插畫，路易斯．達林普（Louis Dalrymple）繪。

一八九九年，《阿克倫民主日報》（*Akron Daily Democrat*）（俄亥俄州阿克倫市〔Akron〕）*

克里斯．海勒（Chris Heller）以妻子蕾娜．海勒（Lena Heller）嚴重忽視自己為由，向普通法院訴請離婚。他舉出的證據之一是妻子荒廢家務，拒絕打理家事或準備三餐。他說妻子是單車熱潮的受害者，幾乎整天都跟著一些完全不懂規矩的遊伴一起騎單車。[1]

一八九六年，《威契托老鷹日報》（*The Wichita Daily Eagle*）（堪薩斯州威契托市〔Wichita〕）

單車有了新的角色，以幸福家庭破壞者之姿現身。在此論及的女子是艾爾瑪．丹尼森太太（Mrs. Elma J. Dennison），先前住在布魯克林區（Brooklyn）第五街五百一十三號，二十三歲的她是「單車女孩」，騎男用單車，穿著布魯默褲。她在一八九二年與查爾斯．丹尼森（Charles H. Dennison）結婚後全心全意操持家務，很快就因為兩個漂亮寶寶先後來報到而更加忙碌。

之後在某個不幸的時刻，丹尼森先生送給妻子一輛單車。丹尼森先生說妻子從此對單車陷入狂熱，甚至到了拋夫棄子、不顧家庭的地步。丹尼森太太從此只為了單車而活，日子都在單車上度過。她很快就把自己的淑女車換成男用單車，然後不穿裙裝改穿褲裝。她聲稱丈夫從那時候開始就對她很冷酷，因此她最後不得不離開他。如今她已經訴請分居，事由是丈夫冷酷無情。丹尼森先生主張妻子愛騎單車到走火入魔的程度，並提供一封妻子最近寄來的信作為佐證，信件內容如後：「親愛的夫君：到第三街和第七大道的轉角來找我，請幫忙攜來我的黑色布魯默褲、油壺和單車扳手。」[2]

一八九六年，《世界報》（*The World*）（紐約州紐約市）

亨利・克里廷（Henry Cleating）和妻子原本生活幸福美滿，一起住在紐澤西州帕特森（Paterson）附近的巴特勒（Butler），而今卻為了妻子的單車和鮮紅布魯默褲互相向法院訴請離婚。克里廷先生於上週六公開聲明，由於妻子堅持穿布魯默褲、長時間外出騎單車且疏於打理家務，他將向法院訴請裁判離婚。克里廷太太則辯稱，上週三她騎單車出門後返家，丈夫從屋內衝出來大力拉扯她下車，以致她的鮮紅布魯默褲被扯得破破爛爛。據她指稱，在她面紅耳赤尖叫著逃入屋內時，克里廷先生取來一把斧頭劈砍單車，砍到輻條彎折變形、輪胎破裂、管材全毀。該條布魯默褲已經無法穿著，但將陳列作為離婚官司的證物。[3]

一八九一年，《艾塞克斯旗報》（*The Essex Standard*）（英國艾塞克斯郡科徹斯特〔Colchester, Essex〕）

菲利浦・皮爾斯（Philip Pearce）別名史普節（Spurgeon），十五歲，住址為斯托克紐因頓區華威路（Warwick Road, Stoke Newington）九號，偷竊汀道街（Tindal Street）艾弗雷・布恩（Alfred Boon）先生的單車罪名成立，七月二十四日遭切姆斯福德治安法庭（Chelmsford Magistrates）判處一個月苦役，於

＊本章內容皆摘錄自一八九〇到一八九九年間的報章雜誌文章以及專門的學術和醫學期刊內文。大多數片段皆依照原文逐字謄錄；為了讓敘述更為通暢易懂，有部分片段經過筆者編修精簡，並酌予刪除可能造成讀者困惑的特定時代用語及指涉。

八月二十二日獲釋，旋即因涉嫌偷竊其他單車再度遭到逮捕。其父表示，孩子平常乖巧單純，直到復活節前都還待在倫敦的消費合作社（Co-Operative Stores），後來陷入「單車熱」，從此就無藥可救。[4]

一八九五年，《新聞論壇報》（*The Journal and Tribune*）（田納西州諾克斯維爾市〔Knoxville〕）

七月十一日週四，他們抵達紐約州的格倫島（Glen Island）。他們自己帶了單車來，自稱姓卡斯頓（Carlston），一個叫約翰，另一個叫彼得，都在賓州唸大學。兩人來找工作皆獲錄取，約翰被安排到餐廳當服務生。他們很常騎單車四處遊逛，吸引不少人注意。昨晚約翰前去招呼一名男客，他走近男客那桌，手中的托盤掉在地上，然後就跑走了。男客跳起來去追約翰，領班追在這位年長男客身後攔住他。

「那個服務生是我女兒小緹（Tillie），」年長男客說，「她女扮男裝。」

後來有人發現兩名年輕「小伙子」躲在房間裡哭成淚人兒。她們坦承不諱，說亨利．卡斯頓（Henry Carlston）是她們的父親，她們家在芝加哥的橡樹園市（Oak Park）附近。

「我在芝加哥與西北鐵路公司（Chicago & Northwestern Railroad）的審計部門工作，」卡斯頓先生表示，「那兩個都是我女兒，自稱約翰那個是二十歲的瑪緹妲（Matilda），你們叫彼得的那個是十八歲的哈莉葉（Harriet）。」

「會這樣全都要怪她們迷上單車，」他接著說，「兩姊妹都堅持要買單車，然後改穿布魯默褲，最後乾脆全身都換穿男裝。」[5]

一八九六年，《第蒙紀事報》（*The Des Moines Register*）（愛荷華州第蒙市〔Des Moines〕）

警方於週日揭發一起極端殘酷的案件：曾任市參議員的法蘭克．狄耶茲（Frank Dietz）為了防止女兒出門，用捆吊原木的沉重鏈條綁住女兒一腳。狄耶茲的女兒想要出門騎單車，但是狄耶茲不准，他擔心女兒可能趁自己不在家時偷溜，於是用鏈條綁人。[6]

一八九五年，《阿倫市領袖報》（*The Allentown Leader*）（賓州阿倫市〔Allentown〕）。

根據來自紐約州尤納迪拉鎮（Unadilla）的通訊報導，一位準岳母反對單車和布魯默褲，卻促成了新奇的單車婚禮。法蘭克．摩西（Frank Moses）太太在十七歲的女兒芙羅倫絲（Florence）買了單車跟布魯默褲之後，處處和女兒作對。

她兩度在步道上撒圖釘，想要刺破單車輪胎，還有一次在單車上潑漆，幾乎毀了女兒的布魯默褲。摩西太太認為女兒會改穿布魯默褲，是受到常陪她出門的傑洛姆．史諾（Jerome Snow）誘導。上週史諾先生登門拜訪，邀請摩西小姐參加單車聚會，摩西太太將他趕出去，不准他再上門。

芙羅倫絲就在此時現身，已經換好一身準備騎單車出遊的打扮，她和史諾先生兩人匆忙離開，身影很快隱沒在道路另一頭。兩人騎了數英里，邊談論著家裡的不愉快，年輕的史諾先生忽然大喊：

「我們今晚來辦一場單車婚禮，問題就解決了。」

「好啊，」摩西小姐說，「牧師人在哪？」

這對年輕男女很快就和其他參加單車聚會的成員會合，其中一名成員是牧師米德（Mead）先生。

在安排好必要事項之後，牧師開始主持證婚儀式，得到兩人回答「我願意」後宣告兩人結為夫婦，同時三人都以時速十英里的速度騎著單車。[7]

一八九五年，《世紀圖畫月刊》（*The Century Illustrated Monthly Magazine*）（紐約州紐約市）

單車可說是現代世界一股無與倫比的改革力量。事實上，它正在做的，是讓人類有史以來首度裝上輪子。想到人類的移動速度從此變快的程度，而且很輕易就能達到自給自足不假外求，萬事萬物皆會產生新的秩序，會有繁多且激進的需求應運而生，社會自然必須大幅改變方能滿足這些需求，實質上等同重塑整個世界。[8]

一八九六年，《芒西雜誌》（*Munsey's Magazine*）（紐約州紐約市）

單車在各處文明的土地上已經為大眾所熟悉，甚至已經傳入地球上某些最蠻荒原始的角落。歐洲的皇親貴胄和美國的社會名流一樣，立刻迷上單車。年輕的俄國沙皇尼古拉二世（Czar Nicholas）曾留下騎乘單車的照片。沙皇的親戚希臘國王喬治一世（George of Greece）和丹麥王子查爾斯（Charles of Denmark）也是單車迷，兩人的身材在歐洲君主王公中算是數一數二高大。丹麥王子不久前才教未婚妻、綽號「哈利」的威爾斯的莫德公主（Princess "Harry" of Wales）學會騎單車——露易絲公主（Princess Louise）和其他數名維多利亞女王家族成員也都達成了學會騎單車的壯舉。法國兩個分別有王位繼承權的世系子嗣在單車界皆有一席之地，拿破崙親王（Prince Napoleon）和奧爾良的亨利王子（Prince Henry of Orleans）都愛騎單車。拿破崙親王的親戚奧斯塔公爵夫人（Duchess of Aosta）穿著大膽開放的衣裝在杜林（Turin）大街上騎起單車風馳電掣，讓她個性沉靜的大伯義大利國王翁貝托一世（King Humbert）面子有點掛不住。

在鄂圖曼帝國，政府很快就認定單車是「魔鬼的車駕」，在蘇丹統治的疆土一律禁止騎乘；然而如今在君士坦丁堡（Constantinople）、士麥那（Smyrna）和薩洛尼卡（Salonica）這三個城市，據說騎單車者已超過千人。單車也傳入埃及，人面獅身像漠然俯望。在黑暗大陸另一端，英國殖民者不僅引入單車，還帶來了網球拍和板球棒。世界各地的故事如出一轍，里約熱內盧（Rio de Janeiro）多了一條精心打造的單車賽道，而統治喀布爾（Cabul）的埃米爾（Ameer）最近才委託訂製一批單車要送給他的後宮嬪妃。[9]

一八九七年，《蒙夕晚報》（*The Muncie Evening Press*）（印第安納州蒙夕市〔Muncie〕）

美國製單車已於阿拉伯半島現蹤，目前為止地球上還未出現美國單車的區域，只剩下北極圈以北和南極圈以南。[10]

一八九六年，《紐約新聞報》（*The Journal*）（紐約州紐約市）

自腓尼基人（Phoenicians）時代以來關於商務貿易和金錢交易的奇聞軼事中，最震撼人心者首推單車的故事。

單車這種玩具問世短短五年來，就讓國際貿易完全翻盤。過去曾發生過南海泡沫事件（South Sea bubbles），也發生過淘金熱、「挖煤熱」和「石油熱」，但這些搶發財的熱潮都比不上單車熱潮，單車熱潮讓人類文明為之沸騰。

五年前在美國的遼闊國土上，製造或販售的單車總數不到六萬輛，殷實生意人對這種「玩意」不但興趣缺缺，還嗤笑挖苦。

注意，情況已經大為不同。在耶穌紀元第一八九六年或充氣輪胎之年，一百萬顆輪胎中多達五分之四皆在美國市場販售。

單車產業龍頭廠商表示，每輛單車平均售價為八十美金。乘乘看。僅僅今年一年在美國，購買單車的消費總金額將達到六千六百萬美金。這個世界已經瘋狂迷上單車。

這個基督教國家不分男女老少，所有人都在騎單車。「營業時間」如今成了必須安排在兩趟騎單車出遊行程之間的休息時間。只要單車店門庭若市，肉販、烘焙師傅和蠟燭製匠的生意就清淡了。

上教堂？沒人記得。主日？是騎單車日。上劇院看戲？老套落伍。騎馬？紳士的同伴和身分象徵，在公路上吃草的牲畜。珠寶？手表？衣裝？

以前經營這些產業的廠商全都轉型，把機器拿來生產橡膠輪胎和滾珠軸承。菸草已遭遺忘。葡萄酒以前嘲弄其他對象，現在自己成了嘲弄對象。這年頭，單車和薑汁汽水才是王道。鐵路公司股票變壁紙。政治已經變得只是在滿足單車族的願望。[11]

一八九六年，《論壇雜誌》（*The Forum*）（紐約州紐約市）

這股全新力量在經濟層面對於人類事務造成的影響，提供了不少新奇有趣的素材。抗議聲浪最大的莫過於製表業和珠寶業，許多從業者乾脆改行製造單車。

據菸草產業刊物指出，平均每日雪茄消耗量今年已銳減至每日一百萬支，而從全國真正開始「瘋單車」之後，減少的雪茄消耗量總計已達七億支。裁縫師說生意掉了至少兩成半，因為顧客的外出服不再像從前很快就耗損，他們大部分時間都在騎單車，而他們需要單車裝時是直接去買成衣。製鞋匠說他們的生意慘澹，因為大家都不再走很遠的路。

製帽匠說他們大受打擊，因為單車族出門都戴便宜鴨舌帽，很少戴或根本不再需要比較昂貴的帽子。一名製帽同業公會成員氣憤不已，提議籲請國會立法強迫每名單車騎士每年至少購買兩頂呢帽。

酒館業者表示他們跟其他產業一樣生意蕭條，到了愜意的晚間時段卻乏人問津，單車族就算來光顧，也只喝啤酒跟無酒精飲料。還有其他諸多大受衝擊的行業滿腹怨言，難以一一列舉，但筆者不再贅述，只想再舉一個或許最打動人心的例子。紐約市一名理髮師如此抒發他的心聲：「我的生意已經做不下去了，全被單車給毀了。在大家陷入單車狂熱之前，客人習慣週六下午過來刮個鬍子、理個頭髮，或許再洗個頭，因為他們晚上要帶女伴去看戲或到哪個地方遊玩。現在他們出門都騎單車，不再在乎儀容是否整潔。我們的理容生意就這樣一落千丈，一個男人如果今天懶得刮鬍子，明天就更不可能上門理髮修臉，出門前上理髮廳的習慣從此一去不復返。」[12]

一八九七年，《安納康達旗報》（*Anaconda Standard*）（蒙大拿州安納康達〔Anaconda〕）

芝加哥的湯瑪斯·葛列格里（Thomas B. Gregory）牧師嚴詞痛斥單車，說單車對心智造成威脅，破壞閱讀風氣。從前座無虛席的閱讀室和圖書館，如今空蕩荒廢。他說單車也對健康造成威脅，引發心臟疾病、腎臟病變、癆病和各式各樣的神經系統疾患。單車也對家庭倫理美德造成威脅，引發家庭失和甚至整個家庭分崩離析，父母親外出騎車兜風，任憑兒女在家自生自滅或流落街頭。單車也妨害善良風俗，誘使婦女不知檢點。女人的矜持自守是全能上帝賜予的美好節操，女人不懂潔身自愛即是讓自己處於險境危地。女人若是失去女性氣質，會做出什麼事就很難說了。許許多多的年輕男女原本得以倖免，但卻因為騎單車而步向無盡墮落之途。[13]

一八九五年，《奧什科什西北新聞報》（*The Oshkosh Northwestern*）（威斯康辛州奧什科什〔Oshkosh〕）

任何有益健康的休閒娛樂，一旦成了耽溺狂熱，就不再有益健康。醫師新創了「單車病態」（bicychloris）一詞，來形容騎乘單車過度以致面容蒼白無血色、精疲力竭的狀態。[14]

一八九三年，《水牛城快報》（*Buffalo Courier*）（紐約州水牛城〔Buffalo〕）

醫界似乎一致認同有所謂「單車病」，任誰只要看到有人埋頭屈身騎著單車死命向前衝，彷彿後頭有草原大火延燒或有一群野蠻印第安人緊追不放，絕不會對這種病症有一絲懷疑。單車族為了確保使出最大的力氣以最高速行進，所擺出的埋頭屈身姿勢，造成背部脊椎不自然的屈曲，不僅身形姿態不美觀，對於十四歲以下的少年更可能帶來不良後果，嚴重者甚至可能致命。[15]

一八九六年，《醫學時代》（*The Medical Age*）（密西根州底特律）

騎單車往往是嚴重直腸疾患發生的主因或刺激原因，對直腸造成的影響皆有惡化之虞。裂傷、痔瘡和肛門搔癢症皆由騎單車所致，除非戒騎單車，否則採用任何療法都難以治癒。

在急性腹瀉案例中，患者的肛門因為頻繁排出水便而擦傷，直腸黏膜此時充血且多半已經發炎，此時騎單車無異火上澆油，往往直接造成裂傷、直腸潰瘍或內痔。

約翰．戴維森（John T. Davidson）醫師相信過度騎乘單車將導致男性不育，尤其是曾患淋病以致尿道深處過度敏感者。[16]

一八九六年，《每日前哨報》（*The Daily Sentinel*）（科羅拉多州格蘭姜欣〔Grand Junction〕）

在騎單車造成的所有畸形病變中，以面容焦慮緊繃的「單車臉」最為明顯。這種病症十分常見，不足為奇，為免浪費寶貴篇幅，此處不再贅述。

「單車頸」的問題也日漸顯著。凡是風和日麗的日子，幾乎都能在大道上看到「單車臂」患者。騎單車成癮者騎車時總是盡量將雙手手肘向外突出，他平常太習慣這種不尋常的姿勢，在不騎車時會發現自己幾乎沒辦法打直手臂改換不同姿勢。

「單車腿」也是這種特殊單車癮症者的特徵之一，他們通常是X形腿，小腿肚呈現異常發展。這種特殊的身形姿勢會讓他們變成腳趾向內的「單車腳」，類似「內八腳」。

單車族任性恣意騎車、飆車和競速，於是形成人類中的特殊樣本：拉長的面容焦慮緊繃、歪脖狹胸、聳肩駝背、X形腿加內八腳。[17]

一八九八年，《查塔努加每日時報》（*Chattanooga Daily Times*）（田納西州查塔努加〔Chattanooga〕）

歪臉拱背的「人猴」或所謂「飆車族」（scorcher）再次四處撒野。飆車族對於所有行人和正派單車族都是威脅，應該加以遏止。警方應該大規模取締飆車族，一找到就立即拘捕。飆車族不注重自身安全並不重要；重要的是這種人視其他人的安全為無物。讓飆車族在縣監獄裡獨自坐上幾天牢，將帶來教化向善的效果。[18]

一八九六年，《多倫多週六夜》（*Toronto Saturday Night*）（加拿大多倫多）

單車狂熱分子應遭就地槍決。用騎單車「成癮者」一詞來形容已經不再恰當，因為「成癮者」還有大腦，但狂熱分子是魯莽惡質、不負責任、惹人厭惡的傢伙，不值得同情。他們的最新把戲是沿著學院街（College Street）馬路與人行道之間的草地飆車，看到其他人騎單車駛近時便大喊「讓路」，錯車時非但不減速，反倒加速通過，嚇壞不熟悉此種流氓無賴之舉的婦女，有時更害人害己，不僅嚇到迎面而來的單車騎士，甚至對撞造成嚴重事故。拜託，送一台電車來將他輾過吧！[19]

一八九七年，《聖保羅環球報》（*Saint Paul Globe*）（明尼蘇達州聖保羅〔Saint Paul〕）

騎單車的婦女感染一種新的狂熱症，令法國各地醫生大為困惑。這些女騎士原本極富女性特質，如今卻變得極端冷酷。

第一個引起各方注意的案例是尤金妮・香堤伊（Eugenie Chantilly）女士。她個性開朗熱情，騎單車已有很長一段時間，甚至出遠門訪友時也會攜帶單車。某次她前往巴黎拜訪少女時代的好友亨莉・傅尼葉（Henry Fournier）女士時，卻出現了某種古怪症狀。招待她的傅尼葉女士也騎單車，兩人某天早上一起沿著巴黎數條知名的大道騎車。

到了巴黎植物園（Jardin des Plantes）附近時，傅尼葉女士忽然加速超車，領先之後愈騎愈遠，然後大笑著回頭對朋友喊道：「待會見囉，好姊妹。」講述此事經過的是傅尼葉女士，她沒有聽到香堤伊女士出聲回應，不久後又再回頭張望，卻看到朋友以駭人的高速朝她直衝過來。她靠向一側，想說香堤伊女士騎近時可能來不及煞住，但令她驚恐的是，香堤伊女士竟然故意將車頭對準她直直撞來。傅尼葉女士閃避不及，香堤伊女士的單車撞了上來，將她連人帶車撞翻在地。香堤伊女士接著倒退一點，然後以迅雷不及掩耳的速度騎過來，車輪直接輾過趴伏在地的傅尼葉女士。

傅尼葉女士嚇得大聲尖叫，想要站起身來，卻被怒氣沖沖的朋友反覆騎車撞倒，直到有人趕來救援，她才免於繼續遭到香堤伊女士攻擊。

傅尼葉女士的傷勢相當嚴重，須由內科醫師接連數天持續照料。醫師對於這番奇特的攻擊行為很感興趣，費了一番工夫深入調查，還聯絡前去檢查香堤伊女士的精神病專家。

綜觀整起事件，兩名醫學專家判斷他們發現了一種完全由單車造成的新疾病。在他們的呼籲之下，法國各地發起深入調查。結果發現有十七名婦女也展現同樣難以克制的欲望，她們抓到機會就傷害與自己相同性別的單車騎士。醫師們還發現其他證據，證明這種狂熱症患者對於自己任何殘酷無情的舉動，都會由衷感到愉快滿足。一名婦女被人發現會虐待自己家的狗，有人問她為什麼這麼做，她說自己是在示範西班牙異端裁判所的酷刑。[20]

一八九四年，《芝加哥論壇報》（*The Chicago Tribune*）（伊利諾州芝加哥）

依筆者之見，問題在於：是單車族孕育了新女性，或是新女性孕育了單車族？她們之間絕對有淵源。

騎單車優美嗎？何來此問！女子棲於小巧座墊，在單車上努力保持平衡，唯有不雅二字可以形容。她騎車行進時雙手雙腳一齊擺動，讓筆者聯想到八爪章魚。[21]

一八九六年，《內布拉斯加州報》（*The Nebraska State Journal*）（內布拉斯加州林肯市〔Lincoln〕）

婦女救援聯盟（Women's Rescue League）會長夏洛特．史密斯（Charlotte Smith）小姐表示，騎單車對女性來說是「引領她們直直走向惡魔」，建議國會通過禁止婦女騎單車的法案。[22]

一八九五年，《美國產科及婦幼疾病期刊》（*The American Journal of Obstetrics and Diseases of Women and Children*）（紐約州紐約市）

外界對於婦女騎乘單車之舉已嚴正表示反對，此事如果屬實，吾等日後建議從事此活動時將極為審慎小心。據稱，騎乘單車者會開始自瀆或養成這樣的習慣。

在特定情況下，單車座墊可能引發甚至助長這個可怕的習慣，這一點完全可以想像。每輛單車的座墊皆可調整成斜翹向上，而調整座墊的彈簧就能綳緊或放鬆三角形皮革面。如此一來，女性只要讓座墊前端鞍頭翹高，或是讓繃緊的皮革面放鬆形成有如吊床的深凹面，恰好可以抵住整個外陰並往前延伸，她在騎乘時就得以利用座墊持續摩擦陰蒂和陰唇。如果女性將身體前傾，還能大大加強摩擦力道，而持續騎車過程中產生的暖熱感可能會讓快感更為強烈。[23]

一八九五年，《醫學世界》（*The Medical World*）（賓州費城）

關於這個課題，筆者深感有必要向諸位弟兄同行開誠布公。吾等手邊要處理的性事問題難道還不夠多，需要打開潘朵拉的盒子，從裡頭再拖一輛單車出來嗎？如今為純潔少女帶來性意識啟蒙的，將會是她第一次騎單車的經驗，每思及此，令人不由得悚然心驚。願神拯救我國少女，讓她們永保清純貞潔！[24]

一八九七年，《辛辛那提刺胳針－臨床醫學期刊》（*The Cincinnati Lancet-Clinic*）（俄亥俄州辛辛那提〔Cincinnati〕）

很快談談男性和女性一同騎乘的雙人自行車（tandem）。男女共騎一輛雙人自行車，青春期少女以或許可說是衝刺的姿勢向前傾身，在她後方的小子則擺出牛蛙跳躍的姿勢，兩人同時運動雙腿——如此畫面說得含蓄一點，確實有礙風化。各市、各鎮、各州都應嚴格取締此種妨害公序良俗之行為，杜絕大街上男女共騎雙人自行車的亂象。[25]

一八九六年，《太陽報》（紐約州紐約市）

大道上的單車族稱她為「黑衣女子」，違警罪法庭（police court）紀錄中稱她為凱莉．魏騰（Carrie Witten）。兩個名字很可能都近乎正確。她會出現在違警罪法庭紀錄裡，是因為她嫌棄正常的騎車步調，帶了一名異性伴侶一起騎車，也和他一起出庭。他們出雙入對，一起騎雙人自行車，一起遭到逮捕，一起接受傳訊。

魏騰小姐在任何方面都絕對稱不上呆板無趣，此點已是眾所皆知。她平常的騎單車裝束包括時髦的黑帽、入時的黑外套、合身的黑色燈籠褲（再怎麼發揮想像力也不會想成布魯默褲）和黑絲長筒襪。再者，魏騰小姐無論作何種打扮，都十分漂亮迷人。她以一身黑的撩人裝扮在大道上騎車，不僅時常騎快車觸法，甚至引誘其他人（主要是男性）為了貪看美色而違法犯紀。26

一八九六年，《切爾滕納姆紀事報》（*Cheltenham Chronicle*）（英國格洛斯特郡切爾滕納姆〔Cheltenham, Gloucestershire〕）

在巴特西公園（Battersea Park）發生了一件怪事。旺茲沃思公園（Wandsworth Common）的著名女單車騎士巴洛小姐（Miss Barlow）於下午三點鐘左右騎車進入公園。數名少年無疑因為看到巴洛小姐穿著「布魯默褲」而非傳統長裙，於是一起追趕她，他們的叫嚷聲很快吸引一群流氓加入追趕行列。巴洛小姐躲進湖濱小屋裡暫避，少年和流氓群情激動圍住小屋。最後警方前來解救巴洛小姐，她才得以離開公園。27

一八九七年，《輿論週刊》（*Public Opinion*）（紐約州紐約市）

五月二十一日英國劍橋外電報導：劍橋大學（Cambridge University）今日以一千七百一十三票對六百六十二票，否決授予婦女學位的提案。投票開始時，劍橋大學評議會（Senate House）內萬頭攢動，評議會外也擠滿了人。到處都可看到寫著「大學是男人的，男人支持大學」的海報。街道上的群眾情緒愈來愈亢奮。評議會建築物上吊掛著一個穿布魯默褲騎單車的婦女人像。[28]

一八九六年，《格倫科紀錄報》（*The Glencoe Transcript*）
（加拿大安大略省格倫科〔Glencoe, Ontario〕）

單車狂熱方興未艾，大眾必然會再次沉迷其中，難以自拔。這種取代馬匹的交通工具如今蔚為風行，源源不絕湧入的訂單讓法國和德國的製造商應接不暇。據預估，席捲我國的這股熱潮將於兩年內消退，而在五年之內，全國各個城市無疑將陷入單車與機動車輛互別苗頭的混亂喧囂。[29]

一八九六年，《費城時報》（*The Philadelphia Times*）（賓州費城）

單車當道的日子是否有限，而可憐的馬匹恐怕從此消失？

很多人都聽過真的不用馬拉的「無馬車」，但是很少人親眼見過。單車在一八七〇年代初期仍然很稀奇，而大眾目前對「無馬車」的印象也差不多。一旦世紀末的社會習慣了「無馬車」，「無馬車」將是王道，和現今的單車同樣普及，而單車將會逐漸沒落。

不久後的未來，機動車輛的數量將會超越街道上任何其他車輛、載客和載貨運輸工具的數量，現行的道路法規勢必要大幅修訂。所有街道和大道將會分成兩個定義明確的區塊，並以一排柱子或狹長形停車區標示。

「無馬車」普及帶來的最大裨益，或許是能解救受盡磨難的人類，讓人類得以羞辱甚至征服那些形容枯槁、行為怪異的世紀末飆車族，讓飆車族淪為過眼雲煙。[30]

一八九九年，《康福雜誌》（*Comfort*）（緬因州奧古斯塔〔Augusta〕）

有些人聲稱機動車輛將會取代單車，完全是一派胡言。如今有數百萬名單車族，深愛單車的人絕不會輕易放棄在鄉間自在遨遊如飛鳥甚至縱情狂飆的樂趣，反而跑去駕駛笨重難聞、不確定會有什麼樂趣的機動車！[31]

一八九六年，《斯科特堡每日觀察報》（*Fort Scott Daily Monitor*）（堪薩斯州斯科特堡〔Fort Scott〕）

那些假裝相信單車狂熱正在消退的人，不妨瀏覽水牛城某份報紙刊登的啟事：「願用折疊床、白色嬰兒床或寫字檯交換淑女車。」[32]

第六章

保持平衡

丹尼・麥嘉斯寇（Danny MacAskill）於高處停棲。二〇一二年攝於蘇格蘭格拉斯哥。

安格斯．麥嘉斯寇（Angus MacAskill）是歷史上數一數二的魁梧巨人。[1]有些人認為他是有史以來「真正的巨人」，因為他並未感染巨人症，沒有任何生長異常或荷爾蒙失調的問題。他的身形巨大，但是比例正常。他身高七英尺九英寸（約兩百三十六公分），體重超過四百磅（約一百八十一公斤）。據說他的雙掌攤開的面積是十二英寸乘六英寸（約三十公分乘十五公分），肩寬近四英尺（約一百二十二公分）。傳說他力大無窮，媲美希臘神話中的大力士海克力斯，曾將重達兩千五百磅（超過一噸）的船錨舉至齊胸後沿碼頭走一趟，曾單手立起雙桅帆船的桅杆，只是用力拉扯繩索就將一艘漁船從船首到船尾撕成兩半，曾將一匹成馬抬起至超出圍籬那麼高，還曾抱起一桶一百四十加侖（約五百三十公升）的蘇格蘭威士忌就口暢飲，就跟常人拿起啤酒杯喝酒一樣輕鬆。

麥嘉斯寇於一八二五年在蘇格蘭的貝納雷島（Berneray）出生，六歲時隨家人搬到加拿大新斯科細亞省（Nova Scotia）的布雷頓角島（Cape Breton）。他在二十四歲時加入費尼爾司．巴納姆（P. T. Barnum）的馬戲團。巴納姆在自傳中寫道：「巨人永遠是馬戲團裡的『巨星』台柱，他們就像我的主顧讓我能夠賺錢糊口，也時常帶給我歡笑和驚奇。」[2]巴納姆讓麥嘉斯寇和馬戲團另一明星台柱、身高三英尺四英寸（約一百公分）的侏儒「拇指將軍湯姆」（General Tom Thumb）搭檔，兩人湊在一起的畫面就足以引人發噱。湯姆會在麥嘉斯寇的手掌上跳踢踏舞，或是躲在他的外套口袋，有時候巨人和侏儒會擺出架勢假裝要大打出手。麥嘉斯寇於是成為雜耍演員，到美國、歐洲等地巡迴表演。他曾在溫莎城堡於維多利亞女王（Queen Victoria）御前表演。（女王頒贈給他一套蘇格蘭高地傳統服飾，從格紋短裙、粗花呢外套和背心到毛皮袋，全都依照他的偉岸身材量身訂製。）麥嘉斯寇結束演藝事業後，回到布雷頓角島的聖安斯村（St. Anns）居住，最初經營磨坊，後來開了一家穀糧乾貨店。他在一八六三年八月因腦膜炎病逝，得年三十八。當地人說他的棺材巨大到可以當船用，供三個男人坐在裡面橫渡聖安斯灣（St. Anns Bay）。

如今在蘇格蘭斯凱島（Isle of Skye）的小村鄧韋根（Dunvegan）有一座巨人安格斯・麥嘉斯寇博物館（Giant Angus MacAskill Museum），館內就陳列著麥嘉斯寇所用棺材的複製品。館內陳列的其他文物包括：巍然聳立的真人大小麥嘉斯寇雕像，一旁是真人大小的拇指將軍湯姆雕像，另外還有麥嘉斯寇穿過的毛衣、一雙尺寸超大的襪子、一張特別長的床，以及一把麥嘉斯寇坐過椅子的仿製品。這把椅子無比巨大，坐在椅子上拍照的成年遊客雙腳懸空，離地板還有一大截，看起來就像小孩子。

這座紀念巨人的博物館其實並不巨大，就位在一座屋頂鋪著茅草、內無隔間的小屋裡，小屋坐落於彼得・麥嘉斯寇（Peter MacAskill）家旁邊的庭園最內側。彼得・麥嘉斯寇自稱是安格斯的子孫，於一九八九年設立了這座博物館。隔年，彼得送給四歲的小兒子丹尼（Danny）一輛萊禮（Raleigh）的黑白兒童單車，這輛車是彼得在垃圾箱裡撿到的。[3]丹尼在數天內就學會騎車，立刻開始騎著單車試做一些不尋常的動作，例如在庭園小徑上來回奔馳，將前輪拉高離地「翹孤輪」，蛇行加側滑甩尾，以及跳騎躍上石塊、椅子和其他東西。丹尼是個野孩子，精力旺盛而且天不怕地不怕，從他學會走路開始，他的父母就知道根本攔不住他，只能放任他在前院跑來撞去。他愛爬樹，常爬上家裡轎車的車頂然後一躍而下，也常爬自家屋子的外牆。他暗自揣想：騎單車上樹或上牆，或者騎單車爬上巨人博物館屋頂再飛馳回到地面，會是什麼感覺？如果可以用兩腿爬高跟跳躍，為什麼不能改用兩輪？

丹尼五歲時在地方上已經家喻戶曉，大家都知道這個小男孩操控起單車易如反掌，彷彿單車是他四肢的延伸。他早上騎一英里的上坡路去上學，下午和一群孩子在村子裡的蜿蜒街道比賽誰下坡衝得最快，這群孩子裡他年紀最小。年紀比較大的男孩教丹尼怎麼放手騎車，他養成放手騎的習慣，騎單車縱橫來去時總將兩手高舉過頭。不論白天黑夜，不論天氣好壞，他從不放過任何騎單車的機會。斯凱島冬季的日照時間很短，天氣寒冷潮溼。下午大約三點半到四點，在斯凱島西側的小明奇海峽（Little Minch）會看到夕陽沉落，此時丹尼會在雨後溼滑的路面上，摸黑騎好幾個小時的單車。

無論如何，他更喜歡讓單車離地騰空。他學會騎單車在路緣石和街道路面之間來回跳躍，練習拉長每次跳躍的距離，拉長在路面上方騰空飛起的時間，讓車輪輻條在半空中飛轉。鄧韋根的地圖在他腦海中，是一幅障礙物和以公分為單位、不同跳躍高度的分布圖。他將碰撞後可以將單車彈飛至半空的特定路緣石熟記於心。他太常騎單車經過，甚至改變了地貌，將隆起的草坪塑形成可供「助跑」騰躍的迷你跳板。

八歲時，丹尼的跳騎技巧更上一層樓，可以從高達四英尺（約一百二十公分）的牆頭或階地跳騎到下方的草地或礫石地上。他還換了新車，是萊禮的越野單車「燃燒者」（Burner），也開始挑戰更高難度的技巧。他騎著單車從鄧韋根高六英尺（約一百八十三公分）的玻璃瓶回收站金屬頂蓋向下飛躍，成功降落在混凝土地面，讓其他孩子欽佩不已。他很常摔倒，雙腿跟車架會像扭結餅一樣打結。但他會立刻跳起來，即使身上多了瘀青擦傷，依舊百折不撓。

語源學家認為「斯凱島」之名的由來，可能是古北歐語（Norse）中一個意為「雲之島」的字詞。[4] 斯凱島在蓋爾語（Gaelic）中則稱為「Eilean Sgiathanach」，意思是「雙翼之島」，據認是形容島嶼的海岸線輪廓「有如一隻伸展雙翼正要著地或捕捉獵物的巨鳥」。[5] 斯凱島的地貌會讓人將視線放高放遠，眺望霧靄繚繞之處，也讓人得以約略想像，斯凱島的孩子是如何作起飛行夢，或夢想騎單車也能像在騰雲駕霧。

斯凱島就位在蘇格蘭本土西北隅外海，此處水域有來自墨西哥灣的北大西洋暖流流經。（巨人安格斯・麥嘉斯寇的出生地貝納雷島就位在斯凱島西北方二十五英里處，兩島隔著小明奇海峽相望。）斯凱島是內赫布里底群島（Inner Hebrides islands）的最大島，位置最北，冬夜裡到沿岸數個地點常可看到極光。島上景觀壯麗懾人，有翠綠的原野和陡峻的峽谷，如練瀑布沖入澄澈池潭，幽深湖泊周圍火山岩環繞。島上最著名的地景特徵是一段名為庫林丘陵（Cuillin）的山脈，鋸齒狀山峰彷彿刺入雲霄般嶙峋突聳，山景畫面如夢似幻、氣勢磅礴，讓人以為會在山中看見巫師舉著法杖瞭望尋索巨龍蹤跡。想當然爾，已有許多部電影來到斯凱島拍攝取景。史詩級時空旅行電影《時空英豪》（*Highlander*，1986）中有一個場景，就是史恩・康納萊（Sean Connery）和克里斯多夫・藍伯特（Christopher Lambert）在自峭壁突伸懸於冰河蝕刻谷地上方的著名吉希岩峰（Cioch）持闊劍打鬥。這大概是有史以來取景地最劇力萬鈞、動作卻最呆板乏味的電影畫面：演員明顯嚇壞呈呆滯狀，杵在原地一動也不動，揮動手中武器時小心翼翼的樣子令人發噱，深怕只是弄錯方向踉蹌一小步就墮入萬丈深谷。

許多傳說、魔法故事和殘暴軼事皆以斯凱島為背景[6]，充分彰顯了斯凱島的荒野風情，也反映了屢屢發生血腥殺伐和氏族戰事的島嶼歷史。斯凱島西北岸一處小海灣旁聳立著鄧韋根城堡（Dunvegan Castle），堡內收藏「仙旗」（Fairy Flag）及其他數件麥克勞氏族（Clan MacLeod）歷任族長的祖傳珍寶，據說只要展開仙旗就能撲滅火焰、幫助麥克勞氏族反敗為勝，以及平息讓斯凱島大批牛群病死的瘟疫。仙旗的由來眾說紛紜。有一則故事說仙旗是眾仙子在某位麥克勞氏族首領仍是嬰孩時贈送的禮物，另一則故事說某位族長與仙子相愛，仙子要離開時將仙旗送給族長。據說斯凱島上也住了一些沒有那麼良善的生物：「海洋巨牛」（water bull）的鼻孔會噴火，會轟隆隆衝出海面上岸大鬧一番；「魔緹犬」（demon greyhound）會在山隘出沒；「無頭怪」（Coluinn gun Cheann）會於夜間在島上的徑道襲擊行人，受害者的屍體往往殘缺不全。形如鋸齒的庫林丘陵也有相關傳說，據說從前男巨人和女巨人各自揮舞寶劍搏鬥了數天數夜，有好幾劍誤劈在庫林丘陵之上。據說從前的某個夜晚，惡魔本尊曾在斯凱島最北端的特洛登尼半島（Trotternish）的山脊上現身。

斯凱島不適合懦弱膽小的人，也不適合嬌生慣養的孩子。丹尼．麥嘉斯寇卻如魚得水，他不騎單車的時候就在島上四處遊蕩，所到之處無不一片狼藉。他拿了祖父二戰時用的開山刀，到森林裡對著枝椏樹幹大砍特砍。他偷帶鋸子去學校，午餐時間都在鋸切樹枝。他喜歡看東西粉碎燃燒。他和朋友會一起爬上山頂，用鐵棍撬起巨石，讓石塊從懸崖邊滾落海中。他們也會收集漂流木，淋上割草機用的汽油後點燃熊熊大火。學校老師問丹尼長大以後想做什麼，他回答「爆破專家」，想像自己每天都到處放炸藥炸燬建築物。丹尼和朋友們十一、十二歲時會找來準備報廢的老車，到原野上歪歪斜斜開起快車。老車遊戲玩到最後，他們會讓空車自己衝往山坡下的樹林撞毀，而他們會趕往附近的房屋，爬到屋頂上觀看老車殘骸遭火舌吞噬。

在丹尼心中，一直有一股想離地飛天的衝動。他去海灘遊玩拾荒時，撿到被海水沖上岸的舊漁網，於是將漁網拖回鄧韋根，和殘破的足球網綁在一起，再將網子兩端繫在樹枝上，他就能像森林王子泰山（Tarzan）一樣從樹上彈起後猛然落地。他家後方山坡有一棵橡樹，他跟朋友一起在樹上搭建了樹屋。其中一個男孩在父親放雜物的小屋裡發現一大捆直徑六毫米的繩索，他們將長長的繩索從樹屋一直拉到相距超過一百碼(約九十一公尺)的某座圍籬固定,用這條繩索玩起「狐蝠飛呀」的空中飛索遊戲,從高五十英尺(約十五公尺)的樹頂溜往圍籬那一端的地面。「在斯凱島長大,我很自由,」丹尼說,「能在野外發洩旺盛精力。」

消耗最多精力的活動莫過於騎單車。丹尼原本騎萊禮的燃燒者越野單車,十一歲時換成登山車。他拚命吸收登山車文化的點點滴滴,尤其是騎乘者比賽操控單車行進、跳起和躍過障礙物且過程中雙腳不能落地的「攀岩車運動」(mountain bike trial)。這種單車運動顛覆了單車界許多傳統,甚至包括單車本身的外觀(很多攀岩車沒有座墊)。丹尼和朋友交換有攀岩車運動照片的雜誌,當時還是沒有網路串流的時代,要看相關影片只能郵購錄影帶,或靠著同好人脈互通有無。

一九九七年的著名電影《極限攀岩車》(*Chainspotting*)[7]尤其令他著迷,影片中呈現數名騎手在英格蘭雪菲爾的街道和其他地點表演攀岩車特技。一般的攀岩車賽事是在特地布置好障礙物的封閉賽道上進行,由裁判來判定輸贏,而《極限攀岩車》裡的「街頭攀岩車運動」並非正式比賽,參與者可即興發揮,不拘泥於任何規則或界限。在影片中可看到騎手跳跨過公園長椅,橫越水箱頂蓋,連人帶車躍上阻車柱保持平衡,在不同阻車柱頂端跳來跳去,從十英尺(約三公尺)高的牆上往地面跳,再來個三百六十度轉身。街頭攀岩車運動的由來可追溯至其他極限運動,例如滑板運動、單板滑雪和花式極限單車("freestyle" BMX riding),但是更著重技巧、機智和眼光。攀岩車運動不只是一種特定的騎車方式,更是一種觀看的方式:騎手要能評估地形以及衡量距離、前進角(angle of approach)和前進路線,通常會將街景和自然地景視為廣大的遊樂場。丹尼看得目眩神迷。《極限攀岩車》運鏡手法並不專業,以震耳欲聾的搖滾樂當成配樂,卻讓這部影片更具吸引力,彷彿影片中的騎手正在打一場游擊戰,攻擊的對象就是社會規範和傳統觀念，是關於街道有何用途、單車能做什麼、重力如何運作等等先入為主的想法。

丹尼十七歲時離開斯凱島。他唸完高中，但不打算去唸大學。他的職涯規畫也有所改變，放棄了原本想當拆除專家的遠大夢想，決定去當單車技師。其實這兩種工作不能說全無關聯。丹尼一直很喜歡將單車全部拆解，再將所有零件重新組裝回去。

丹尼搬到蘇格蘭高地的度假勝地亞威莫爾（Aviemore），這裡從事攀岩車運動的人不多，卻十分活躍。鎮上有很多地方可以騎攀岩車，也有很多東西可供反覆攀越，例如滑雪道、遍布巨石的停車場和各種街道設施。他在亞威莫爾待了三年，平常在小鎮大街上的單車店工作，放假就去騎車。到了二〇〇六年，他覺得在鎮上騎車太無趣了，於是搬到愛丁堡（Edinburgh）和朋友同住，開始在知名單車店「麥唐納單車」（MacDonald Cycles）擔任技師。丹尼那年二十歲，騎車技藝爐火純青，而愛丁堡可供彈躍滑切的地形豐富多元得令他眩目。

丹尼觀看市景的眼光很獨特，其他攀岩車手通常會被街上的長椅、阻車柱等常見目標吸引，但是丹尼的視線落在更高難度的挑戰上：弧曲形欄杆、設計刁鑽特殊的梯階。他自學名為「勾式」（hook）的技巧，是操控單車衝向高牆，再一下子躍上狹窄牆頭。這種練習對於單車來說也是一種戕害，車子前後輪損毀，前叉也歪掉。丹尼自己也吃了不少苦頭，他練到骨折、關節脫臼、韌帶撕裂，雙手手腕疼痛不止。愛丁堡有另外數名攀岩車運動好手，但丹尼以高超技巧和堅強意志達到完全不同的境界。

二〇〇八年秋天，丹尼和友人戴維．索爾比（Dave Sowerby）開始合作拍片，索爾比有一台不錯的攝影機，而且具備敏銳的眼光。他們的想法是拍攝一部輯錄丹尼最大膽創新技巧的影片。這項挑戰讓丹尼必須全神貫注，並持續嘗試新花招。還能表演什麼從來沒有人想到、遑論嘗試過的技巧呢？他在街頭巡視，尋找新的地點、特殊的空間以及凸緣、突出物和建築環境的尖角——任何只要騎手下定決心都能當成騎乘平面，或至少可供一個或兩個車輪暫時停留或當成跳板的地點。

六個月後，即二〇〇九年四月，影片拍攝完成。丹尼和索爾比將一段長五分三十秒的影片上傳到YouTube，他們下標時沒有多想，影片定名為：《創意單車》（*Inspired Bicycles*）。[8]

影片標題頗為巧妙。影片中的丹尼騎單車從人行道躍上十英尺（約三公尺）高的牆上再回到地面，騎單車飛躍圍籬和牆壁，甚至從高度二十英尺（約六公尺）的地鐵站扶梯間頂端飛躍至底端。他也從麥唐納單車店的屋頂跳騎到隔壁影印店的屋頂，再降落在下方的街道。他的車輪簡直像塗了強力膠，不僅可以停在十美分硬幣上，在跳騎一段長得不可思議的距離之後，還能不偏不倚在狹小著地處完美降落。在其中一個片段裡，丹尼全速攀騎上一棵橡樹，然後一扭身表演後空翻。影片中的驚人絕技展現了丹尼的遠大眼光和想像力，以及他在看似不可騎的地方辨識出可騎地形的能力，他在影片中甚至騎車越過成排高聳鑄鐵欄杆頂端的尖細立柱。

影片上傳三天後，觀看次數就達到數十萬。連一台電腦都沒有的丹尼，發現自己要應對從世界各地蜂擁而至的媒體。

一八九六年，在《創意單車》影片上傳網路的一百一十三年前，愛迪生製造公司（Edison Manufacturing Company）發行了一部短片《單車特技》（*Trick Bicycle Riding*），當時湯瑪斯．愛迪生（Thomas Edison）持續擴展媒體版圖，旗下這間公司專門拍攝電影。影片主角黎凡．理查森（Levant Richardson）是身手不凡的單車騎手，後來成為製造溜冰鞋的企業先驅。愛迪生最早期出品的單車特技短片包括《單車特技》、《單車特技二》（*Trick Bicycle Riding No. 2*，1899）和《特技車手》（*The Trick Cyclist*，1901）[9]，《單車特技》沒有任何底片存留至今，另外兩部如今上網即可看到。《單車特技》一片的拍攝技巧很陽春，但影片中演出的特技——舉凡倒騎單車、前輪點地三百六十度旋轉、鋼索上騎跳——直到今日都是單車特技表演的固定橋段，影片中的騎手技藝也相當精湛。

值得注意的是，史上最早的商業電影中，有數部皆由單車特技演員領銜主演。從愛迪生於同時期發行的其他電影片名可窺知一二，例如：《套索神手》（*Lasso Thrower*）、《高空鞦韆脫衣秀》（*Trapeze Disrobing Act*）、《雜技演員浮士德家族》（*Faust Family of Acrobats*）、《艾列尼的拳擊猴》（*Alleni's Boxing Monkeys*）、《歐布萊恩馬術特技》（*O'Brien's Trained Horses*）、《金陵福的神奇魔術》（*Ching Ling Foo's Greatest Feats*）、《鄉巴佬進戲院》（*Rubes in the Theatre*）及《派餅、流浪漢與鬥牛犬》（*Pie, Tramp, and the Bulldog*）。二十世紀初的美國和歐洲流行喧鬧搞笑的綜藝娛樂表演，諸如馬戲團特技、動物表演、變魔術、雜耍鬧劇以及運用特定民族形象的滑稽歌舞表演，單車特技和這些表演放在一起並不顯得格格不入。簡而言之，單車特技富有巴納姆馬戲團的風格。騎著單車演出抵抗重力、挑戰死神的特技，與巨人將侏儒塞在胸前口袋裡再到舞台上邁步繞行的表演，同樣是某種穿插餘興的怪胎秀橋段。

在許久以後回顧，單車特技成為通俗娛樂表演算是大勢所趨。對於熱愛賣弄炫技或冒險挑戰的人來說，單車具有無比的吸引力，單車和演藝娛樂業註定交會並激盪出燦爛火花。德萊斯首次試駕「滑跑機器」就是搬演一場戲：在媒體上發布消息，然後公開展演。那天在曼海姆聚集的群眾，不只是到現場評估新發明是否可行，也是去觀奇景、看好戲，而德萊斯操縱新機器的技巧、在機器高速向前衝時保持平衡不摔跤的能力，肯定也讓觀眾大為驚奇，覺得好像看到特技表演。

費尼爾司・巴納姆是第一位主打單車特技表演的娛樂業者。最著名的演出者是由來自英格蘭的五姊弟組成的「艾氏特技單車手家族」（Cycling Elliotts）[10]，兩個女孩和三個男孩裡年齡最小的六歲、最大的十六歲，他們在一八八〇年代初期於巴納姆的馬戲團中演出而遠近馳名，但也臭名昭著。艾氏姊弟會騎著特製的高輪車和特技獨輪車，表演經過精心設計的「舞蹈」動作和特技，包括蛇行穿過成排燃燒中蠟燭排出的障礙賽道，騎在單車上跳巴黎方舞（quadrille）[11]，以及在一輛單車上疊羅漢排出人體金字塔。他們也曾騎單車躍上旋轉桌台，五人五車一起在直徑僅六英尺（約一・八公尺）的圓形桌面上做出各種複雜動作卻完全不會相撞。一位仰慕者曾於《體育及戲劇期刊》（*The Sporting and Theatrical Journal*）發表一首詩讚頌艾氏五姊弟：「迅捷疾速爍光閃／馭輪五人影翩然／……躍高登桌如行雲／艾氏姊弟技超群。」[12]

一八八三年春天，巴納姆馬戲團於紐約的麥迪遜廣場花園（Madison Square Garden）進行多天表演，艾氏姊弟引起紐約兒虐防治協會（New York Society for the Prevention of Cruelty to Children；NYSPCC）的注意，該協會向法院告發，法院發出針對巴納姆、兩名馬戲團員工以及五姊弟的父親暨表演團團長詹姆斯・艾略特（James Elliott）的逮捕令。[13]四人遭到逮捕，罪名是違反紐約州的危害兒童安全相關法條，案件交由三名法官聯合審理。在聽審會召開前，艾氏五姊弟為「約四千名受邀觀眾」獻上特別演出[14]，觀眾包括兒虐防治協會會長、警務人員，以及「十多位頂尖醫師」[15]組成的委員會成員。這場表演無疑是有史以來第一場兼具法律程序性質的單車特技表演。法官最後判決巴納姆無罪，艾氏姊弟繼續在馬戲團中演出，大獲觀眾好評。其中一名醫學專家、內科醫師路易．賽爾（Louis A. Sayre）的證詞指出特技單車手的練習「優美且有益」孩童健康[16]，認為「讓所有孩童做類似的運動，比看醫生或吃藥還有用」。[17]

不過在紐約地方法官面前表演時，艾氏姊弟刻意不演出某幾項特技。其中一項名稱為「旋轉風火輪」[18]，是由五姊弟中的大弟湯姆．艾略特（Tom Elliott）將單車騎到一個大圓圈裡的滾輪上，大圓圈外緣裝設的整圈細小閥門會噴出火焰。男孩不僅得在噴火大圈裡騎單車，還必須「同時轉動盤子製造出火焰花環」，才算完成這項神乎其技的表演。

單車特技融合了新與舊，將古老的雜耍特技和本質上屬於現代的單車運動結合在一起。單車特技很性感撩人。特技演員既優雅又強壯，身材宛如雕像。在廉價低俗小說《萬金小姐的女僕》（*Miss Million's Maid: A Romance of Love and Fortune*，1915）中，就將一名單車特技演員刻畫成性的象徵：「他……個子很小，身材卻很健美，軀體柔軟如貓。」[19]

單車特技表演團往往有男有女，「專業女騎士」跟男團員一樣既要展現才華，也少不了賣弄性感身材。「考夫曼單車嬌娃」（Kaufmann's Cycling Beauties）[20]的團員全是女性，她們登台表演時身著貼身的愛德華時代（Edwardian）服飾，以長筒襪、短褲和蓬蓬裙突顯胸部、大腿和臀部凹凸有致的曲線。大眾想像中原本就將單車和性解放相互連結，而單車特技對感官的挑逗、靈活輕巧的動作和突突脈動的肌肉，讓整場表演更顯得活色生香。如果觀眾發現自己浮想聯翩，從單車特技體操想到另一種在香閨中進行的運動，那也是很自然的事。

單車特技也帶給觀眾另一種刺激，一方面展演看似超凡絕俗的技巧，另一方面也展現凡人失誤就可能釀成大禍，令人既恐懼忐忑又難以抗拒。單車特技逗趣搞笑：觀看特技車手表演各種動作，就像看到一系列笑點，許多特技車手也自稱「騎單車的喜劇演員」，會打扮成小丑或流浪漢。然而笑鬧戲碼可能在任何時刻，忽然變成意料之外的暴力。觀眾想要看到單車特技演員一躍之後俐落著地，或內心其實渴望看到他們摔得頭破血流？答案無疑是他們都想看到，而且往往能夠得償所願。

維多利亞時代晚期流行文化的慣用手法就是聳動煽情訴諸感官，或巴納姆所稱的「花招騙術」（humbug）。千鈞一髮、九死一生，全世界最精采絕倫的表演。雜耍廣告上以顯眼粗體字大張旗鼓宣傳單車特技演員的藝名和標語，彷彿嘉年華會上有人拿著擴音器大聲招徠顧客：「單車之王」赫斯特（W. G. Hurst）；聖克蕾姊妹花（St. Claire Sisters）全天不間斷十輪共演；特技單車手、「人貓」喬・波力（Joe Pauly）；騰雲凌空的天才麥納家族（McNutts）；當世最出類拔萃、轟動演藝界的特技單車手威爾士王子（Prince Wells）。有數百名表演者聲稱自己是「世界單車特技冠軍」、「世界第一單車特技紀錄保持人」或「美國冠軍獎牌得主」，媒體報導中少不了引述這些頭銜，但所謂冠軍、獎牌、紀錄保持人云云，當然全是捏造。

然而，這並不表示單車特技演員擔當不起「冠軍」、「第一」之類的封號。他們能夠「翹前輪」只以後輪著地，然後倒踩踏板、正踩再換回倒踩，或者以高速衝向舞台邊緣，在最後一秒猛然煞住，像花式溜冰選手一般原地快速轉圈。也有單車特技演員表演放手騎車，同時手中揮舞寶劍或朝靶子拉弓射箭。還有單車神射手：安妮・奧克利（Annie Oakley）在水牛比爾「狂野西部秀」（Wild West Show）上表演騎單車急轉彎後，舉起溫徹斯特步槍射擊泥盤飛靶。[21]

有些單車特技演員擅長軟骨功表演，他們會在所騎單車向前滑行的同時，揉身鑽過菱形框架中央處，再蜿蜒遊走從另一側鑽出，從頭到尾身體離地面僅數英寸。還有演員是單車特技樂師，邊騎車邊演奏斑鳩琴或運弓拉起小提琴奏鳴曲，兒童單車手「神童海茲利」（Hatsley the Boy Wonder）還曾騎在高空鋼索上表演長號獨奏。[22]特技演員也會騎車沿著很高的梯階從舞台攀登上高起的平台，或在梯階上跳下表演「豚跳」。英國單車手席德．布雷克（Sid Black）甚至表演過這種特技的驚悚變化版，騎車沿著斜放的六十英尺（約十八公尺）長梯高速俯衝，利用坡度和衝力自舞台彈飛到劇場的中央走道。[23]布雷克最後降落時，會從成排觀眾座位之間一路呼嘯疾馳至最後排再到外頭大廳，經過時帶起的一陣勁風將好些觀眾頭上的帽子吹翻，彷彿他們脫帽致意。

單車特技演員演藝的精髓是「平衡」：以展現驚人創意和才能以及蔑視物理定律的方式，在單車上保持身體平衡。這項工作風險很高。「考夫曼單車嬌娃」在德國布萊梅（Bremen）表演時，其中一名團員米妮．考夫曼（Minnie Kaufmann）挑戰「前後翻飛」（flip-flap）動作——在單車行進同時以雙手倒立姿勢從車手把上翻身跳上座墊，再翻身跳回車手把上。但是考夫曼身體晃了一下，飛落到樂隊席中滾了三十英尺遠（約九公尺），最後撞上大鼓。[24]

表演特技也會對單車造成傷害，騎乘者於是將單車改裝得更能耐受衝撞。他們會強化車架和車輪，仔細調整胎壓，微調齒輪系統，在細節處精心改良，並加裝許多附加設備。外行人通常看不出單車經過何種精心改造，只有單車特技同行才看得出來。

但是有些表演者將改造單車當成賣點。有的搞笑單車特技演員專門騎造型誇張荒謬的改造單車，例如拔地而立的超高單車（那個年代的「怪胎單車」）——座墊離地十五英尺（約四．五公尺），騎在上面跟長頸鹿一樣高。演員會沿著車架上類似梯子的橫檔攀爬上車，或是從高空鞦韆盪到單車座墊上。有些單車採用特殊形狀的改造車輪，有正方形、三角形和半圓形。魏禮恩家族（the Villions）以在英格蘭各個雜耍戲院表演著稱，他們有一輛輪子呈巨大蛋形的獨輪車，騎在「蛋輪車」上的則是身穿五顏六色服裝、扮成丑角哈樂昆（harlequin）的小男孩，喜劇效果更是加倍。[25]

無論輪子是不是蛋形，獨輪車都是單車特技的熱門道具。演員會表演騎獨輪車拋接蔬菜、印度棒鈴甚至單車車輪，或者騎獨輪車走鋼索或爬樓梯。有一種常見的特技是將兩輪單車改造成獨輪車，演員會在演出過程中慢慢拆解自己騎的單車，最後騎在僅剩的前輪上保持平衡。雜耍演員喬．傑克森（Joe Jackson）的招牌絕活就是前述特技的變形版本[26]：他會扮成流浪漢，正興高采烈騎著偷來的單車，不料情況急轉直下，從喇叭、車手把、踏板、後輪到車架，所有單車零件竟然一個接一個分解掉落。在單車逐漸解體的過程中，傑克森雖然瘋狂搖擺晃動，但始終挺直身體讓單車車輪持續行進，他巧妙翻轉了單車特技演員耍弄的精湛流暢技巧，搬演一齣講述無能為力的嬉鬧啞劇。

另一類創造奇觀和喜劇效果的演出是動物騎單車，這種新奇表演在一八九〇年代相當盛行。受訓練後能騎單車的動物包括狗、黑猩猩和熊，牠們會騎特製的三輪車，由獅子或大象在前面拉動。現今還可以看到動物騎單車的表演，而這類表演節目可能發生恐怖駭人的轉折。二〇一三年在上海曾舉行「野生動物奧運會」（Wild Animal Olympics），其中一場賽事是讓不同種類動物在圓形自行車道上比賽，其中一隻猴子忽然將單車轉向擋住對手的路，牠的對手是一頭熊，這頭熊就在數百名觀眾眼前揮掌重擊猴子。現場有人用手機錄下的影片於是在網路上瘋傳，上傳到YouTube的影片標題寫著：「黑熊猴子騎單車比賽，黑熊吃了猴子」。[27]

四腳的單車特技演員如此吸引觀眾，有一部分原因或許是看膩了人類特技演員。一八九〇年代，單車特技開始成為大眾休閒娛樂。單車特技教學產業蓬勃發展，以鍛鍊健美體魄為號召吸引新手，業內人士聲稱練習單車特技有助於「鍛鍊已知的每條肌肉」。一本插圖精美的單車特技教學手冊（有點誇大不實）聲稱：「任何膽量普通的騎乘者都有可能完成……優美迷人的高難度動作」，並（稍微合理一些）指出騎乘者若練成艱難深奧的單車動作，可能實際應用於騎車通勤：「在錯綜複雜、車水馬龍的擁擠街道上，自然技壓群雄、穿梭自如。」[28]

還有專門教授單車特技的學院，主要鎖定上流社會客群。紐約一家熱門單車學校的總教練艾勒·強森（Ira Johnson）是成就斐然的黑人單車特技演員，他為了替學員提供到府教學服務，會在夏季搬到濱海別墅林立的羅德島州紐波特。[29]倫敦的上流社會也流行起學單車特技。一八九七年的居家生活雜誌《爐灶與家園》（*Hearth and Home*）記述了當時的潮流：「六十年前的時髦紳士淑女要在舞蹈學院上過課才有資格走入奧瑪克俱樂部（Almack's），如今他們卯足心力學習的是騎單車做出類似馬術障礙賽會出現的花式特技。」[30]據說當時還是青少年的艾伯特王子（Prince Albert；後來繼位成為喬治六世〔George VI〕）獲得父王喬治五世（George V）准許，微服前往雜耍戲院學習最新的單車花招，王子會在溫莎城堡和皇室私人別墅桑德令罕府（Sandringham House）園區內練習時「仿效特技專家演出」。[31]

但是單車特技的風潮不只吹向上流社會。大城市中所有人看人、人擠人的地點，諸如紐約的康尼島（Coney Island）單車道、巴黎的托卡德羅廣場（Trocadéro），都有單車手聚集，這些地方成了單車特技表演的公共舞台。這些單車手贏得觀眾的欽羨眼光，但單車運動刊物抨擊他們賣弄炫技，認為這種惡劣罪過會損害單車族的名聲。美國數個市鎮的警方開始取締在公共場所表演特技的單車手，有些市政當局甚至制定法規禁止這種行為。直到今日，田納西州曼菲斯市（Memphis）條例中還有一道過時的禁令：禁止「在公園和林蔭大道上」「邊騎單車、三輪車……或腳蹬車邊做任何特技和花式動作」。[32]

隨著業餘單車特技表演大行其道，職業特技演員的地位有所提升，但市場接著面臨飽和。戲劇演藝雜誌《百老匯週刊》（*Broadway Weekly*）於一九〇五年刊登的社論抱怨單車特技演員「供過於求」，「只是騎單車耍幾招把戲根本連飯錢都賺不到」。[33]該篇社論認為解方就是表演更驚險刺激的特技：「表演讓馬匹都慌了腳步的特技……如果能騎單車爬牆或越過天花板，就會大發利市。」

特技演員慢慢開始挑戰更高難度的演出，例如飆車、騎車攀登陡直斜坡，以及冒著風險騎單車躍過裂隙深溝。他們多半在特別打造的場地表演，場地內會布設俗豔浮誇的螺旋車道和斜坡跳台等裝置，讓演員能在戲院或露天遊樂場有限的演出空間中高速疾馳或爬上極高處。有所謂「旋風賽車道」，即離地十多英尺的架高環形賽車道，還有可供表演倒掛騎車的垂直式「翻筋斗兜圈」（loop-the-loop）賽道，節目會取諸如「絕命環圈」、「恐怖環道」、「死亡之環」等名稱，充分顯示這類演出的風險有多高。

歷來單車特技演出中意外頻傳，也確實有演員喪命。曾發生過車輪卡在架高賽道的條板間隙之中，單車手摔落後重傷不治。也曾有單車手在跳台不慎打滑，自環形賽道摔落。有時特技演員分神，有時車輪晃了一下，有時過道坍塌。一九〇七年，少女希德嘉・莫拉特（Hildegard Morgenrott）於貝爾法斯特綜藝雜耍劇場（Belfast Hippodrome）表演單車特技，觀眾眼睜睜看著她從平台跌落，當場摔斷脖子致死。[34]另一名年輕特技演員查爾斯・勒佛（Charles Lefault）則在巴黎的義大利門（Porte d'Italie）附近城牆上表演十九世紀末版本街頭攀岩車特技時，一下子沒能保持平衡。「他跌進乾的護城河溝，」一家報紙如此報導，「當場死亡。」[35]

儘管屢有死傷，也或許正因為有人死傷，單車特技盛行不墜。表演者和觀眾尤其著迷於飛天遁地的單車特技。專業特技演員查爾斯・凱布利克（Charles Kabrich）自稱「單車降落傘飛行家」，絕技是在繫著降落傘的單車上表演空中芭蕾。[36]巴納姆的勁敵亞當・佛爾帕（Adam Forepaugh）的馬戲團旗下則有一位單車特技明星賽爾沃（Salvo），他演出的「驚心動魄登月之旅」就以驚險玩命、聳動煽情為賣點，打著「無名小卒命懸一線，縱身一躍是成功登月或有去無回」的標語。[37]賽爾沃的表演其實既浪漫又夢幻，是冒險家演出的一場單車登太空之旅滑稽劇：他騎著單車從形如滑雪跳台的陡斜跳板疾衝而下後猛然向上躍起，連人帶車飛向馬戲團帳篷篷頂下方以鏈條垂掛的一彎新月。「這一跳確實驚心動魄，令人膽顫心驚，」一名記者於一九〇六年如此描述，「只見那面容蒼白、渾身緊繃的青年如射出的砲彈般直直飛入太空，就在生死一線間，唯有強大的精力和信念支托著他的精瘦身軀，讓他得以伸手觸及擺盪的新月。」[38]

數十年來，單車特技表演時而蔚為風行、時而衰落式微，但一直是不可或缺的藝文節目。在雜耍表演於二十世紀中葉完全沒落之前，特技單車手一直是綜藝表演團的固定班底。到了「搖擺年代」（swing era），開始出現騎單車的歌樂團。法蘭克・辛納屈（Frank Sinatra）的遠房堂哥雷・辛納屈（Ray Sinatra）就指揮一支由十六人組成的「單車交響樂團」，團員皆騎著閃閃發亮的「銀王號」（Silver King）休閒自行車演奏音樂。[39]雷・辛納屈的樂團還曾在一九三〇年代中葉於美國國家廣播公司

（NBC）頻道推出每週廣播節目「騎千周也不厭倦」（Cycling the Kilocycles）——不過廣播或許不是最適合單車交響樂團的媒體，只能假設聽眾都相信樂團真的邊騎單車邊演奏。

在美國以外的地區，單車特技混合了芭蕾舞和體操動作，被重新塑造成中產階級的娛樂活動。中國有所謂「車技」表演，著重華麗的戲服及繁複的陣式排列，例如由十數人同騎一輛單車表演「孔雀開屏」。中歐和東歐則流行「花式單車」（artistic cycling）比賽，分成單人、雙人和四到六人團體等組別，選手會騎乘單速車表演類似體操的流暢平衡動作，由評審給分。

時至今日，最具盛名的單車特技活動歸類為運動。[40] BMX極限單車比賽（BMX racing）類似越野摩托車賽，在特別打造的封閉越野賽道上進行，自二〇〇八年開始列入奧運比賽項目。也有強調「極限」的登山車和BMX極限單車比賽，項目包括從類似滑雪跳台的跳板大膽飛躍，或是令人心驚膽跳的空翻，全是挑戰極限的特技。昔日的「絕命環圈」和「死亡之環」改頭換面，成了世界極限運動會的跳板和U型半管。騎著單車掠空飛馳、冒險玩命的吸引力顯然永不過時。

丹尼・麥嘉斯寇是出色的運動員，但他的表演絕不是體育運動，他是不折不扣的演藝人員，可說是歷史上最知名的單車特技演員。自從推出《創意單車》影片，丹尼還拍了其他多部影片，預算一部比一部高，製作價值（production value）也屢創新高，主打難度更高的技巧花招、更危險的跳躍動作，還遠赴海拔高度令人難以置信的陡絕地形拍攝。這些影片的觀看次數多達數億。其中最熱門的一部當屬在丹尼家鄉拍攝的《山脊》（*The Ridge*，2014）[41]，丹尼於影片中在斯凱島庫林丘陵群峰間令人望之幾欲暈眩的險峻山徑上表演一系列特技。影片從多個視角拍攝，有一段是由團隊成員徒步跟在丹尼身邊掌鏡，還有一段是以無人機用鳥瞰視角居高臨下拍攝的全景。最令人膽寒的莫過於丹尼安全帽上裝設的GoPro

攝影機記錄的畫面：隨著單車手一同在遍布岩石的山脊上行進，在可通行寬度不過數英寸的徑路忽而上攀、忽而下衝，一丁點失誤就可能墜入數百英尺的深淵，無比真實的景象令人目眩心驚。

影片中的招牌鏡頭呈現英勇詩意的畫面：騎單車的丹尼在斯凱島其中一座最著名的陡峭岩石露頭「絕峰」（Inaccessible Pinnacle）停駐，周圍霧氣氤氳。丹尼稱之為「英雄本色鏡頭」，豪氣干雲又帶點耍寶搞笑，如此描述完全符合丹尼的演藝事業概況。他的影片強調強健體魄、靈活敏捷以及過人膽量，但也不時穿插玩笑打鬧、吵鬧音樂和活潑旁白。在影片《想像》（*Imaginate*）[42]之中，丹尼在設計好的場景中表演特技，看起來就像騎單車的人偶在一堆玩具中嬉鬧。他從紙牌堆成的跳板飛躍，跳跨過火柴盒小汽車，在玩具坦克車炮塔上表演轉把擺尾後落地。在另一部影片《丹尼日托服務》（*Danny Daycare*）[43]中，他騎車拉著一台載著小女孩的兒童拖車高速疾馳，橫越田野、翻山越嶺甚至登上窄仄岩架（其實拖車裡載的只是洋娃娃）。丹尼的影片裡往往會放入一些NG畫面，呈現表演時出錯失誤的片段。這種美學本質上屬於千禧年和網路時代，同時也向一百多年前大膽無畏、耍寶胡鬧的單車特技表演致敬。丹尼是數位時代的雜耍演員。

他一年到頭大多在外奔波，忙著拍攝影片和四處勘景尋找新的拍攝地點。他曾在阿爾卑斯山和吉力馬札羅山（Kilimanjaro）拍片，也曾遠赴阿根廷和台灣，甚至到過花花公子豪宅（Playboy Mansion）和泰晤士河（Thames）上的駁船拍片。他也和自己創辦的單車團隊「落地滾轉」（Drop and Roll）一起到各地現場表演。丹尼獲得企業贊助，也和廠商合作推出以他為名的招牌單車，但他一直保持低調，推辭大部分送上門來的合作邀約，擔心外務過多可能壓縮他的騎車時間，或影響他在攀岩車手圈的聲望。他放棄了上艾倫·狄珍妮（Ellen DeGeneres）脫口秀節目的機會，也曾婉拒南韓某家馬戲團的合作邀請。

丹尼・麥嘉斯寇現居蘇格蘭的格拉斯哥。我在潮溼寒冷的冬末前去拜訪，他和數名室友同住一棟獨棟屋宅，室友全是專業單車手。如果見到丹尼時，他並未騎在單車上，會覺得他看起來不太像名人或世界級運動員。他的身材健壯、肌肉發達，但並非筋肉虯結令人咋舌的類型。他身高五英尺九英寸（約一百七十五公分），一頭紅髮剪得很短，俊秀面容帶點孩子氣，平常大多穿連帽衣搭牛仔褲，戴頂棒球帽。他有女朋友，但坦承放假的時候多半也在騎車。「其實除了騎車，我真的沒做什麼別的事。」他說。他不是騎攀岩車上街，就是騎登山車外出，有時會騎電動越野車出門。「只要有車手把的我都喜歡。」

多年來他受過大大小小的傷，有數次嚴重到必須休息長達數週甚至數月。對於自己做這一行的風險，他從不抱持任何錯誤的幻想。馬廷・艾希頓（Martyn Ashton）是丹尼從小就崇拜的攀岩車界傳奇英雄，他在二〇一三年從十英尺高（約三公尺）的橫槓後仰跌落重摔在地，摔斷兩節脊椎。這次意外造成艾希頓腰部以下癱瘓，他後來改騎特別打造的登山車。艾希頓於二〇一五年曾與丹尼和另外兩名單車手一同錄製《重回正軌》（*Back on Track*）[44]，拍攝場地選在北威爾斯的安特史尼歐葛登山車道（Antur Stiniog）。對丹尼來說，最重要的是克服恐懼。「必須靠自己的大腦，你的身體可能會告訴你不要去做某件事，你的大腦會讓身體冷靜鎮定，推身體一把。一定要讓自己的心智保持靜定。」

丹尼本人沉靜寡言。他一跨上單車，就顯得神采飛揚、浮誇招搖，洋溢自信和個人風格，但他不騎車的時候含蓄戒慎、惜字如金。攀岩車運動，尤其「街攀」（street trials），是很耗費腦力的休閒活動。「街攀」是心理地理學（psychogeography）的一種形式，將街景中所有微小細節分門別類，過程中要進行尋索、推估、測量和計算。當丹尼掃視地景，道路鋪面破損處在他眼中就成了可利用的波浪板和加速台。他會尋找障礙與障礙之間的連結，例如從郵筒經由欄杆就能跳彈到長椅上。他也會估算距離以及兩個目標之間的空隙。「街攀」運動講究靜定。丹尼的表演中最令人瞠目結舌的片段，不外乎高速爆衝、迅捷動作和飛躍攀高，但這種藝術的核心是保持平衡：當單車處在十分危險的位置並且極緩慢地移動或完全靜止不動時，騎士要想辦法在單車上保持平衡。

我想親眼看看丹尼騎攀岩車。我想像自己騎車跟著他遊遍格拉斯哥市區，他騎車跳上圍籬、飛簷走壁，在地景上縱切橫劃時，我就坐在公園長椅上當觀眾。丹尼則另有打算。他提議我們一起去一個名為凱斯金布雷斯（Cathkin Braes）的地方騎登山車，位在格拉斯哥市中心東南方的這個區域遍布山林，有無數條單車道錯綜蜿蜒其間。之前我曾向丹尼提及，我自己也天天騎單車，我想他是看我輕描淡寫透露這件事，推斷我符合來一趟登山車之旅的基本體能門檻。於是某個平日一大早，丹尼開著他的廂型車載我到凱斯金布雷斯，在停車場卸下兩輛登山車，我們就騎車出發了。在清晨的毛毛細雨中，我跟在丹尼身後穿越森林。上路不到一分鐘，我就發現自己具備的特定騎單車技巧，尚不足以應付初學者等級的騎登山車走山徑行程。

騎單車本身就是一種特技。單車並不穩定，永遠搖搖欲墜。一輛停住不動的單車，如果不靠著牆面或立起腳架停放就會傾倒，如果推動一輛無人騎乘的單車，車手把在無人控制的情況下終究會帶動轉向軸，單車就會跟著歪斜翻倒。基本上，騎單車就是進行永無休止的預防碰撞練習，是不斷在進行一連串修正和補救，讓單車能保持不偏不倚並持續前行。所有單車騎士都充分掌握最基本的技巧，騎車動作如此細微巧妙不假思索，以致我們很多人都沒有察覺，其實自己騎單車時就是在表演這些技巧。單車行進時，騎乘者為了避免滑倒，會順勢朝著單車傾斜的方向轉動龍頭；準備要轉彎時，騎乘者會先將龍頭朝著要轉彎的反方向側微微扭轉。丹尼．麥嘉斯寇和其他特技單車手的本領，遠遠超越大多數單車騎士的能耐，但他們只是將最基本的騎單車技巧發揚光大，那個技巧是我們所有人騎單車時都在做的：保持平衡。

關於單車平衡課，萊特兄弟威爾伯和奧維爾在歷史上留下影響最深遠的一堂課，他們和丹尼一樣是單車技師出身。萊特兄弟發現騎單車的原則同樣適用於飛行：飛機就跟單車一樣，可能是本身並不穩定的機器。「操縱飛機就像騎乘單車，靠的是駕駛員的平衡感。」[45]萊特兄弟於一九〇八年告訴記者。萊特兄弟說控制飛行器「對飛行員來說很快就會變得自然如同本能，就跟騎在單車上保持平衡一樣。」一九一一年的航空學論文《新的飛行藝術》（*The New Art of Flying*）將飛行員比擬為單車特技演員：「現今飛行員的處境某方面來說，就像拿著陽傘在鬆弛的鋼索上騎單車。」[46]或許可以說丹尼就像萊特兄弟，同樣帶來關於平衡、單車和航空學的啟示——只不過方式剛好相反。只要找對駕駛者，單車也能騰空飛翔。

當然，如果沒有找對人，飛天單車可能帶來危害，駕駛者本人和其他人都將身受其害。我和丹尼騎登山車走的曲折徑道深入林中，下坡愈來愈陡，彎道愈來愈急，騎車前行的難度愈來愈高。我也忽然成了單車特技演員，只是表現很差勁——狂亂地緊抓車手把，像瘋子一樣拼命煞車，只見車輪不時離地騰空，車架不停從我身下亂滑出去。感覺既危險又嚇人，但在中立的旁觀者眼中，可能就像鬧劇動作頗有喜感。向下急降的徑道愈來愈險峻，我開始覺得自己的身體好像被不停甩來甩去，像晾在曬衣繩上的衣服在東北風暴侵襲時被吹得劈啪翻飛。丹尼試著幫忙，他建議我將身體重心向後移，將臀部挪到座墊後面懸空，藉此重新調整人車的配重。這個方法有效，但過了一陣子，我又開始驚慌，身體緊繃加上大腦打結，摔車也是無可避免的事。接著進入一段曲折但相對平坦的徑道，我們最後來到一處急降坡，我陷入恐慌，用力拉住前煞車。後輪翹了起來，我就這樣彈飛出去——整個人越過車手把，飛拋到半空。

我的背側一下子重重著地。嚴格來說，是我的尾骨著地。傷勢並不嚴重，在我能忍受的範圍，但實在讓我顏面掃地，對我的自尊和臀部都是莫大的打擊。我一拐一拐走回單車旁，丹尼出聲關切，客氣有禮的他講話很少言過其實。「我有一點點擔心，」他說，「怕你會害死自己。」

我說如果能休息一下會好一點，丹尼自己沒有說出口，但他似乎也有同感。我們離開林道，到了一個遍布泥土小徑和不同地形特徵的區域，該區有許多形如波浪起伏的陡斜彎牆（berm）和路段。我將單車牽到一旁，看著丹尼騎車來來回回，時而呼嘯飛身上坡，時而俐落轉進彎牆，過彎時連人帶車壓低到幾乎與地面平行。

他騎的那輛登山車相當重，不像攀岩車比較易於跳躍和表現其他流暢動作。然而不管丹尼操縱什麼單車，都讓人大開眼界。我知道眼前的奇觀是專業技巧的展現，包括微妙的重心挪移和力道運使，細微的調整、臨場即興發揮和瞬間直覺反應，單車完全受他的意念支配，人車彷彿合而為一。但我沒辦法區辨所有的技巧細節，在我這個外行人眼裡，丹尼騎車本身就是純粹而猛暴的美，行雲流水之中展現速度和力量。

丹尼沿著徑道向前騎了一大段，然後掉頭往回騎，雙腿流暢快速地踩著踏板。他衝過徑道中土坡那段的速度如果夠快，顯然就能順勢飛躍。而他就是這麼做。他預備起跳，抬起後輪之後忽然急扭車手把，只見單車衝上半空中。單車愈飛愈高；我想著肯定已經飛到最高點時，它卻繼續向上飛騰。飛躍軌跡太過反常，懸空時間如此之長，一時間我竟然伸手想拿手機出來拍照。但我還是打消念頭：重力理論上會發揮作用，單車肯定不久後就會落回地球表面。

第七章

雙腿間來點樂子

《單車女王》（*Queen of the Wheel*）。棚拍人像，一八九七年。

我想幹單車。我想要卡利斯托（Callisto）將單車分解好讓我幹。幹車架。幹踏板。幹手把。幹前輪。幹後輪。幹齒盤。幹輻條。幹座墊。幹座桿。幹花鼓。幹輪圈。幹避震器。幹前煞車。幹氣嘴。幹飛輪。幹頭管……。我要你幫我買個耐用的打氣筒，不要沃爾瑪買的。我想幹它。我要幹它幹到我渾身充氣、盈滿鼓漲、飄飄欲仙，在幹打氣筒的時候，我可以感覺到身體內的氣體持續壓縮。繼續打氣，繼續幹它。[1]

——阮氏微（Vi Khi Nao）著，《流放的魚》（*Fish in Exile*，2016）*

小說女主角的名字「凱瑟麗」（Catholic，意為「天主教徒」）令人匪夷所思，她的兩個孩子亡故，婚姻破碎，人生從此陷入混亂。讀者會從故事中理解，她對單車的遐想只是身陷更大危機的症狀——並非純粹的戀物癖，而是飽受折磨之下形成的病態，或許還混雜了不健康的受虐癖。（「你覺得如果我一直打氣一直幹，久了我的子宮會像一場大雷雨嗎？」她問。）儘管如此，小說中描寫的性欲貨真價實，這種怪異反常的性欲不僅見於虛構作品，也見於現實世界，因此可以合理論斷，具有這方面的性癖好與精神相關病症並無關聯，他們只是單純想「上」一輛單車。

二〇〇七年十一月某個下午在蘇格蘭艾爾（Ayr）的地方社會住宅，管理人員走進一個房間，發現一個只穿白色T恤、腰部以下赤裸的男人抱著自己的單車「前後擺動臀部像在性交」。[2]五十一歲的羅伯特・史都華（Robert Stewart）因此遭到逮捕並移送至艾爾的郡法院（Sheriff Court）受審，他被控「對無生命物體進行仿擬性交，有嚴重妨害風化之脫序行為」。法官柯林・米勒（Colin Miller）處理過形形色色的奇案，早在一九九〇年代初期就曾於一場特別的訴訟中擔任審判長，替一對遭指控涉嫌虐兒及

「舉行邪教儀式」的父母洗雪冤情，當時八卦小報對於案情的報導鉅細靡遺。對米勒來說，史都華的案子可謂新奇。「我在司法界將近四十年，以為早已看盡人類所知的每種變態行為，」他在判處史都華緩刑三年時說道，「但是戀單車癖者，我真的聞所未聞。」

米勒郡長顯然並未深入研究。如果你能連上網路，那麼只要滑鼠多點幾下，就能發現戀單車癖的鮮活證據。你找到的大多會是，嗯，色情作品，平凡無奇的那種色情圖片和影片，單車在裡頭是用來推動劇情，多半當成有輪子的情趣用品。其中一種熱門的子類型主打登山車，主角相偕騎單車走越野路線到樹林中的偏僻地點後翻雲覆雨，而單車與色情的結合方式多少可以預期。有些單車色情片是參與者用手機自拍的業餘「素人片」，也有些影片顯然是相當專業的作品，從多角度拍攝、打光技巧高明，而且找來的演員矯健靈活，能夠在單車上演出各種性交動作而不會大腿拉傷或發生其他慘劇。也有影片依循經典色情片敘事，把單車當幌子（「小騷貨的腳踏車壞掉沒錢修」；「性感尤物騎完單車再騎大雕」）。影片中常出現裸女和單車座墊，女人或騎著座墊裝了假陽具的單車，或利用單車座墊或座桿自慰。

主流單車色情片與比較小眾的地下類型的影片之間有所區隔。二〇〇七年源自奧勒岡州波特蘭（Portland）的「單車情色」（Bike Smut）運動組織鬆散，由名為菲爾牧師（Reverend Phil）的單車手兼社運人士發起。該團體自稱「好色聯盟」[3]，以主辦「單車情色影展」（Bike Smut Film Festival）著稱，影展選片皆為「世界各地單車族發揮創意拍攝的情色短片」，歌頌「正向看待性的文化與人力交通工具

＊譯註：「Vi Khi Nao」意為「因為於何時」，是此位越南裔作家的筆名，取名原由是英語人士將其姓氏「阮」（Nguyen）誤發成「when」的音，參見作家於訪談中的說明：https://lithub.com/celina-su-on-blending-academic-inquiry-with-poetry/。

帶來的喜樂和解放」。入選影片的調性開放、不受傳統束縛，歡迎異性戀、同性戀、雙性戀、跨性別等所有性傾向。有許多影片彰顯女性主義，是女性為女性觀眾製作的色情片。

「單車情色」影片的共同點確實就是「單車色情」：充滿挑逗意味的鏡頭對準大盤和菱形車架的次數，與對準演員四肢和下體的次數不相上下。在一些片段中，可以看到裸男和裸女舔舐和愛撫車手把和上管。還有由女演員擔綱的單車維修入門示範影片，這些女技師打扮火辣，手裡拿著內六角扳手和潤滑油。在影片《幹單車：編號001》（*Fuck Bike #001*）[4]中，一名身上有刺青的長髮男人在靜止的「單車」上踩著踏板，類似單車的裝置其實是長十四英尺、具有魯布・戈德堡（Rube Goldberg）機械風格的複雜裝置，由單車車架、車輪和林林總總的零件組成，它的傳動系統驅動一根與很長的金屬滾柱插銷相連的假陽具持續抽插。而在這個裝置實際發生作用的一端，一個女人躺在加高的床墊上張開雙腿，不斷抽動呻吟。裸男單車騎士和裸女「這一對」在影片中僅僅露面數秒鐘，製片團隊明確呈現出性感撩人、真正火辣的動作，是機械構件的動力學運作，是曲柄、鏈條和車輪飛轉時的咻咻作響，以及金屬和鍍鉻表面的光影變化。這是不折不扣的單車色情。

另外一些人也看出將單車零件發展成古怪情趣玩具的潛力。赫塔・孚斯特（Rheta Frustra）是在維也納發展的藝術家兼社運人士，她的作品「單車性戀」（Bikesexual）旨在利用舊單車零件創作出「升級再造版」（upcycled）情趣用品以「挑戰身體規範和性規範」。[5]她架設「單車性戀」網站並在歐洲各地開設教學工作坊，指導大家如何利用從廢棄單車回收的零碎橡膠和金屬，製作成肛塞和手銬、鞭子、九尾鞭等綁縛用具。那些「一直想要整副胸甲鞍具，但是……不好意思大白天走進鬧區情趣用品店購買」的人，只要運用廢棄單車內胎、鏈條、數個扣件加上「二手單車齒片當成假陽具」，一下子就能自行打造完成。

「單車性戀」就跟「單車情色」一樣同時是次文化和反文化，它和視騎單車為一種反建制力量形式的地下運動站在同一陣線。（孚斯特說「單車性戀」「結合了DIY動手作、純素食主義、生態保護、單車文化及酷兒政治」。[6]）但是將單車「性化」（sexualization）既不是非主流的邊緣現象，也早已不是新鮮事。在短暫的「紈褲戰馬」黃金時期，充斥於倫敦印刷鋪的粗俗淫穢漫畫中，少不了「一柱擎天」的花花公子和上圍豐滿的女士在腳蹬車上愛撫歡好的場面，而單車被描繪成某種情趣設備，或至少是情色鬧劇裡的道具，是攝政時期荒淫好色之徒的情趣玩具。一八九〇年代單車熱潮盛行時期，衛道人士擔憂（和幻想）女性會利用單車座墊「持續摩擦陰蒂和陰唇」[7]，也開始出現裸女跨騎單車的棚拍攝影作品。（這些照片以加襯紙卡的櫃藏卡〔cabinet card〕形式保存了下來，在eBay拍賣網站上可以賣到高價。）

就在同一時期，「單車情色」也藉由帶有性暗示的雙關語逐漸滲入大眾娛樂市場。一八九二年的英格蘭雜耍戲院熱門曲目〈黛西．貝爾（雙人自行車）〉（Daisy Bell〔Bicycle Built for Two〕）[8]，其創作靈感據說來自英國皇室的性醜聞，即華威伯爵夫人黛西．葛維爾（Daisy Greville, Countess of Warwick）與威爾斯王子愛德華（Edward；後來即位為愛德華七世〔Edward VII〕）的婚外情。歌詞裡有許多運用單車零件名稱的雙關語（「你是車鈴〔belle；暗指美人「貝爾」〕／我來搖響」），此外也以曲名中的雙人自行車比喻另一種「雙人共騎」的活動：「任你領頭／帶我出發／我若太差／就容許你／車自己煞。」

單車讓格調較高的創作者也想入非非，包括一些素富盛名的現代主義作家。詹姆斯．喬伊斯（James Joyce）在《*Finnegans Wake*》（芬尼根守靈）中描述一名「含苞娼妓」（prostituta in herba）騎乘一輛「自性車」（bisexycle）。。喬治．巴塔耶（Georges Bataille）的小說《眼睛的故事》（*Story of the Eye*，1928）裡描繪了大膽放蕩的色情場景，無名的敘事者和戀人西蒙娜（Simone）脫得一絲不掛在鄉間騎單車，整趟單車之旅在西蒙娜達到性高潮並從單車上震飛到路邊時「達到高潮」：

> 我們已經拋棄真實的世界，那個由衣冠楚楚的眾人構成的世界，而自此消逝的時間已經如此遙遠，遙遠得幾乎不可觸及。……自行車的皮革座椅吸附著西蒙娜裸露的屄，後者不可避免地受到了隨著腳踏板而上下運動的大腿的摩擦。進而，後輪在我的眼裡無限地消失了，不僅在腳踏車的後叉上，同樣也在騎車人赤裸的臀縫下，虛幻地消失了——布滿塵土的輪胎快速旋轉——如我咽喉的乾渴，一如我的勃起，終將投入到依附於車座的陰道的無盡深淵裡……我意識到，她正在車座上越來越激烈地耗盡自己，那坐墊已經嵌入了她的屁股中間。和我一樣，她還沒有耗盡陰部的無恥所喚起的焦躁，偶爾，她也發出沙啞的呻吟；她被歡愉真正地撕裂了，伴隨著鋼條在卵石上發出可怕的摩擦和一聲刺耳的尖叫，她赤裸的身體猛地拋向了一座路堤。[10]＊

十九、二十世紀之交的反單車陣營警告，「在鄉間騎一趟『長程』往往會導致『男歡女愛』」[11]，將他們想像的場景與巴塔耶筆下的荒淫單車之旅對照，頗能引人深思。這是典型的道德恐慌，但就事實而言可能並非誤會。從一百多年前開始，從城市到鄉間的單車之旅咸認是一趟充滿香豔機會的旅程。（騎單車到偏僻森林幽會的色情片套路不過是最近一次老調重彈。）在鄉間道路上騎行，身處如此開放的空間，社會的規範約束不再適用，單車騎士能夠嚐到真正的自由，屈服於自己最狂野的欲望。

莫里士・盧布朗（Maurice Leblanc）的小說《比翼雙飛》（*Voici des ailes!*，1898）講述巴黎的法維耶夫婦巴斯卡和蕾晶（Pascal and Régine Fauvières）與達赫喬夫婦紀堯姆和瑪德琳（Guillaume and Madeleine d'Arjols）相約騎單車出遊，一同飽覽諾曼第（Normandy）和布列塔尼（Brittany）的鄉間風光。隨著旅程開展，道德的束縛逐漸鬆綁，蕾晶和瑪德琳也擺脫拘束的緊身胸衣。最後蕾晶和瑪德琳脫去上衣，在有如伊甸園的田園景緻中裸著上半身騎單車。對盧布朗來說，騎單車本身就是一種性事。騎乘者、單車、風景、自然萬物——全都是性實體，共同參與一場高潮不斷的縱欲狂歡派對。

> 騎在坡度和緩、微有起伏的道路上，速度讓他們陷入亢奮激昂，大地似乎忽而膨脹，忽而塌陷，彷彿跟著呼吸節奏一起一伏的胸膛。……他們張開雙臂，好像要擁抱什麼。撲面而來的空氣讓他們以為有什麼朝著自己移動，溫柔地蹭著自己的胸膛。微風吹拂他們的唇瓣，宛如印上深情一吻，滋味妙不可言。忍冬的輕柔芳香輕撓，有如私密輕巧的愛撫……他們的意識消解於萬物之中。他們與大自然融為一體，成為發自本能的力量，如流雲，如波浪，如芬芳輕飄，如音聲迴盪。[12]

*譯註：此段引自喬治・巴塔耶著，尉光吉譯，《眼睛的故事》（逗點文創出版），第五章。

到了故事最後，兩對夫妻交換伴侶，新組成的兩對愛侶騎著單車上路，他們的未來充滿激情歡愛，而且要繼續騎很久的單車。《比翼雙飛》要傳達的是，騎單車代表解放，而解放的定義就是「敗德放蕩」。

這樣的概念看似具有特定的時代印記，是容易遭到醜化的維多利亞時代所遺留，但其實仍在現今的單車文化中流通。每年的「世界裸騎單車日」（World Naked Bike Ride；WNBR）在全球數十個城市會有數千名參與者騎單車上街，他們奉行的穿著規範是「敢露多少就露多少」（bare as you dare）。一般認為此項活動是由加拿大人康拉德．施密特（Conrad Schmidt）於二〇〇四年發起，他認為活動特色是回歸騎單車運動的根源及發揚騎單車的精髓。「裸體騎單車的概念，可以追溯到早期剛發明單車的年代，」施密特表示，「單車就是有種特質，註定與裸體不謀而合。」[13]有些活動參與者會在身上彩繪，或在重點部位巧妙套上襪子，也有人全裸上陣。二〇二〇年春天，那時候是世界陷入新冠疫情危機的最初數個月，很多響應世界裸騎單車日的人只戴了口罩、身體全裸，也有一些參與者用口罩遮住私處。

裸騎活動帶著一股反文化嘉年華會的氛圍，一群人拋開一切束縛，騎著單車在街頭盡情喧鬧。但是主辦者堅持主張，活動宗旨不只是要「驚嚇中產階級」（épater la bourgeoisie）。菲利浦．卡爾－高姆（Philip Carr-Gomm）曾指出，裸體示威者「傳達了一個複雜的訊息：他們藉由挑釁行為來挑戰現況，並且透過展現自己無所畏懼、無所隱藏來為自身和其訴求賦予權力，但同時他們也展現了人類是多麼脆弱易受傷害。」[14]裸騎參與者採用「單車臨界量」運動的「直接行動」策略，其論調將裸體和性與環保主義、安全街道和反汽車至上主義等主張相互連結。「藉由裸體騎單車，我們向大眾宣告，我們對自己身體的美和個別性有信心，」世界裸騎單車日活動宗旨如此寫道，「我們以裸露的身體面對以汽車為主流的交通，因為要捍衛自身尊嚴，要充分展露路上的單車騎士和行人有多麼脆弱，以及依賴石油和其他不可再生能源所導致大家必須面對的種種惡果，這是最好的方式。」[15]

對於汽車族和單車族之間的衝突，在相關討論中一直常用性和性別相關詞語來呈現。展現動力和速度的汽車是陽剛男子氣概的象徵，而在汽車主宰的世界，許多人常將騎單車視為不夠陽剛或幼稚的行為。「騎在單車上讓人覺得自己一點都不像成年人，」痛恨單車的派翠克．歐魯克於二〇一一年的《華爾街日報》（*Wall Street Journal*）專欄文章中寫道，「走遍世界各地市中心空地、廣場和公園，你會發現沒有一尊民族英雄雕像是騎著單車。這年頭向成年公民推廣耍幼稚，各地出現自行車道只是開始，很快我們的市區馬路還得再讓出空間，畫出輕型機車道、滑板道、無動力『皂飛車』（Soapbox Derby）車道、彈簧高蹺道和幼兒學步滑步車道。」[16]好萊塢也拿這個題材炒冷飯，將騎單車的男性描繪成在性方面屢屢受挫的幼稚男人，不妨想想騎著跟消防車同是紅色的席溫單車的皮威．赫爾曼（Pee-wee Herman），或是史提夫．卡爾（Steve Carell）在電影中飾演的四十歲處男，沒有汽車駕照，每天騎單車去賣場的電子產品店做毫無前景的工作。這樣的態度在現實世界的路權之爭也浮上檯面。在交通議題的爭論中，汽車族常以恐同和仇女語言貶抑單車族。社會科學研究發現，普遍用來貶低單車族的綽號包括「娘們」（pussy）、「賤貨」（cunt）、「臭玻璃」（fag）以及更具針對性的「騎單車的臭玻璃」（bicycle fag）[17]，筆者自行田調的結果則與前述發現相符。

面對這樣的敵意，擁護單車的人士積極發聲，鼓吹以無比自信推動享樂主義政治。裸騎活動參與者在宣傳旗幟和赤裸身軀上塗寫各種標語，例如「雙腿之間來點樂子」、「我是單車性戀」、「什麼都能騎」、「單車族是活塞運動高手」、「我今天在單車上『到了』」、「免加油，搖屁股就能跑」，藉此賦予騎單車熱情放蕩的形象。（相較之下，開車予人的形象是正常拘謹、與性感扯不上邊。）有些單車族則支持騎單車是陰柔的主張，或者說騎單車彰顯了女性主義。波特蘭「怪胎單車」社群成員愛卓安・艾克曼（Adriane Ackerman）打造了一輛引人注目的單車：「飾有巨大紙漿製陰戶的兩倍高單車」。[18] 艾克曼將裝設在車架上近前輪處的裝飾稱為「驚屄」（Shock Twat）或「屄玩意」（Cuntraption），是將一段塑膠管一頭接在單車後貨架盛滿紅酒的壺罐，另一頭連到紙漿雕塑品中心的龍頭而成。這種設計讓志願者（顯然人數不少）能夠象徵性地「舔陰」，即跪在單車前從「屄玩意」大口飲用流出的「經血」，這樣一齣女性主義街頭劇確實令人嘆為觀止。（「從我的經驗來看，」艾克曼表示，「一堆所謂成年人大排長龍等著在手工打造的巨大陰戶前面跪下，只為了暢飲裡頭噴出的便宜紅酒，可說是權力存在最驚人的證明。」）有學者形容現今的汽車至上文化尊奉汽車為「狂衝猛刺的陽物權力」[19]，而「屄玩意」正是對於汽車文化的詼諧回應。

對於將汽車與單車之間的衝突視為兩性之間的代理人戰爭，或許有些人會持保守態度。然而持平而言，汽車和單車的確具有截然不同的情欲特質，或者說迥然相異的性吸引力。作家傑特・麥唐諾（Jet McDonald）認為，單車與汽車不同之處在於單車讓騎乘者的身體暴露在戶外及眾目睽睽之下：「在北歐，我們只在室內裸露身體，我們的肉體受到變化無常的嚴冬監控。但是當太陽終於露臉，我們只要朝外頭輕輕一躍就能騎上單車，讓比較私密的自己暴露在戶外。汽車就大不相同了。汽車是裝了四輪的房間，沒有身體的駕駛者在四壁之中加速前行，要傳遞與性有關的訊號，頂多只能在塞車時互相眉來眼去。」[20]

或許可以補充一點，與騎乘單車必須做出的動作相較，駕駛汽車必須做出的動作需要的肌力小很多，產生的體熱也少很多。用性事來打比方很老套，卻很貼切。騎單車如同進入一段親密關係，你將雙腿跨騎在單車上，奮力踩起踏板，你的身體與車身合而為一，人車共同創造出穩定的節奏。當你使出更大的力氣，單車的回應是加快速度；你推進，單車前進，人與車於是上路前行。至於單車相關描述中，帶有性高潮暗示的字眼如刺激、歡快、狂喜等出現的頻率之高，似乎已無必要特別強調。

這些比喻或許太過牽強，也或許還不夠牽強。我對自己的單車甚至所有單車懷抱的強烈謝意和真摯情意，比我對其他任何無生命物體的感情還要濃烈深刻，而且坦白說，我對大部分的無生命物體不抱什麼感情。亨利・米勒（Henry Miller）是史上最認真熱切的變態者之一，他從未寫下任何對於單車的淫穢想法。但在回憶錄《我的單車和其他朋友》（*My Bike and Other Friends*，1978）中，他以熱情筆調描述二十世紀最初十年於紐約市度過青春期時「最好的朋友」：一輛於薩克森邦的開姆尼茨（Chemnitz, Saxony）製造的單車，是他參加完一場單車賽之後在歷史悠久的麥迪遜廣場花園買下的。[21]米勒家住在布魯克林區的威廉斯堡（Williamsburg），他回憶起自家附近單車店的技師會免費幫他修車，「因為，他是這麼說的，他從來沒看過像我這麼深愛單車的人。」

米勒會和他的單車「進行無聲的對話」。他對單車百般寵愛，溫柔得像是第一次陷入愛河的少年。在米勒對於夜間保養單車行程的描述中，或許可以約略窺見未來的情色大師、幽會愛撫與屎尿癖行家的影子。「每次回到家，」米勒寫道，「我會將單車倒放，找來一條乾淨抹布擦拭花鼓和輻條，然後清潔鏈條，重新上油。上油會在走廊上的石頭留下難看的汙漬，我母親……因此火冒三丈，她會尖酸刻薄地對我說：『我很驚訝，你竟然沒有把那東西抱上床一起睡！』」無論對象是單車或人類，最火辣刺激的性行為往往是愛的表現。

第八章

寒冬

冒著暴雪勇往直前。印度查謨－喀什米爾（Jammu and Kashmir）的斯利那加（Srinagar），二〇二一年一月。

「海克拉號」（HMS Hecla）收錨駛入大海，朝北航向世界的最頂端。這艘英國皇家海軍船艦長一百零五英尺，有三根桅杆，全帆航行時可揚起十二面風帆。「海克拉號」曾在一八一六年參與海戰，加入英荷艦隊炮轟北非的巴巴里海盜（Barbary pirates）根據地阿爾及爾（Algiers）。她在兩年後獲派一項新任務：前往北極探險。為了耐受浮冰的撞擊，船身特別包覆了鐵皮加固。一八一九到一八二五年間，「海克拉號」三次出航尋找西北航道（Northwest Passage）。而在一八二七年四月二十七日，「海克拉號」自泰晤士河口啟程，準備航向北極。船上載了威廉・帕里（William Parry）艦長和二十八名船員，此外甲板上還繫著兩艘長二十英尺、裝了鐵製滑行板和風帆的「冰上雪艇」。帕里的計畫是讓「海克拉號」航行至距歐陸北方六百英里的斯匹茲卑爾根島（Spitsbergen），該島周圍環繞著北冰洋（Arctic Ocean）、格陵蘭海（Greenland Sea）和挪威海（Norwegian Sea）。抵達這座島後，他打算讓水手改駕駛較小的船艇乘冰破浪，展開下一段長達六百多英里的旅程。[1]

根據新聞報導，帕里一行人前往斯匹茲卑爾根島還要幫忙跑腿完成附帶任務。除了大量槍炮彈藥、菸草和蘭姆酒，「海克拉號」貨艙中還有頗不尋常的貨物，即預備在斯匹茲卑爾根島卸貨的「數輛腳蹬車」。倫敦《廣告晨報》（*Morning Advertiser*）在探險任務展開前刊出一篇報導，文中繪聲繪影想像單車將在冰天凍地的極北地區造成轟動：「祕魯人第一次見到西班牙人騎馬時驚恐不知所措，當愛斯基摩人生平第一次看到英國人騎著腳蹬車，無疑也會有同樣的反應。」[2]

這批腳蹬車後續並未在歷史上留下其他紀錄，該篇可能是不實報導。無論如何，愛斯基摩人不見得會特別注意腳蹬車。斯匹茲卑爾根島當時是瑞典挪威聯合王國（United Kingdoms of Sweden and Norway）的前哨站，也是捕鯨重鎮，挪威獵人亦會前去島上設陷阱捕捉北極熊和北極狐。此外也有許多科學家和博物學家前往島上研究探勘，其中多數來自瑞典。對於斯匹茲卑爾根島出現腳蹬車的場景，我們或許應該抱持完全不同的想像：當年的北歐人一頭霧水但熱情歡迎自行車到來，而他們的後代子孫將成為全世界最熱情實踐單車生活的一群人。那批腳蹬車幾乎可以肯定是第一批進入極地的單車。

面對天氣的嚴苛考驗，沒有單車騎士能全身而退。騎單車就是會親身體驗暴露在戶外的樂趣和苦頭，對於某一類騎乘者來說，冒著低溫酷寒在冰天雪地騎車，反而讓樂趣加倍。英格蘭單車族藍格（R. T. Lang）於一九〇二年的著作中表示鄙視「那些十月初看葉子枯黃就把單車直接收起來等過冬的半吊子」[3]，他認為冬天騎單車是吃苦耐勞的老祖宗傳給所有不列顛子孫與生俱來的權利：

> 當雪花繞著輪輻飛旋、打轉、狂舞，如同我曾看過的，在哲維綿羊群（Cheviots）中心、德比郡（Derbyshire）一座座突岩上方和蘇格蘭高地的荒野祕境飛旋、打轉、狂舞……就是激起流傳於族裔的古老狂戰士精神的時候，就是視大自然為勁敵奮戰到底的時候，這是一場人類與其宿敵之間永無止境的苦戰。凜烈刺骨的寒風瘋狂吹襲，意在阻卻萬物前進之下，全身肌腱拉緊，肌肉糾結鼓突；有那麼數秒鐘，幾乎陷入生死關頭，雙手抓著車手把抓得死緊，渾身上下每束肌肉都加入戰局，車輪依舊分毫難移；片刻之間，戰況膠著，接著寒風敗退，踏板以勝利者之姿亢奮轉動，不過再前進幾碼路又要陷入同樣的爭鬥，只能抱著蠻力必勝的信心。這是屬於不列顛的運動，唯有維京人子孫懂得樂在其中。[4]

藍格詰屈聱牙、展現種族主義的說法與現實並不相符：熱衷冬天騎單車的絕不只是維京人「子孫」，或至少不限於男性後代[5]。但他說對了一點，冰天雪地裡騎單車的要件是身強體健和很能忍痛。一名自認是專家的友人曾告訴我，冬天騎車簡直他媽的爛透了。在其他嚴苛天氣下騎車或許不怎麼方便，但除了最極端的狀況，都不至於難以前進，冬天騎車在許多方面卻都更加艱難。

暴雨中騎單車還算可行。不錯的前後輪在地面溼滑時仍能維持抓地力，單車老手懂得不時輕拉煞車，有助於去除輪框和煞車塊上的水，保持煞車系統正常運作。除非是颱風天，否則即使冒著強風，也能緩慢但踏實地前進。或者在熱帶沙漠，只要準備充足飲水，同樣可以騎單車在炙人熱氣中前進。

只要騎乘者有決心，嚴寒也不會構成阻礙。現今單車族的禦寒裝備比以前更為齊全，可以雙手戴著全指手套，再伸進裝在車手把上的連指手套，還可用數英寸厚的羽絨內襯、氯丁橡膠（neoprene）、刷毛（fleece）或其他材質的衣物裝備將雨雪隔絕在外。我住在威斯康辛州的麥迪遜（Madison）時看過不少單車族這樣穿，那是個二月早上才走出門，鼻涕就會結凍的地方。在麥迪遜鬧區的主要道路州街（State Street）上，會看到穿著雪衣的單車騎士騎車經過，他們的落腮鬍上結出冰柱，儼然極地探險家的模樣。

冬季騎單車要面對的挑戰不是低溫，而是路況不佳的道路，即使體力最好、技巧最高明的騎士也會為此敗下陣來。單車的設計不適合穿越雪堆，也不適合在溜冰場穿梭來去。車輪無法抓住路面時可能嚴重打滑，積雪則會將車輪完全堵死。

然而，冬季時光或許可說就寫在單車的基因裡。德萊斯於「無夏之年」設計的單車始祖「滑跑機器」可說是冬季的交通工具，是以模仿溜冰的蹬滑動作來驅動。自此之後有許多熱衷敲敲打打的人發揮創意，將單車改造成適合冰天雪地的復古交通工具，或是打造出適合特定季節的新型單車。最簡單的手動改造方法是提升車輪的循跡性能（traction），在輪胎上以橫綁纏繞方式安裝雪鏈，或在輪胎加裝防滑釘、螺柱或其他突起齒狀物。有一幀美國單車設計者喬・史坦勞（Joe Steinlauf）於一九四八年拍攝的照片，照片中的他騎著可說是有史以來最虯結賁張的龐克搖滾風休閒自行車：這輛單車的車輪沒有內胎，只有金屬輪圈，前後輪圈上都插了三十多根三英寸長的尖刺。[6]這是中世紀異端裁判所會當成刑具用在人犯身上的腳踏車輪。

一八六〇年代晚期，歐美出現形形色色的「冰上腳蹬車」，通常具有類似「簸顛號」單車但加裝了嵌釘的附踏板巨大前輪，車身上則附加類似滑板或雪橇的裝置。「冰上腳蹬車是哈德遜河（Hudson）上的最新流行。」[7]《布魯克林每日鷹報》（*Brooklyn Daily Eagle*）於一八六九年元旦後不久報導。安全腳踏車問世之後，又出現新一波冬季單車設計潮[8]：有前側或後側裝了上油冰刀架的單車、形如巨大滑雪雙板的單車，還有裝設「雪鞋配件」的單車。荷蘭冬季時運河結冰，加上全民瘋狂熱愛單車，是冬季騎單車的重鎮，一名設計師發揮巧思，取下單車前輪，在鏈條帶動的後輪兩側裝上優雅的履帶式滑行板。美國的芝加哥雪地單車配件公司（Chicago Ice-Bicycle Apparatus Co.）則推出售價十五美金的配件包，宣稱能將「現代任何形制規格的安全腳踏車」[9]改裝成「比在夏季騎乘更迅捷」[10]的冬季交通工具。該公司也誇稱在結凍的密西根湖（Lake Michigan）上進行測試時，其中一輛測試用車的速度飛快，二十秒內在冰上前進了四分之一英里（約四百公尺）。[11]

十九、二十世紀之交單車熱潮的「奇蹟之年」（annus mirabilis）是一八九六年，同年，加拿大西北部發現金礦。廠商把握大眾一窩蜂想發財的時機，向想要前往北方的淘金客推銷單車。一八九七年夏天，紐約一家單車公司開始生產「克朗代克單車」（Klondike Bicycle）[12]，號稱是育空地區（Yukon）淘金者的高科技得力助手。此款單車的輪胎牢固耐用，鋼鐵車架上還包覆著可供騎乘者保暖雙手的生皮革。單車上管中央處另外掛著下垂折起的備胎，車手把和後上叉也有方便固定載運貨物的配件。

該公司的想法是克朗代克單車既能當成代步工具，也能載運貨物，方便騎乘者攜帶加拿大官方規定在邊境維生應備妥的一英噸糧食裝備。[13]克朗代克單車還可展開成四輪模式，車主可以把它當成推車，徒步拉著車子將五百磅物資運到金礦場，只要再收起外伸的輔助輪，就能沿著徑道騎單車回頭運送下一批物資。一般自己揹裝備或利用馱畜的淘金客，需要走好幾趟才能運完所有物資，來來回回可能要走完兩千五百英里的路程，然後才能開始淘金。但騎單車的人只要兩趟就能運送完所有物資，比對手更具優勢。

克朗代克單車業務員如此宣傳，而聽者半信半疑。《阿拉斯加與克朗代克金礦：給淘金客的實用指南》（*Alaska and the Klondike Gold Fields: Practical Instructions for Fortune Seekers*）作者哈里斯（A. C. Harris）嘲笑這些「帶單車來淘金的菜鳥」，完全不知道單車在育空的嚴寒氣候下根本毫無用處。[14]他指出支持帶單車者「忽略了在鄉間騎單車除了要配備優良的車輪，還有一個必備條件——優良的道路。」[15]

地形確實崎嶇艱險。要抵達育空河（Yukon River）源頭必須取道多條山徑，其中奇爾庫特山徑（Chilkoot Trail）途中有一段惡名昭彰的「黃金階梯」（Golden Stairs），是在冰雪覆蓋的隘口所在山峰鑿出的一千五百級梯階。如果順利翻越群山，你會發現自己置身危機四伏的地域。育空地區的天氣變幻莫測，唯有嚴酷這點不變。氣溫會降至華氏零下五十度（約攝氏零下四十五．六度），暴雪猛襲，濃霧籠罩，雪崩頻繁，強風呼嘯。淘金客受到凍瘡、失溫、營養不良和飢餓摧殘，謠傳有人飢不擇食，甚至喝了靴子加水煮沸而得的湯汁。

還有其他風險。冬末春初雪融時，在路上行進會陷入泥濘。短暫的夏季十分炎熱，還有永遠趕不完的蒼蠅和蚊子。暴力及不法行為猖獗，強盜會在山徑上埋伏偷襲淘金客，據說輕生尋短也會傳染。育空地區首長於一八九七年秋天寫信給加拿大內政部長，報告該區慘絕人寰的事件：「有太多人承受煎熬磨難和悲傷苦楚，令人難以想像。」[16]北美洲南部開始傳出消息，說整個淘金事業根本是白費力氣，說所有蘊藏豐富金礦的土地採礦權早就由他人取得，在克朗代克發財的只有那群早期開始專營淘金客生意的利益相關人和商家。其中一人是唐納．川普（Donald Trump）的祖父佛瑞德里克．川普（Frederick Trump），他為了躲兵役從德國逃到美國，在育空河畔的城鎮貝內特（Bennett）和白馬市（Whitehorse）經營旅館，發了一筆小財。

然而仍有不死心的淘金客前往北方，其中數百人，或許數千人，帶來了單車。《阿拉斯加史凱威日報》（*Skagway Daily Alaskan*）於一九〇一年的報導估計，約有兩百五十人騎單車前往道森市（Dawson City）[17]，這個新興市鎮位在育空河與克朗代克河（Klondike river）匯流處，鄰近最初發現黃金的地點。當時留下的照片中，可看到一群男人騎著專為極地氣候改造的單車，其中也有原住民因紐特人（Inuit）。有人自製四輪車，是將兩輛單車的車架以鐵桿焊接而成。很多人則在單車後方加裝一般雪橇或平底雪橇（toboggan），將行李物資放在雪橇上拉著前進。也有一些單車騎士帶了一小群狗來拉雪橇，自己就騎在狗群前方，不像一般是人坐在後方的雪橇趕著狗群。

餵養馱畜的成本很高，而且不好照顧，很容易死亡，騎單車的好處就是不需要借助馱畜。由「帳篷城」史凱威（Skagway）前往育空地區的必經路徑「白馬道」（White Pass Trail）也有「死馬道」之稱，因為有成千上萬匹馬和騾子在途中斃命，有的跌下懸崖，有的則因過勞或餵飼草料不足而在雪中不支倒地。狗群的表現也沒有比較好。一名單車騎士如此記述自己行經育空河南岸徑道看到的駭人情景：「一隻凍僵的紅色短毛犬變得跟石頭一樣硬。有人將牠鼻子朝下倒立在雪堆上，牠的尾巴僵直，四腳呈小跑姿勢，看起來就像馬戲團小丑在表演把戲。」[18]

在克朗代克騎單車還有一點勝過馬匹和狗群：速度。如果天公作美，騎單車的行進速度遠遠超過任何交通方式，在沿途平坦的徑道上可以日行一百英里（約一百六十公里），是利用狗群載運物資的淘金客每天可走路程的兩倍。如果遇到陡峭上坡，單車客也只能下來扛著單車爬坡，等碰到省時省力的下坡就能抵銷上坡多花的時間。狗群拉雪橇行經後，通常會在野地留下寬十八到二十四英寸（約四十五到六十公分）的壓痕，騎士們會發現這簡直是現成的單車道。單車騎士只要循著宛如絲帶向前延伸的狹窄溝槽，保持車輪不要偏掉滑出，就能奮力輾過覆冰土地和結凍河面，穿越白茫茫、昏矇矇的世界。

當然，在育空地區騎單車也會碰到各種特殊事故。沿著狗拉雪橇留下的槽道壓痕騎單車並不容易，而試誤過程可能要吃不少苦頭。一名單車騎士表示自己第一天騎車上路「在雪地裡跌個狗吃屎大概跌了二十五次」。[19]當徑道延伸到河邊就到了盡頭，也沒有冰橋可通往對岸，騎士只能扛起單車，在冰冷湍急的水流中邊閃避浮冰邊徒步渡河。單車騎士也可能發現自己走入崎嶇不平的冰凍荒原，沒有任何雪橇徑道可走。冰面粗糙有時是馬匹行經所造成，牠們的腳步很重，加上拖著的雪橇載了沉重物資，通過時會將冰面壓得支離破碎。馬蹄可能會遭尖銳碎冰割傷，之後行經的狗群也可能遭殃，牠們如果踩過馬匹留下壓痕的邊緣，腳掌可能會皮開肉綻，連腳趾甲和腳掌肉都可能被削掉。接下來只剩單車騎士面對一地殘破，在馬匹和狗群的斑斑血汙中尋找出路。

騎單車的淘金客絕大多數沒有合適的衣物裝備。沒有護目裝備的人會出現「雪盲症」。有些人學會單手騎車，空出來的一手就不停搓揉鼻子預防凍傷。寒冷氣候也會對單車造成損害。在低溫環境中，輪胎會變硬龜裂，軸承結冰後也變得硬邦邦的。如果滑倒摔車，可能造成踏板損壞甚至龍頭斷成兩截，單車就此殘廢或斷頭。對於單車維修服務的需求很高，但缺乏必備零件和工具者只能就地取材。內胎被刺破時，騎士會在輪胎裡填塞繩索和破布。一八九八年末，在阿拉斯加的諾姆（Nome）發現金礦，艾德・耶森（Ed Jesson）從道森市騎了一千英里前往諾姆，沿途得多次想出變通之道修理單車。耶森行經育空地區鋸齒山脈（Sawtooth Mountains）中的蘭帕特峽谷（Rampart Canyon），一陣強風吹得他高高飛起，最後跌落在鋸齒狀的冰塊上。他在這次意外中雙手磨破，一腳膝蓋撞出大片瘀青，單車手把有一部分一摔之下直接脫落。耶森一跛一跛走到一處營地，在營地大修單車：「我將一根紋理細密、優良筆直的雲杉枝劈開，用刀子切割成兩段後用膠帶纏在前叉上，在兩段高度夠高的樹枝之間，再橫擺一根樹枝固定住，就可以當成車手把。這次真的修理得滿好的。」[20]

一窩蜂前往諾姆的淘金客中，有一位來自俄亥俄州揚斯敦（Youngstown）的十九歲青年麥斯・赫希伯格（Max Hirschberg）。[21]赫希伯格是在第一波淘金熱時抵達克朗代克，有數年時間在道森市外道路旁經營旅店。一九〇〇年元旦過後不久，他賣掉旅店股份，購入數個小區域的採礦權，聘來一支狗拉雪橇隊伍準備前往諾姆。據說諾姆的金礦蘊藏量極為豐富，到白令海（Bering Sea）好幾英里長的岸邊隨便挖就能滿載而歸。預定出發的前一晚，也是原本要在道森市待的最後一晚，他投宿的旅店失火。赫希伯格逃離火場時踩到一根生鏽鐵釘，傷口感染引發敗血症，等康復時已是三月初春雪融化的時期，他知道自己的時間所剩不多。在這個季節帶狗群上路已經太遲——狗群看到徑道上的泥濘融雪就一步也不肯再走。前往諾姆最好的路徑是取道冰天凍地的育空地區，但結凍的河面很快就會開始融化。赫希伯格知道諾姆淘金熱的消息已經傳開，會有更多批新手淘金客北上，為了搶得先機，必須盡快抵達諾姆：他買了一輛單車。

赫希伯格於三月二日騎單車離開道森市。天空晴朗無雲，氣溫是零下三十度。他的禦寒衣物比大多數人齊全，只有極小部分皮膚裸露在外。他頭上戴了附耳罩的毛皮帽，鼻子上戴了毛皮鼻罩，雙手套上可以包到手肘的毛皮全指手套，還有繫在車手把上的長袍可以幫他的雙臂和雙手隔絕寒氣。他腳上穿了兩層羊毛襪，再套上高筒毛氈鞋，鞋帶繫得緊緊的，身上衣物從裡到外是法蘭絨襯衫、內襯羊毛的連身吊帶工作褲和麥奇諾厚毛呢外套（mackinaw coat），最外面再套上結實的斜紋棉布大衣。赫希伯格身上裹了這麼多層還能移動身體，也算奇蹟了。他準備其他物資時則力求輕便，固定在座墊彈簧上的行囊裡，裝了換洗衣物、手表、折疊刀、火柴、鉛筆和封面防水的日記本。他的隨身小包裡裝了價值一千五百美金的砂金以及數枚金幣和銀幣，他還貼身藏了共值二十美金的金幣，是在揚斯敦的姑姑替他縫進腰帶裡，他先將腰帶緊緊繫在腰間才穿上工作褲。

路途十分坎坷。赫希伯格騎單車的經驗豐富，但還是摔了好幾次車才適應雪橇行經留下的兩英尺寬徑道。暴風雪吹襲時，積雪掩蓋了徑道。即使天空晴朗，也有迷路的風險。徑道向北方和西方蜿蜒延伸，有時穿越結冰的育空河，有時跟著河道拐彎，而河流在某些地點會分岔出多條支流，讓赫希伯格難以判斷該走哪一條路。他的單車也一度受損。大約前進了六百英里之後，赫希伯格在河冰上滑了一跤，撞壞一側的踏板。他自製一塊木頭踏板，但替代品耗損很快，大約騎了七十五英里就要換新。在努拉托（Nulato）貿易站，一名駐紮當地的耶穌會傳教士伸出援手，用電鍍金屬板和銅鉚釘幫他打造了牢固的替代踏板。

赫希伯格沿途看到的風景美不勝收，還不時從一群群美洲馴鹿身旁經過。某個萬里無雲的日子，他在鄰近塔納納河（Tanana River）河口處朝南望去，瞥見麥金利山（Mount McKinley）的輪廓。多年後記述這趟旅程時，他如此回憶在加拿大育空地區的四十哩鎮（Forty Mile）橫越邊境進入美國的經歷：「看見美國的星條旗飄揚時，忽然一股震顫傳遍全身。」[22]嚴格來說他在美國境內，但他踏足的其實是遠比美國更加古老的文明的家園。許多個夜晚，他都在原住民村莊投宿。赫希伯格抵達育空河最北端、北極圈以北約一英里的育空堡（Fort Yukon），走的正是數十年前第一批殖民者進入哥威迅人（Gwich’in people）領土的路線。前來的殖民者中，英國聖公會傳教士羅伯特·麥唐諾（Robert McDonald）牧師在育空堡住下，與一名原住民婦女結婚，生下九名子女，並編定一套拼寫哥威迅人語言用的字母表。[23]麥唐諾也將《聖經》、《公禱書》（Book of Common Prayer）和數首讚美詩翻譯成哥威迅語。赫希伯格騎車時也經過城鎮外的一處墓園，園內亡者是在一八五〇到一八六〇年間下葬，最早一批於阿拉斯加辭世的白人在此長眠。

赫希伯格的單車之旅中最艱鉅的障礙個個貨真價實，是由融解和再結凍的河水構成的障壁和死亡陷阱。育空河結凍時會結成一連串冰壁，有些豎直立起，有些斜跨在徑道上。溫度起伏不定，河岸兩旁的小支流反覆結凍、融化又結凍。小支流的河水有時會漫溢到結冰河面上，讓已經很滑的冰面變得更滑。地貌也可能讓人眼花誤判。赫希伯格曾有一次從克朗代克某處堤岸騎上他以為的「鏡面般的薄冰層」，一騎才赫然發現自己正沉入湍急水流。他慢慢習慣了鞋襪溼透又覆滿冰霜，照樣可以騎車。

進入四月，空氣逐漸暖和，在結冰水道上移動更是危機四伏。從冰層上騎過時，赫希伯格可以聽見車輪下傳來冰劈啪碎裂的聲音。有時候眼前會突然冒出窟窿或露出一小塊水面，他只能緊急煞車以免跌進水裡。有一天，他要橫越沙克圖利克河（Shaktoolik River）的結冰河面前往白令海海岸，騎過時壓破河面半融化的冰層跌了下去，他發現頭上腳下都是還未融化的冰層，而自己陷困在上下層之間寒徹骨髓的河水中載浮載沉。他好不容易才撞破河面冰層，拖著單車爬到浮冰上，再手腳並用爬到對岸。

赫希伯格快要抵達目的地時，發生了旅程中最後一起事故。當時他騎在諾姆東邊的一條結冰徑道，車輪打滑，他連人帶車摔了出去。等他爬起身來，才發現單車鏈條已經斷成兩段。此時需要發揮巧智。當時持續吹著強勁的東風，於是赫希伯格脫下厚毛呢外套，將一根樹枝固定在自己背部和外套之間，讓風灌滿有如大三角帆的外套，這下子就能順風前進。他就以這種方式騎著沒了鏈條的單車，於一九〇〇年五月十九日抵達諾姆。那時他已經不再是青少年，他在單車之旅期間已經滿二十歲。現已無從得知赫希伯格在諾姆淘到了多少黃金，或他是否真的淘到了黃金。他的淘金事業很可能血本無歸還倒賠，因為他掉進沙克圖利克河時，遺失了隨身小包及裡頭價值一千五百美金的砂金。但他最後卻獲得了另一種獎賞，他的史詩級歷險記，而故事的高潮就是最後以帆借風直奔諾姆的那一段路。無論在阿拉斯加或其他地方，當時的場面都可能是空前絕後的奇景：一個男人把單車當成帆船，如一陣狂風般在冰天雪地中乘風破冰而行。「沒了鏈條，我根本沒辦法控制單車的速度，」赫希伯格回憶道，「有時候風實在太強，我不得不拐彎騎上鬆軟雪堆，以免飛車失控。」[24]

克朗代克單車淘金客的壯舉或許無人能夠匹敵，他們的有勇無謀特質同樣無人可比。然而一百多年後，全球興起「極限」冬季單車運動的次文化，持平而言，這些單車手的瘋狂程度更勝麥斯・赫希伯格。他們的英勇表現具有娛樂性質，背後的動機不是鋌而走險想淘金發財，單純是為了追求刺激和榮耀。

最刺激也最光榮的一種冬季單車運動，也就是難度和死亡風險最高者，是根據很簡單的計算——如果你能一直保持直立，就能騎單車沿著冰雪覆蓋的坡面從丘頂向下疾衝。淘金客騎著安全腳踏車沿陡峭下坡俯衝時，會使勁倒踩踏板，即使育空地區天寒地凍，腳煞花鼓也會熱到發燙。（他們會將單車拋進路邊的雪坡裡降溫。）現今有一種「下坡車」（downhill bike），專門設計成可承受疾衝下坡時的應力。還有一群技藝精湛的自行車選手，專長就是操控下坡車衝下冰雪覆蓋的高山。在「超級雪崩全地形耐力賽」（Megavalanche）、「冰河下坡車賽」（Glacier Bike Downhill）等賽事中，選手們以驚人速度在阿爾卑斯山滑雪坡疾馳競技。目前單車騎行的世界最快紀錄保持人是法國選手艾希克・巴宏（Éric Barone），他從前是滑雪運動員和電影特技演員。五十六歲的巴宏於二〇一七年騎著登山車，從法國阿爾卑斯山瓦爾斯（Vars）的夏布希耶坡（Chabrières）俯衝而下，在這全世界其中一條可滑出最高速的滑雪道打破自己過去的紀錄，飆出令人目眩的最高時速：一百四十一點四九九英里（約時速兩百二十七點七二公里）。

網路上可找到這趟單車創紀錄之行的影片。[25]巴宏騎的登山車大小與小型摩托車相仿，他頭上戴的安全帽媲美太空人頭盔，全身穿著硬挺的火紅色緊身乳膠衣，這身服裝設計符合空氣動力學，而且「發生撞擊時能夠護持住選手的身體」。[26]影片中可以看到數名助理合力將巴宏和登山車推到斜坡起點，巴宏接著從標高八千八百五十英尺（約兩千六百九十七公尺）的夏布希耶坡騎車直衝而下。片刻間，裝在無人機上的攝影機拍到巴宏左上方的畫面，多少可以窺見從選手視角看到的賽道景象：朝著一片白茫之中筆直墜落。那些頂多會在道路盡頭衝下急降陡坡的單車騎士，看了這個景象都不免覺得驚心動魄。

巴宏的壯舉與週日單車族的騎車蹓躂天差地遠，但認為兩者之間毫無關聯則不太明智。每趟單車之行都很危險。擁護單車者將單車事故驚人的高死傷率歸咎於系統性的不平等，認為交通法規和基礎設施獨厚汽車、不利單車，他們的主張有其道理。但即使在理想的情況下，騎乘移動的交通工具本身就有風險，而在很多方面唯有單車騎士特別脆弱易受傷。任何選擇騎單車上路的人，多少都帶著一點蠻勇。多變天氣會提高騎單車的風險，發生事故災禍的可能性也變高，這或許可以解釋為什麼有些單車騎士從冬季騎車活動獲得至福極樂。愈是驚險，就愈刺激。

對一些人來說，冬季騎單車會帶給身體快感：騎單車呼嘯前行時血液流動加快，氣流拂過全身皮膚，這種感覺在刺骨寒意侵襲之下更顯痛快強烈。此外，冬季騎單車還展現了陽剛氣概。藍格侃侃而談狂戰士精神或許讓人有點受不了，但我成年以後幾乎每年冬季都會在紐約市騎單車，我可以作證，在天寒地凍的二月，早上出門那一刻是每個單車騎士（自以為）生平中最勇猛無畏的時候。當你滿身大汗在雪花飄落的街道上迅捷穿行，而其他人則縮在汽車裡冷得發抖，會感覺有一種特別的傲氣和力量油然而生。你奮力擺動雙腿，駕著單車逆風穿梭，看著口鼻呵出的熱氣在眼前片刻蒸騰，你衝過這陣白茫熱氣，隱而復現宛如神祇穿雲破霧。溫和宜人的季節開不出這一帖讓單車騎士滋養「自我」或「本我」的補藥。

當然在某些地方，冬季騎單車幾乎是全年性的活動。將世界地圖攤開掃視最上方的區塊，讓視線從阿拉斯加朝東掃過加拿大最北部、掃過格陵蘭、掃過數個冰封海域，最後會落在標註著斯匹茲卑爾根島的小點上，那就是威廉・帕里和船員於一八二七年將數輛腳蹬車送抵（或未能送抵）的極區島嶼。

如今，斯匹茲卑爾根島是挪威斯瓦巴群島（Svalbard）的最大島，也是群島中唯一有人定居的島嶼。這座島已不是近兩百年前的捕鯨業重鎮和獵戶的獵場，不過任何人若是前往島上主要聚落朗伊爾（Longyearbyen）以外的地區，依規定必須攜帶槍枝以備遭北極熊攻擊時防身。挪威一家國營煤礦公司目前在島上採煤。斯匹茲卑爾根島依舊吸引眾多科學家前來。斯瓦巴全球種子庫（Svalbard Global Seed Vault）就坐落於朗伊爾城外冰雪覆蓋的山腰，這座地下種子庫內部有恆溫控制，保存來自世界各地的數百萬顆種子。在斯瓦巴大學中心（University Centre in Svalbard），聚集了北極生物學、地質學、地球物理學等領域及專精不同技術的研究人員，大學也開設「北極海洋浮游動物」、「海冰氣交互作用」（Air-Ice-Sea Interaction）、「北極凍土帶基礎設施工程學」等課程。

朗伊爾的人口為兩千一百人，約有兩成是大學的教職員和學生。此城也是全世界最北的城鎮，是緯度同樣高的地區中，唯一一個定居人口超過千人的聚落。朗伊爾也是觀光景點，遊客在此沉浸於北極的懾人之美，可以看極光、騎雪上摩托車或搭狗拉雪橇，勇猛耐寒的人還可以嘗試露營夜宿於冰穴中的生態旅遊行程。多年前，我在斯匹茲卑爾根島待了一週。我在二月中旬抵達，那時極地的永夜步入尾聲，睽違數個月的太陽開始在地平線上露臉。天色不再黑暗，但也不算明亮。天光的亮度類似較低緯度地區的黃昏時分，蒼穹彷彿罩上一層暗沉的深藍色紗幕，既美麗，也憂傷。

前往北極一遊期間，我寄了數封內容語意不清的電子郵件給朋友，或許會讓朋友以為，我的旅程和歐尼斯特・薛克頓（Ernest Shackleton）有些異曲同工之處。事實上，我在斯瓦巴機場（Svalbard Airport）下飛機後從一座時尚的航廈走出來，搭計程車抵達朗伊爾的麗笙藍光極地飯店（Radisson Blu Polar Hotel Spitsbergen）。飯店餐廳的菜單上有海豹肉和鯨魚肉，還有白雪皚皚群峰環繞著凍原的窗景插畫。但就舒適度和設施便利性來看，感覺就像住在佛羅里達州奧蘭多（Orlando）的麗笙飯店集團分館。朗伊爾城內有一個小小的商業區，有數條購物街可供遊客複製中產階級例行的城市體驗。有一間咖啡館早上提供義式濃縮咖啡，晚上也能找到數間供應調酒的酒吧。在朗伊爾唯一一間超市的入口處，有一頭以後腿站立的北極熊標本呲牙裂嘴歡迎上門的顧客。超市販售從挪威本土空運來的新鮮農產品，有好幾種上面都標著「økologiske」，意思是「有機」。

朗伊爾還有很多單車。在城鎮中心，從早到晚都可以看到居民騎著單車莊重緩慢地經過。早上小學生上學時間會接二連三出現後面拉著雪橇的單車，是家長送孩子去上學的行列。在店鋪、公立圖書館和大學入口前，都有單車停放。房屋零星散布在商業區外圍的山坡地上，幾乎家家戶戶門外的路邊雪坡上都有單車斜靠著。暴風雪來襲時，當地報紙會刊出告示提醒居民將單車收進屋內，以免單車被強風吹起成了危險的飛彈。

最近數十年來，冬季單車運動相關科技已有長足進步。阿拉斯加是冬季單車運動重鎮，在此孕育出了全新的「胖胎車」（fat bike），它的前叉寬度較寬，可安裝寬度達四英寸的輪胎，是一般登山車胎面的兩倍寬。加寬輪胎可說軟硬地面通吃，在深軟雪堆和滑溜堅冰上都能行進自如，而且容許比一般更低的胎壓，讓更大部分的胎面下壓抓地。胖胎車看起來很呆，像是卡通版的單車和大腳車（monster truck）混合體，但它很稱職，在曾讓所有不具超凡意志力的人卻步的地形通行無阻。

在朗伊爾只有寥寥數輛胖胎車（當地一家旅遊業者會提供租胖胎車漫遊觀景的行程）。其他看得到的單車，大多是款式各異、價格高低不一的登山車，幾乎全都破舊不堪。朗伊爾當地環境對單車來說很嚴苛。城鎮所在的小山谷，看起來很像用一個巨型冰淇淋勺朝群山中一挖而成，山谷谷底幾乎一年到頭都覆蓋著厚厚的積雪。天氣極為寒冷，冬季氣溫可能降到華氏零下三十度（攝氏零下三十四度），即使是七、八月，氣溫也很少達到華氏五十度（攝氏十度）。居民向來穿著厚重衣物和巨大笨重的雪靴，實在算不上理想的騎單車裝備。

然而，朗伊爾居民懂得如何自處。在造訪該城鎮期間，我看到不下數十人騎單車經過，但只目擊到一場交通事故。這次事故錯不在單車騎士，也不在單車，也不該歸咎於雪地。事故原因僅見於北極地區：罪魁禍首是一隻馴鹿。在朗伊爾會常看到馴鹿到處跑，就像在曼哈頓（Manhattan）常見到鴿子和松鼠。馴鹿會在住宅區街道上閒晃，也會跑到麗笙飯店外頭，啃食飯店車道附近積雪裡露出的草葉。有時候，馴鹿會跟汽車和單車爭道。那天下午，我正要前往咖啡館，就看到一隻馴鹿飛奔而出，剛好衝到一名騎著單車輕快行經飯店旁的婦女前面。事情經過彷彿以慢動作在我眼前上演：單車騎士瞪大雙眼，猛然將車手把向左一拐；車輪一下打滑飛了出去；騎士的修長身軀先是歪斜，繼而轟然墜落，彷彿帆船翻船時繼龍骨浮出海面後倒落的桅杆。我小跑上前詢問這名婦女的情況，但她不發一語，只擺了擺手示意不需要幫忙，臉上表情既困窘又氣惱。只是滑倒一下，並不嚴重，或許她並不希望引人注意。於是我轉身走開，看著那隻已朝上坡疾奔而去的馴鹿：只見一道灰影橫越藍色與白色的大地，朝遠方奔躍的身影逐漸縮小，最後隱沒在永如夕暮的北極夜色中。

第九章

上坡

一名單車騎士行經不丹（Bhutan）辛布市（Thimphu；或譯「廷布」）附近的高地徑道，二〇一四年。

在喜馬拉雅山脈東段的南坡，有一個很小的不丹王國，這裡有一位國王會騎單車在山區上上下下，聽起來就跟很多不丹傳說一樣彷若童話故事。但這不是童話，是重要正經的新聞。不丹第四任「龍王」（druk gyalpo）吉美．辛格．旺楚克（Jigme Singye Wangchuck）熱愛騎單車，時常踩著踏板騎在首都辛布周圍陡峭山麓的徑道上。不丹人民都知道國王熱衷騎單車，而國王在二〇〇六年十二月退位讓長子繼承王位後，就有更多閒暇時間享受騎車的樂趣。來到辛布市，會聽到很多人描述自己與國王擦身而過或差點親眼見到國王的經驗，可能是清晨看到國王，或某個長得很像國王的人，奮力踩著單車踏板爬坡，或是從巍峨俯視首都南側出入口的釋迦牟尼大佛像（Great Buddha Dordenma）附近濃霧瀰漫的道路騎車飛馳而出。

鍍金大佛高度為五十幾公尺，是為了紀念四世國王的六十大壽而打造。國王備受人民愛戴，或許是不丹歷史上最受尊崇的人物，他的生平事蹟帶著神話的況味。其父三世國王吉美．多吉．旺楚克（Jigme Dorji Wangchuck）於一九七二年崩逝後，年僅十六歲的他成為國家元首，並在兩年後正式登基為王。當時的不丹適逢歷史上的劇變時刻。不丹數千年來與世隔絕，全國人民皆是虔誠佛教徒，保有未受汙染的優美自然景觀，周圍的喜馬拉雅山脈如同壁壘，保護不丹不受敵國和現代化侵略。不丹直到一九五〇年代晚期才對外界開放，政府廢除農奴制和奴隸制，並著手進行一項艱鉅任務，要讓不丹的中世紀基礎設施、政治制度和文化能夠適應二十一世紀的世界。領導變革的重擔，如今落在仍是青少年的四世國王肩上。在國王領導之下，即使偏遠鄉間也有電可用，有了現代醫療服務。不丹善用境內多條湍急河川的開發潛能，大力發展水力發電，面對本國地理位置所衍生的地緣政治也審慎處理。這是一個夾在大國之間的超小內陸國，不丹僅有八十萬名公民，接壤的鄰國則包括中國和印度，即全世界人口最多的兩個國家。二〇〇六年，國王單方面宣布將結束君主專政，全國上下大為震驚。國王接著推動起草憲法以及改為君主立憲制，在二〇〇八年舉行第一次大選。

在國際上，四世國王以他在或許算是「政治哲學」方面的貢獻著稱。據說是他提出「國民幸福總值」（Gross National Happiness，縮寫為GNH）的概念，並將此當成不丹的「國家發展指導原則」[1]，理念是依據政府是否治理有方、生態環境保育、傳統文化的承續保存等原則，來衡量人民整體是否幸福滿足。「國民幸福總值」的概念讓不丹成為國際發展領域人人琅琅上口的流行語，也讓不丹成為富裕的新時代運動（New Age）響應者熱衷探訪之地，其中又以歐美人士為大宗。

大概就在這段時期，國王開始騎單車。傳說他是在寄宿學校唸書時學會騎單車，學校位在與不丹西側邊境相距約七十五英里的印度大吉嶺（Darjeeling）。他後來前往英格蘭伯克郡的海瑟敦預備學校（Heatherdown School）就讀，該校校園占地廣大，常有學生在往來宿舍、教室和板球場時以單車代步。不丹皇室後來進口了一輛單車到國內。有一說是皇室進口的是萊禮公司出產、香港製造的競技車（racing bike），運送時是將車架和零件拆散，而僕人在組車時誤裝成「上下顛倒」。[2]皇室的瑞士友人弗里茨．毛爾（Fritz Mauer）注意到僕人弄錯，親自將單車重組完成。當時的年輕王儲很心愛這輛單車，常常在皇室宮殿附近的茂密森林騎車遊逛。他以「在泥巴徑道上驚險疾馳」而名聲遠播[3]——在緊張兮兮的大臣圈子裡則是惡名昭彰。

皇室進口這輛單車可能是不丹的第一輛單車，而不丹很可能是全世界最後一個引進單車的地方。不丹直到一九六二年才首度闢建鋪面道路，直到現今，若從一般標準來看，不丹仍然不是適合騎單車的地方。這個幾乎可說是全世界最多山的國度，平均海拔高度是一萬零七百六十英尺（約三千兩百八十公尺）[4]，亦有研究指出，不丹國土有百分之九十八．八皆為山地。[5]這裡的道路蜿蜒曲折，忽而陡峻上升，忽而急轉直下，令人膽顫心驚。越野徑道更是崎嶇難行，或遍布石塊，或厚積泥濘，無論採用再怎麼牢固耐用的單車輪胎和避震系統，在不丹騎單車都是艱鉅挑戰。

然而不丹國內如今有數千輛單車，而且數量有增無減。首都辛布約有十萬名居民，沒有任何紅綠燈，單車在高低起伏的山丘街道上匆忙往來，在主要交叉口擇路而行，而在屹立於圓環中央的華美崗哨亭，有數名穿著整齊的警察站崗指揮交通。同時，有愈來愈多政府官員倡議「讓不丹成為單車文化之國」。[6]這個主張並不令人驚訝，畢竟不丹一直努力推動環境保護和永續發展。不過讓「單車文化」在喜馬拉雅山脈生根的想法本身就很怪異。西北歐能成為世界上推動全民騎單車最成功的區域絕非巧合，這裡一些國家素有「低地國」之稱。

不丹的單車熱潮也很值得注意，因為一切的源頭是一位國王和他的單車。我們知道過去早有先例：查考過往歷史會發現，在很多地方，最早開始騎單車的一群人都是君主和貴族近臣。然而到了二十一世紀，至少單車運動的流行不再遵循從宮廷傳到民間的典型模式。「我們不丹人喜歡騎單車是有原因的。」策林．托傑（Tshering Tobgay）說明，他在二〇一三到二〇一八年間擔任不丹首相。「四世國王陛下愛騎單車，他遜位之後更常騎單車外出，民眾很愛看陛下騎車。因為陛下騎單車，大家也會想效法他騎單車。」[7]

每年不丹都會舉辦類似全國單車節的「龍之單車賽」（Tour of the Dragon）活動，旨在頌揚喜馬拉雅山區騎單車的獨特樂趣和嚴峻挑戰。賽道長一百六十六．五英里（約兩百六十八公里），起點為不丹中部的布姆唐（Bumthang），終點是距離西側邊境約六十五英里（約一百零四公里）的辛布市。這趟路程精采非凡，沿途經過未受破壞的森林和原野，橫越綿延起伏的河谷，當然少不了翻越數座高聳山丘和經過幾座小村落。比賽難度高到離譜。參賽者必須翻越四個隘口，山隘高度最低者不到四千英尺（約一千兩百一十九公尺），最高則接近一萬一千英尺（約三千三百五十三公尺）。有些路段的坡度達到百分之十五，有一段上坡甚至有近二十四英里長（約三十八．六公里）。賽事主辦單位誇稱，這是全世界最困難的一日自行車賽。

我造訪不丹的那一年，賽事定於九月初的週六舉行，不丹的季風季節長三個月，九月初正值季風季末。在辛布市鬧區中央人潮匯聚的鐘塔廣場（Clock Tower Square），一大早就開始有施工人員組裝頒獎舞台。當天多雲，氣象預報說不會下雨：很適合騎單車的天氣。比賽指導單位是不丹奧林匹克委員會（Bhutan Olympic Committee），他們派出的工作人員穿戴成套的橘色制服和棒球帽，在終點線周圍奔走忙碌。好幾名人員身上都別著胸章，上面的圖案是國王夫婦肖像，胸章上的現任國王吉美．凱薩爾．納姆耶爾．旺楚克（Jigme Khesar Namgyel Wangchuck）和王后吉增．佩瑪（Jetsun Pema）看起來神采奕奕。五世國王和其父一樣熱愛騎單車。他在二〇〇八年十一月的加冕典禮前數週，曾巡訪不丹各地「會見他的子民」。大多數路程他都自己騎單車，晚上偶爾會到當地人家借宿。首都居民都知道國王會騎單車外出兜風，也曾有人拍到國王和王后在王宮附近的路上一起騎雙人自行車的照片。

比賽當日，上午十一點。鐘塔廣場拉起的橫幅標語寫著：全民來運動，卓越好生活。偌大的舞台後方有一面更大的看板，上面的圖案是一名選手彎身騎在單車上的剪影，背景是火紅巨龍飛騰時帶起的湧動雲氣。不丹的國名在不丹語中是「Druk yul」，「druk」指雷龍、「yul」指土地，意即「雷龍之國」。不丹國歌〈雷龍王國〉（The Thunder Dragon Kingdom）[8]源自一首古老民謠，旋律穿透人心，歌詞莊嚴有力：

守護者統領雷龍王國，
證悟的教法興盛輝耀，
願飢荒苦痛衝突消弭，
願和平幸福陽光普照！*

比賽當天確實陽光普照，陽光在中午時穿透雲層灑落。沒過多久，第一位參賽選手在辛布現身：他的身材矮小瘦削，身下的登山車沾滿泥汙，鮮亮萊卡上衣和短褲上面都標示著「尼泊爾」字樣。這位選手是亞傑・潘迪・闕特里（Ajay Pandit Chhetri），他曾拿下五屆尼泊爾國家自行車賽冠軍，這次是他第一次參加龍之單車賽。比賽於凌晨兩點開始，他在十小時四十二分鐘四十九秒後衝破終點線，比先前紀錄保持者快了十七分鐘。

龍之單車賽和環法自行車賽不太一樣。當天僅有四十六名選手參賽，大多是業餘單車手。最後只有二十二名選手完賽，大多比冠軍落後好幾個小時。其中一名精力最為充沛的單車手並非正式參賽選手，他在不丹的暱稱是「殿下」（H.R.H.）：吉耶・烏顏・旺楚克親王殿下，也是不丹王國王位的推定繼承人。**親王擔任不丹奧林匹克委員會主席，舉辦「龍之單車賽」的構想就是由他提出。比賽當天他騎了好幾個小時的車，有時和參賽選手並肩同騎，有時幫選手加油打氣，在山路上來來回回。最後他跳下單車，坐上一輛汽車，由司機載著他加速超越選手群，以便提前抵達辛布迎接優勝者。

當天晚上，「龍之單車賽」選手聚集在鐘塔廣場舞台對面的帳篷，現場已湧入數千名前來觀看頒獎典禮的民眾。選手們上台領獎，接受親王和其他高官顯貴的祝賀。頒獎典禮結束後，我上前和冠軍闕特里攀談。隔年是否打算回到不丹爭取衛冕？闕特里說他還不確定。「龍之單車賽」賽道和他參加過其他賽事的賽道相比之下覺得如何？他回答說山路很有挑戰性，但是沿途風景優美。闕特里滿面笑容，應對流暢得體，聽得出來很常接受記者訪問，深知如何滔滔不絕回答卻只傳達極少的資訊。顯然他主要想向地主國表達謝意，而他的回答似乎是為「國民幸福總值」的創始國量身打造。「我真的非常開心，」他多次強調，「我很開心能來到不丹。」

不丹國內常出現關於「國民幸福總值」的討論。「國民幸福總值」既是象徵，也是難題，人民既以此自豪，但也對此困惑、探究和爭論。很多不丹人認為很難說清楚「國民幸福總值」究竟是指什麼，也有很多人主張這個概念遭到誤解。有些觀察不丹政治的政論家指出，「國民幸福總值」既不深奧，也不

＊譯註：原文中的英譯與不丹官方英譯版本略有不同，此處依據作者採用的英譯版本翻譯，並參考《我在幸福之地・不丹》（黃紫婕著，商周出版，頁71）中的中文意譯。

＊＊譯註：吉耶・烏顏・旺楚克（Jigyel Ugyen Wangchuck）親王為第四任國王的次子，第五任國王（現任國王）的同父異母弟弟。

含糊，與其說是什麼哲學論述，不如說是一個品牌或口號，模糊得足以吸引所有人，尤其能夠激發對東方抱持某些想像的寬綽觀光客。

常常有人請教袞列．多吉（Kinley Dorji）要如何解釋「國民幸福總值」。多吉在新聞業從業多年，曾擔任國營報社《昆色爾報》（*Kuensel*）總編輯，淡漠的態度中依然帶著一點記者的氣息。多吉跟我見面時已經換了工作，成為不丹的資訊通訊部大臣，他在首都裡某個舒適宜人的建築群辦公，那裡有多個政府部會進駐。「國民幸福總值的關鍵在於，」他說道，「幸福本身是一種個人的追求。『國民幸福總值』則成了國家的責任，國家有責任創造出讓全民能夠追求幸福的環境。它不是承諾人民一定會幸福——不是由政府來**保證**人民幸福快樂。但是政府有責任為幸福創造出條件。」

多吉又說：「我們說『幸福』的時候必須釐清，不是好玩、樂子、興奮、刺激之類稍縱即逝的短暫感覺，而是長久的滿足，這要回歸自我本心。因為無論房子再豪華、車子跑再快、衣服再高級，都沒辦法帶來那種內心的滿足。『國民幸福總值』的意思是良好的治理，是保存傳統文化，也是可永續的社會經濟發展。別忘了，『國民幸福總值ＧＮＨ』不是在玩『國內生產毛額ＧＤＰ』的雙關，我們是要跟它有所區別。」

不論訪客來自世界上哪個地方，不丹這個地方都顯得截然不同。峰嶺聳立，谷地蔥鬱，寺院坐落於懸崖頂端，湍急水流之上橫跨著已有數百年歷史的吊索橋，這個國度的美震撼人心。帕羅國際機場（Paro International Airport）的航廈造型宛若寺院，而張里米譚體育場（Changlimithang Stadium）的造型也與寺院相仿，這座位在辛布的運動場館可容納四萬五千人，可舉辦足球賽和射箭錦標賽。

不丹是全世界唯一以金剛乘佛教為國教的國家，官方語言為宗喀語（Dzongkha），是只有不丹人使用的語言。電視和網路於一九九九年開始出現在不丹，但對於是否完全接納二十一世紀的生活方式，不丹仍舊遲疑不決。法律規定國內所有建築物都應採用「經典」的不丹設計和工法。公務員和學童必須照規定穿著類似日本和服的傳統服飾，男性穿著的稱為「幗」（gho），女性的稱為「旗拉」（kira）。新冠肺炎在全球大流行時，不丹防疫有成，死亡個案直到二〇二一年底僅有三例，防疫的佳績可以歸因於地理和地形：喜馬拉雅山脈有效協助不丹保持社交距離。不丹政府以超高效率推動幾乎全國成人施打新冠疫苗，這一點也突顯了不丹另一種的特殊性，這個開發中小國發揮行政效率和社會凝聚力，擋下侵襲全球的病毒，而其他理論上更有相關經驗的國家卻因疫情而焦頭爛額。[9]

不丹最獨特的一點，是它的土地。大多數國民仍舊過著農牧生活，多為自給自足的小農或畜牧業者。不丹的熱帶低地、松樹林和崇山峻嶺皆為生物多樣性的堡壘，是好幾種獨特罕見生物的棲地，其中包括雲豹、印度犀（one-horned rhinocero）、小貓熊（red panda）、懶熊（sloth bear）、鬣羚（serow），以及不丹的國獸：「羚牛」（takin），這種有蹄動物身材壯碩，看起來有點像是經常上健身房練槓鈴的山羊。

不丹素有「全世界最環保的國家」之稱，將保護生態環境視為第一要務，全國幾乎所有電力都來自水力發電。不丹憲法明定，全國百分之六十的土地應有森林覆蓋[10]；目前全國約有四分之三土地為森林，面積約達一萬五千平方英里。不丹由於境內有許多森林而成為碳匯（carbon sink），吸收的碳量是其碳排量的三倍之多，與蘇利南（Suriname）是世界上唯二的負碳排國家。[11]每年另有四百四十萬英噸的碳排量，是以向印度等國出口水力發電電力來抵換，不丹政府預估此數字將於二〇二五年增加至超過兩千兩百萬英噸。政府還設下許多遠大目標，打算推動二〇三〇年前達成溫室氣體淨零排放、零廢棄物，以及全國有機農業占比於二〇三五年前達到百分之百。

不丹的種種努力，贏得了人間樂園、世間最後一塊淨土的美稱（《紐約時報》在報導中更稱頌不丹為「真正的香格里拉」[12]）。不丹官員並不接受這樣的看法——但善於利用這樣的嘉名美譽。曾有一段時間，不丹每年僅開放兩千五百名觀光客入境，如今則將名額大幅提高至十萬人，偏遠地區的豪華度假村如雨後春筍，紛紛推出生態旅遊行程以招徠觀光客。不丹觀光局為了那些欲效法《享受吧！一個人的旅行》（*Eat, Pray, Love*）中主角尋找身心靈平靜的大眾，大膽打出具吸引力的標語：「幸福是一個地方」。

當然，不丹的現實情況複雜多了。首都辛布的街道上，毒癮戒治診所和披薩店比鄰，學生出了校門就將「幗」和「旗拉」換成連帽衣和緊身牛仔褲。不丹國會於二〇二〇年通過一項同性戀除罪化法案，但男同志、女同志和跨性別者在國內仍飽受普遍歧視和汙名化。兩性平權也仍待努力，不丹的女性民選官員人數極為稀少，而二〇一七年一項研究則發現，受訪不丹婦女中超過四成曾遭受肢體暴力或伴侶性暴力，且從未向其他人提起或報警。

「國民幸福總值」概念則與歷史上的紛紛擾擾有著千絲萬縷的關係。根據政府宣傳的官方敘事，不丹自一九七〇年起即以「國民幸福總值」為國家方針。但學者拉克倫．孟羅（Lauchlan T. Munro）認為「國民幸福總值」是「被發明的傳統」，其實源自四世國王於一九八〇年接受《紐約時報》訪問時的一句風趣話語，直到數年後才提升至「引領不丹國家發展之思想體系」的地位。[13]

孟羅指出這樣的改變，是不丹王國政府（Royal Government of Bhutan）於一九八〇年代到九〇年代初期，面對一連串國內及地緣政治危機所提出「手段高明且頑強不屈」的因應之道。在那段時期，由於不丹快速現代化並對外界開放，國內興起一波佛教民族主義。政府為了安撫傳統守舊人士，並應對年輕人接受西方價值觀和流行文化帶來的社會分裂，開始推動以「一個國家，一個民族」（One Nation, One People）[14]為名的新法和改革，其中包括將穿著民族服飾以及不丹和佛教傳統的行為守則納入體制。同時，政府祭出嚴厲手段對付所謂「洛昌人」（Lhotshampa；意為「南方人」），他們是不丹南部講尼泊爾語、信奉印度教的少數族群。政府下令禁止在學校使用尼泊爾語，強迫洛昌人改穿不丹的佛教傳統服飾，並且進行一項經過特別設計的人口普查，這項普查引發批評，遭指出用意是將一群數百年來世居不丹的人民「非法化」，將數千名尼泊爾裔不丹人身分定位為「移工」或非法移民。一份人權報告指出，在此時期「有數千名尼泊爾裔不丹人遭到逮捕、殺害、虐待或判處無期徒刑」。一九九〇至一九九一年間，不丹軍隊將大約十萬名講尼泊爾語的公民驅逐，逼迫他們逃往尼泊爾東部的難民營。人權觀察組織（Human Rights Watch）視這數次驅逐行動為「種族清洗」[15]；此後不丹成了「人均製造難民數最多的國家」。[16]

上述種種事件發生之後，不丹開始誇稱以「國民幸福總值」為治國方針，塑造推廣「堅毅勇敢的內陸小國」「以幸福而非物質消費為發展基礎，走出一條與眾不同道路」的形象。[17]不丹在推動永續發展所付出的努力，顯然獨特且意義深遠，而顯然也有很多不丹人反對物質主義，真心懷抱著追求「國民幸福總值」的理想。但「國民幸福總值」具有政治宣傳目的，只是為種族宗教民族主義的政策賦予若有似無的新時代運動氣息，這一點是千真萬確。無論在不丹或其他任何地方，幸福都是一個目標、一個理想。但真的有「幸福之地」嗎？或許不見得。

有一個地方保證可以找到幸福快樂，或至少是聽得到開心笑鬧的地方，此地是辛布市中心西北的住宅區，小朋友會在高低起伏的巷道中玩耍。究竟是誰發明了辛布小孩子玩的所謂「軸承車」（bearing），沒有人能夠確定。「軸承車」之名源自製造交通工具時會在木板加裝的金屬滾珠軸承，其實是結合了滑板、四輪推車、卡丁車和雪橇元素的基本運輸裝置。它一般是四輪，有些變化版本則會改成三輪，前側有一輪，後側的兩輪共用一軸。在主要的木板車身上，釘了一個木頭製手煞車。「軸承車」本身樸實無華，但能充分發揮效用。市區的道路陡峻，小朋友可以駕著「軸承車」爬坡，也可以蹲伏在車上滑下坡。

索南．策林（Sonam Tshering）從小在辛布長大，晚上會出門跟朋友一起玩「軸承車」。「軸承車」好玩，但也有風險，而這種休閒活動遊走在灰色模糊地帶，悄悄進行時又更加驚險刺激。以高速衝下坡時，金屬輪子摩擦地面產生的火花在夜空中四濺，如同一場搭配猛衝下山的煙火秀。策林學會控制手煞車來改變下衝速度，但他比較喜歡衝得很快。他熱愛速度和冒險，熱愛涼風拂過全身的感覺，和滾珠軸承滾過路面時的尖銳聲響。「我一直都對輪子很有興趣。」他說。

策林於一九八八年在辛布出生，家裡是虔誠的佛教徒家庭，他在八個孩子中排行第六。他小時候想像自己長大會出家為僧。（一位占星師和他父母有交情，告訴索南說他會受到寺院戒律吸引，是因為他前世就是出家人。）到了青少年時期，他開始對比較世俗的事物產生興趣。他進入皇家辛布學院（Royal Thimphu College）讀地理學，畢業後通過公務人員考試，於辛布市某個公家機關任職辦事員。

索南・策林的父親以前在政府稅務部門工作，對兒子的表現很滿意。但是對索南・策林來說，輪子的魅力無可抵擋。他小時候就學會騎單車，常常騎著跟鄰居借的單車到辛布各處遊逛。二〇一〇年他大學畢業後不久，從友人那裡聽說不丹奧林匹克委員會預備主辦從不丹中部到辛布的一日自行車賽。這次活動是「龍之單車賽」的前身——嚴格來說不是比賽，而是一場評估舉辦競賽可行性的試辦活動。委員會提供五輛單車給對單車運動有興趣的不丹年輕人申請，還剩下一輛可供申請。

策林有一位姻親是在德國長大的不丹人，是登山車好手。他教策林騎單車的相關知識，也包括基本的保養維修方法。但策林不曾在山區騎單車，也從未騎過變速自行車。他獲得一輛崔克（Trek）登山車、一套自行車衣褲和一副太陽眼鏡，並在辛布市接受兩天的訓練。九月的某個週五，策林搭車來到布姆唐的賈卡爾（Jakar），位在不丹中北部的布姆唐遍布青翠蓊鬱的山谷。翌日凌晨兩點，策林和另外數十名參賽者在一條泥巴路上集合後騎車出發。

周圍一片漆黑，空氣冰冷，地形嚴苛。自行車手沿著一條蜿蜒如流的道路騎了約一英里後，就進入近四英里長的爬坡路段，在濃霧中朝著標高九千五百英尺（約兩千八百九十五公尺）的齊齊拉隘口（Kiki La Pass）邁進。策林和其他車手分配到的單車有裝反光片，但沒有裝合適的前燈。他們拿到的是便宜的印度製LED自行車燈，得用膠帶纏在車手把上。膠帶也有黏不住的時候：一名車手在辛苦爬坡前往齊齊拉途中，只能將車燈咬在嘴裡。車手騎上隘口之後再騎下坡回頭，循著有多處急轉彎的曲折路段蜿蜒而下，LED燈在一片漆黑霧濛中閃爍不定，讓策林憶起他在辛布的山坡玩「軸承車」時滾珠軸承擦出的火花。

在那次「龍之單車賽」創始活動，策林騎了一百一十二英里之後體力耗盡。但他從此著迷。奧林匹克委員會允許參與的車手保留申請後獲贈的那輛單車，策林在參賽之後那一年自行訓練和進修，學習登山車的座墊設定、變速技巧和其他技術層面，同時也訓練自己的速度和耐力。二〇一一年，策林再次參加龍之單車賽。這次他順利奪冠。

距離策林的公務員工作報到日期還有數週時，他的姻親來找他，提出一個想法。這位姻親與法國一家單車製造商談妥合作，決定在辛布開店，代理販售這家法國公司的單車和登山車裝備。他問索南想不想一起開店。

做出決定並不困難。「登山二輪」（Wheels for Hills）是不丹第二家單車店。不用顧店的時候，策林就騎單車出門。他參與多項國際賽事，包括好幾場橫跨印度邊境的比賽。他也曾遠赴美國參加「摩押二十四小時登山車賽」（24 Hours of Moab），這是每年秋季在猶他州（Utah）沙漠舉行的重要登山車比賽。

我和策林相約某天傍晚之後在一個辛布單車玩家都熟知的地點見面，那是首都南邊高山上的道路，沿途飄揚著五色經幡。策林騎著他的車來了，那是一部來自法國的 Commencal Meta SX 登山車，輪徑二十六英寸，鋁製車架是鮮豔的粉紅色，真是拉風。他穿著黑色 T 恤和螢光黃短褲，左邊小腿上有一個骷髏笑嘻嘻騎著單車的刺青圖案。

如今策林是不丹單車界的寵兒。在二〇一一年龍之單車賽奪冠之後，他受邀和親王殿下一起騎車。「走進王宮大門的那一刻，」策林回憶道，「我在內心暗自祈禱：希望這不會是我最後一次進來這裡。」那年冬天，策林隨同王室家族前往不丹南部馬納斯（Manas）的別宮度假兩週。策林在那裡認識了同樣是登山車好手的四世國王陛下，策林和很多不丹人提到他時都是用「Ｋ４」這個暱稱。策林告訴我傳言是真的：四世陛下向來穿著「幗」騎車，而且他的體力驚人。「我在不丹遇過的單車玩家裡，他是數一數二的強手，」他說，「他不太用什麼高超技巧，下坡也不是他的強項。但是要比爬坡，我想沒有人能勝過他。」

策林從不覺得自己有可能成為國際級的頂尖自行車選手，他的目標沒那麼遠大，只是將心力放在推廣在地的單車運動。他在當地的單車社團擔任教練，社員約有數十人，年紀在十歲到十九歲之間。他想像社團將來會有最頂尖的訓練設施，培育出的社員可能有機會打入國際賽。談到策林自己的騎車心得，聽他描述騎單車時感受到的無比滿足，讓人彷彿又看到從前那個夢想出家為僧的男孩。「當你隻身騎在徑道上，在大自然中孑然一身，周圍只有天然的音聲鳴響，那是一個人這輩子能享受到最美妙的一種感覺，」策林說，「幸福對我來說——我個人的『國民幸福總值』——就是登山車和森林。」

策林不是唯一將騎單車和「國民幸福總值」連結在一起的人。有一天我去訪問前首相策林・托傑，他現在是不丹最知名的環保運動和永續發展代言人，也是曾參加龍之單車賽的單車好手。「『國民幸福總值』是關於整體的健全發展，」托傑告訴我，「單車運動也是關於整體的健全發展。愛騎單車的人一定也會支持環保運動，這是我們在不丹必須鼓勵大家騎單車的原因之一。」

這樣的論調，我們很常從西方交通壅塞大都會的單車擁護者口中聽到，但在全世界田園氣息最濃厚、最積極推動環保的國家聽到同樣的想法，感覺更加怪異。然而，如果在索南・策林、四世國王和其他單車手愛騎的山路上俯瞰辛布，眼前會是再熟悉也不過的景色：在汽車文化和都市擴張之下不斷變異的地景。辛布市人口在一個世代之內增加了超過一倍。無論朝哪個方向望去，數年前仍遍布稻田、農民和禽畜大步往來的廣大土地上，如今盡是在新鋪成的道路上緩緩爬坡的汽車和鷹架之後不斷拔升高度的建築物。

不丹單車熱潮的根源也是某種最原初的衝動，查考歷史即可知道，那是在汽車問世許久前就存在的一股衝動，是一種迫使騎乘者挑戰騎單車最高難度關卡的欲望。早在廠商推出設計精密、傳動比適合升坡和急降坡的登山車之前，早在單車手改裝老舊席溫公司單車挑戰塔馬派斯山的「重裏路」之前，早在單車仍是新奇玩意且相對上設計仍很原始的十九世紀——打從一開始，就有一群單車騎士渴望讓兩輪騰空高躍，翻越拔地參天的崇山峻嶺。

一八九八年，美國作家暨冒險家伊莉莎白·羅賓斯·潘奈爾（Elizabeth Robins Pennell）成為第一位成功騎單車橫越阿爾卑斯山的女性，她騎的是無變速的安全腳踏車。「出太陽時我快被烤焦，塵土讓我快要窒息，下雨時我渾身溼透，」潘奈爾寫道，「每一次輕鬆騎下坡的代價，就是面對漫長的爬坡路段。」[18]為什麼潘奈爾要接下如此艱鉅的挑戰，忍受過程中的苦痛折磨？「我想要看看自己能不能騎單車橫越阿爾卑斯山。」[19]潘奈爾如此回答。大多數人騎單車純粹只是當成代步工具或想運動健身，但有些人懷抱著雄心壯志。「我不認為自己很有創意，」潘奈爾寫道，「還有其他更傑出的人也曾翻越阿爾卑斯山：漢尼拔（Hannibal）騎大象；凱撒（Caesar）坐轎子。」[20]登頂成功的單車騎士贏得榮耀，全世界都將對她投以欽佩目光。當她居高臨下俯瞰全世界，她也看見了榮耀。對一些人來說，登高望遠或許也能帶來高遠的洞見慧識——那些待在較低處、腦內啡分泌不那麼活躍的人永遠無法參透的智慧。

在喜馬拉雅山脈騎單車本身，就是世界上最辛苦費力的單車運動。不過比起其他地勢比較平坦的地方，不丹人對於騎單車爬坡不會特別敬畏有加，而是不太在意，這一點也合情合理。畢竟在不丹，只要騎單車出門就是登山。

策林．托傑就認為，不丹的地形並不構成阻礙。「事實上，我們不丹的地形很適合騎單車，」托傑說，「如果一片平坦，就沒有樂趣可言了。」外人看不丹有個不良習慣，那就是即使看到官方最平凡無奇的政令公告，還是要從中發掘以譬喻開示的佛法。然而聽到托傑這段話，令人難免在其中尋找更深層的意義，尋找一個代表幸福，或至少滿足感的象徵——是國民全體的、個人的，以及心靈層面的幸福滿足。托傑說：「我們不丹這裡的地景有上有下，有高有低。有上坡的地方，就一定有下坡。上下坡缺一不可，都很有意思。從這個角度來看，我認為不丹是最適合騎單車的地方。」

第十章

原地飛馳

鐵達尼號（RMS Titanic）乘客於健身房內踩著室內腳踏車（stationary bike），一九一二年。

在紐芬蘭島（Newfoundland）東南偏南約三百七十英里處，深一萬兩千五百英尺的北大西洋（North Atlantic Ocean）海底，靜置著兩輛健身車。一九一二年，在鐵達尼號的健身房裡，這兩輛健身車與划船機、「駱駝機」（electric camel）[1]和其他當時最先進的健身器材並置。健身車具有單個飛輪，前方裝設了一個大型刻度盤，上面有紅色和藍色指針，用來標示騎乘里程是否達到四百四十碼（約四百公尺）。[2]在鐵達尼號自英格蘭南安普敦（Southampton）啟航數小時前，某位攝影師替倫敦一家報社拍下了一張流傳極廣的郵輪健身房照片。[3]照片中有一男一女在使用健身車，他們的打扮十分拘謹——是愛德華時代豪華遠洋郵輪旅客應穿著的合宜服裝。畫面中女子戴的附面紗女帽上有花朵裝飾，身穿黑色羊毛長大衣；男子穿著粗花呢西裝，襯衫的白領子看起來漿得很硬挺。想像鐵達尼號高速撞擊冰山以致最終沉入海底的同時，這些乘客或其他和他們差不多的人就在原地踩著健身車，不禁令人有些發毛。

最後使用健身車的乘客是威廉斯父子：五十一歲的查爾斯．杜安．威廉斯（Charles Duane Williams）是在日內瓦工作的美國律師，其子理察．諾里斯．威廉斯（R. Norris Williams）二十一歲，當時就讀哈佛大學，是網球健將。父子倆在鐵達尼號下沉時到健身房踩健身車，是徹頭徹尾的運動家。等到郵輪明顯不斷下沉，他們回到甲板上，老威廉斯被倒落的煙囪撞飛落入海中喪命。理察．諾里斯．威廉斯也遭到撞擊落海，但順利游向一艘充氣救生艇。他身上嚴重凍傷，但他拒絕讓醫師替他施行雙腿截肢手術，後來更繼續參加美國國家網球賽（U.S. National Tennis Championship），於一九一四年和一九一六年贏得男單冠軍。

鐵達尼號沉船遺址面積約兩平方英里，那兩輛室內腳踏車在遺址中的確切位置仍難以確認。水下照片顯示健身房的四壁向內凹陷，專家推測是在郵輪船艏撞進海床時大量海水沖入船內所造成。健身車，或者健身車的殘骸，很可能還在郵輪健身房內——表面附著海葵，周圍有魚群環繞，一點一點遭鏽蝕腐化。

有些說法認為固定式「室內腳踏車」比可行進的單車更早問世。相關理論支持者提出的證據是一七九六年取得專利的「健身機」（Gymnasticon）[4]，這種機器裝設了以木頭踏板驅動的一組飛輪，類似現今的臥式健身車。就如同大多數與單車起源有關的問題，各人如何看待這樣的說法，端看他們花了多久時間和力氣瞇眼檢視圖片，以及對單車的定義有多寬鬆。無論如何，可以確定的是到了一八七〇年代晚期，已有多種裝置可供使用者在室內努力踩踏板且絕不會前進半步。

早期許多類似機器就是所謂的「滾筒訓練台」（roller）。這類訓練台通常是一個金屬或木頭材質的長方形框架，上面裝了三個離地數英寸的滾筒。使用者可將自己的單車架在滾筒上，然後跨騎上去開始踩踏板，與傳送帶相連的「轉數計」就會開始計算里程。專業單車手很快開始採用滾筒訓練台來訓練，滾筒訓練台至今仍廣受業餘和專業單車玩家歡迎。曾有人想以滾筒訓練台的單車比賽吸引觀眾，不過成效不佳。[5]兩位世界知名單車手於一九〇一年在雜耍劇院展開對決，在數項滾筒訓練台單車賽事一決勝負，參賽選手是人稱「少校」的頂尖黑人自行車手馬歇爾·泰勒（Marshall "Major" Taylor）和風馳電掣刷新紀錄、綽號「一分鐘一英里」的查爾斯·墨菲（Charles "Mile-a-Minute" Murphy）。但即使請來明星選手，原地踩踏卻不前進的賽事終究無法贏得觀眾青睞。

最早的滾筒訓練台在使用時，必須邊踩踏板邊保持單車平衡，後來的改良版本則加入了穩定單車車身的構件。廠商開始製造真正的「室內腳踏車」，是具有車手把和可調整座墊的獨立式裝置，而且幾乎都只配備單個飛輪。這類「居家健身車」內建數種可模擬載重和調升阻力的機制，供使用者調整室內練習的難度。這種客製化設計前所未見且令人驚豔——無論在平地輕鬆前行或上坡吃力踩踏，各種難易度和類型的騎單車體驗都能模擬。「使用居家健身車帶來的室內運動體驗無比優良，」積極推廣單車的路德・亨利・波特（Luther Henry Porter）於一八九五年寫道，「從最溫和迷人的練習到最辛苦艱鉅的磨練，可提供各種階段的訓練。」[6]

居家健身車的問世，代表民眾對於單車和騎單車的想法已有很大的轉變。使用者會騎室內腳踏車，表示從事這個活動就是單純想要努力踩踏板運動，不是要追求騎單車外出的體驗。室內腳踏車的意義在於將騎單車活動重新打造成「健身訓練」，將單車優先定位為健身器材，是訓練耐力、肌力和瘦身減重的裝置。而在騎單車究竟對健康有無益處還沒有定論的時代，前述概念顯得晦澀難懂。對一些人來說，在室內騎單車踩踏板卻完全不會前進，是毫無意義的行為。「或許再過不久之後，我們就能看到某個蠢蛋推銷居家使用的室內腳踏車。」一名英國記者於一八九七年如此譏諷，卻不知道數年前就有人發明了類似機器：「他會宣稱騎室內腳踏車能夠享受的好處，和在鄉間道路上騎單車沉浸於大自然無異。」[7]

有些室內腳踏車使用者甚至不辭辛勞模擬戶外環境。一些使用建議諸如將機器設置在打開的窗戶旁，或者利用對著自己吹的電風扇模擬風阻。一八九七年，倫敦一位志向遠大的室內單車騎士在自家客廳創作了田園全景圖，他的本業是舞台布景畫家。[8]他在巨幅畫布上畫了「兩道鄉村風景」，再用捲軸將畫布在滾筒訓練台兩側立起展開。畫布以細金屬絲和室內單車的後輪輪圈相連；後輪轉動時，畫布就會連帶捲動，於是在室內騎車時就能欣賞鄉村景緻，彷彿騎單車徜徉於「田野、村莊和城鎮……寫實逼真的程度令人感嘆夫復何求」。捲軸頂端分別裝設圓形風扇，送出的強風吹過二維平面的丘坡和谷地，加強了擬真效果。

現今如果想模擬戶外騎單車的體驗，當然已有更先進的科技。使用者只要下載應用程式，戴上耳機，就能在居家健身車上展開虛擬實境的單車之旅。二〇一七年一月，蘇格蘭軟體工程師亞倫・普茨（Aaron Puzey）在室內騎了九百英里，搭配使用的是自行設計的虛擬實境程式。[9]普茨的應用程式從谷歌街景（Google Street View）擷取資料，生成從康瓦爾（Cornwall）蘭茲角（Land's End）到蘇格蘭東北部詹格洛村（John o'Groats）沿途的3D立體版道路影像——這條路線縱向穿越英國本土，過去數世代的單車騎士冒著風吹雨打循線行過，留下許多動人的傳說故事。普茨就在他家客廳裡，騎著他的室內腳踏車走完這段路線。

但是室內腳踏車不能取代一般單車，也沒有必要取代單車。原地踩踏板本身就算是一種騎單車練習。關於室內腳踏車與傳統單車之間的差異，不需要用「訓練」相對於「旅行」的方式來界定。典型十九世紀概念中的單車是空間的消滅者：單車讓廣大的世界變小，促使布景畫家從他在倫敦公寓的仿造英國鄉村，進入蒼翠蓊鬱、恬靜宜人的真實大地。相較之下，室內腳踏車則是時間的吞噬者。當你在室內腳踏車上踩著踏板，實際上什麼地方都去不了；重點在於踩踏板踩了多久和步調快慢。「飛輪」（spinning）這種室內踩踏板活動源自一九八〇年代晚期，如今已成為全球的熱門健身運動：騎飛輪就是和時間賽跑，飛輪課就是耐力挑戰，考驗上課學員能不能連續踩踏板踩四十五、六十甚至七十五分鐘。或許可以說，室內腳踏車就是附踏板的計時器：大部分款式都裝設了數位儀表板，上面的數字對著騎乘者閃動，以精確到零點幾秒的方式計算使用時間，還顯示速度、每分鐘迴轉速、已消耗熱量等其他重要數據。

室內腳踏車是很萬用的裝置，屢屢經過重新設計和再利用，改造後的用途和原本用途幾乎完全無關。健身車是最熱門的運動治療器材，對於腿部和下半身受傷需要復健的病患，治療師會開出騎室內腳踏車的療程。室內腳踏車也具有輔助診斷的功用，心臟內科醫師會利用特殊設計的健身車進行心電圖和各種心、肺和肌肉功能的檢查。醫師指出這種方式的檢測結果，比傳統檢測心血管系統時在跑步機上進行壓力測試的結果更為精確，因為騎單車需要運用很多不同的肌肉和身體系統。單車上的病患全身連上接線：胸口和上腹貼上電極貼片，手指尖或耳垂夾上脈搏血氧儀，臉上戴著呼吸面罩。病患彷彿被五花大綁架在直立式健身車或臥式健身車斜傾座墊上，看起來不太像單車騎士，比較像單車的構件——例如魯布．戈德堡和谷歌合作設計的怪誕傳動裝置裡的某個節點。

早在數位時代開始之前，就有各種稀奇古怪的室內腳踏車應用方法。衛斯理大學（Wesleyan University）的研究團隊在艾渥特（W. O. Atwater）教授領導下，自一八九九年開始進行一連串測量「人體發動機」效能的實驗。[10]研究團隊在一個內側貼金屬皮的巨大木箱裡設置一輛室內腳踏車，利用磁鐵和小型發電機，將後輪受鏈條帶動的轉動動作轉換成電流。受測的「白老鼠」是一名男性單車手，他連續數天從早到晚踩動室內腳踏車踏板，期間僅有數段空檔停下休息。受試單車手必須一直待在木箱內，裡頭附設了折疊床和桌椅。他攝取的食物飲料、產出的「排泄物」以及單車輸出的電力，都經過「無比精確」的測量和分析。科學家藉此就能計算出單車騎士所消耗「燃料」和踩踏板所產生能量的比率。艾渥特宣布研究結果能夠充分證明，人類是世界上最經濟的能量來源：「效益優於動力機車，給予同樣多的燃料，產出的動力卻達兩倍之多……事實上，現有的任何一種發動機，無論使用蒸氣、汽油或電力，產出能量的效率都比不上人體發動機。」

根據同樣的數據，或許能得出另一套不同的結論：騎單車能夠非常有效率地將人力轉換為能量，而室內腳踏車特別適合用來將這股能量轉換成電力或其他動力，也就能推動各式各樣的機器和工具運轉。數十年來，各地有許多善用踩室內腳踏車產生動力的實例：羅斯福新政（New Deal）措施中的平民自然保育營（Civilian Conservation Camps）使用的鑽牙機、貝尼托．墨索里尼（Benito Mussolini）於羅馬興建的地下碉堡空調設備、哥本哈根（Copenhagen）市政廳廣場上高大耶誕樹上的燈飾，以及立陶宛首都維爾紐斯（Vilnius）一家電影院裡的影片放映機都是如此。一八九七年，聖路易（St. Louis）一位發明家異想天開設計出「淋浴腳踏車」並向民眾推銷，這種腳踏車連接抽水幫浦、水管和類似澆水壺的灑水噴頭，具弧度的水管則從後輪鏈輪處延伸至騎乘者上方位置，騎乘者能夠邊運動邊沖澡，還可以藉著踩踏板時施力輕重控制出水大小。現今在哥倫比亞（Colombia）的納希拉生態村（Nashira Eco-Village）也應用同樣原理，這個有單身婦女及兒童共四百人居住的新規畫社區中，公共淋浴間的用水是利用踩室內腳踏車產生的動力來抽取。

室內腳踏車於是成了具發展潛力的替代能量來源，也激發了環保人士的想像力。小型農場和社區開始利用室內腳踏車來磨麵粉和打穀，有些單車擁護者則懷抱更遠大的夢想，希望在農地、工廠和住宅大規模應用室內腳踏車，以踏板之力驅動農業和工業。一九七〇年代最精采迷人的「單車烏托邦主義」作品之一《腳踏的力量：工作、休閒和交通上的運用》（*Pedal Power in Work, Leisure, and Transportation*）將相關概念闡述得淋漓盡致，此書由專門出版永續發展相關書籍的羅德爾公司（Rodale Press）於一九七七年出版，是由一群學者和社運人士合作撰寫的宣言、歷史兼行動指南。[11]書中論調結合單車擁護者身上常見的「科技恐懼」和大男人主義，抨擊「這個雷射和深太空探測的時代」[12]，「工業化世界裡多數人的肌肉像布娃娃一樣癱軟無力」。作者群認為解決之道是培養「腳踏車主義（bikology）氛圍」[13]，藉由「在工作中運用腳踏車以充分激發人體潛力」。[14]

此書充分說明了為何需要研發「能源車」（Energy Cycle），這是羅德爾公司的「研究發展部門」和工程師狄克．歐特（Dick Ott）合作發明的「低科技」踏板驅動裝置，由基本的單車車架、辦公椅座墊、工作台以及各種曲柄、鏈輪和滑輪組成。「能源車」結合各種不同的工具，就能用於農務作業、製造簡易產品、完成基本家事等工作。它還可以為車床、鑽床、陶輪和石材打磨機提供動力，可以除草、犁田和灌溉，可以進行穀物篩選除雜、玉米去殼和燕麥片碾平等作業。它也可以是有無限可能的廚房家電，彷彿巨型美膳雅（Cuisinart）多功能調理機，可用於開罐、磨刀、揉麵團、攪打麵糊、攪製奶油、家禽脫毛、刮除魚鱗、肉類和乳酪削薄片，以及製作果泥和蔬菜泥、香腸、冰淇淋和蘋果醬。「能源車」讓使用者能將粗重差事分配給雙腿雙腳，空出來的雙手就能忙其他事情：「研究報告指出使用者可以用手採摘、分類跟取食櫻桃，同時用腳踩踏板將櫻桃去籽。」[15]《腳踏的力量》一書的作者群所想像踏板動力機器的未來令人更為嚮往：

> 正如同單車於世紀之交在某種意義上「解放」人類，腳踏的力量能夠再次解放數百萬人。世界各地每天必須以雙手辛勤工作的婦女都能受惠。……如果腳踏的力量能夠超越階級和經濟條件的界線，從此以後就不會再有地理差異。[16]

四十多年後，這番願景聽起來很天真，但似乎也預言了未來。「腳踏車主義」並沒有為數百萬人帶來解放，也沒有消弭地理差異。但是腳踏工具的運用方興未艾，尤其在發展中世界的鄉村，這種工具有助於減輕勞動者的體力負擔和提高生產力。（以踏板驅動的裝置在拉丁美洲很常見，當地語言甚至出現了新名詞：「腳踏車機器」（bicimáquinas）。）人道救援工作者運用的腳踏驅動裝置種類也愈來愈多，例如腳踏驅動淨水器就是利用踩室內腳踏車產生的動力，將飲用水輸送到貧窮地區和災區。

在西方，單車一直是左派運動人士的邋遢寵物。二〇一一年秋季長達兩個月的「占領華爾街運動」（Occupy Wall Street）中，在曼哈頓祖科蒂公園（Zuccotti Park）紮營的抗議者踩起接上發電機的室內腳踏車為筆電和電池充電。以這種方法為祖科蒂公園「帳篷城」供應能源可說成本低廉又務實。占領運動抗議的對象之一是政客、華爾街和石化工業沆瀣一氣的美國金權政治，而利用腳踏車輪呼咻轉動生成的動力最重要的象徵意義，就是對石油巨頭（Big Oil）資本主義施以低科技的責難。

在華爾街金融界人士眼中，室內腳踏車並非推動改革的發動機，而是價值在過去二十年持續上揚的商品。現今，全球的室內腳踏車市場市值將近六億美金，預估二〇二六年將成長至近八億美金。[17]從前簡樸陽春的腳踏調理機世界，開始出現時髦花俏、要價不菲的設計精品。「能源車」發明者如果看到「飛輪果汁機」（Fender Blender），不知作何感想？這種室內腳踏車由總部位在奧克蘭（Oakland）的「搖滾單車」（Rock the Bike）公司設計和銷售，這家發展「會展科技」（event technology）的公司專門研發以踏板提供動力的新奇商品。「飛輪果汁機」有多種螢光炫彩主色可選，配備直徑二十八英寸的飛輪，踏板可驅動放置於飛輪上方平台的果汁機，號稱「可輕鬆製作數千杯思慕昔，不麻煩、超好玩」，每輛零售價約兩千七百美金。

室內腳踏車大賣反映消費者對健身美體的需求，室內腳踏車運動風靡健身界，成為階梯有氧和瑜伽之外的另一健身產業台柱。現今的健身車市場則以購買在家自用的消費者占最大宗。我揣想著其中有多少台健身車，會跟我小時候去祖父母家看到的那台席溫公司萊姆綠「居家健身車」（Exerciser）步上同樣的命運：多年來從客廳遷徙到客房，再搬到地下室某個發霉的角落，與一張不得人愛的桌球桌一起衰敗，就像隨著鐵達尼號沉入海底的室內腳踏車一樣為世人所遺忘。世界上無疑有為數眾多的健身車埋沒於地下室，是新年新希望落空的殘跡，是排好健身課表卻半途而廢的孑遺。

不過對於現代的數百萬人來說，騎健身車是比從前更為嚴肅正經的活動。現今的室內腳踏車熱潮源頭可回溯至一九八七年，南非出生的專業自行車選手喬納森．葛伯格（Jonathan Goldberg）夜間在加州聖塔莫尼卡（Santa Monica）自家附近練車時發生嚴重車禍，僥倖逃過死劫。葛伯格自行組裝了一台室內腳踏車，改為在自家車庫練車，他很快就思考起室內腳踏車運動的前景和商機。

綽號「Johnny G」的葛伯格很有生意頭腦，而且擅長老套話術。他創造出一種全新運動，或至少將一種早已存在的運動很有技巧地重新包裝，並命名為「飛輪」，且很快取得「Spinning」、「Spin」、「Spinner」和「Johnny G Spinner」等字詞的商標權。他推廣的飛輪運動參考有氧運動，設計了消耗大量體能的健身房課程，上課時播放重節拍音樂，由教練激勵學員更拚命使勁踩更久的踏板。葛伯格的創新之處在於，將飛輪課包裝成心靈成長和勵志課程。「室內腳踏車可能是你想像得到最無趣的設備，它可以變得鮮活有趣，只要你真心誠意為它灌注能量。」[18]葛伯格在聲明其使命的回憶錄《讓單車變浪漫：

保持平衡的五道輻條》（*Romancing the Bicycle: The Five Spokes of Balance*，2000）中寫道。「飛輪課是……關於順服宇宙，解放心智，敞開心胸，創造個人的指導準則。」宣傳照裡的葛伯格清瘦結實，一頭漂染金髮，塑造成禪學大師的形象：照片裡的他或在颳著風的沙灘上習練武術，或在花園內小小的佛像旁盤腿呈蓮花坐姿。如果說葛伯格的形象「很東方」，那麼他的自我實現信念毫無疑問「很美國」。「飛輪課的禮物，」他寫道，「可以濃縮成一個最重要的訊息：你是世界上最重要的人，永遠要相信你自己。」

近年來，新一代企業大亨進一步改造飛輪健身，借助先進科技和更高分貝的音樂，將飛輪課重塑成「極限」體育活動和「部落」儀式。帶來改變的最重要推手是「靈魂飛輪」（SoulCycle），這家公司原本僅在曼哈頓上西區（Upper West Side）設點，後來擴張成在美國多州和加拿大有十多間分館的連鎖健身企業，市值高達數億美金。靈魂飛輪於二〇〇六年成立，創辦人伊麗莎白・卡特勒（Elizabeth Cutler）、朱莉・萊斯（Julie Rice）和露絲・查克曼（Ruth Zukerman）都來自紐約。三位創業家注意到，經濟寬裕且注重健身的都市年輕人想在健身房獲得社群感更強的體驗。她們以「有氧派對」為賣點行銷課程，主打由「搖滾明星級教練」帶領學員「跟著節拍一起動起來」。[19]會館結合夜店和SPA水療館的元素，播放輕快響亮、節奏感強的音樂，另外還會點香氛蠟燭，牆上則貼滿標語和祝福話語：「渴望帶來啟發」；「吸氣尋索意向，呼氣創造期望」；「爬坡時專心致志，衝刺時找到自由」；「跟著節拍卯足勁，化不可能為可能」；「對飛輪陶醉著迷，熱愛到無法自拔」；「飛輪嗨翻天，汗水任揮灑」；「重點訓練核心，有效重塑體態。」

宣傳標語都是胡說八道，就連搖滾明星級教練也一定覺得很難吸氣尋索意向，但這些無謂的蠢話無疑是刻意設計。從品牌名稱就可以知道，「靈魂飛輪」精通行銷，跟葛伯格同樣將騎室內腳踏車包裝成一種能為個人帶來啟發的靈修體驗來販售。這個概念逐漸成為單車文化的一環，不僅在網路上大行其道，書市也出現許多單車運動版身心靈書籍，例如：《單車效應：於騎行中冥想》（*The Bicycle Effect: Cycling as Meditation*）；《最有力量的單車運動肯定語一百則》（*The 100 Most Powerful Affirmations for Cycling*）；《單車族的正念思維：在兩輪上尋找平衡》（*Mindful Thoughts for Cyclists: Finding Balance on Two Wheels*）；《單車瑜伽：踩踏、伸展、呼吸》（*Pedal, Stretch, Breathe: The Yoga of Bicycling*）。靈魂飛輪主打的其中一條身心靈守則是內心平靜帶來外在美：學員會收到強烈暗示，獲得啟發者也會像緊實身材上有紋身圖案的健身教練一樣，成為體態健美的飛輪騎士。

靈魂飛輪曾經歷財務危機[20]，在新冠疫情封城期間被迫休館，為了因應疫情，也曾將原本的室內飛輪課改為戶外上課。但飛輪教室之所以能成功吸引一批忠實學員，靠的是無法在戶外複製的室內上課氣氛：昏暗的燈光下，音樂震耳欲聾，節拍振奮人心，燭光閃爍搖曳如點點星辰。牆上的標語寫著：展開旅程，尋找你的靈魂。七十名學員騎在不會前進的單車上，踩著踏板到了遠方，到了不會出現在任何地圖上的疆域。他們騎行於無邊無際的自我之道。

室內腳踏車也開疆闢土，進入了不同的疆域。「派樂騰」（Peloton）公司販售健身器材之外也提供訂閱服務，每次直播飛輪課程都吸引數千名學員線上收看。派樂騰公司的專利飛輪車設計時尚、價格高昂，會員只要舒適待在家點選觸控螢幕，就能觀看直播或隨選預錄課程，室內腳踏車從此一躍成為奢侈階級的象徵。派樂騰於二〇一二年創立，於二〇二〇年大紅大紫，那一年疫情把數百萬名健身愛好者給困在家裡。二〇二〇年四月，病毒開始肆虐的最初數週，派樂騰單堂直播課程同時上線人數一度多達兩萬三千人。[21]可以合理假設，其中有不少人都是從靈魂飛輪逃難過來的。派樂騰無法模仿靈魂飛輪忠實學員珍視的那種汗水中建立的夥伴情誼，我想現在應該會稱這種活動為「線下」或「實體」（In Real Life；IRL）飛輪課。派樂騰的會員數在我撰寫本書時已達數百萬之譜，不過公司宣稱目標是吸引上億名會員，會員們將老派的騎單車結合最典型的二十一世紀體驗：獨自一人盯著螢幕但並不孤單，因為有無數人隔空相伴。如果會員數達到理想目標，派樂騰或許可以聲稱是有史以來最大規模的騎行活動——數百萬人同時踩著踏板，組成虛擬單車大隊穿梭於網際空間。

所有健身車中，至少有一台完全離開了地球表面。在地表上空約兩百二十英里（約三百五十四公里）處的國際太空站（International Space Station），有一台名為「具隔震及穩定系統之腳踏車測功計」（Cycle Ergometer with Vibration Isolation and Stabilization System；CEVIS）[22]的機器。太空站任務通常為期六個月，繞行地球軌道的太空站內部是微重力環境，進行任務的太空人會長時間懸浮在半空中，無法使用雙腿來支撐自己的體重。這種環境會對人體產生不良的影響，造成太空人的骨質密度下降和肌肉流失。為了讓雙腿保持有力，確保雙腿再次踩上地面時能站得直且行走如常，太空人必須維持高強度的健身訓練。

這台腳踏車測功計就位在太空站裡的命運號實驗艙（Destiny Laboratory），它雖然有「美國太空總署的固定式腳踏車」之稱，但其實不完全是固定式的，外觀看起來也不太像腳踏車。它既沒有車手把，也沒有座墊。機器上有一組踏板，踩踏時可透過行星齒輪組（planetary gear set）帶動一個小型飛輪。飛輪裝設在一個長方形小盒裡，踏板就設在小盒外側；飛輪和踏板裝置與一個較大的金屬框架相連，而這個框架是以螺絲和隔震支座安裝在實驗艙艙壁上。操作腳踏車測功計時，太空人只要將鞋子踩進「狗嘴套」（toe clip）裡，就可以開始踩踏板。機器上有一塊背靠可以支撐上半身，騎乘者也可以繫上腰帶和肩帶保持身體穩定。只要踩進踏板上的狗嘴套就不會飄走，所以很多太空人單純是在踏板上方保持平衡。騎乘時就像是在變戲法：踩動踏板時，整台機器跟騎乘者呈現如夢似幻的懸浮失重狀態，而機器宛如一輛飄浮在半空的獨輪車，只可惜「具隔震及穩定系統之腳踏車測功計」這個名稱一點都無法呈現它給人的印象。

腳踏車測功計的阻力高低可以調整，太空人可選擇漸增強度訓練或高強度間歇訓練。在雙眼平視高度裝設了電腦螢幕，像是派樂騰飛輪車上的螢幕，可以邊踩踏板邊聽音樂或看電影。這台機器也是資料處理裝置，電腦會蒐集騎乘者的相關數據並傳回地球，美國太空總署的醫師團隊就能依據每個太空人的健身需求，設計出客製化的訓練計畫。

這台腳踏車測功計不太符合從前關於騎單車漫遊外太空的幻想。看到這些太空人踩著踏板的景象，絕對不會有人誤認是昔日廣告海報上，騎著單車穿梭於無數衛星和恆星之間的仙女。但是善加解讀太空站上的健身車，仍然能帶來其他驚奇。太空人每次健身多半要連續騎九十分鐘，而就在這段時間內，太空站會繞地球整整一圈，經歷兩次日出。美國太空總署的人喜歡開玩笑說，騎健身車的太空人是全世界最快的自行車手，騎一次就能繞地球一圈。（「比藍斯．阿姆斯壯還強！」[23]＊太空人盧傑〔Ed Lu〕在一篇部落格文章裡寫道。）只要將鞋子踩進太空健身車踏板上的狗嘴套，騎乘者就可以越過雲層、沙漠、叢林以及島嶼冰山星羅棋布的海洋上空，行過喜馬拉雅山脈、亞馬遜叢林、紐芬蘭島、紐約、南極洲、非洲和亞洲——以每小時一萬七千一百五十英里（約兩萬七千六百公里）的速度橫越天際，同時又留在原地。

＊譯註：藍斯・阿姆斯壯（Lance Armstrong）為美國前職業自行車手，蟬聯七屆環法自行車賽冠軍，後因服用禁藥而遭終身禁賽，冠軍資格亦遭撤銷。

第十一章

橫越美國

芭芭拉・布勒希（Barb Brushe）和比爾・薩索（Bill Samsoe）的「獨立兩百週年單車遊美行」（Bikecentennial）參加者識別證，一九七六年。

「雙人車上夫偕婦……人生長路齊蹬步」

——哈利．達克（Harry Dacre），《黛西．貝爾（雙人自行車）》（一八九二年）[1]

檀香山（Honolulu）市區與歐胡島（Oahu）東北部之間橫亙著一座山，老懸崖公路（Old Pali Highway）沿著山壁盤旋而上。這條公路是在夏威夷歷史和神話中具有重要意義的傳奇之路，途經夏威夷國王卡美哈美哈（Kamehameha）一統夏威夷群島那場重要戰役遺址附近的多條古代步道和山徑。[2]在一七九五年五月的戰事中，數百名歐胡戰士在卡美哈美哈的部隊追擊下敗退到努烏阿努懸崖（Nu'uanu Pali），最後躍入深度超過一千英尺的山谷。據說這些戰士的亡魂仍在老懸崖公路徘徊不去。一九六〇年代初期，政府於山腰開鑿隧道，闢建一條全新公路：夏威夷州六十一號州道（Hawaii State Highway 61）。舊公路此後不開放機動車輛通行，成為登山客和單車族的最愛路線。

芭芭拉．布勒希年輕時在檀香山當護理師，很熟悉老懸崖公路。[3]她會跟朋友克里夫．張（Cliff Chang）一起去那條路騎單車，她騎的是十速公路車。兩人只是普通朋友，並無男女之情，但芭芭拉很欣賞克里夫的英俊外貌、一頭長髮和自由不羈。她也很喜歡克里夫熱愛騎單車這一點。芭芭拉休假時會和克里夫約好一起騎老懸崖公路：冒著呼嘯強風奮力爬陡坡上山，踩著踏板行經酪梨樹叢和傳說中卡美哈美哈國王戰勝遺跡所在的觀景台，再沿著百轉千迴的急彎險坡蜿蜒下山。

一九七五年冬季某天，兩人一起騎老懸崖公路回檀香山途中，克里夫問芭芭拉有沒有聽過預計隔年夏天在美國本土舉辦、慶祝美國獨立兩百週年的大規模騎單車活動。參加者會成群結隊展開橫越美國的單車行，路線從奧勒岡州（Oregon）到維吉尼亞州（Virginia），大多走鄉間的兩線道公路。

芭芭拉：克里夫說：「活動名稱是『獨立兩百週年單車遊美行』。」[4]我立刻想著：「我要參加。」當下我其實很快就決定了。我們從老懸崖公路騎到一家單車店，店裡提供相關資訊，我就報名了。我買了一輛富士（Fuji）公路車。一九七六年春天，我搬回老家練車。

芭芭拉來自奧勒岡州的羅斯堡（Roseburg），這個城市位在波特蘭以南約一百七十英里處，有兩萬人口，橫跨恩普夸河（Umpqua River）兩岸。羅斯堡數十年來自稱「美國木材之都」，或許有點誇大，但還算名可符實。一九六〇年代，也就是芭芭拉童年時期，羅斯堡仍有約三百間鋸木廠，大多專門鋸切自周圍山脈的茂密森林中砍下、有「綠金」之稱的花旗松（Douglas fir）原木。芭芭拉的母親在恩普夸社區學院（Umpqua Community College）的圖書館工作，父親在土地管理局（Bureau of Land Management）擔任林木資源調查人員。

芭芭拉：我爸爸在森林裡工作，他是個大塊頭，身高六英尺四英寸（約一百九十三公分），是他教會我騎單車。小時候就只有單車這個交通工具，我會騎單車去羅斯堡各個地方，騎單車上學，也會騎單車在社區裡繞來繞去。

一九七六年春季的六週間，芭芭拉為了「獨立兩百週年單車遊美行」努力練車。為了訓練耐力和腿力，她到恩普夸百谷（Hundred Valleys of the Umpqua）騎長程，沿著河邊道路和山徑奮力踩踏，爬上比檀香山的努烏阿努懸崖更高峻陡峭的路段。

芭芭拉：那段時期我狀態很好。山路很陡，可能會讓膝蓋很吃力。但是我的體力夠，而且愈來愈好。

一九七六年六月十二日，芭芭拉滿二十四歲。兩天後是週一，芭芭拉一大早就將她那輛向日葵黃的富士公路車抬上家裡車子的車頂綁好固定。她和母親要驅車前往西北方七十五英里處的濱海城市里茲波特（Reedsport），這是獨立兩百週年單車遊美行路線兩個西岸起點之一。

芭芭拉：我們要開車離開羅斯堡時，我爸說：「只要是我女兒，一定做得到。」我心想：「老天啊，這下子沒退路了。」

芭芭拉和母親抵達里茲波特，發現當地熱鬧滾滾。里茲波特風氣保守，但是支持獨立兩百週年單車遊美行活動，街道上擠滿的男男女女隱約帶著一絲反主流文化氣息，其中很多人蓄著長直髮或稀疏的落腮鬍，他們整裝待發，準備展開單車長征之旅。

迎賓飯店（Welcome Hotel）所在的三層樓裝飾藝術風格建築周圍熙來攘往，這座飯店是路線起點辦公室，參加者於出發前也可來此投宿一、兩晚。（由於客房太小，無法供應足夠床位，飯店人員乾脆移走數間客房裡的家具，讓參加者鋪睡袋打地鋪，一間最多可擠七個床位。）芭芭拉獲得一張參加者識別證和一個迎新禮包。她和其他參加者齊聚當地的公共圖書館，一起觀看長十二分鐘的勵志影片《騎單車再遊美國》（*Bike Back into America*），片中呈現四千兩百英里（約六千七百五十九公里）長的單車越野路線，沿途可看到景色優美如畫的小鎮、綿延起伏的原野，以及遠方呈藍紫色調的壯麗群山。影片最末以約翰・丹佛（John Denver）的民謠搖滾歌曲〈放下是如此甜美〉（Sweet Surrender）作結，歌詞洋溢豐富情感，喚起青年時期於開闊道路上自由來去的浪漫情懷：「荒寂公路上我孤單迷惘／行過者雖眾早為人遺忘／尋覓摸索，我能相信什麼／尋覓摸索，未來想做什麼。」[5]

芭芭拉當晚在迎賓飯店過夜，和另外數名年輕女性同住一房。隔天是六月十五日，她早上起床，吃了早餐，跟其他參加者一起等在飯店門口準備出發。她帶了三十五磅重的行李裝備，都打包成側掛包之後捆綁固定於後貨架上，其中有一顆備胎、補胎工具組和其他數種工具，還有睡袋和在布料店購買的一張泡棉軟墊。行李中還有一些換洗衣物，其中有數套夏裝，她打算一到洛磯山脈（Rockies）就寄回家裡。

有些車友獨自報名，他們可能比較有經驗，或者更想追求冒險而非與人交流。但大多數參加者分別組成十到十五人的團體，由一名領隊帶頭。獨立兩百週年單車遊美行的參加者分成兩組。報名時登記「露營組」（Camping Group）的車友預備走克難路線，途中會在營地或農場紮營夜宿，偶爾也會直接在星空下鋪睡袋露宿。「露營組」的八十二天越野行程費用為五百八十美金，含一天三餐，每天約七美金。芭芭拉登記的則是「旅舍組」（Bike Inn Group），每天費用比露營組多出四美金，晚上會在室內場地過夜，可能是教堂地下室、學校體育館、學院宿舍、美國海外作戰退伍軍人協會（VFW）會館、獅子會（Lions Club）圖書館，或沿途其他陽春的住宿地點。

六月十五日那天早上在里茲波特的迎賓飯店外頭，芭芭拉所屬的「旅舍組」曾和預備同一天出發的

「露營組」打過照面。當時，露營組的領隊吸引了芭芭拉的目光。對方精瘦強壯，散發冷靜自信的氣息。芭芭拉覺得他和自己年紀相當，應該也是二十出頭。這名領隊戴著白色自行車帽。

芭芭拉：當時自行車帽很少見，幾乎沒有人在戴。那個男人有一頭紅髮，落腮鬍留得滿好看的，髮型算是偏長的短髮，看起來運動細胞發達。這是當時留下的其中一個印象：我現在還能回想起比爾戴自行車帽的模樣，那是我們第一次見面。

比爾：我爸媽是在席夢思（Simmons）床墊公司認識的，他們都在那裡工作。我媽媽是祕書，我爸爸是包裝工程師，在席夢思工作了四十四年。

一九五三年，比爾．薩索在威斯康辛州肯諾沙（Kenosha）出生。薩索家在數年後搬到伊利諾州的芝加哥海茨（Chicago Heights），這個勞工階級聚居的郊區位在芝加哥鬧區以南約三十英里。

比爾：我應該是五、六歲開始學騎單車。我爸曾經心臟病發過，所以是住對面的鄰居幫忙教我，他會跑在我後面幫我穩住單車。第一次自己騎單車上路感覺實在太棒了，是一種獨立跟自由的感覺，很不可思議。

比爾於一九七〇年完成高中學業後進入伊利諾州布魯明頓（Bloomington）的伊利諾衛斯理大學（Illinois Wesleyan University），畢業後在一家保險公司擔任初階人員。

比爾：那份工作我只做了一個月。那年冬天，我去了威斯康辛州北部一個小滑雪區，結果迷上滑雪。當時我其實找不到人生方向，我在那裡認識一些朋友，大家都迷滑雪，其中一個朋友建議我去上美國青年旅舍協會（American Youth Hostels）的領導訓練課程，以後就可以當自行車領隊。我上完訓練課程，取得領隊資格，一九七五年時就去一個名為「美國北方探險家」（Yankee Explorer）的自行車活動帶隊。

路線有點繞，從康乃狄克州出發，迂迴行經麻薩諸塞州（Massachusetts）、紐約上州（upstate New York）、佛蒙特州（Vermont）、新罕布夏州（New Hampshire）和緬因州（Maine），最後向南繞回波士頓。

比爾：來參加的孩子年紀不大，準備要升九年級。那是我第一次當領隊，也是我第一次騎長程。

比爾去上美國青年旅舍協會訓練課程時認識的兩名友人先前已經搬到蒙大拿州的密蘇拉（Missoula, Montana），當地一個新成立的組織大張旗鼓籌辦翌年夏天的自行車長途團騎活動，他們前去替該組織訓練領導人才。「美國北方探險家」活動結束之後，比爾和友人聯絡，他們力邀他往西，到密蘇拉來擔任「獨立兩百週年單車遊美行」的工作人員。比爾心想反正沒有更好的差事可做，就搬去密蘇拉，晚上在朋友住的市中心公寓打地鋪。他白天在活動辦公室跑腿打雜，有求必應。他準備工具包和急救包，製作了數百張參加者識別證。主辦單位問他有沒有意願親自參與並擔任「露營組」領隊時，他立刻就抓住機會。

比爾：當時我真的不清楚要做什麼，八十二天長程單車行領隊的責任其實很重大。年輕時也沒想這麼多，就順其自然。

擔任「獨立兩百週年單車遊美行」領隊絕非易事。一定要是體力過人的單車好手，一定要擅長處理危機。領隊必須負責照顧全隊成員，確保全員健康安好。擔任領隊很需要人際溝通技巧。讓一群成年人集體行動並密切相處兩個月，人與人之間會發生衝突，這時候冷靜明理和幽默感會很有幫助。領隊也必須熟稔如何使用補胎工具組和急救包。廚藝好的話，也會有些助益。

比爾：第一天我們離開里茲波特，只前進了大約四十英里。開場小試身手而已，還滿輕鬆的。我負責帶煮飯用的爐子，三餐由大家輪流準備。第一天晚上由我替大家服務——記得我們是吃通心麵、乳酪和熱狗。那天晚上，大家決定以後不再讓我掌廚。

比爾的團隊很快建立了固定模式。賣力騎了整天車之後抵達營地，他們會紮好營帳，然後輪流準備晚餐。他們會看看書、寫日記，然後保養單車，清理鏈條或換掉補過的內胎。每隔十天，他們會收到一批郵件，得知親朋好友分享的消息。比爾常收到姊姊瑪潔（Marge）寄來的信，瑪潔也擔任活動領隊，姊弟在同一條路線上前進。

比爾：從奧勒岡州一直到維吉尼亞州約克鎮（Yorktown）這段路，她領先我們剛好兩週。她會寄明信片預告沿途情況，讓我們有心理準備，也會指點我們住進優良營地的訣竅。我記得她還寫明信片提醒我們，小心某個地點有一隻毛色黑白的狗會攻擊車友。一點都沒錯，我們一騎到那裡，就看到那隻狗衝出來。

比爾帶隊的露營組的路線是向東蜿蜒而行：橫越奧勒岡州後進入愛達荷州（Idaho），再向北進入蒙大拿州（Montana）。七月四日晚上，他們在蒙大拿州的小鎮威斯登（Wisdom）過夜，這次並未紮營，而是住進當地人免費出借的破舊屋宅。屋裡有一台黑白電視機，有些車友打開電視收看華盛頓特區（Washington, D.C.）和紐約兩地的獨立兩百週年慶祝活動實況轉播，看著煙火點亮華盛頓紀念碑（Washington Monument）和自由女神像（Statue of Liberty）上方的夜空。有數名隊員大著膽子前往鎮上，和當地孩童一起玩仙女棒和點鞭炮。

他們從威斯登向東南前進，騎往蒙大拿州的第隆（Dillon），下一站則是蒙大拿州維吉尼亞市（Virginia City）。接下來要進入懷俄明州（Wyoming）。他們途經黃石國家公園（Yellowstone），繞著大提頓山（Grand Tetons）騎行，再向南進入科羅拉多州（Colorado）。天高地闊，山高林密，鄉間美景如畫。比爾的露營組全員行進時和諧一致，動作整齊劃一，有時在公路上也並駕齊驅。

比爾：有一次，我們全隊以輪流擋風、退下的「輪車」（pace line）方式前進，那時我們離開科羅拉多州普韋布洛（Pueblo），準備要騎往一個叫做奧德威（Ordway）的地方。這種情況很少見，我們幾乎不曾以特定隊形一起前進。路段是很和緩的下坡，但我們的速度相當快。有一輛巡邏警車停在路旁，我們騎過時，聽到警車車頂的擴音器傳來帶著沙沙雜音的警察喊話聲：「時速十八英里，非常好。」

他們繼續向東騎行。科羅拉多州奧德威；科羅拉多州伊茲（Eads）；堪薩斯州特比恩（Tribune）；堪薩斯州斯科特市（Scott City）。一行人從山區騎到北美大平原（Great Plains）之後，天氣變得悶熱難熬。七月三十一日早上，比爾這一隊在堪薩斯州威契托市以北二十五英里的牛頓市（Newton）拔營，下一站是往東南七十五英里處的堪薩斯州尤里卡（Eureka）。比爾身為領隊，通常會騎在最後「壓隊」，但那天早上他請副領隊協助壓隊。那天悶熱黏窒，幾乎一點風都沒有。離目的地還有好長一段路，比爾迫不及待想要疾馳前行。於是他一早就自己先出發。他奮力騎了大約四十英里，決定在卡索迪（Cassoday）停下來吃點東西，這個農業小鎮自稱是「世界草原松雞之都」。

比爾：有一間小餐館，我想在「草原松雞之都」點個蛋來吃應該很應景。我走進去，吃了一顆蛋，然後出來騎上單車，準備出發。我騎離卡索迪沒多久，就遇到芭芭拉她們。

芭芭拉・布勒希和朋友萊斯莉・貝彼（Leslie Babbe）前一晚也在牛頓市過夜，當天同樣準備騎往尤里卡。芭芭拉所屬的旅舍組沿途有數次與比爾帶隊的露營組相遇。先前在奧勒岡州貝克市（Baker City），兩組人馬曾在同一間基督教青年會（YMCA）會館過夜。（旅舍組睡在會館裡，露營組在會館外紮營。）那天吃晚餐前，一眾車友在會館球場玩起排球和美式壁球。其中一場美式壁球雙打賽中，比爾和芭芭拉剛好分屬對戰的兩隊。比爾就在那時候開始對芭芭拉產生興趣。

比爾：她身手矯健，操控壁球拍得心應手，讓我印象非常深刻。她也是很厲害的單車手。而且老實說，她那雙腿真美。

之後比爾和芭芭拉就在炙人烈日之下，在廣闊無垠的北美大草原相偕騎行，當時兩人的位置大概就在美國東岸和西岸的中間點附近。兩人開始閒聊，速度比平常慢了一些。

比爾：萊斯莉很上道，她騎在前頭，讓我跟芭芭拉在後面獨處。

兩人聊起各自的家人、家鄉和將來的計畫。天氣酷熱，長而平直的道路籠罩在煙霧之中。忽然之間，天空的顏色和質地似乎變了樣。兩人耳中都傳來怪異的噪音。

芭芭拉：我們騎車騎到一半，突然聽到嘎嘰嘎嘰的聲音。

比爾：就好像進入一個完全不同的天氣系統。天空中忽然出現大批侵入者。

「蝗蟲群聚」這種現象可能由特定氣候條件引發，通常發生在乾旱後又連續降下大雨之後。豐沛雨水會刺激蝗蟲族群大量繁殖，但由於先前乾旱導致食物來源減少，迫使蝗蟲族群移往其他更小的區域覓食，規模龐大驚人的蝗蟲過境時，即演變成「蝗災」（「蝗蟲」〔locust〕是草蜢〔grasshopper〕中的一類）。[6]*群聚的蝗蟲鋪天蓋地，有時候群聚數量之龐大，連氣象雷達都偵測得到。一八七〇年代曾發生「北美大蝗災」[7]，數百萬隻「洛磯山蝗蟲」（Rocky Mountain locust）降落在從德州延伸至南北達科他州（Dakotas）的平原區，不僅吃光所有農作物，甚至扯下綿羊群的羊毛，啃蝕工具木柄和皮革馬鞍，造成火車頭無法運轉，失去動力的火車停留在鐵軌上被高數英寸的蝗蟲堆掩埋。對在地面的人類來說，遇到蝗蟲來襲就像陡然捲入一陣暴風。

芭芭拉：牠們飛進你的眼睛、鼻子、嘴巴、耳朵，到處都是，全身上下都是。

比爾：大概有好幾十萬隻，也許好幾百萬隻。路上密密麻麻的，嗡嗡——咻——嗡嗡——咻——。

芭芭拉：連續好幾英里路全是蝗蟲，感覺很不真實。

比爾：難忘的一天。

芭芭拉：我們先前一直有點互相閃躲，但是跟蝗蟲共度的那天，我們終於進一步了解彼此。

比爾：我心中暗想，「老天，芭芭拉簡直是全世界最厲害的人類。」

一九七三年四月在墨西哥北部某個小村莊，一個名叫葛瑞格．賽普（Greg Siple）的男人下午待在露天咖啡館，腦中忽然浮現奇異的景象：他想像一大群單車騎士一起騎車橫越美國，有如大群昆蟲集體移動。[8]那年賽普二十七歲，他來自俄亥俄州哥倫布市（Columbus），同行的還有妻子茱恩（June）和也來自美國的柏頓夫婦丹和莉絲（Dan and Lys Burden）。他們四人當時在葛瑞格稱為「半球長征」（The Hemistour）的長程單車旅行途中，行程進入第十個月，他們已經騎了將近七千英里。這趟史詩級旅程的路線總長一萬八千多英里（兩萬九千多公里），從阿拉斯加的安克拉治（Anchorage）出發，穿越北美洲、中美洲和南美洲，終點是阿根廷最南端的火地島（Tierra del Fuego）。賽普夫婦和柏頓夫婦那天從契瓦瓦沙漠（Chihuahuan Desert）的托雷翁（Torreón）外圍營地啟程，騎了超過四十英里後抵達巧克拉特（Chocolate），這個城鎮小得幾乎算不上城鎮。四人坐在咖啡店前廊閒聊，一旁鐵鍋裡的燉豬肉（不是巧克力）煨煮到微微冒泡，葛瑞格的思緒此時又飄回國界另一邊。他揣想著下一次單車冒險之旅，如果號召成千上萬車友一起橫越美國，從太平洋岸騎到大西洋岸，會是什麼樣的情景？這樣的活動難道不會大受歡迎嗎？更重要的是，不就能鼓勵大批自行車友在偉大國土上展開一場發現之旅？

「我最初的念頭是發放廣告和傳單，上面寫著：『六月一日早上九點鐘，帶著你的單車到舊金山金門公園（Golden Gate Park）集合。』」[9]賽普多年後接受訪問時說道，「我們要騎單車橫越美國。我想像會有成千上萬車友參加，數不清的人帶著單車和行囊整裝待發，裡頭有人上了年紀，有人騎的車裝了超

＊譯註：中文的「草蜢」與「蝗蟲」可通用，無法完全對應「grasshopper」和「locust」兩詞。

寬氣球胎（balloon-tire），還有法國人專門搭飛機過來共襄盛舉。不會有人鳴槍什麼的，到了九點鐘，大家就開始移動，像是雲集的蝗蟲橫越美國。」

葛瑞格從事平面藝術工作，而他熱愛長程單車旅行，視之為自己的使命。一九六二年七月，葛瑞格十六歲時，和父親查爾斯（Charles）一起從哥倫布市自家出發，向南騎了兩天到俄亥俄州（Ohio River）河畔的樸茨茅斯（Portsmouth）。那是一趟「兩百之旅」（"two-century" journey）：兩天的行程，每天騎一百英里。查爾斯騎完這趟累壞了，葛瑞格卻意猶未盡。

隔年，葛瑞格找了三位車友一起，再騎了一次哥倫布市到樸茨茅斯的來回行程。一九六四年，總共有六人參加；一九六五年，車友人數躍升至十六人。到了一九六六年，共有四十五人參加，其中包括葛瑞格的幼時好友丹・柏頓，還有後來成為賽普太太的茱恩・詹金斯（June Jenkins），而茱恩也很熱衷單車運動，曾在美國青年旅舍協會哥倫布市分會單車活動擔任領隊。這年他們已經找到一位金主贊助，還有個聽起來有點累贅的活動名稱縮寫「TOSRV」（全稱為賽歐托河谷單車之旅〔Tour of the Scioto River Valley〕）。在之後數年內，這個活動將發展成全美規模數一數二的年度單車盛事。

一九七三年，兩千兩百人參加賽歐托河谷單車之旅。至於葛瑞格，他跟茱恩、丹和莉絲四人當時距離俄亥俄州數千英里遠，正向南穿越墨西哥。那天下午在巧克拉特的咖啡館，葛瑞格和其他人分享他的遠大計畫。他想要辦一場「融合『賽歐托河谷單車之旅』和『半球長征』特色的夏季騎單車橫越美國活動」。[10]當時距離獨立兩百週年僅剩三年時間，騎行全國的大規模活動是紀念美國獨立和推廣單車運動最理想的方式。

茱恩和柏頓夫婦立刻表示想加入。他們心領神會，腦中甚至浮現活動現場的畫面。這是一群志同道合的人集體感受到乍現靈光，頭暈目眩、陶然欲醉的一刻，彷彿眼前迷霧散去，明朗的前路豁然顯現、池邐開展。對四人來說，接下來三年要全心全意達成的目標再清楚不過。茱恩數週前才買了一個轉數計，將這個小玩意裝設在單車車輪的花鼓上，就能計算騎車行進的里程。那天晚上他們抵達巧克拉特鎮外道路旁的營地時，茱恩想知道裝了轉數計之後總共騎了幾英里，就檢查了一下讀數。讀數顯示：一七七六。大家都覺得這是好兆頭。

葛瑞格和茱恩之後又花了近兩年時間完成「半球長征」，於一九七五年二月二十五日抵達阿根廷的烏蘇懷亞（Ushuaia）。他們在一九七三年秋季到冬季休息了五個月，不過三年來大部分時光都在路上騎行。丹中途回美國一趟時感染肝炎，柏頓夫婦的「半球長征」在巧克拉特以南約一千英里、濱臨太平洋岸的墨西哥城市沙利納克路斯（Salina Cruz）提早畫下句點，他們中途退出後並未騎完最後路程。

不過「獨立兩百週年單車遊美行」籌備事宜如火如荼展開。主辦團隊以打游擊風格零星宣傳，在單車雜誌刊登用詞如打啞謎的分類廣告。（絢麗繽紛、撼動身心，從西岸到東岸的鄉間小道七十天大冒險——獨立兩百週年單車遊美行。[11]）丹和莉絲搬入密蘇拉一間公寓，在公寓成立活動總部。他們四處募捐並申請經費補助，這裡募一千元、那裡湊五千元，並成為符合第501(c)(3)規定的免稅組織。宣傳海報印製完成，傳單也發放至全國單車店。消息慢慢傳開來。密蘇拉總部收到大量信件，有些人想了解活動詳情，也有些人想提供援助。（有些信件內容就沒那麼振奮人心：「你們的單車版胡士托音樂節會重創單車運動，留下永遠的汙點。我只希望你們的計畫胎死腹中。」）一名友人出借福斯「小巴」

（Volkswagen Microbus），於是葛瑞格和茱恩帶著地形圖走遍全國，開始規畫從西岸到東岸的鄉間小道單車路線。

這條路線即「環美單車道」（TransAmerica Bicycle Trail），沿途行經十州：奧勒岡州、愛達荷州、蒙大拿州、懷俄明州、科羅拉多州、堪薩斯州、密蘇里州（Missouri）、伊利諾州（Illinois）、肯塔基州（Kentucky）和維吉尼亞州。路線穿過二十多座森林，經過五座山脈，部分路段橫越草原或沙漠地帶，會經過數百座小城鎮。「獨立兩百週年單車遊美行」參加者可以自行決定只騎部分路段或騎完全程，前進方向不拘，可以從西向東騎，也可以反向從東向西騎。

一九七六年時，大多數人聽到要騎四千英里單車橫越美國會大為震驚，覺得是古怪甚至愚蠢的舉動，可能就連一些報名的人自己都不敢置信。但在進入汽車時代之前，媲美史詩的單車壯遊故事是美國流行文化的台柱。對一般人來說，把單車當成長途旅行的交通工具顯得不切實際（出遠門旅行會搭火車或輪船）。長途單車旅行是一群特別人士從事的活動，屬於冒險家、運動員和其他追求榮耀的人。從事長途單車旅行不僅能夠展現體力和耐力，還能展現一個人的人格特質，尤其是決心和毅力。騎長程單車是一種成為英雄的方式。

在維多利亞時代，報章雜誌和最早期的熱門單車書籍會刊載單車旅人的豐功偉業——這些旅人大多是英美人士且為男性，但也有少數例外。自行車賽逐漸演變為隆重盛大的「環賽」（tour）：比賽路線拉得極長，途經多個城市，甚至翻越崇山峻嶺。而長距離賽事中最著名的「環法自行車賽」最初其實是為了刺激銷量而使出的行銷手段，由巴黎體育日報《汽車報》（*L'Auto*）於一九〇三年主辦。報業人士知道，連續報導精采的長程單車賽事有助帶動買氣。

單車旅行文獻其實有不光彩的一面。在這些英勇主人公冒險犯難的敘事中，單車被描繪成殖民和啟迪教化的力量，為地球上仍蠻荒原始的角落帶來文明。在著名單車遊記《單車環遊世界紀行》（*Around the World on a Bicycle*，1887）[12]中，美國單車騎士湯瑪斯・史蒂文斯（Thomas Stevens）記述自己騎著一輛便士法尋車環遊世界，其中無所顧忌展現出這個文類典型的種族主義。史蒂文斯在美國西部原住民族區域、中東和亞洲遇見的「土著」，在他筆下都成了野蠻人和傻瓜，他們見到史蒂文斯的單車時，反應是驚奇、害怕或茫然不解。在史蒂文斯的記述中，單車既是帝國的工具，能帶他抵達「最黑暗」的偏遠角落，也為帝國提供正當性：凡是不懂單車的人、不懂製造單車的文化，理應對帝國俯首稱臣。

維多利亞時代的單車環賽熱潮還有另外一面。在小說、詩歌和傳說軼事中，常以長程單車旅行比喻幸福婚姻。無論騎雙人自行車或騎單車相偕而行，就如同膾炙人口的歌詞所稱，都是一對愛侶以「雙人」交通工具前往各地。單車讓愛侶永結同心，載著他們踏上所有旅程中最為漫長曲折的人生之旅，正是歌詞中所描繪：「……夫偕婦，人生長路齊蹬步。」

汽車和飛機等新的交通方式問世，能夠以無可匹敵的高速將乘客載送至遠方，單車旅行的浪漫光環隨之褪色。不過在葛瑞格・賽普和父親第一次騎兩百英里來回時，單車旅行隱然有復興之勢，而新一波盛大的單車熱潮也在醞釀中。

美國成年人向來認為單車是給小孩子騎的，但在一九五〇年代晚期到一九六〇年代初期，一種英國製新款單車卻風靡全美。這款進口單車與美國市場數十年來主要銷售的超寬氣球胎單車截然不同——車身更加輕巧且可變速，有三段、八段、十段變速的款式可選。當時美國社會對運動健身日益重視，新款單車更好騎，速度也更快，能夠吸引想換口味嘗試不同運動的成年人。

在新款單車的引誘之下，單車族又重回鄉間道路和開闊戶外。「在四季如夏的地方，如佛羅里達和南加州，成年人開始騎十段變速車短程出遊，或享受多天的單車假期。」研究單車史的瑪格麗特·古洛夫（Margaret Guroff）指出。[13]單車廣告呈現的全是身材健美、富有魅力的男女，在詩情畫意的鄉村恢意騎行。一九六〇到七〇年代初，美國單車旅行產業蓬勃發展，迎合消費者對於鄉間單車之旅的需求。

還有一些廣告則重新搬出源自一八九〇年代的「飛天單車」意象，例如美國機械鑄造公司（AMF）的熱賣款十段變速車「騎旅行家」（Roadmaster）廣告就標榜這是一台「飛天機器」。[14]事實上，這一波捲土重來的單車熱潮比起十九、二十世紀之交那一波熱潮更為盛大。美國聯邦政府於一九七二年的報告指出，全國單車族約有八千五百萬人，占全國七歲到六十九歲人口總數的一半。[15]其中一些人是城市上班族和大學生，他們以單車作為日常代步工具。大部分人則將騎單車當成休閒活動，騎車是為了運動健身、尋求冒險或遠離塵世喧囂。無論是哪種族群，都在單車市場展現驚人的購買力。從一九七二到一九七四連續三年，全美的單車銷量皆超過汽車。[16]

地緣政治也發揮了作用。美國於二戰期間實施燃料配給制，在國內促成半世紀以來最盛大的騎單車熱潮；一九七三年石油輸出國家組織（OPEC）對美實施石油禁運，再次造成燃料短缺和石油價格上揚，許多美國人不得不尋求汽車以外的替代交通工具。另外還有其他的政治因素，即政治意識開始改變。當時是生態環保意識抬頭的年代，瑞秋·卡森（Rachel Carson）於一九六二年出版《寂靜的春天》（*Silent Spring*），「世界地球日」活動（Earth Day）於一九七〇年首度舉辦，還有許多指標性環境保護法案通過，包括一九七〇年「潔淨空氣法案」（Clean Air Act）、一九七二年「淨水法案」（Clean Water Act）和一九七三年「瀕危物種法案」（Endangered Species Act）。美國年輕人眼見美軍於越戰潰敗而幻滅，連帶對國家體制、消費模式和備受吹捧的「生活方式」也失去信任。汽車數十年來形塑美國的經濟、建成環境（built environment）和國家神話，如今成為眾矢之的。

對很多人來說，汽車不再是代表「美國夢」的機器，而是橫行霸道、汙染和毒害環境的醜惡巨獸（「耗油怪獸」〔gas guzzler〕一詞在此時期大行其道）。一九七〇年冬天，聖荷西州立學院（San Jose State College，現稱聖荷西州立大學）學生發起為時一週的「生存運動」（Survival Faire），以一系列活動引起大眾對環境議題的關注。[17]學生在二月二十日舉行了一場象徵性的汽車葬禮：他們集資購買一輛全新的一九七〇年款福特「獨行者」（Maverick），將新車推入深十二英尺的坑洞。他們舉行了安葬儀式，並刻意營造肅穆沉重的氣氛。「在人行道上的民眾夾道圍觀下，」《舊金山紀事報》（*San Francisco Chronicle*）的報導寫道，「學生們隨著樂隊演奏的多首哀樂輓歌，以送葬隊伍的步伐緩緩行進。」[18]

同時，單車政治出現全新氣象。阿姆斯特丹的中產階級市民受夠了住宅區屢創新高的車禍死亡人數，承繼了「撥挑運動」的反汽車主義主張，他們集結起來上街頭抗議，要求一個更安全、對單車更友善、更符合永續發展精神的城市。北美洲的單車擁護者也開始發聲。一九七一年，「自行車友環境保護聯盟」（Concerned Bicycle Riders for the Environment）於洛杉磯主辦「汙染解方鐵馬行」（Pollution Solution）活動，共有一千五百名單車族參與。[19]而七〇年代中葉在蒙特婁（Montreal）也出現類似「撥挑運動」的社會運動，無政府主義者和藝術家聯合組成「全民騎單車」（Le Monde à Bicyclette）團體，依循「直接行動」（direct action）原則發起運動，以引發大眾關注汽車文化造成的損害，並推動「擁護單車的詩意革新傾向」（poetic velo-rutionary tendency）。[20]

在價值觀轉變和整個世代有所不滿的氛圍下，「獨立兩百週年單車遊美行」的活動文宣發送至全美五十州，標榜是「有史以來全世界最大規模的單車環遊活動」[21]，其中一張早期的傳單寫著：「美國鄉間的森林、農場、人民和友好情誼值得頌讚和保護傳承，就在一九七六年讓全國看見。」[22]「獨立兩百週年單車遊美行」活動很新穎，但是其中的意向稱不上是革新，而是在老派愛國主義和後六〇年代反主流文化之間尋求妥協。它為美國的拓荒遠征原型賦予隱約的嬉皮風格，是官僚化的「回歸大地」（Back to the Land）之旅。這項活動既典型，也全新。

比爾：我想有些參加者應該可以稱為「嬉皮」，但整個活動的氣氛和政治沒有太大的關聯。

芭芭拉：「獨立兩百週年單車遊美行」給人的感覺很獨特，是那個年代才有的氛圍。

比爾：我覺得自己是很正直拘謹的人，我留落腮鬍和長頭髮，至少我自認留得很長。但我想我有點保守，不是政治上的保守黨，只是有點一板一眼那種保守。參加活動的大多數車友個性都跟我差不多，他們單純就想騎單車橫越美國。

共有四千零六十五人參加獨立兩百週年單車遊美行。[23]約兩千人騎完「環美單車道」全程，其他人則僅登記騎行部分路段，或未騎完全程就中途放棄。大多數參加者是中產階級白人，只有四名參加者是黑人。有七成五的參加者年齡介於十七到三十五歲，但也有一些退休族群和兒童參加。完成橫越美國全程的參加者中，最年長的六十七歲，最年輕的是兩名九歲小朋友。全美五十州皆有人參加，另有三百二十九名參加者來自美國以外的十四個國家，包括荷蘭、法國、德國、日本和紐西蘭。在這場夏季單車遊美行結束後的意見調查中，大多數參加者認為帶來最多樂趣的體驗是「近距離認識美國鄉間」。[24]

比爾：單車遊美行活動帶你親近大自然和鄉間小鎮，是一種教育薰陶，讓人領略田園鄉土之美。你在路上會遇見非常多人。

芭芭拉：大隊人馬騎著單車進入小鎮的場面真的相當壯觀。

比爾：會有人跑出來邀請我們去他們的農場過夜。他們會帶我們去吃冰淇淋、邀我們去他們私人土地上的湖泊游泳、出借自家電話讓我們打回家。

對單車遊美行的參加者來說，每天的際遇都令人意想不到，總有讓人驚喜或驚嚇的景象、冒險和意外。有些日子漫長炎熱（也有些日子漫長寒冷）。但是騎車途中一定能找到樂趣，一天結束時也一定有獎勵等著騎士：也許是到市立游泳池泡泡水，到小鎮冷飲店喝杯汽水，或大啖當地人招待的手工餅乾。在單車旅店（Bike Inn）和營地休息時，大家會玩撲克牌、下西洋棋。十九歲的布莉潔．歐康納（Bridget O'Connell）一開始隻身上路，後來在「勸誘」之下加入露營組，她每晚為組員帶來現場吹笛表演。[25]單車旅店多半沒有其他娛樂，只能反覆播放活動宣傳片《騎單車再遊美國》，於是在旅店住宿的參加者無不將影片每個畫面熟記於心。每當畫面出現路況很糟的道路，就會聽見觀眾席噓聲四起。[26]

參加者之間培養出深厚的友誼，其中有數名參加者讓眾人留下特別深刻的印象。薇瑪．雷姆席（Wilma Ramsay）在澳洲巴坎（Buchan）經營公路餐館，四十九歲的她騎「環美單車道」幾乎全程都穿及膝裙、束腰衣、褲襪和有跟的鞋子。[27]薇瑪找了兄長艾伯特．舒茲（Albert Schultz）同行，舒茲在澳洲愛麗絲泉（Alice Springs）從事探勘和機械修理工作。他蓄著一把媲美《聖經》裡族長的大鬍子，穿著笨重工作靴來騎單車。舒茲抽煙斗，常常邊騎邊抽。他還帶了一把趕狗防身用的木槌和一瓶穀物烈酒「純淨」（Everclear），每晚用露營鍋煮茶之後就將酒加在茶裡一起喝。兩兄妹在參加單車遊美行之前，已經有二十五年不曾謀面。薇瑪邀哥哥同行，希望能重新熟悉彼此。

所有參加者的騎行之旅都起起伏伏，有順有逆。無論逆風、曬傷、皮膚磨擦座墊發疼，他們都必須苦苦支撐。一路上常見車胎爆胎，偶爾會有人的車輪輻條啪一聲斷掉，也曾發生惡劣天氣或飲食導致的意外。露營組有一團人在肯塔基州某個小鎮的餐廳吃了中華料理，後來有一半成員都送進當地醫院打點滴。他們也曾騎到半途被大雷雨甚至暴風雪困住。那一年六月十三日，一場詭異的暴風雪侵襲懷俄明州部分地區和科羅拉多州，好幾名遊美行車友剛好騎在山徑上，不得不在深達十五英寸的積雪中前進。[28]

很多參加者之前不曾露宿野外，也學會要如何搜尋最佳露營地點：香氣襲人的松樹林裡，潺潺涓涓的小溪旁，或有輕柔風聲伴人入眠的玉米田裡。愛達荷州的梯皮（tipi）帳篷和肯塔基州的單坡屋頂小屋，都曾是他們過夜歇息之處。天氣惡劣時，他們盡可能進教堂坐在長椅上喘口氣，甚至躲進廢棄房屋或山洞暫避。露營組其中一團某天晚間遇上傾盆大雨，只好躲進豬圈，和一群哼哧哼哧的肉豬一起過夜。[29]

路上也會遇到野生動物，不過未必每隻都還活蹦亂跳。露營組領隊洛伊．薩姆納（Lloyd Sumner）某天看見一隻遭車子「路殺」的草原松雞。[30]薩姆納拎起死掉的松雞一路帶到營地，那天晚上就將松雞拔毛清理後就著營火烤熟，當成晚餐吃了。其他人騎車途中也遇過蛇、幼熊和牛群。在堪薩斯州西部某條路上，遊美行車隊遇到一群烏龜正要緩緩橫越馬路到對面，騎士遂紛紛以蛇行方式繞過牠們。[31]

很多參加者都覺得在旅程中，時間似乎消溶於無形，而環美單車道以外的那個現實世界變得愈加遙遠模糊。他們過的是「單車時間」。騎車時前進速度飛快，每天平均騎行五十英里。但他們移動的速度同時也很慢，是單車的那種慢：慢得足以讓騎士注意到路旁的花朵在微風中垂頭輕顫，而花朵上的熊蜂彷彿在開快車兜風。有時當道路變陡，行進速度就真的變得很緩慢。

芭芭拉：我印象最深刻的就是騎山路。

比爾：有幾座山特別難騎。我們越過胡赭山口（Hoosier Pass），那裡的高度大概有一萬一千五百英尺（約三千五百公尺），有時候你會覺得自己怎麼可能騎得上去。

環美單車道全程最惡名昭彰的上坡路段就在維吉尼亞州的羅克布里奇郡（Rockbridge County）。早在抵達之前數週，參加者就聽說了「阿帕拉契山脈（Appalachians）這座山簡直是陡直向上」的恐怖傳聞，它的綽號是「維蘇威」（Vesuvius）。

比爾：那座山的山腳有個名叫維蘇威的城鎮，所以我們就叫那座山「維蘇威」。爬坡上山與酷刑無異。

芭芭拉：我不知道那座山的坡度是多少，不過你如果跟我說坡度是百分之八或九，我也相信。那就是一連串的之字形爬坡，爬完一個之字再爬下一個。

比爾：卯足全力也要花上至少一小時，我們行進的時速不超過三英里（約四．八公里）。

芭芭拉：真的沒有別的辦法，只能心裡想著：「踏板踩一圈，再踩一圈。再多踩一下就好。」

比爾：速度很快的那群車友率先登上山口，出來就是藍嶺公路（Blue Ridge Parkway），從那裡可以俯瞰雪南多亞河谷（Shenandoah Valley）。每次又有一名車友抵達山頂，就會響起熱烈的歡呼聲。

時序進入九月，比爾和芭芭拉所屬的兩組都逐漸接近旅程的終點站：維吉尼亞州約克鎮。

芭芭拉：當時當然會很想騎到終點，但我其實不想結束旅程。你會有種感覺：「我接下來要怎麼回到現實生活？」

比爾：旅程快結束前的某一天，我和另外幾名領隊在一家很小的鄉間雜貨店。我們站在店門口時，剛好芭芭拉騎車經過。我那時是真的大聲說出：「我想我戀愛了。」

一九七六年九月六日下午，比爾那組和芭芭拉那組抵達約克鎮，他們到大西洋岸邊將車輪稍微浸一下海水以茲紀念。那天晚上，一群參加者一起朝內陸騎十多英里到威廉斯堡吃牛排慶祝，比爾和芭芭拉都去慶祝了。

比爾：那家店叫「牛排小販館」（the Peddler），有那種大塊烤肉。服務生會持刀在烤肉上比畫並問說：「要切多厚？」然後切下烤肉再秤重。那天一起吃晚餐的，我記得總共十四個人吧，最後結帳還不到一百美金，從前的美好日子啊。

吃完晚餐以後，大家留在餐廳喝酒跳舞。夜裡某個時刻，芭芭拉開口邀請比爾和她共舞。

芭芭拉：那真的不像我會做的事，我不是會開口向男人邀舞的人。但不知為何，我當下覺得似乎就應該那麼做。

比爾：那是一支慢舞，真的非常美好。

然後一切就結束了。

比爾：很突兀，讓人不知所措。有那麼長的時間都和一群人共度，一起走了一趟不可思議的旅程，大家忽然就鳥獸散。隔天，有些人繼續騎到華盛頓特區，有些人去搭飛機回家。我們那組裡有幾位荷蘭人，我記得他們要回荷蘭，得趕很早的巴士去機場。其實我不知道自己接下來要做什麼，就去了科羅拉多州。我又回滑雪場打工了。

比爾在科羅拉多州第隆一家滑雪設備出租店找到工作。那年耶誕節，他寄賀卡問候露營組所有成員，也寄給芭芭拉的旅舍組裡數名成員。

芭芭拉：事實上，我那時候真的很迷惘徬徨。

芭芭拉和一名海岸防衛隊（Coast Guard）軍官交往數年，在單車遊美行結束後，原本打算留在東岸和男友相守。

芭芭拉：單車行結束後，我變了個人。體驗過人生中最精采的冒險之後，我發現跟男友的感情和我想的不一樣，少了點什麼。

芭芭拉搬回家鄉羅斯堡。但她仍然煩躁不安，數個月後又回到夏威夷重拾老本行，再次當起護理師。

芭芭拉：然後我收到卡片。

比爾將耶誕賀卡寄到芭芭拉在羅斯堡的父母家地址，芭芭拉的母親將卡片轉寄到夏威夷給女兒。

芭芭拉：我還記得自己在檀香山的卡比奧蘭尼圖書館（Kapi'olani Library）讀卡片時是坐在哪個位子，我當下就知道自己的人生從此改變。裡頭字句簡單親切，但卻像一道閃電讓我渾身一震。

比爾和芭芭拉開始通信和通電話。一九七七年春天，滑雪季結束時，比爾回到達拉斯（Dallas）的父母家。他獲得布蘭尼夫國際航空公司（Braniff International Airways）錄取，開始擔任空服員。

比爾：我從一九七七年五月開始在布蘭尼夫航空工作，想不到吧，公司安排了飛往檀香山的培訓航班，中途會停留短短的兩小時。我跟芭芭拉約好在機場見面。

但比爾下飛機之後遍尋不著芭芭拉。

比爾：我用公共電話打去她的公寓，沒人在家。我有點驚慌，就在檀香山機場裡走來走去，還跟幾個空服員同事去喝了一杯。我在預計起飛的十五分鐘前回到登機門，一抬起頭，芭芭拉就在我眼前。

兩人之前不知怎麼的錯過了。芭芭拉為了找比爾，在航站裡繞來繞去找了一個多小時。

比爾：我們聊了幾分鐘，然後我就得走了。她緊緊抱了我一下。就這樣——她擄獲我的心了。

兩人頻繁通信。[32]芭芭拉工作時會利用休息時間很快寫封短信，使用的信紙標頭印著「王后醫學中心病程紀錄表」（Queen's Medical Center Patient Progress Notes）。比爾寫信時則常使用堪薩斯市（Kansas City）華美達商務旅館（Ramada Inn）、達拉斯「敦菲皇家馬車汽車旅館」（Dunfey's Royal Coach Motor Inn）等各家旅館提供的筆和信箋。他們會在信裡討論讀過的書如：《瓦特希普高原》（*Watership Down*）、《論死亡與臨終》（*On Death and Dying*）和《比賽，從心開始》（*The Inner Game of Tennis*），也會在信裡聊自己的室友、工作和騎單車經驗。他們常常討論上帝和宗教，有時也會探究比較深奧的問題。在一九七七年夏天寫的一封信裡，比爾提起自己讀到一篇討論其他星球是否可能有生命的《新聞週刊》（*Newsweek*）封面故事：「我們向一個距地球約兩萬四千光年的星團發送訊號，可能會在四萬八千年後收到回覆——前提是那裡有生命。作者是這麼認為的：『那些在第二代或第三代恆星上活動、更加古老的文明擁有的科技無比先進，地球人看到會覺得與魔法無異』……你覺得呢，芭兒？」

那年秋天，比爾去找芭芭拉好幾次，每次都會待上數天。兩人在可負擔的範圍內，盡可能常常通電話。比爾在十二月飛往檀香山度假。

比爾：我在布蘭尼夫航空工作半年了，享有七天特休假跟完整的搭機優惠。我飛到夏威夷跟芭芭拉共度一週。

芭芭拉：比爾是在十二月十六號那天求婚。

比爾：那是我要離開的前一天，那天晚上我們先出門吃了晚餐。等到十六號是因為那天是我的生日，我想說要是在過生日當天求婚，她捨不得讓壽星難過，就一定會答應。

芭芭拉：那時候我剛洗完澡走出來，身上套一件舊浴袍，頭上還包一條毛巾。比爾單膝跪地，然後一切就發生了，當下的場景還真是奇妙。我告訴他：「你知道嗎，要是你沒有開口，就換我開口跟你求婚了。」

比爾和芭芭拉在一九七八年六月十七日步上紅毯，與他們在單車遊美行起點里茲波特偶然打照面的那一天相隔差不多兩年。婚禮在羅斯堡的女方家舉行，前來觀禮的賓客不多。

芭芭拉：婚禮儀式就在我家後院舉行，主持的牧師來自我從小就去的教會。

比爾：大約有三十五位賓客。

芭芭拉：那時候還不流行把婚禮辦得很鋪張盛大，我們吃了一點沙拉，當然還吃了蛋糕。

比爾：還有半桶啤酒。

芭芭拉：我小時候最好的朋友演奏和弦齊特（autoharp），唱起〈你往哪裡去〉（Whither Thou Goest）。跟我們家隔幾個街區的鄰居荷馬和貝蒂・奧夫（Homer and Betty Oft）不請自來，他們很古怪，有點瘋瘋顛顛的，這對「奧客夫婦」剛好姓「奧夫」，真的是實至名歸。

比爾：那天天氣很好，很棒的一場婚禮。

芭芭拉：確實是很棒的一場婚禮。

兩人婚後搬到達拉斯，芭芭拉找到護理師的工作，比爾繼續當空服員。他們經濟並不寬裕，但覺得生活應有盡有，過得很幸福快樂。他們的婚姻幸福美滿，讓夫妻關係失和的親朋好友看了不僅欽羨，或許還有一點嫉恨。比爾和芭芭拉似乎從不吵架。有時意見不合或為了家務事起口角，兩人都能很快和好，不至於大吼大叫。他們的兒子艾瑞克（Erik）在一九八〇年出生。

小家庭面臨經濟壓力，有時兩人手頭都很拮据。一九八二年五月十二日在達拉斯／沃斯堡國際機場（Dallas/Fort Worth International Airport），比爾坐在停機坪上的一架飛機裡，準備當天第四趟出勤。

比爾：那天早上我先飛華盛頓特區，再到曼菲斯，然後回到達拉斯。我們本來應該在堪薩斯市短暫停留，但是當地有大雷雨，要從達拉斯起飛的班機陸續取消。然後，所有班機突然全都取消了。

布蘭尼夫國際航空公司申請破產。

比爾：當時我們還在坐滿的飛機上，就停在登機門旁，機上乘客還毫不知情。布蘭尼夫航空就這樣沒了，但我們從沒接到公司正式通知。我忘了事情發生的先後，但大家不知怎麼的開始弄懂是怎麼一回事。乘客下了飛機。我走後側通往停機坪的登機梯下了飛機，沒有再回航廈，而是走出來開車。我得開車回家告訴芭芭拉，她那時懷孕七個月。

六月，他們的女兒凱莉（Kelly）出生。

比爾：那段時期真的是我們的噩夢，存款一度減少到只剩兩百美金。我四處奔走，想作點小生意。夏天替人修剪維護草坪，接一些園藝工程，秋冬就幫人打掃煙囪，我就這樣做了十年。凱莉出生之後不久，芭芭拉就繼續當護理師。我們撐過來了。

薩索全家都喜歡達拉斯，他們住在城市東北隅的一間小房子。兩個孩子很快樂，生活豐富充實，也交了很棒的朋友。比爾和芭芭拉都喜歡達拉斯的多元種族和族群文化。在艾瑞克和凱莉兄妹唸的公立學校，白人孩子是少數，許多同學來自拉丁美洲或東南亞移民家庭。薩索家很常去餐廳吃墨西哥料理，也很享受大城市的豐富文化氛圍。但比爾跟芭芭拉鍾愛廣闊的大自然，渴望能過比較不同的生活。

芭芭拉：我們希望孩子可以在鄉村生活。我們想要他們親近大自然，可以種花種樹、登山健行和划獨木舟。我們家女兒才十歲，已經開始會說「媽咪，我想要最高貴的衣服」之類的話。我們當然沒辦法買最高貴的衣服給她，我們沒有那種財力。而且我真的很想念高山，想念得不得了。

比爾和芭芭拉有一些朋友住在蒙大拿州西南部的拉瓦利郡（Ravalli County）。他們得知朋友家附近有一塊十四英畝的土地要出售，土地位在一處風景優美的山谷，周圍遍布森林，鄰近聳立著比特魯特山（Bitterroot Mountains）。他們專程出門一趟去看地。

比爾：那時正是隆冬，地上全是積雪。放眼望去一片蕭瑟荒涼，但是好美。

薩索家於一九九二年移居蒙大拿州。房子蓋好之前，他們前去密蘇拉和比爾的姊姊瑪潔一起住了九個月。房子是兩層的木造樓房，裝了雪松木護牆板，前後都有門廊。

芭芭拉：我們的房子占地兩英畝，剩下十二英畝就留給動物住。

薩索家的房子坐落在比特魯特河（Bitterroot River）其中一個河彎附近約零點三英里處，這一帶從前是原住民族比特魯特薩利希族（Bitterroot Salish，或稱平頭族〔Flathead〕）的領土。路易斯與克拉克遠征隊（Lewis and Clark's expedition）於一八〇五年九月九日經過這處河彎時，梅里韋瑟．路易斯（Meriwether Lewis）於日記中記錄：「寬約百碼的優美河流，提供相當大量的乾淨用水。」河流中有水獺和數種不同的鱒魚棲息，周圍土地是鹿群、加拿大馬鹿（elk）、美洲黑熊和山獅的家園。白頭海鵰飛掠半空，禿鷲群停棲在樹上，地面上若有動物死亡，牠們就會飛下來開始工作，將遺體吞吃一空，連一根骨頭都不留下。比爾跟芭芭拉在這片荒野找到了他們想要的生活。但剛搬到蒙大拿州那幾年，他們也面對諸多挑戰。

芭芭拉：我們搬家時什麼都拋下了，搬來之後一切都得重新開始。我是護理師，可以很快就找到新工作，但是比爾有好幾年找不到工作，對我們來說是個考驗。

比爾：我在廣播電台工作了一陣子，接著花了快一年想要經營生意，但沒有成功。後來有兩個工作可選，去一家很小的太陽能公司或去健身房。我最後選了健身房，在那裡工作了十年。後來我到密蘇拉商會擔任會員事務主任，這份工作就像為我量身打造。

對比爾和芭芭拉來說，時間有時似乎轉瞬即逝，數十年一晃眼就過了。多年來，他們在自家土地種下七十多棵樹，看著這些樹逐漸長高。他們也將孩子拉拔長大，看著他們結婚成家，夫妻倆更升格成了祖父母。二〇〇〇年代初期，凱莉準備步入禮堂，她的姑姑瑪潔在婚禮舉行前不久將她拉到一旁私下談話。瑪潔只是想要確定，凱莉不會對婚姻抱著不切實際的期待。她知不知道維持婚姻很辛苦，而大多數夫婦並不像她的父母是天作之合，婚後過得如此幸福美滿？

比爾和芭芭拉盡可能在財力許可之下外出旅遊，他們也盡量多花時間在戶外活動，一起游泳、划獨木舟、爬山和探索大自然。當然還有騎單車。他們還住在達拉斯時，曾到德州的威契托瀑布市（Wichita Falls）參加一年一度的「炎夏煉獄百哩單車賽」（Hotter'N Hell Hundred）。比爾多年來常參加鐵人三項比賽，騎行路程多達數千英里。

二〇一八年是兩人結婚四十週年，比爾和芭芭拉決定再次騎單車橫越美國以茲紀念。

芭芭拉：用這種方式紀念似乎再完美不過。

五十九天的「美國南部」（Southern Tier）單車行起點是聖地牙哥（San Diego），終點是佛羅里達州的聖奧古斯丁（Saint Augustine），理論上會比「獨立兩百週年單車遊美行」輕鬆一些。活動主辦單位「自行車冒險協會」（Adventure Cycling Association）是從「獨立兩百週年單車遊美行」活動發展出來的，共有五萬名會員，創辦人正是賽普夫婦葛瑞格和茱恩，以及柏頓夫婦丹和莉絲。美國南部路線總長三千一百英里（約四千九百八十九公里），比一九七六年的單車遊美行路線少了一千多英里。四十二年前，比爾和芭芭拉沿途自己扛裝備；這次則由附拖車的補給車將車友的行李載送到各個住宿點。行程中大多數日子，他們都在營地過夜，但偶爾也會下榻旅館——全都比多年前夏天那趟遊美行住的單車旅店豪華多了。不過薩索夫婦已經六十多歲了。

芭芭拉：在西部山區爬坡會覺得全身虛脫無力，我其實真的很想放棄。我們擔心行程中會受傷，還預先買了保險。我開始想說：「要是我跌倒摔斷鎖骨，我們就能申請保險理賠，這趟行程就可以結束了。」等上路兩週之後，我終於有進入狀況的感覺：「噢，我騎得完。」

美國南部路線行經亞利桑那沙漠（Arizona desert）、德州的丘陵地和路易斯安那州水流緩慢的河溪沼澤（bayou），沿途的景觀和聲景與單車遊美行沿途所見所聞迥然相異。一九七六年的單車遊美行主要走的是行經小鎮的鄉間道路，但二〇一八年這趟行程沿途的氛圍完全不同。

芭芭拉：現在美國也有醜陋的一面，當然在路上就能看到。

比爾：我們沿路看到好多川普（Trump）的「讓美國再次偉大」（Make America Great Again）標語。

芭芭拉：我不覺得有什麼好自鳴得意，不過要是看到誰家草坪上有川普的旗幟，我會很快下定論：這些人要不是很蠢，就是眼中只有仇恨，也可能兩者皆是。

比爾：一九七六年那時候，我們是真的為國家感到自豪，那是愛國精神爆發的一年。至於現在大家講的愛國——在我看來，根本不是愛國。現在我們絕不會在屋外掛美國國旗，它的象徵意義已經被這個國家裡的一些人事物取代，而我們根本不想和那些人事物有牽扯。

芭芭拉：在蒙大拿州這邊會看到一些裝著槍架的皮卡車，車上插著兩面國旗，後保險桿貼著川普頭像貼紙。比爾有時還是會騎單車到處逛，在路上遇到這些大貨車時有過幾次不愉快的經驗。

比爾：這些貨車開過去時，會對著你的臉排廢氣。我聽說他們的車子有一個專門啟動這個功能的按鈕，我不知道是不是真的——但顯然他們是故意對著別人排廢氣。

芭芭拉：我知道這個國家有良善的一面，在很多人身上都可以看到。對我來說，那才是美國真正的面貌，但現在已經很難見到了。那才是美國需要找回來的。

在一九七六年單車遊美行活動中結識而相戀相守的，不只比爾和芭芭拉這一對，還有另外幾對夫婦。遊美行活動中，有不少參加者談起戀愛。

比爾：我知道那趟行程中湊成了幾對，有幾對情投意合、打得火熱。

芭芭拉：你那時候完全沒有察覺。

比爾：是真的。我很後來才發現，我們這組裡有兩名成員湊成一對，整趟橫越美國的行程都在一起。我猜他們有時候會瞞著人家幽會，他們在活動結束之後還試著維繫戀情。

芭芭拉：沒有維持很久。

比爾：我記得只維持了一週。

一九七六年七月曾有一天，芭芭拉所屬的旅舍組從密蘇拉出發，騎了七十五英里到蒙大拿州的達比（Darby）。芭芭拉當天也和往常一樣跟萊斯莉．貝彼一起騎，大約騎了三分之一路程時，她們在路邊停下，欣賞眼前令人屏息的絕景。她們當時在東側公路（Eastside Highway），這條雙車道公路居高臨下，向西眺望就能將如詩如畫的群山和谷地美景盡收眼底。

芭芭拉：我還記得自己停在山丘丘頂放眼望去，心裡想著：「哇，這裡好美。」那裡就是我們現在住的地方。

薩索家距離東側公路只有數步之遙，比爾和芭芭拉建造家園的地點與芭芭拉多年前在路旁停車之處相距不過咫尺。

受到新冠肺炎疫情影響，他們這幾年比較常待在家裡。新冠病毒全球大流行頭一年，他們幾乎不曾離家半步。艾瑞克夫婦住在相距僅二十三英里的密蘇拉；凱莉與丈夫和兩個孩子跟薩索家住在同一條路上，兩家相距六英里。芭芭拉的母親也住在密蘇拉。但在長達數月的疫情期間，芭芭拉和比爾慢慢習慣用Zoom軟體開視訊聯絡親朋好友。

芭芭拉：我們真的不想跟任何人碰面，只想將心力放在保護自己和親愛的家人朋友。我們很幸運，因為我們很喜歡有對方作伴。我們會玩桌遊，比爾也會看書。

比爾：我父親以前常說：「我早上起床時覺得無事可做，到了要睡覺時，可做的事卻連一半都還沒忙完。」

芭芭拉：我們家有十四英畝的地，不用離開家園就能散步散很久。

比爾：這裡的風景你永遠也不會看膩。

芭芭拉：聽起來很老套，但黃昏時的景色最美。

比爾：看著落日餘暉照耀下，漫天紅霞燦爛奪目，太陽西沉山頭的景緻美得不可思議。美國很多地方我們都走遍看遍了，我敢說全國找不出其他更讓我們想蓋房子定居的地方。

房子裡充滿兩人生活的點點滴滴。

比爾：這棟屋子裡有滿滿的愛，也裝滿很多有的沒的。

很多美國人家裡都有過往人生遺留下來的零碎物件，無論珍貴寶貝或無用廢物，最終都會淪落為車庫的雜物堆。在薩索家的車庫裡，有汽油桶、園藝用具、各種工具、防水布、一袋袋肥料和碎炭壓製成形的炭塊。車庫後側牆面上用圖釘釘了一大張美國地圖，和一個帕卡洛洛（Pakalolo）咖啡公司的粗麻袋，是芭芭拉先前在夏威夷生活留下的紀念品。牆上還有一張平克．佛洛伊德樂團（Pink Floyd）的海報，和一張標出〈通往天堂的階梯〉（Stairway to Heaven）歌詞的齊柏林飛船（Led Zeppelin）海報（「當我們在蜿蜒的道路上前行／靈魂埋沒在拉得長長的暗影……」），外套掛鉤附近還掛著比爾從前戴的自行車帽，當年芭芭拉在里茲波特就是被這頂白色車帽吸引了目光。

車庫裡也有單車——總共九輛，全都掛在嵌於天花板的掛鈎上。有三輛登山車，還有數輛比爾參加鐵人三項時騎的三鐵車（triathlon bike）（比爾稱它們為「快車」和「超快車」）。還有兩輛富士長途旅行單車（touring bicycle），是薩索夫婦為了結婚四十週年「美國南部」單車行購入的「情侶車」，一輛要七百二十五美金。

比爾：在單車遊美行那個年代，這差不多是市面上最頂級單車的價格了。現在這年頭，買一輛單車可能花到數千美金。

車庫天花板還吊掛著另外兩輛單車：一輛黃色的「富士S10-S」，和一輛黑色的「Sekai 2500」，比爾．薩索和芭芭拉．布勒希兩人於一九七六年夏天就是騎這兩輛車橫越美國。

比爾：我們好幾年沒騎這兩台車了。以前有一陣子，我會騎我那輛參加鐵人三項，但那輛其實不是三鐵車，比較適合長途旅行。

芭芭拉：我們很可能再也不會騎那兩台車，但我想我們肯定會一直留著它們。

比爾：你知道嗎，這兩台都可以放進博物館收藏了。不過我敢打賭，要是稍微修理保養一下，還是可以騎上路。他們說要是好好保養，一輛單車可以騎一百年。

第十二章

馱獸

大批人力車在孟加拉首都達卡（Dhaka）街道上擠得水洩不通，二〇〇七年。

我人在達卡，也就是說我塞在車陣裡。這段敘述或許倒過來講會比較精準：我塞在車陣裡，因此我人在達卡。如果你曾在孟加拉首都待過一段時間，就會開始對「交通」兩字改觀，並為這個字詞賦予全新定義。在其他城市，道路上會有各種車輛和行人；有時候車多擁擠，就發生交通壅塞。達卡的情況不同。達卡的交通可說面臨生死關頭，持續且普遍的混亂狀態已經成為此地交通的綱領原則。交通就是達卡的天候，是籠罩其上永不消散的風暴。

達卡人會告訴你，其他國家的人都不懂交通，無論孟買（Mumbai）、開羅、拉哥斯（Lagos）或洛杉磯最嚴重的大塞車，在達卡的駕駛人眼中都是車流順暢。這番主張有相關數據可以佐證。根據經濟學人智庫（Economist Intelligence Unit）發布的年度生活品質調查報告「全球宜居指數」（Global Liveability Index），達卡在全球一百四十個城市中排名倒數甚至敬陪末座，其基礎建設評分在調查報告中則連續十年墊底。[1]

在達卡居住的人口數接近兩千兩百萬。但在如此龐大的城市，人車往來通行必備的便利設施和法治皆付之闕如。市內鋪築道路的面積僅占全市土地的百分之七。（在十九世紀都市計畫模範生如巴黎和巴塞隆納，道路占全市土地面積比例是百分之三十。）達卡的人行道少之又少，既有人行道往往也難以通行，除了有攤販占用，還有大批貧困國民在路邊搭起棚子以街為家。行人被迫行走在馬路上與車爭道，讓原本就擁擠不堪的道路更加水洩不通。整個達卡僅有六十座紅綠燈，它們大致上算是裝飾——幾乎沒有任何駕駛人會注意號誌。十字路口由交通警察指揮，而他們漫不經心打著手勢，像是手舞舞者有一搭沒一搭地按表操課。

交通壅塞基本上是密度問題，太多人想要從太小的空間擠過時，就會發生堵塞。人口稠密就是孟加拉的沉痾痼疾。孟加拉的人口密度在全世界排名第十二，全國約有一億六千四百萬人，是人口密度最高的國家或地區中人口數最多者。（其他人口密度較高的國家或地區多為小而富裕的城市國家或島國，例如澳門、摩納哥、新加坡、巴林〔Bahrain〕、直布羅陀〔Gibraltar〕、香港、梵蒂岡〔Vatican City〕等。）換個說法或許更能了解孟加拉人口稠密的程度：孟加拉的國土面積是俄羅斯的一百一十八分之一，人口卻比俄羅斯多出兩千萬。

孟加拉的人口稠密問題在首都達卡更形放大——部分原因在於，達卡實質上就是孟加拉。孟加拉全國的政府機關、公司商辦、醫療和教育機構都集中在達卡，各行各業大多數職缺也不例外。孟加拉之所以陷入這樣的困境，世界強權和地緣政治角力也脫不了連帶責任。由於海平面上升，孟加拉沿海陸地和恆河（Ganges River）三角洲受到嚴重侵蝕，大批難民自孟加拉鄉村湧入達卡的貧民窟。大量排放的溫室氣體造成氣候變遷，而孟加拉的排放量僅占全球的百分之〇．三，但這樣的事實屬於學術討論的範疇。最應該為全球氣候變遷負責的國家，例如美國和中國，眼見一場極為嚴重的氣候難民危機發生卻幾乎無動於衷。每年都有四十萬人遷移到達卡，難民潮一波接著一波湧入早已擁擠不堪的首都。[2]

搬到達卡的新住民會發現，自己身處一個集各種矛盾和極端於大成的城市。達卡生意盎然，製造業發展蓬勃，中產階級持續成長，學術和文化活動昌盛，但這股活力卻被苦難和惡政磨折殆盡：人民陷入貧窮，汙染和疫病肆虐，犯罪與暴力橫行，市政機關貪腐無能。至於中央政府層級，執政的孟加拉人民聯盟黨（Awami League）和主要反對黨孟加拉民族主義黨（Bangladesh Nationalist Party；BNP）陷入贏者全拿的零和戰爭，政治評論家認為在兩黨對立之下，孟加拉選民投票時只有威權主義或極端主義可選。[3]達卡因氣候變遷而受苦受難，更一步步邁向衰微凋敝。美國研究團隊於二〇二一年發表在《美國國家科學院院刊》（*Proceedings of the National Academy of Sciences*）的論文指出，「由於氣候變遷和都市熱島效應造成的極端高溫」，達卡成為全世界受影響最為嚴重的城市。[4]

然而達卡之所以成為最具代表性的二十一世紀失能癱瘓城市，卻是因為該市的交通。達卡因交通問題而成為一個超現實之地，這個市鎮同時處於狂亂和癱瘓狀態，日常生活的步調也大幅變調。二〇一五年，達卡一家報紙刊出報導，標題為「塞車時可做的五件事」[5]，文中建議的活動包括「和朋友聊天分享近況」、閱讀和寫日記。

我在達卡－邁門辛公路（Dhaka-Mymensingh Highway）上開始寫日記，這條公路從沙阿賈拉勒國際機場（Hazrat Shahjalal International Airport）向南延伸至達卡市中心。如果上網搜尋這個路段，你會看到一個名為「通往地獄的機場路」（Highway to Hell, Airport Road）的臉書專頁。網友分享的照片揭露了地獄的本質，從空照圖可以看到八線道公路上滿滿都是以奇怪角度斜插搶道的車輛。

這些照片讓我有了心理準備，先有最壞的打算。然而在飛往達卡的班機上，我聽說達卡市區的交通將會異常順暢。孟加拉的「政治罷工」（hartal）已持續數週，全國各地大罷工並發起「封路」抗議。這場「政治罷工」是由在野的孟加拉民族主義黨為了抗議主政的孟加拉人民聯盟黨而發起，支持者上街示威，也爆發零星的暴力衝突，居民不得不深居簡出，造成首都運作停擺。全國大罷工達成了看似不可能的任務：讓壅塞不通的達卡道路變得通暢無阻。班機上一位孟加拉乘客如此解說。「達卡的車流要嘛很可怕，要嘛真的很可怕，」他說，「但是遇上政治罷工，路上幾乎沒有車流。這時候的車流還可以。」

很可怕的車流，真的很可怕的交通，幾乎沒有車流，還可以的車流。只要在達卡待上數分鐘，就知道這些用詞一點都不科學。下飛機後，我搭上一輛計程車，車子離開機場駛入圓環，準備開上通往市中心的公路。公路上無疑車水馬龍：一眼望去全是汽車和卡車，車輛密密麻麻、參差錯落的排列方式與柏油路上標線之間的關聯令人費解。計程車好不容易擠進車陣，開始龜速前進。

車陣向南行進了二十秒鐘，然後停住。有數分鐘，我們停滯不動。然後基於某種神祕的緣故，車子再次龜速前進。偶爾車流會變得相當順暢，有時車子可以加快到時速十五英里。但車速不久後又逐漸減緩，最後車陣陷入停滯。我在美國的州際公路也遇過這種走走停停的情況——就是那種車潮看不到盡頭、公路變成大型停車場的狀況，這時還會聽到廣播裡路況播報員播報得鉅細靡遺，在直升機旋翼轉動的轟隆聲響背景音中，聲嘶力竭提醒駕駛人注意貨櫃車失控、拖車頭與拖架呈V字形橫擺的事故。但這裡並未發生交通事故。這只是一種高深莫測、頑強不屈的現象，而達卡所有人都會用一個單音節英文字來形容：「jam」（「塞車」）。

事實上，跟達卡其他地方相比，「機場路」（Airport Road）的塞車情況可能是最輕微的。這條道路是全國其中一條規畫最為縝密、維護得也最好的公路，沿途連接的交流道和高架道路有助紓解車流。等駛離公路進入市區，迎面而來的就是達卡鋪天蓋地的喧囂混亂。

達卡的市區公車仍是倫敦那種一九七〇年代老古董雙層巴士，震顫哆嗦行駛途中不斷噴吐黑煙廢氣，看起來隨時可能呼哧吐出最後一口氣，之後就轟然倒地不起。也有私人客運公司的巴士，但車廂內擠到難以容身，乘客被迫朝外發展，或攀附在開放的車門口，或將上半身探出車窗。路上還有許多「嘟嘟車」或達卡人所謂「CNG」跑來跑去，這種三輪機動車輛以壓縮天然氣（compressed natural gas）作為燃料。這種嘟嘟車或三輪計程車在亞洲多國市區很常見，基本上是裝著三個車輪的小型金屬箱，內部分成兩個更小的隔間，分別供司機和乘客乘坐，乘客的隔間稍大，但空間還是相當侷促。嘟嘟車漆成類似樹林的綠色，幾乎全都骯髒破爛，在路上行駛時會發出很多惱人的聲響，活像狺狺狂吠的垃圾場犬隻。這種小型機動車輛惡劣難纏，是高爾夫球車的野蠻表親。

我看著計程車司機左繞右插巧妙穿過車陣，展現的高超技術令人嘆為觀止，明顯具備在地風格。達卡駕駛人的攻擊性可能是全球第一。他們的駕駛技術也可能是全球數一數二，前提是你對駕駛技術高超的定義寬鬆，能夠接受達卡駕駛人必備特質：無視法規。小說家卡齊・阿尼斯・艾哈邁德（K. Anis Ahmed）以記述達卡的日常生活著稱，他如此描繪當地駕駛人的招術伎倆：

> 只要出現一丁點可通行的空間，立刻強塞硬擠務求卡位，變換車道超車、跨越兩車道行駛、闖紅燈、抄捷徑走路肩，不打方向燈直接轉入單行道，動輒朝非機動車輛猛閃大燈，開上人行道擺出要輾過攤販和行人的狠樣，對低薪交警的比畫指揮視若無睹……同時以震耳欲聾、沒完沒了、粗蠻愚蠢的喇叭聲試圖蓋過路上所有競爭者的抗議聲。[6]

關於達卡之名的由來，有一說是源自敲響時會發出咔噠聲的「dhak」大鼓。置身達卡，你的聽覺神經就會接收到貨真價實、震耳欲聾的城市噪音。相關研究指出，達卡平日的街頭噪音遠遠超過七十分貝，而七十分貝已是世界衛生組織（World Health Organization）認定的「極端值」。[7]交通是達卡無止無休的背景音樂，一首結合了轟隆引擎聲、刺耳喇叭聲和駕駛人咆哮聲的主題曲。達卡駕駛人最常掛在嘴上的或許是孟加拉語字詞「aste」。「As-tay，as-tay，as-tay！」他們口中吼叫著，同時壓響喇叭、揮舞拳頭，腳踩著油門龜速前進。這個字大致可以翻譯成：「慢一點。」

達卡有一種交通工具或許可以算是「慢一點」，也就是三輪腳踏人力車，至少從這個城市冷酷無情的標準來看是這樣。達卡有「世界人力車之都」之稱，這個名號很可能算是名副其實，但是相關細節含混模糊，讓人難以一窺全貌。達卡約有八萬輛有執照的人力車[8]，但市區路上大多數人力車都並未向政府登記。合法加上遊走法律邊緣的人力車數量保守估計約有三十萬；孟加拉勞動研究院（Institute of Labour Studies）於二〇一九年進行的研究則估計達卡大約有一百一十萬輛人力車。[9]社會學家羅伯・蓋勒格（Rob Gallagher）以專書《孟加拉人力車》（*The Rickshaws of Bangladesh*）[10]全面探討人力車相關的難題，書中引用了一則印度寓言，國王詢問顧問大臣要如何計算皇城內總共有多少隻烏鴉，大臣回答：「陛下，剛好九十九萬九千九百九十九隻。」大臣解釋說如果有人清點烏鴉數量，發現不到九十九萬九千九百九十九隻——那就表示剛剛飛走了幾隻烏鴉。反過來說，如果數出來超過九十九萬九千九百九十九，原因顯而易見：多出來那幾隻烏鴉是從城外飛進來的。

達卡有無數人力車，換言之，要計算出總數是不可能的任務。如果要擴大計算人力車產業的從業人員人數，各種相關產業的工作者就遠超過九十九萬九千九百九十九，那麼要處理的就是天文數字。（根據孟加拉勞動研究院的報告，達卡約有三百萬市民依靠人力車相關產業維持生計。[11]）有孟加拉語中稱為「rickshawallah」的人力車夫負責踩踏板載客，有工匠負責打造、修理和裝飾人力車。路邊有人力車技師和輪胎修理匠，還有為人力車夫供應便宜餐食和加糖茶水的路邊攤。還有大批經手金流或其他業務的中間人，有車行老闆負責出租人力車跟管理車庫，在產業「食物鏈」的不同層級則各有低階政客、警官和其他官員抽佣分潤、收受賄賂或保護費。

簡而言之，達卡的人力車生意規模龐大，而且極為重要。人力車是達卡目前最受歡迎的大眾運輸工具，市內幾乎所有人都會使用這項服務，只有兩種人不會搭人力車，非常有錢的人，以及包括人力車夫在內的窮苦人家。蓋勒格於一九九二年估計，全達卡的人力車每天載客約七百萬趟次，載客距離高達一千一百萬英里。他指出載客趟次和里程總數「是倫敦地鐵的近兩倍之多」。[12]達卡人口在此後數十年間增加至原本的近三倍，而相關統計數字必然水漲船高。

但只看數字無法體會人力車是如何主宰達卡市景。人力車無所不在——幾乎無時無刻不會看到、聽到；即使在視線範圍內沒有人力車的時候，仍然可以聽到腳踏車鈴響蓋過市區的嘈雜喧鬧，宛如鳴禽的發狂鳴叫。數不清的人力車穿梭在擁擠大街小巷川流不息，與機動車輛並駕齊驅、搶路爭道。關於人力車在達卡交通危機中的角色以及造成影響的程度，各方爭議不斷，但沒有人否認人力車的經典地位，它們是公認的孟加拉的象徵。人力車是無法變速的簡單機器，有一個前輪，兩個後輪則是利用裝設於後側副車架下方的鏈條傳動系統帶動。給乘客坐的隔間非常陽春：只有有坐墊的椅座、活動式遮篷跟擱腳板。然而人力車的車架五彩繽紛、裝飾華麗，儼然高貴的女王座車。

達卡還有另一種載貨用的人力車，當地人稱為「人力貨車」（rickshaw van）。人力貨車是加裝大塊拖板的三輪車，木頭拖板上什麼都可以堆疊成山載運，舉凡金屬管、竹竿、西瓜、大捆布疋、成箱雞蛋、桶裝瓦斯、水罐、垃圾和活體動物都能載送，甚至能載成群學童上下課，以及送零工工人去工地。達卡的運作倚賴人力車程度之深，即使說達卡就是由腳踏的力量來推動也不為過。任何在達卡從甲地到乙地的運送需求，無論是乘客如一名大學生，或是貨品如十二袋兩百磅裝的米，通常就會看到一名男子駝著背伏在人力車車手把上，雙腳奮力踩著踏板穿梭於壅塞車陣，將乘客或貨品順利送達目的地。

單車是一頭馱獸。自從單車問世，使用者就會在單車上堆滿東西後載送到各處。在德萊斯一八一七年的原始設計中，「滑跑機器」後側裝設了「行李板」，還有配件可供佩掛類似馱馬馬背上的那種側掛包。[13]之後數年，根據德萊斯「滑跑機器」所衍生變化出的各種二輪機器皆有類似的貨架設計，而此後兩百年所製造的單車幾乎都有相同設計。[14]單車可以裝設前貨架、後貨架和座管固定式貨架（beam rack），有置物箱、置物籃、側掛包和座墊包（saddlebag），有橫式跟直式載物拖架，有和車架相連的拖車和邊車（sidecar），有吊掛於車手把或裝在後側的大旅行袋，還有載小朋友用的兒童座椅以及小車式或平台式親子拖車。當然還有許多種特別設計成可運送貨物的單車，例如「載貨單車」（cycle truck）、「運貨自行車」（porteur）和「長型載貨單車」（Long John bicycle），以及其他車架、傳動系統和兩輪軸距設計成可載重的單車。從工程學的角度來看，單車有一點很令人驚奇，只要能將貨物固定好並保持平衡，即使是最纖細的傳統單車，也載得動重量是車身重量數倍的貨物。單車的設計就是很適合載重。

過往的歷史展現了這個原則。一九六七年二月二日，美國參議院外交委員會（Senate Foreign Relations Committee）召開一場關於美國在越南介入情形的特別聽證會，召集人是阿肯色州（Arkansas）參議員威廉·傅爾布萊特（William Fulbright）。聽證會上眾所矚目的證人是《紐約時報》助理執行主編哈里森·索爾茲伯里（Harrison Salisbury），當時他人剛從河內（Hanoi）返回美國。美軍在越南陷入苦戰已經不是祕密，但索爾茲伯里的證詞讓委員會大感驚愕：他說美軍眼看就要一敗塗地，而且是被單車打敗。[15]

索爾茲伯里告訴在座參議員說，北越軍（North Vietnamese Army）基本上是利用單車沿著胡志明小徑（Ho Chi Minh Trail）從北向南運輸補給彈藥和物資，他們騎的是中國製單速城市自行車，不過已經過越共改造。他們將車手把加寬，在車架上焊接寬大平台，改良避震系統，將單車改造成能夠裝載運輸數百磅貨物的活動棧板。他們還在單車上插滿樹葉以達偽裝效果。北越軍的單車隊以數十輛為一隊，載運的物資量與卡車相同，行動更加靈巧迅捷，更能避人耳目。美軍從低空朝胡志明小徑噴灑橙劑，想讓藏匿在叢林中的北越軍無所遁形，也以炸彈轟炸道路和橋梁。但是單車不像較大型的交通工具，單車行蹤隱密，即使美軍炸燬橋梁，單車也能駛過越共用竹子臨時搭建的狹窄便橋。「我是真的相信，要是沒有單車，北越軍只能退出戰場。」[16]索爾茲伯里告訴外交委員會。傅爾布萊特參議員不敢置信：「為什麼不全力對付他們的單車？」[17]

事實上，早在十九世紀就有軍隊利用單車運輸補給物資，而商業和工業上利用單車運貨的情況則更為普遍。「倫敦的單車送報員大隊即使滿載報紙，在倫敦車水馬龍的街道仍如滑溜鰻魚般靈活迅速穿梭自如，每次見到都令人忍不住嘖嘖稱奇。」[18]一名英國記者於一九〇五年寫道。類似景象在同時代的歐洲和北美各大城市已是家常便飯。這是另一個單車取代馬匹的例子：載貨馬車雖然比單車能載運更多貨物，但是維護成本卻天差地遠，單車成本低廉、容易安放且不用餵食，用於運送報紙這類小批商品可說相當實惠。

在歐洲和美國，載貨單車的全盛時期維持了大約四十年，載貨單車於歐洲的發展則在一九三〇年代達到巔峰。在這段時期，開始出現屠夫專用單車和烘焙師傅專用單車，郵差騎單車送信，送乳員騎單車遞送乳品，水果店和糕點店老闆將單車改裝成行動攤位，磨刀匠和玻璃匠也踩起踏板拖著行動工作坊到處招攬生意。載貨三輪車的出現則為這股風潮推波助瀾，車子多加一輪後，行駛上又更加穩定。騎載貨單車和三輪車需要過人的體力和耐力，從業人士圈子裡則發展出強調大男人陽剛氣息的文化。法國的單車送報員會參加比賽一決高下，以每年舉辦的「送報員繞圈賽」（Critérium des Porteurs de Journaux）為例，參賽者比賽時騎的載貨三輪車「裝載重達四十公斤的碎石」。[19]

載貨用的機動車輛興起之後，載貨單車先是在美國逐漸式微，二戰之後在歐洲也慢慢無人使用。商業文化和商品運銷模式的改變，也加快載貨單車的凋零。但即使在受到機動車輛支配程度最高的地方，還是有些載貨單車得以保留。時至今日，美國大城小鎮的小販仍然騎著載貨三輪車販售冰淇淋、熱狗或其他食物，載貨用的低矮長方形推車是裝在車子的兩個前輪之間。在歐洲北部，尤其荷蘭和北歐的單車聖地，載貨單車仍舊是一般家庭常用的交通工具。

「載貨休閒自行車」（cargo cruiser）在荷蘭和丹麥蔚為風行[20]，這股風潮也在近年席捲美國和西歐城市。載貨休閒自行車可能是兩輪或三輪，兩輪軸距很長，載貨用的置物箱很寬大，不但可以載送各種東西，騎乘者甚至常常用來載小朋友。尤其在美國，騎這種單車代表一種政治上的表態：選擇載貨休閒自行車作為全家的交通工具，代表對汽車文化抱有疑慮，傾向選擇進步的「歐洲」價值觀。這種單車當然也標誌出社會階級。載貨休閒自行車價格昂貴，而且由於體積龐大，顯得有點浮誇賣弄。它們成了地位的象徵，換言之，是居住在設有自行車道的優雅都會社區的「布波族」偏好的車款。載貨單車的歷史是一則仕紳化過程的寓言：從前是體力勞動者騎載貨單車在工業城市運送沉重貨物，如今是知識勞動者在仕紳化區域踩著踏板載送小孩和羽衣甘藍菜。

但這並不是故事的全貌。在地球上其他地方，商業上應用單車載送貨物的規模龐大驚人。在南亞、東亞、非洲和拉丁美洲，每天有數以百萬計的載貨單車和三輪車載送總重達數十億磅的商品和原料。這些載貨車輛的類型和設計各異，可能依循當地習慣就地取材打造，也可能是個人突發奇想即興發揮的作品。上述載貨單車和三輪車的共通點，是能載運非常大量的貨物，這也是它們一向肩負的重大使命。在開發中國家常常可以看到此番景象：在堆到寬度和高度媲美兩層樓房的箱盒、木材、金屬、布料或任何你想得到的龐然貨物堆下方，一個相形渺小的身影孤單地踩著踏板前進。嘆為奇景之餘，也不免瞠目結舌。以一人之力移山，正是人類終日勞苦的永恆寫照。[21]

目前對於運貨單車背後的經濟學，仍有尚待探究釐清之處。在全世界其中幾座最大城市裡，載貨單車顯然與地下經濟有著千絲萬縷的關係，在俗稱的消費商品「最後一哩路」中扮演關鍵連結。但統計數字提供了更宏觀的視野。根據近年的估計，光是在中國就有「四千到六千萬輛工作用三輪車」。[22]這個數量十分驚人，是全世界所有其他載貨交通工具（包括貨車、火車、貨船、貨機）總數的數倍之多。載貨單車的數量之龐大，以及在中國、印度、孟加拉等出口大國的重要地位，顯示我們以為如此簡樸的單車，其實可能在全球商貿體系中扮演不可或缺的要角。在南方國家（Global South）有大批勞動者靠著在街頭騎單車養家活口，如此龐大「單車勞動力」的存在，不僅暴露出在美國和其他國家提出的單車論述有多麼狹隘，更對我們「第一世界」就單車和騎單車活動的老派假設提出質疑。對於達卡、成都、利馬（Lima）、康培拉（Kampala）等地的數百萬人來說，單車代表的是勞動而非休閒，是生計而非「生活風格」或「生活品質」。

根據某些紀錄，最普遍的單車載貨形式是載送乘客。「載客單車大多是形形色色的載客人力車，幾乎可以確定是現存數量最為龐大的工作用單車。」學者彼得．考克斯（Peter Cox）和蘭迪．瑞斯尼基（Randy Rzewnicki）於二〇一五年指出。[23]腳踏人力車在一些非洲國家是重要的大眾運輸工具，而在拉丁美洲和加勒比海地區如祕魯和古巴等國，也仍有大量的人力車。近年來在歐美城市也愈來愈常見到腳踏人力車，大多當成招徠觀光客的新奇交通工具。但亞洲才是人力車的心臟地帶。有些人力車的座位配置類似達卡人的模式，車夫坐前面，乘客坐後面，有些人力車的配置剛好相反，也有些人力車的乘客座位設在駕駛座旁的邊車。這類車子的名稱繁多，諸如腳踏計程車（bikecab、velotaxi）、載客三輪車（pedicab）、人力車（beca、becak）和三輪人力車（trishaw、trisikad）。人力車在馬達加斯加稱為「cyclo-pousse」，在墨西哥稱為「bicitaxi」，在泰國則稱為「三輪車」（samlor）。馬拉威的腳踏計程車稱為「聖卡拉門托」（Sacramento），但嚴格來說不算是人力車，只是後輪上方加裝供乘客跨坐或側坐的座墊的單車，名稱由來則有點諷刺，是借用馬拉威一家以豪華舒適巴士著稱的客運公司之名。英文「rickshaw」源自日文的「人力車」（jinrikisha），這個名稱可說直指核心。所有人力車乘客都必須接受一項事實，就是這種交通工具的運作方式其實相當殘忍，乘客的舒適省力完全是壓榨另一個人的勞力而得，往往還會讓另一個人承受苦痛折磨。

人力車很可能是由日本人於一八六九年發明，最初可能是當成載送不良於行者的輪椅裝置，但後來逐漸成為交通工具。[24]早期的設計很陽春原始：車軸上裝設轎椅、兩個大型木製車輪，再加上供車夫抓握的成對把手，就能在路上拉動行走。後來加上的滾珠軸承、橡膠車輪和其他配件讓人力車的功能有所提升，到了十九世紀晚期，人力車已經成為東亞和印度城市的特色之一。

人力車自問世起即引發爭議。某方面來說，它們代表民主。古代的街道汙穢不堪，只有菁英階級能夠享受由人抬著行經街道的待遇；如今有了人力車，任何人只要付出不高的車資，都能當一回有錢大爺。當然，那種奢華享受的滋味來自人力車夫的勞力付出，即使在階級森嚴的社會如英屬印度（British India）和晚清時期中國，仍有人對於使用人力車感到良心不安。一九三〇年代出現腳踏人力車，車輛的演進為產業帶來變革，人力車夫的辛勞也得以稍微減輕。但拉人力車仍舊有如酷刑。有些評論者認為人權應是最優先的考量，堅持人力車根本不合時宜，是帝國時期和過時階級制度的殘遺，在二十一世紀已無一席之地。

達卡人力車的演變發展則依循歷史時局的大勢：手拉的兩輪人力車於十九世紀晚期傳入達卡，一九三〇年代開始出現腳踏人力車。[25]如今在達卡，爭論人力車問題幾乎跟搭乘人力車一樣是家常便飯。有些人主張在交通壅塞不通的達卡，人力車是最因地制宜的交通工具，而且最為環保。其他人則認為人力車效率不彰，四輛人力車並行時占用的面積等同一輛巴士，但最多只能載送八名乘客。還有歷史悠久的道德問題。當人力車夫是有尊嚴的工作，是達卡最底層人口脫離赤貧的出路嗎？或者是令人失去尊嚴的工作，讓人淪為在破落街道上扛著重擔蹣跚而行的騾子？

屢屢有人提議達卡市應全面禁止人力車[26]，但每次倡議都面臨強力反對。有些為人力車辯護的說法很有意思。研究人員莎娜茲．哈克–海珊（Shahnaz Huq-Hussain）和鄔玫．哈彼巴（Umme Habiba）從平民主義和女性主義的角度探討，她們認為達卡的窮人和中產階級「高度仰賴非機動交通工具」，而且「女性拜人力車的便利、安全和隱私性所賜，得以自由移動」。[27]為人力車辯護的說法多半出於感性。人力車與達卡的歷史和神話密不可分，與達卡人的人生息息相關。在很多人心目中，人力車浪漫旖旎：在腳踏人力車垂落的遮篷之下，曾有無數段愛情萌芽，無數對愛侶偷偷親吻。

達卡人也賦予人力車夫浪漫想像，這一點相當奇特，因為人力車夫其實是一般人深刻憐憫和強烈鄙視的對象。人力車夫全是男性，大多數是移居城市的鄉下人。[28]有些車夫年僅十二歲，這在一個有五百萬童工的國家並不令人驚訝。很多人力車夫在播種季節和收穫季節之間的空檔來到達卡工作，農忙時回到家鄉務農，農閒時再回達卡，周而復始。人力車夫的生活環境通常極度惡劣。他們多半健康狀況不佳，濫用藥物的比例非常高。[29]新冠肺炎疫情爆發後，由於達卡全市封城，搭車乘客銳減，人力車夫幾乎數個月沒有任何收入，陷入更悲慘的境遇。[30]達卡於二〇二一年恢復正常運作，但是人力車夫這一行的競爭變得更為激烈，因為成千上萬在疫情期間失業的孟加拉人湧入首都成為人力車夫。隨便問一名人力車夫這份工作的辛苦之處，他都能一一道來箇中的辛酸苦楚：交通事故、惡劣天氣、汙染、犯罪、警察施暴、收入微薄，還有顧客和行人會對他們惡言相向甚至拳打腳踢，不勝枚舉。

在孟加拉人的想像中，人力車夫是很重要的人物形象——既是英雄，也可憐又可悲，是作家和詩人筆下永遠的主人公，是現成的萬用隱喻。人力車夫之於達卡，就如同碼頭工人和工廠工人之於維多利亞時代的倫敦：他是無產階級的凡夫俗子，是城市生活美夢與噩夢、野心與沉淪的化身。在詩作〈哈菲茲和阿布杜．哈菲茲〉（Hafiz and Abdul Hafiz，1994）[31]中，詩人馬布．塔魯克達（Mahbub Talukdar）將人力車夫描繪成達卡的奧德修斯（Odysseus）：一名命由天定的浪人，什麼地方都去了但也都沒去，永遠困陷於存在主義的交通壅塞。

我拉人力車跑遍達卡，
從薩達加特到納瓦普，再到班薩路和市集廣場……

車輪跟著時間之輪轉呀轉。
時移世易，而我仍留在原地。

穆罕默德．阿布．巴夏（Mohammed Abul Badshah）不是詩人，我想由他來描述當車夫的感受會不太一樣。[32]無論在車陣中塞上多久，巴夏對於留在原地並無怨言。他的煩惱剛好相反：太常移動，路程太遠，在烈日下曬了太久，在暴雨中淋了太久。巴夏自二〇〇八年開始在達卡拉人力車。他曾穿越市區成千上萬次，相信幾乎每條路自己都熟記於心。當他睡著，夢裡會冒出達卡的街道、市景和混亂的交通。他有時半夜會被自己踢醒，因為他睡到一半會伸直兩腳想去踩不存在的踏板。

巴夏開始擔任人力車夫時已經四十四歲。他如今五十多歲，已經是資深前輩，比達卡大部分人力車夫年長數十歲。他說痠痛的肌肉會洩露他的年紀，說他的雙腿比以往任何時候更為強壯，但也更常痠痛乏力。他的小腿肚會抽筋，僵硬的背部活動困難。身體痠痛不適時，他會靠一些伸展動作緩解疼痛。有時候在路上碰到嚴重塞車，其他駕駛人火氣一大，就會有人以粗言穢語辱罵年紀大的巴夏。他有一次在醫學中心外頭和一名年輕人力車夫起衝突，當時有數十名車夫擠在那裡爭先恐後攬客。年輕車夫喊巴夏「老丈人」，這是非常嚴重的侮辱。兩人互相咒罵，最後扭打起來，年輕車夫在年紀大的巴夏右手上咬了一口。巴夏像展示獎盃一樣讓我看那一咬留下的疤痕。「我揍他一拳，又給他一巴掌，」他咧嘴笑著說道，「他才鬆口。」

我第一次見到巴夏是在熱鬧的考蘭市集區（Kawran Bazar），他當時在索拿貢路（Sonargaon Road）

起點圓環處用護欄圍起的一塊很小的三角形區域裡，跟另一批人力車夫一起排隊等生意。人力車夫稱那個地方為「老虎」（the Tigers），因為那裡的高台上立著成年孟加拉虎和幼虎的巨大塑像。八月某日凌晨四點，長二十五英尺的混凝土製大隻老虎塑像從高台跌落，砸到下方一名拉人力貨車的車夫，車夫被壓在地上，當場斃命。意外發生之後數天，相關部門互相怪罪。當地主管機關「達卡城南市政府」（Dhaka South City Corporation）將矛頭指向受政府委託安放塑像的廠商，媒體大作文章，民眾罵聲不斷：有人指控塑像設計和製造不良，政府未能妥善維護，有人批評老虎塑像很難看，跟真老虎一點都不像。該次事件是足以寫進教科書的經典達卡鬧劇，既是悲劇，也是喜歌劇。

不過我是在三月某一天遇到巴夏，前述事件還要再過數個月才會發生。老虎塑像當時完好無缺，我覺得風格有一點浮誇俗麗。它們身上的漆色明亮鮮豔，裂嘴呲牙，卡通風格眼睛看起來瘋瘋的，像是巨大版的廉價民俗藝術小玩意。大熱天裡，成批人力車就在老虎像下方繞來轉去，以或強勢或淡漠的態度爭取優渥一點的車資。

巴夏是淡漠隨緣型的車夫。我第一次看到他時，他坐在人力車的乘客座位上一動也不動，姿態高貴、神情漠然，說他本人就是一尊雕像絕不為過。我雇用來協助採訪的譯者請巴夏載我去達卡老城區（Old Dhaka），兩人展開每趟人力車旅程開始前不可或缺的討價還價儀式，不過是溫和版。造訪達卡的遊客多半沒有意識到車夫期待他們殺價，或者想到要殺價就心生畏怯；但是不殺價是失禮的表現，可能還會被車夫瞧不起，即使他們會是受惠的一方，開價多少就是多少。至於巴夏，他與譯者交涉的姿態帶著儀式感，不時瞇眼望向遠方，似乎在根據某種精密系統計算要開出的新價碼，或許也真的就是如此。兩人商議好價格，我坐進人力車，巴夏向南朝老城區駛去。

那次是我第一次搭巴夏的車，後來我又搭了好多趟。搭車時，我探問他的工作和生活如何。他的語氣三不五時帶著一絲諷刺，眼中則閃現一抹惱怒。顯然我問了蠢問題。如果對話朝向略微感性一點的方向發展，改聊似乎讓他有機會表現出虔敬或自怨自艾的話題，他或許會輕笑一聲，揮揮手雲淡風輕。他對那種事沒興趣。有一天，巴夏將人力車在路旁停下，前去捐款給一群坐在路邊攤位為清真寺募款的伊瑪目（imam）。我問他信什麼宗教，巴夏聳了聳肩。「我是只有週五行禮拜的穆斯林。」他說。

那天早上前往老城區的旅程十分漫長，兩英里長的路嚴重塞車，只能緩緩前進。巴夏先是在索拿貢路、沙赫巴格路（Shahbagh Road）、卡齊．納茲魯爾．伊斯拉姆大道（Kazi Nazrul Islam Avenue）等壅塞的主要道路擇路而行，接著又鑽入左右被五層樓房包夾的狹窄街道。抬頭仰望，會看到天際線被縱橫交錯的電線和曬衣繩切分成片片段段。我們來到達卡老城區了。位於城市核心的老城區歷史悠久，於蒙兀兒帝國（Mughal Empire）時期興起，並在十七世紀初成為帝國轄下孟加拉省（Mughal Bengal）的首府。沿著布里甘加河（Buriganga River）北岸延伸的老城區，如今是錯綜複雜路街巷弄構成的迷宮。城區仍保留中世紀風情：熱鬧喧囂的市集中飄盪著辣椒、魚和生肉的氣味，到處都有人橫衝直撞、大聲吆喝，店面作坊傳出的鏗鏘響聲此起彼落。孟加拉語稱為「tomtom」的馬車行駛於街道上，未繫牽繩的狗、山羊和牛自在晃悠。布里甘加河邊生意繁盛，也更為喧鬧，成千上萬名旅客在薩達加特碼頭上下渡船，這裡是全世界最繁忙的大型河港之一。在達卡，改走水路仍舊免不了「塞船」。

近年來，達卡官方制定法規，禁止非機動車輛進入特定要道。雖然有許多用路人視法律為無物，但總算讓市區內數條車流量最大道路上的人力車數量減少。不過達卡有百分之八十五的道路非常狹窄，根本容不下大型機動車輛進出，於是成了人力車的天下。[33]在迷宮般的老城區裡，不計其數的人力車在比達卡其他地方更加窄仄擁擠的環境爭道搶路。

拉人力車是辛苦差事，是近身肉搏型的運動。在達卡擠得水洩不通的街道上，人力車互相磨刮擦撞；一輛新的人力車出廠時還閃閃發光，上工第一天結束時就會磨損得像快報廢的舊車。車夫們為了避免撞車，發展出各種下衝、陡轉和急煞等動作。但他們也學會故意擠撞，將車輪對準其他車輛輾去以便強行通過。巴夏在車陣中殺出重圍的方法，很像美式足球球員伸直手臂頂開對手的動作：不假思索伸長手臂順暢推開所有障礙，同時兩腿拚命狂踩踏板。我看過他在老城區眾車夾殺之下施展了無數次，他伸長手臂擋掉任何靠太近惹他不悅或擋住前路的人力車。有一次在自蒙兀兒帝國時期即存在的市集廣場（Chawk Bazar）附近某條路上，有一頭母牛無視周圍陷入混亂的人車，懶洋洋橫在路中間，巴夏朝著母牛的臀部和後腿施展了同樣招術。

和其他人力車夫相比，巴夏相當溫和。他幾乎不曾大吼大叫或口出惡言，通常避免與其他人起衝突，不過有時還是會發生，例如醫學中心外頭那次扭打。他如果突然變得很火爆，都表現得高明且專業。有一次在達卡市中心，我們塞車塞到大受挫折，過了好幾分鐘還困在名為花園路（Garden Road）的小巷裡頭動彈不得。最後，塞車情況終於紓解，車陣動了起來，但我們正前方那輛人力車一動也不動。這樣可不行。巴夏向前猛衝，用前輪重重撞了前車的後保險桿好幾次，我坐在車上也跟著震了好幾下。這是同行間的示意方式：一名公會成員提醒另一名成員要上道一點，要動起來。

即使人力車彼此不相撞，搭乘人力車的旅程也絕不輕鬆。在達卡老城區和廣大的貧民窟，道路鋪面品質低下，甚至沒有鋪好的道路。在滿是轍痕的小徑和遍布垃圾和混凝土碎塊的街道上，人力車夫不得不擇路而行。在季風季節，道路淹成湖泊；洪水退去後，又留下數英尺深的泥濘。光踩踏板常常無法產生足夠的動量，人力車夫只能下車抓著車手把拚命拖拉，拉著人力車駛過泥漿，駛上斜坡，或越過路面坑洞和亂石堆。

但即使行駛在無懈可擊的完美道路，對人力車大來說可能依舊艱苦。達卡的人力車先天設計不良，是工程學上的災難。專家的結論是人力車「過於笨重，又不夠堅實牢固，煞車裝置不良，不夠穩定且難以操控，由於無法變速，因此踩起來非常費勁。」在亞洲其他地方，開始出現加裝小型馬達或改為電能驅動的腳踏人力車，有助減輕車夫的辛勞。但達卡還沒有跟上。據說市區曾出現三萬或四萬輛電動「易騎單車」（easy bike）[34]，但騎乘這種單車違反孟加拉高等法院於二〇一五年頒布的一項禁令，因此有關當局將數萬輛車子扣押之後銷毀。二〇二一年六月，孟加拉內政部長阿薩杜澤曼汗（Asaduzzaman Khan）以電動單車「非常危險」且會肇事為由，宣布將通過新法令加強打壓力道。世界人力車之都達卡是捍衛傳統人力車的要塞，卻對所有人力車夫造成嚴重傷害。

巴夏日復一日吃苦耐勞地踩踏板、拉車、下車再上車，靈活身姿令人印象深刻。當他下了人力車，也許是停車到路邊攤喝茶或吃東西，這時他的眼神憂愁，身軀則因疲憊而軟弱無力。但在路上，他整個人精神抖擻、勤快積極。有一回，我們跟著車流快速駛入老城區裡一個小圓環，巴夏猛然轉到外側，接著蛇行變換車道，從兩輛奮力疾馳的人力車之間的狹窄空隙鑽了過去，我們穿過時和左右鄰車相隔不到一英寸。一秒鐘後，他這麼做的理由再清楚不過：一名警察站在圓環正中央，用警棍重重擊打人力車夫驅趕他們前進。我當時肯定失聲驚呼，因為巴夏大笑起來，還回頭看了我一眼。他被我涉世未深的樣子逗笑了。我是美國人，還是記者，而巴夏沒有受過教育，幾乎可以確定不曾踏足孟加拉以外的國家，我理論上應該比他還見多識廣。但是達卡讓我大開眼界。「這個城市很瘋狂，」巴夏說，「這份工作也很瘋狂。」

巴夏出生於從前的東巴基斯坦（East Pakistan）巴里薩爾區（Barisal District）鄉間的小村子，他的父母有一小塊地。他的父親在一間碾米廠工作。一九七一年發生劇變，巴基斯坦軍政府鎮壓孟加拉民族主義者，這次事件引爆孟加拉獨立戰爭（Bangladesh Liberation War），也造成四千萬孟加拉人流離失所，巴夏家也在其中。巴夏家逃到達卡，但這個城市幾乎稱不上是安全的避難所。獨立戰爭中有數次極為殘酷的暴力事件就發生在達卡，其中包括這場戰爭的導火線，即一九七一年三月二十五日達卡大學（Dhaka University）師生遭屠殺事件。但是在人口繁多的達卡安身，還是比手無寸鐵待在人煙稀少的鄉村來得好。穆罕默德·阿布·巴夏跟隨家人來到達卡時才七歲，至今他說孟加拉語時仍帶著家鄉巴里薩爾區的口音。但在達卡數十年的生活歷練，讓他顯得與其他新近來到達卡拉人力車的鄉下人大為不同，或許也是為什麼他面對市區裡的大風大浪總能冷靜從容。孟加拉於一九七一年十二月十六日獨立時，達卡市約有一百萬餘人。巴夏和達卡一起長大，看著達卡從窮鄉僻壤演變成巨型城市，他的內在節拍早在許久以前就與達卡的奇特步調同步。

巴夏七歲搬到達卡之後，不曾再上過學。他開始工作，幫路邊的市場攤位跑腿賺點小錢，有什麼打雜的差事他都搶著做。快二十歲時，巴夏到一家原子筆工廠當流水線作業員，在那裡工作了數年。他二十五歲時與還未滿二十歲的莎娜茲（Shahnaz）結婚，莎娜茲和他是同鄉，不久前才和家人一起搬到達卡。不久後他們生了一個女兒，之後搬到南邊靠海的吉大港市（Chittagong），巴夏靠著擺攤賣衣服養家活口。他不喜歡賣衣服的工作，開始懷念起達卡。五年後，巴夏夫妻又回到首都，這次帶著三個女兒。

巴夏是這時候才開始當人力車夫。他曾有數年騎著載貨單車，以兜售碗盤等陶瓷器皿為生。當小販的經驗很棒，但生意很差。「我學著駕駛人力車，也認了一些路，」巴夏說，「但是賣這些東西賺不了錢。」

巴夏面容英俊，雙眼靈活有神。他的褐髮略顯稀疏，上唇一撮白鬍子修剪得很整齊。當他咧嘴微笑，可以看到他嘴裡少了幾顆牙齒。他通常穿類似紗籠、在腰間打結繫住的傳統服飾「籠吉」（lungi）和一件寬鬆的牛津襯衫。如果要在中午太陽直射時騎人力車，他會在頭上綁一條棉質圍巾防曬。

巴夏和幾乎所有人力車夫一樣瘦骨嶙峋，證明這份工作牽涉的殘酷算式：消耗的卡路里遠遠超過攝取的卡路里。人力車夫賺的錢其實根本不夠他們吃飽，低廉的工資完全不足以支應生活開銷並讓他們保持健康正常的體重。這是在孟加拉很普遍的問題。廣告看板和電視廣告大肆宣傳「增重」保健食品有助提升事業運和愛情運：「體重增得好……良緣來報到！謝謝安多力營養粉（Endura Mass）！」腳踏人力車無所不在，也讓達卡隨處一定都見得到窮困落魄的苦命人，即使在有錢人豪宅別墅林立的高級社區如烏塔拉（Uttara）、拉馬提亞（Lalmatia）、古爾山（Gulshan）、湖畔的巴里達拉（Baridhara）也不例外。每時每刻、每個角落都能看到人力車夫的身影，形成宛如封建社會的景觀：大批瘦骨如柴的車夫氣喘如牛踩著踏板，而輕鬆愜意坐在他們身後的乘客個個衣食無虞。文人作家將人力車夫的身體比喻為骷髏和禿鷹。「我們車夫作牛作馬／勞苦終日只求餬口，」詩人迪利普・薩卡（Dilip Sarkar）在〈人力車夫之歌〉（The Rickshawallah's Song）中寫道，「奮力載運人形重擔，／只為平息腹中灼燒，／一日僅掙兩餐溫飽。」[35]

巴夏從早上十點工作到晚上八點，一週中只有週五休息。他每天平均載客十五到二十趟，賺進約四百孟加拉塔卡（taka），約折合五美金。他每天在路邊攤用餐喝茶的費用為五十五塔卡：一頓有飯、蔬菜和魚肉的簡單餐食要價四十塔卡，另外十五塔卡用來喝茶，一杯茶五塔卡，他每隔數小時需要喝一杯茶提振精神。碰到生意特別好的日子，他可以淨賺六百塔卡，大概是七塊多美金。收入很微薄，但這是他能找到賺最多的工作。巴夏不識字，唯一會寫的是他的姓氏。他記得自己第一天成為人力車夫時非常開心，但之後就愈來愈不喜歡這份工作。但他還是繼續當車夫，他說自己沒有其他更好的選擇。「我會再拉好幾年人力車，」他說，「這是我能找到最好的工作。」

一天工作結束時，巴夏拖著沉重步伐回家。他住在坎蘭格查（Kamrangirchar），達卡最密集的貧民窟就位於這座布里甘加河上的半島。[36]在面積僅比一．五平方英里大一點的區域，住了約四十萬人。很多人的生活環境與住在難民營無異，許多人一起擠在簡陋的小棚子裡，地板骯髒不堪，牆壁和屋頂是用金屬浪板、木板、茅草、油氈板和防水篷布拼湊搭成。坎蘭格查的營養不良人口比例和嬰兒死亡率居高不下，皮膚病、下痢和呼吸道疾病猖獗。無國界醫生組織（Doctors Without Borders）發言人於二〇一四年形容坎蘭格查為「地球上汙染最嚴重的其中一個地方。」[37]

坎蘭格查的社區從前是公立廢棄物掩埋場，只要跨越連接達卡老城區和半島東南隅的橋梁，就會聞到垃圾和汙水的濃重臭味。布里甘加河兩岸仍有多處垃圾掩埋場。拾荒人大多是婦女和兒童，他們在垃圾堆裡翻翻揀揀，想找到任何可回收的塑膠和其他能賣錢的廢料。河邊垃圾場和坎蘭格查的巷弄裡，一處又一處燒垃圾火堆飄出辛辣刺鼻的氣味，居民用明火烹煮飯菜，生火時用的就是手邊易燃的木頭、紙張或塑膠。

沖刷坎蘭格查沿岸的河水髒汙不堪。站在河邊朝水面望去，眼前簡直是一鍋毒濃湯：褐綠色的稠滯水流中，大批垃圾載浮載沉。儘管如此，坎蘭格查有很多人都會到河裡洗澡和洗衣服。過去數十年的主要汙染源，是從坎蘭格查再往下游處的數十家製革廠，它們每天將數百加侖的汙染物排放至布里甘加河。[38]政府終於在二〇一七年介入，強制製革廠遷移至達卡西北部一處郊區。但是工業汙染仍舊是坎蘭格查的一大毒瘤。社區內開設了數百家小型工廠，包括塑膠廠、電子產品回收廠、鑄鋁廠、冶煉廠，以及製造汽車電池、大塑膠桶或氣球的工廠。[39]這些工廠的運作基本上無視法紀，員工暴露於有害環境中毫無防護，同時任憑有害物質飄散至空氣中或溶入地下水。很多工廠雇用童工，有的年僅六歲。坎蘭格查的簸陋敗壞是本地的問題，但起因卻是在遙遠的他方。正如達卡的血汗工廠所生產價值數十億美金的衣物全數外銷，而坎蘭格查的工廠製造出的許多產品如氣球同樣也是要出口至國外。在坎蘭格查回收的有毒電子廢棄物和塑膠，有很大一部分其實是從美國或其他遙遠的國度流入孟加拉。[40]全世界的苦差事大多留給了達卡。

比起坎蘭格查大多數居民，巴夏的生活環境還算不錯。他住在波洛葛朗（Boro Gram），是位在半島中央髒亂但熱鬧的市場區。要到巴夏家，首先要鑽進繁忙的購物街上一處拱形入口，走進一條逐漸收窄的巷子，前進大概五十碼之後，就來到一條兩側都是狹小一房型住屋的走廊。空間相當擁擠侷促。這裡總共住了七戶人家，共用露天的廁所、淋浴間和爐灶。巴夏家與對面鄰居家之間的走廊僅有數英尺寬，住戶在走廊上擦身而過時，必須各自將身體貼在牆上才能通行。住在這裡不算舒適，但環境並不髒亂，氣氛就坎蘭格查的標準而言算是相當恬靜。置身巷弄中，達卡的嘈雜喧囂消退成微弱的背景呼嘯，在地人居家生活的樂音取而代之：鍋碗瓢盆鏗哩哐鎯，孩童嬉鬧歌唱，家人鬥嘴吵鬧，有人敲敲打打修理壞掉的椅子。

巷子裡的建築物蓋得相當牢固。巴夏家的地板和牆壁都是用混凝土鋪築，鐵皮屋頂即使在季風季節也很少漏水。房子有接通電力，天熱還有吊扇可用。家裡很小且沒有窗戶，面積僅約一百五十平方英尺（約四坪）。室內空間幾乎全被一張大床占滿，角落裡放著一台舊型的腳踏式縫紉機。（巴夏的妻子莎娜茲會幫人做針線活，賺點錢貼補家用。）床腳旁的櫥櫃上擺放著一台十五吋電視機，螢幕從早閃爍到晚，播放印度肥皂劇、板球賽轉播，或任何剛好在播映的節目。室內還有數座架子，上面塞滿衣服和廚房用具。四壁漆成漂亮的淺綠色。每個月的房租是三千塔卡。

巴夏一家人在這個家住了十八年。他們曾經一家六口都住這間，但年紀最長的三個女兒如今已二十多歲，她們結婚搬離後，屋裡總算有了旋身的餘裕，巴夏的財務負擔也稍微減輕。只有一個孩子還住在家裡：十二歲的菲瑪（Faima），是個害羞的聰慧女孩。菲瑪是好學生，在學校的表現比家裡其他成員更為優秀。（她的姊姊們都只唸到小學五年級，十一歲就輟學。）再過一年等菲瑪十三歲，她就唸完八年級，而未來早成定局，到時候她不能再繼續上學。我問巴夏，菲瑪不上學之後會去做什麼。他說菲瑪很可能會在家幫忙，然後外出工作，可能會跟姊姊們婚前一樣，到成衣廠當女工。他說菲瑪很有可能不久以後就會嫁人。我問他菲瑪有沒有任何機會繼續唸書，畢竟她先前能在學校表現優異，已經算是克服萬難。孟加拉的國民教育在最近數十年有所進展，小學和中學註冊率皆逐漸成長，尤其女孩的入學率慢慢提升。但在達卡的貧民窟，超過半數的孩童從來沒有上過學。如果菲瑪堅持下去，就可以接受完整的中學教育，甚至有可能上大學。但是對巴夏來說，這些可能性太過渺茫，他連想都不敢想。也許他的孫子輩會有機會上大學，他說。

他有五個孫子女，之後會有更多個。他的長女雅斯敏（Yasmin）二十五歲，和丈夫和三個孩子也住在坎蘭格查，距離巴夏家不遠；次女娜茲瑪（Nazma）二十三歲，三女艾斯瑪（Asma）二十二歲，都住在達卡城外。巴夏很以女兒為傲，而且毫不掩藏。他說女兒都很聰明勤勞，而且明白事理。他對女婿的看法就比較悲觀，雅斯敏的丈夫尤其讓他煩惱。大女婿之前有多年都在製作壁鐘的工廠工作，但近幾年也改行當人力車夫。他的車夫生意不太順利。巴夏說：「他不是很認真工作的那種人。」巴夏兩次幫忙出錢讓女婿買二手人力車，但女婿最後都因為手頭缺現金而將車子變賣。女婿目前拉的人力車是租來的，還拚命抱怨工作很辛苦。「這種工作不適合他，」巴夏說，「他應該回去壁鐘工廠。」

巴夏自己那輛人力車是二女兒送的禮物，艾斯瑪把去成衣廠工作的薪水存起來，存了七千塔卡買下這輛二手人力車。這輛人力車是巴夏至今擁有過最珍貴的財物。人力車價格高昂，而且非常搶手。一輛全新人力車要價兩萬五千塔卡，是大多數車夫負擔不起的天價，他們只買得起二手車，或者每天付一百塔卡向車行租車。黑市的人力車買賣非常活絡，人力車夫必須保持警覺以防車子遭竊。車夫停好車子之後，可能才走開幾步，一抬頭就會發現車子已經消失在遠方。曾有車夫遭盜賊光天化日之下持武器劫走車子，有些盜賊最愛用的武器是虎標萬金油，他們會用這種含有辣椒成分的痠痛藥膏塗抹受害者雙眼，讓受害者無力抵抗。人力車被偷可能會害車夫傾家蕩產。巴夏是在數年前明白這個道理，當時他載到一名假扮成便衣警察的騙子。巴夏踩著人力車從一名交通警察面前經過後，該乘客很客氣地請他靠邊停車，要他跑二十碼回去找街上那名穿制服的「警察同事」。等巴夏跑去找交通警察，騙子就從乘客座位下來，跳上駕駛座踩著踏板離去，消失在茫茫人力車海。一眨眼間，巴夏搞丟了人力車，還背上龐大債務——那輛人力車是跟車行租用的，車子失竊，他必須賠償一大筆錢給車行老闆。

艾斯瑪就是在這時候拿出所有積蓄，幫父親買下一輛二手人力車。巴夏此後一直拉同一輛人力車。他會將車子騎回坎蘭格查，停在住家附近的一處車庫。達卡有數千座專供停放人力車的車庫，使用者必須支付保管費。（巴夏每個月付兩百塔卡的停車保管費。）幾乎每座車庫的老闆都兼營出租人力車的生意，有些車庫也提供車夫住宿。車夫宿舍稱為「躺鋪」（tong），其實是粗製濫造的廢料箱，多半就放置在鋪於成排人力車上的竹竿堆。躺鋪上睡滿大批車夫，堪稱城市露營區。車庫老闆通常免費提供住宿，而車夫就必須在這家租車。對於車庫老闆來說，如此安排有附帶好處：據說有歹徒會半夜洗劫車庫，住客可以兼當保全防小偷。

巴夏停人力車的車庫比較小，搖搖欲墜的長方形車庫可容納約五十輛車，其中十多輛是車庫老闆出租用的車子。某個悶熱的下午，我和巴夏一起前往車庫，當時氣溫在華氏九十五度上下（約攝氏三十五度），灰撲撲的坎蘭格查散發的氣味臭不可當，整個社區似乎都萎靡不振。唯一例外的是人力車庫的老闆，他一副活力四射的模樣，在他四周的沉滯空氣似乎都開始活躍流動。老闆是和巴夏年紀相仿的中年人，挺著大肚腩，斑白頭髮剃得很短，兩頰和下巴冒出一些鬍渣。他身上的褐色襯衫釦子幾乎都沒扣上，已經被汗水浸溼，手指上沾了厚厚的鏈條油油漬。他臉上一直掛著微笑，奇怪的是，我請他擺個姿勢讓我拍照時，他卻斂起笑容。

巴夏告訴我說，老闆很正派，不像其他車庫老闆作生意不老實。但這不表示老闆不會滿口胡言。車庫老闆是個老油條，擺出政客到處演說拉票的姿態，看到新訪客就像看到失散已久的親人一樣熱情招呼。這種過度誇張的親切態度，有些人會覺得很溫馨，有些人則會暗暗看緊自己的錢包。也就是說他是生意人，而且以坎蘭格查的標準來看，算是相當成功。他跟很多車庫老闆一樣，早年也是人力車夫，買了一輛二手車，之後又買了第二輛，慢慢脫離領工資的奴工階級，升級成企業家。

車庫前半部的鐵皮屋頂下方，有一名車夫坐在老闆左側，他蓄著大鬍子，神態莊嚴，似乎沉浸在自己的精神世界。這個人的氣場有烏雲籠罩。他看起來比大多數車夫更魁梧健壯，吃得也比較營養。但是他彎腰駝背，整個人看起來憂愁消沉。巴夏加入他們兩人，三人開始交談。很古怪的三人組合。車庫老闆意氣風發、喋喋不休；大鬍子車夫一臉憂心忡忡，講話尖酸刻薄；巴夏大多數時候只聽不說，頂多偶爾哼個幾聲或搖搖頭。我問他們人力車產業的現況。「是門好生意，」車庫老闆回答，「能賺不少錢。我拉了好多年的人力車，現在你看，我有好多輛車。」我問起人力車夫在大眾眼中的形象，以及顧客是如何對待他們。車庫老闆說：「客人態度沒那麼差，他們通常很有禮貌，很尊重我們。要是有一天再也沒有人力車──大家都知道，那一天就再也沒有孟加拉了。」

大鬍子車夫完全不認同老闆的看法。搭乘人力車的顧客大部分是中產階級，有些人非常有錢，他們看待車夫就像看待最低等的賤民，他說。乘客會惡言相向、出言辱罵，有時候甚至會毆打車夫，他們知道這麼做也不會怎麼樣。乘客常常會賴帳，拒絕付給車夫一開始講好的車資。

大鬍子開始沒完沒了地碎唸。拉人力車很危險。路況很差，隨時都會出車禍，一天到晚塞車，車夫不是受傷就是死掉。開嘟嘟車的司機撞倒人力車之後，連想都不想就開車離去。達卡到處都有人犯罪，搶劫、綁架、放炸彈、謀殺。在街上看到什麼事都不奇怪。警察貪汙腐敗。他們會打你，刺破你的輪胎，把乘客座位的軟墊拆掉，讓你沒辦法工作。在達卡沒有任何地方可以合法停放人力車，警察可以隨時跑來說你違規停車，就開出一張罰單，甚至還可以用更嚴厲的方式處罰。事實上，無論什麼小事，他們都可以罰你錢；如果你沒有做任何錯事，他們就找個名堂誣賴你。糟糕透了，這樣怎麼有辦法賺錢謀生。

大鬍子拉高音量，聲音如雷貫耳如同先知開示。車庫老闆笑出聲來，有點氣惱地兩手一攤。巴夏只是嘆口氣，搖了搖頭，完全無法判斷他究竟不贊同哪一方或哪一點，或者他是否全都不贊同。

達卡的人力車是聞名於世的藝術品，車架滿布繽紛彩繪和華麗裝飾，素有「移動博物館」[41]之稱。在達卡幾乎所有看得到的人力車都破爛老舊，漆層斑駁脫落，貼花裝飾磨損。但人力車那股神祕氣息與飽經風霜摧殘的外表，以及行進時的嘎吱聲響和顛簸震顫密不可分，它們散發某種古怪威嚴。

達卡的人力車製造聖地是班薩路，這條狹長道路從東向西延伸，穿過老城區中心的商業區。在這條路上可以看到難得一見的景象，包括嶄新的人力車以及人力車的各個製造階段：工人或焊接鐵製底盤，或彎折竹子作為乘客座位上方遮陽擋雨頂篷的支架，或為車手把裝上流蘇和金蔥彩條。在小型工作坊裡，工匠為夾板製的椅背包上鮮豔塑膠皮，釘上裝飾用的釘子，縫好篷蓋，再為篷蓋加上裝飾用的珠子和亮片。

還有人力車畫師，他們負責為車架畫上彩繪。人力車產業觀察家會告訴你：車架彩繪這門藝術正邁向凋零，不久以後腳踏人力車上的圖案就會全是大量生產的圖畫和標誌。不過目前為止，班薩路上的畫師仍在辛勤工作。他們的專長是畫背板圖，即繪製固定於人力車後保險桿上的鮮豔圖畫。圖畫主題五花八門——有寶萊塢（Bollywood）影星或其他名人如美國前總統歐巴馬夫婦（Barack and Michelle Obama）的肖像；也有半睜星眸回望的美女圖，是風情萬種抑或冷漠無情？有描繪歷史事件的場景：其中一個熱門主題是一九七一年獨立戰爭，可能描繪戰爭場面、英勇行進的自由鬥士，或巴基斯坦軍官襲擊孟加拉婦孺的駭人情景。也有動物主題、花鳥主題，或以華麗的孟加拉文花體字寫成的標語和宗教格言。有描繪田園風光的圖畫：崇山峻嶺、恬靜村莊，或天鵝群在月光照耀的湖面上悠游。也有些圖畫呈現城市景觀：達卡人力車背板畫中的市景如夢似幻，夕陽餘暉灑落於林立塔樓和類似印度泰姬陵（Taj Mahal）的宏偉穹頂建築，建築物下方的道路與在達卡找得到的任何一條路都截然不同，畫中的道路整潔寧靜，而且空無人車。

某一天，我搭巴夏的人力車前往達卡大學，我和該校英文系教授賽義德・曼祖魯・伊斯拉姆（Syed Manzoorul Islam）有約。伊斯拉姆是小說家和評論家，對孟加拉政治和文化的觀察敏銳，他所撰寫關於人力車和車夫的文章頗具洞見。

若要研究人力車夫和相關的風俗民情，伊斯拉姆的研究室所在位置可說得天獨厚。達卡大學坐落於市中心的沙赫巴格區（Shahbagh），這一區是老城區和新城區接壤的地帶。這裡的交通情況不算太糟。尼赫路（Nilkhet Road）是沙赫巴格區的東西向要道，行駛在路上的機動車輛和人力車密密麻麻，車流不快但還能前進，這條路很少塞到動彈不得。大多數人力車一天會經過這幾條路好幾次。大學校園內平靜宜人，處處有大樹遮蔭。這裡也是很多人力車夫聚集的熱門地點，他們來這裡吃飯、社交和休息。修車匠跟賣餐食或茶的攤販也會在這裡聚集。巴夏告訴我，他有時候會繞回校園小睡片刻，我們駛離尼赫路進入大學正門後停下時，我看到五、六名睡著的車夫。他們會將人力車拉到校園車道旁，然後整個人躺在車子上：把乘客座位當枕頭，兩腿伸直越過駕駛座座墊，兩腳擱在車手把上。

即使是達卡市內最平靜的地方，也可能遭到混亂入侵。沿著尼赫路往東五百碼有一座圓環，孟加拉裔美國作家艾維吉・羅伊（Avijit Roy）於二〇一五年在此遭到殺害，凶手是伊斯蘭極端組織「孟加拉真主衛隊」（Ansarullah Bangla Team）的激進分子。[42]羅伊是無神論者，積極倡議言論自由，他當時與妻子一同搭乘腳踏人力車，卻遭到一群人持開山刀襲擊而遇害。前往大學途中，巴夏指著案發地點，那裡在攻擊事件後立起了紀念碑。然而過了大門進入校園之後，城市的瘋狂混亂似乎變得很遙遠。當天燠熱悶窒，但校園內的天氣自成一格。桃花心木、羅望子樹和雨豆樹枝葉扶疏、綠蓋成蔭，樹蔭下頗有涼意。樹木枝枒在微風吹拂下擺盪，如同慈祥巨鳥在打盹的車夫上方輕揮雙翅。

巴夏那天不打算小睡，他整個下午都要繼續工作。晚一點他或許會繞回大學這一區，喝杯茶休息一下。也許我們會剛好遇到，他說。到此暫時互相道別。他握了握我的手，抓住人力車的車手把，牽著車子出了校門口，回到尼赫路上。

人力車一旦停住，要費很大的勁才能讓車子再動起來。為了讓車輪開始轉動，巴夏拱著背猛推車子，像是要從滿是泥濘的河岸將小舟推入河裡。他接著將右腿一掃跨過座墊，直挺挺站到踏板上，開始踩踏板前進。人力車慢慢開始加速。我看著巴夏的車子輕快融入車流，又目送他大約三十秒，直到我再也辨認不出無數人力車和車夫包圍之下那個穿條紋襯衫的瘦削身影。尼赫路上朝東的車流絡繹不絕，有大約六百個車輪在兩百人踩踏下轆轆轉動不止。大批人力車朝著與卡齊・納茲魯爾・伊斯拉姆大道交會的路口前進，在那裡離開相對平靜的大學區，回到達卡其中幾條最混亂無序的街道，如河水流入驚濤駭浪的大海。

到了文學院大樓，我爬了兩段樓梯之後找到賽義德．曼祖魯．伊斯拉姆的研究室。伊斯拉姆是孟加拉最受敬重的知識分子之一，他的外貌和嗓音與這個形象十分相稱。他的個子矮小，斑白的頭髮很稀疏，蓄著八字鬍，金邊眼鏡後透出敏銳探究的眼神。他的學識豐富，對歷史和文學了如指掌，對許多神祕晦澀的主題也如數家珍，知識淵博的程度令人不敢置信。他前一秒可能還在談狄更斯（Dickens）的論文，下一秒就討論起單車的擋泥板。研究室裡全是堆得高到搖搖欲墜的書堆，活像是用推土機運進室內。

伊斯拉姆最喜愛的話題之一是達卡和它尚待改進之處。在這方面，他並不孤單。「沒有其他哪個地方的人比達卡人更愛討論自己的城市，」伊斯拉姆說，「達卡每個人講起達卡就沒完沒了，所有人都在挑毛病，有太多毛病可挑了。」[43]從伊斯拉姆的角度，他看到達卡政府的貪腐無能已經到了積重難返的地步，他也看到殖民主義和戰爭造成的後果，以及全球經濟的殘忍無情。他看到達卡讓特權階級市民在日常生活中尊嚴掃地，同時對全市最不幸的一群人施加無止盡的折磨。

但是伊斯拉姆眼中的達卡也是一個成形中的全新世界。「達卡當然是一團亂，但是也出現很棒的改變。婦女開始擺脫顧家義務和父權文化的桎梏，到處都有女性投入職場，她們開始取回自己的人生和身體的自主權。事實上，我不怎麼擔心達卡的混亂，我比較擔心達卡人怎麼面對自己的人生。他們如何盤點自己的人生？達卡人是否覺得自己和這個城市休戚與共？或者他們覺得自己只是微不足道的過客？不是的，這些人是城市的主人，他們正在發出強烈呼聲。我看到的達卡是一個躁動不安、活力奔放的城市，未來就在達卡。」

至於這個未來有沒有人力車的一席之地，是達卡人辯論到膩的問題。車庫老闆自有定見：要是有一天再也沒有人力車，那一天就再也沒有孟加拉。伊斯拉姆有不同的看法。達卡最終會引進更有效率的大眾運輸系統，到時市民生活品質會大幅改善。如果人力車消失，社會將失去一道護身符，伊斯拉姆說道。「人力車代表傳統。」他說。對於在成衣廠和全球化「新達卡」的建築工地辛勤工作的數百萬人來說，人力車是令人安心的遺物古董。如伊斯拉姆所撰文分析，人力車提醒大眾莫忘在二十一世紀巨型城市裡「深受混亂和疏離所威脅的舊日生活形態」。[44]人力車夫承載的，不只是兩百磅重的木材、橡膠和鋼鐵，以及加總達數百磅重的乘客，還承載了集體懷舊之情的重量。

思古懷舊之情就銘刻於人力車的裝飾彩圖之中。大多數人力車畫師跟車夫一樣來自孟加拉鄉下，他們的藝術創作——無論是盛綻花朵、蒼翠田園或恬靜的鄉村生活景象——都是他們拋下的那個世界的樣貌。比較耐人尋味的是城市景觀圖，例如巴夏那輛人力車上的圖畫，其中描繪優雅塔樓和不太可能存在的整潔街道。伊斯拉姆曾寫書探討人力車彩繪，他告訴我巴夏車子背板的圖畫是典型的人力車市景圖。[45]

他說：「看著這些圖畫，你必須自問：這是哪個城市？通常是一個有點像新加坡的城市，高樓大廈林立，規畫得很漂亮。畫中往往也會出現一架飛機，可能剛起飛或準備降落。道路則完全靜寂，沒有任何人車，也許只有一、兩輛汽車。畫中的城市有著極佳的交通法規，是一個有紀律的城市。人力車夫比任何人都清楚紀律在道路上的重要性，他們是無紀律的受害者，是交通系統錯亂、沒有法規可言的城市的受害者。所以這些圖畫呈現了幻想中的城市、溫柔的城市、有紀律的城市——這是他們遷移到達卡時心中想像的城市。」

伊斯拉姆說：「我想這也解釋了為什麼畫中會出現飛機。那是等級最高的交通工具，不是嗎？也許在人力車夫心中，飛機代表了不同類型的幻想。那是一種憧憬，是對未來的夢想。**如果我做這麼辛苦的體力活，如果我在這個嚴苛瘋狂的城市拉人力車——也許將來有一天，我的孩子能坐上那架飛機。」**

第十三章

個人史

作者和兒子攝於布魯克林，二〇一八年。

之一：第一次騎單車

單車人生始於一陣勝利狂喜。可能有好幾個小時、好幾天或好幾週，你一直學不會怎麼騎單車。你搖搖晃晃、東倒西歪、筋疲力竭，陷入一場與地心引力以及重得要命又任性不聽話的金屬機器之間的悲情纏鬥。接著，你突然間就在單車上迎風快意暢行，沿著道路朝無垠的地平線駛去。或者，比較有可能的情況是，你在學校操場的瀝青路面上騎車繞圈。無論如何，你會騎單車了。人生中少有如此突然又明確的轉變：你不會騎單車，然後你學會了。片刻前還難以捉摸的技巧，如今已經神奇地內化，只有頭部遭受鈍擊造成大腦損傷或罹患嚴重神經疾病才有可能遺忘。

科學家近年來持續探究之下，更進一步了解主導我們學會騎單車的程序，確認小腦皮質分子層的神經細胞，即控制輸出訊號的中間神經元（interneuron），能夠將新近習得的運動技巧加以編碼，並儲存在腦中成為記憶。[1]這種記憶就是所謂「程序記憶」（procedural memory）：騎單車就像走路、開口說話或綁鞋帶，是一種「動作功能」，學會之後不用刻意思考，自然就能做出動作，而程序記憶最著名的例子就是騎單車。我們會用「就跟騎單車一樣」來形容做某件事習慣成自然，無論先前中斷多久，重新開始都不會覺得陌生。

大部分的人是在小時候學會騎單車。就如同「永遠不會忘記怎麼騎單車」，你也永遠不會忘記人生第一次騎單車的經歷，至少大家是這麼說的。俗話說，小孩子是在第一次騎單車初嚐自由和自主的美妙滋味，似乎是預演十多年後的騎車上路遁走他方。第一次騎單車意味著逃離照顧自己的大人的看管箝制，孩子踩著踏板加速駛離原先緊抓座墊底部穩住單車的大人。法國作家保羅・富奈勒（Paul Fournel）

所寫的單車史情感豐沛，他如此描述第一次騎單車的激動之情：「有一天早上，我不再聽到背後有人跟著跑或脖子後側有人規律呼吸的聲音。奇蹟發生了。」[2]

電影、電視和廣告中常常可以看到這種「奇蹟」的戲劇化橋段，因為單車數十年來都被描繪成童年的象徵。歷史學家羅伯・特平（Robert Turpin）指出在戰後的美國，「有單車就有孩童、有孩童就有單車的概念如此普遍，以致兩者之間幾乎容不下其他人。」[3]單車產業向大眾推廣孩子學騎單車是類似學走路或學認字的成年禮的想法，由於無法吸引會去買汽車的成年人客群，他們塑造出單車對於孩子的身體發育和品行養成無比重要，對男孩尤其重要的氛圍，讓當家長的非買單車給孩子不可。如同加州一名單車商所描述：「想讓家裡成長中的男孩培養出結實體魄、強壯肺部、紅潤臉頰、明亮雙眼和自立自強的精神，沒有什麼比得上單車。」[4]

《週六晚郵報》（*Saturday Evening Post*）有一期的封面插畫十分聞名，畫中捕捉了單車有益身心健康的場景。這幅《學騎單車》（*Bike Riding Lesson*，1954）是由藝術家喬治・修斯（George Hughes）繪製，描繪一個小男孩騎著單車歪歪斜斜衝下綠蔭扶疏的街道，而他的父親緊抓車手把、扶著座墊，努力讓單車保持直行。[5]小男孩腰間繫著皮套，裡頭插著一把玩具六發左輪手槍：他是牛仔，駕馭著一匹弓背躍起的野馬。《週六晚郵報》封面裡的原型，即雙眼亮晶晶、騎著單車穿梭於恬靜郊區的孩童，經過數股懷舊復古風潮，至今仍是流行文化的一部分。史蒂芬・史匹柏執導的電影《E.T.外星人》中，騎著BMX單車的加州孩童為五〇年代的郊區意象賦予某種屬於八〇年代城市遠郊的況味。近年則有網飛（Netflix）影集《怪奇物語》（*Stranger Things*），設定在八〇年代郊區的故事背景便是向《E.T.外星人》致敬，影集中勇敢的主角群全都騎席溫公司的「魟魚號」單車。

現今在世界各國，教孩子騎單車不只是風俗習慣，也成了政策優先事項。哥倫比亞、澳洲等國政府紛紛制定聯邦和地方層級的教兒童學單車計畫。紐西蘭的孩童在學校就能上單車課，地方自治單位中也會有受過公家訓練的單車教練。法國的「單車騎行與慢行交通計畫」（Cycling and Active Mobility Plan）則雄心勃勃，目標之一是全國所有學童都在十一歲以前學會騎單車。

同時，第一次騎單車的里程碑仍然具有象徵意義。網路上常有家長上傳記錄孩子第一次騎單車這個重要時刻的影片，也許在操場、前院草坪或社區車道旁，也許在林木夾道、兩側房屋皆有前廊和圍籬的諾曼·洛克威爾（Norman Rockwell）插畫風格街道上，或是史蒂芬·史匹柏電影風格的死巷裡。近年孩童剛開始學騎單車時，流行騎一種沒有踏板、鏈條或飛輪的平衡滑步車（balance bicycle），跨坐在上面之後用雙腳蹬地加速前進──換言之，就是一台滑跑機器。如果要讓新手學習保持車身穩定並前進，卡爾·馮·德萊斯的發明似乎遠比加裝輔助輪的單車更適合新手練習。歷史上最原始的單車捲土重來，成了入門學習用車。

我第一次騎單車的經歷沒有留下任何紀念，沒有家庭錄影帶片段，連一張照片都沒留下。我合理認為是在自己五歲時發生的，也知道是在哪裡。是在克萊蒙特大道（Claremont Avenue），那裡和我小時候住的晨邊高地社區（Morningside Heights）相隔數個街區，晨邊高地毗鄰位於上西區的哥倫比亞大學，就曼哈頓的標準而言是很安靜的社區。克萊蒙特大道那一段格外沉靜，最主要是因為有巍然聳立的新哥德風格河濱教堂（Riverside Church）以及數棟二戰前建造的宏偉公寓大樓，那裡是哥倫比亞大學和巴納德學院（Barnard College）的教職員宿舍。我確信在那光榮的一刻陪著我的，不是我爸，也不是我媽，而是我的「另一個母親」、我媽的伴侶蘿貝塔（Roberta），她沿著人行道慢跑，邊伸出一手扶著我，然後輕輕一推讓我從此展開單車人生。

之後的記憶就一片空白。我已經邁入中年，記憶力和髮線一樣節節敗退。也有可能，我第一次騎單車的經歷其實沒什麼好紀念的。我之後還會騎無數次單車：有時帶來靈光，有時單調乏味，有時表現出色，有時表現差勁，昨晚騎了一趟，今早騎了一趟。小時候，我常在西一百二十一街（West 121st Street）的街區騎單車。我們家住在那條街北側，差不多就在一段有坡度的人行道中段，那段人行道朝東和朝西都是下坡，分別通往熱鬧的阿姆斯特丹大道（Amsterdam Avenue）及百老匯大道（Broadway）。家人耳提面命，要我騎到轉角時一定要停住，我很喜歡倒踩踏板啟動腳煞花鼓讓我那台小車打滑。多年後，我跟母親移居麻薩諸塞州的布魯克萊恩（Brookline, Massachusetts），搬進名為柯立芝角（Coolidge Corner）的波士頓市郊社區，我會在社區裡騎單車。我也會沿著燈塔街（Beacon Street）騎到波士頓市區，在街上探索或是逛街買些古怪唱片或復古風衣褲，擁有單車跟這些東西就像有護身符傍身，它們基本上是一種武裝，讓我與眾不同、變得酷炫，或至少為生活中飽受輕視和侮辱的青少年提供些許保護。

我瘋狂熱愛單車，但我不是專家。我知道有些年輕玩家每天都往單車店跑，把內六角扳手當彈簧刀來耍，他們把自己的單車改造得更精良威猛。我不屬於那一類。直到現在，我甚至還不太會補內胎。我不是騎長程或攻山道的專業車友，也不是會「翹孤輪」或騎U型半管的BMX極限單車玩家，我騎單車是為了保持心智清明。我的腦袋好像有個通風口，當我踩著踏板加速時，就會有強風吹入通風口，讓腦袋不再暈沉渾沌。我不是說騎單車到處跑就能讓我變得更聰明或機靈，剛好相反。我跟很多同年齡層的男性一樣，幾乎所有重要的事都搞不懂，卻認定自己已經想通這個世界的道理，或至少藉由裝腔作勢還能混出點名堂。我確信騎單車讓我對這樣的錯誤理解更有信心，讓我成為一個比較鎮定自持的蠢蛋。騎單車無疑讓我得以冷靜下來、振作精神。我可以在心慌意亂時騎上單車，騎到自己覺得好多了之後再下車——至少可以鼓起勇氣拿起話筒打電話給女生。

我一直很留意單車的外觀，奇怪的是我對童年和少年時期騎的單車外觀竟然只有很模糊的印象。我知道自己那天在克萊蒙特大道上騎的單車是一輛有加長型「香蕉座墊」的兒童越野單車，適合七〇年代兒童第一次學單車時騎乘。我年輕時騎過的車款完全跟著時代潮流。八〇年代初期，我開始騎有下彎把手的十速公路車；八〇年代初期，我改騎登山車；期間還騎過數輛其他單車，車種款式和外形各異。車來車又去。五歲到二十五歲之間，我肯定騎過六或七輛不同的單車。有些單車我長大後就不再騎，有些單車被我騎到破舊不堪——或者該說被我虐待，一年到頭都上了鎖在街上停整夜，冬季也不例外。

我愛單車，但不會把它們當寶貝，也從未買過昂貴的單車。我相信作工講究的高級單車騎起來的感覺可比搭上火箭，但我從沒有為此揮霍大筆金錢的衝動。小時候我會羨慕鄰居炫麗的加能戴爾（Cannondale）公路車，閃亮的鈷藍色車架、白色車手把加白色座墊，看起來好像是用藍天和白雲組裝而成。但我也羨慕外面小孩騎著到處跑的「貓鼬號」極限單車（BMX Mongoose），即使車子破舊又仿冒其他車款，輻條之間還塞著舊網球。無論以前或現在，我都不是單車行家，我比較像是單車愛好者。一輛單車只要踏板踩得動，我就能騎。

不過我也有堅守底線的時候。小時候我常常去康乃狄克州過週末，我的繼母娘家在康乃狄克河

（Connecticut River）某處河彎旁的山丘上有一棟大房子。數十年來，這棟房子一直是繼母家族的休憩場所，他們是盎格魯－撒克遜裔白人新教徒（ＷＡＳＰ）大家族，會大方招待許多親朋好友和朋友的朋友。房子裡滿是過往居住者和訪客遺留的物品，包括車庫裡數輛來源不明的舊腳踏車。其中有一輛老式兒童休閒自行車，很可能是一九六〇年代初期的車款。消防車紅的車架已經生鏽，但肯定有人幫它保養過，鏈條上過油，輪圈也校正過，騎起來感覺超棒。這輛單車很適合騎進附近的森林，在蜿蜒路徑上隨意探索。

某位有決定權的大人很可能正式答應過，要將這輛單車送給我。無論如何，我宣稱這輛單車是我的：我週末到鄉間時，它就是**我的車**。嚴格來說，這是一輛沒有橫桿的淑女車，但我不以為意。不過有一個問題：車手把裝飾著紅白藍三色的塑膠彩帶。我只覺得很蠢很丟臉。當你騎車時，彩帶就在那邊亂飄，讓嚴肅認真的單車之行變得像是瘋傻兒戲。非得幫它改造不可。我不記得自己一開始是不是想直接把彩帶扯下來，總之，我最後幫車手把動了一場暴力手術。我發現車庫工作台上方的工具掛板掛著一把園藝大剪刀，就拿來把彩帶剪掉——**咔喳**，**咔喳**，儼然馬夫在幫參賽的馬匹剪尾。

之二：快遞員

一九八八年七月，我剛滿十九歲，到波士頓度暑假。當時我和母親同住，她看我已經長大成人（至少原則上），可以展翅離巢（仍是原則上），就到波士頓大學（Boston University）唸書深造，實現她耽擱許久的求學夢。我的夢想比較平庸且荒謬：我要把頭髮留長。當時澳洲的ＩＮＸＳ搖滾樂團享譽國際，聲勢如日中天，廣播和音樂電視台成天播放他們的歌曲。我不是什麼瘋狂歌迷，就只是滿喜歡他們的，但我很喜歡主唱麥克．赫金斯（Michael Hutchence）的深色眼瞳、披肩長髮和靈動舞姿。假如我跟赫金斯一樣把頭髮留長，我確信自己就能沾染一點有如酒神狄奧尼修斯的魅力，吸引女生對我投懷送抱。

到了七月，我的頭髮已經長到可以向後束成短短的馬尾。我左耳穿了四個耳洞，其中一個就打在耳朵最靠上面的硬軟骨，穿耳洞之後反覆發炎。我有一把吉他，雖然不太知道要怎麼彈，我還是會撥個幾下。我也不會唱歌，但我當時並不知道，我無比確信自己是偉大的作曲家，註定會聲名大噪——更精確地說，是會在小眾市場獲得青睞，而且是最好的那種小眾市場。我並不嚮往像麥克．赫金斯那樣受到全球大眾歡迎，我想像自己是小眾英雄，是藝術家，作品獲得樂評人喜愛，有一小群認可我的才華的死忠聽眾。我隨身攜帶筆記本以備繆思女神垂青時記下靈感，這是我在筆記本裡草草寫下的其中一句對句：腦袋糊塗昏沉，日子噩噩渾渾。不是我寫得最好的句子，但形容得精確無比。我的腦袋裡充斥各種夢想、欲望和痴心妄想，想著旋律和歌詞，想像自己功成名就、坐擁佳人、備受讚譽——前途一片光輝燦爛。然而我只是中產階級家庭的小孩，才大一準備升大二，需要一份暑期兼職工作。於是我開始打工，當起了單車快遞員。

一九八〇年代的紐約單車快遞員是傳奇人物，是新出現的都市超級英雄：他們藝高人膽大，騎著單車在曼哈頓的車陣中高速穿行。在紐約當單車快遞員和在波士頓的差異，就如同紐約和波士頓之間的差異。紐約熱鬧繁華，是無與倫比的大都會，龐大、狂亂又驚險刺激。相較之下，波士頓是偏僻鄉下。在波士頓騎單車，只要約一小時就能從北邊的查爾斯頓（Charlestown）騎到南邊的馬塔潘（Mattapan）。八〇年代晚期在波士頓騎單車送信，一天下來至少有半天都會在大約〇．二平方英里的區域裡騎來騎去，迷宮般的市中心金融區（Financial District）其實只是唐人街和市政廳廣場（City Hall Plaza）之間蜿蜒曲折的幾條街而已。有時候會要去比較遠的地方送件：向西到後灣區（Back Bay）、肯莫爾廣場（Kenmore Square）和奧斯頓－布萊頓（Allston-Brighton），向南到南端（South End），越過查爾斯河（Charles River）到哈佛和劍橋的中央廣場和波特廣場（Central and Porter Squares）。

只要上工數天，這幾個地點就會在腦海中串接起來，心中可以立刻浮現當地地圖並鎖定目的地。不過熟悉街道並不等於熟悉市區。波士頓的歷史底蘊深厚，各個分區以及分區中的分區各有不同族群聚集，政治上支持進步主義也展現深刻的種族主義，「當地市民與校園紳民」衝突與對立（town-versus-gown）日益嚴重，還有瘋狂的運動文化和高深莫測的口音，在在令人著迷，也令人困惑。在波士頓當單車快遞員，你會立刻沉浸於城市的美，從街道到建築物，目光所及無不優美雅緻，特別是地段最高級的後灣區和燈塔山區（Beacon Hill）。你也會很快明白波士頓人有多麼惡毒，至少開車時如此，他們全都怒氣沖沖，憤怒到令人覺得在如此古雅的氛圍中簡直不可思議甚至難以理解。波士頓的交通不像紐約那樣陷入狂暴，但是駕駛人個個脾氣火爆。在汽車駕駛人眼中，路上的單車是一種冒犯，任何不夠尊重汽車的跡象、任何汽車應該讓路給單車的暗示，即使是暫時禮讓，都可能引來汽車駕駛人的激烈回應。駕駛座旁的車窗會降下，露出一張鐵青臉孔，額頭上粗大如繫船纜繩的青筋暴突。波士頓腔粗話如連珠炮射出：**渾蛋**、**狗雜種**、**死娘炮**。你必須保持警覺，隨時準備好在哪個瘋子開車朝你衝來時閃開。

儘管有這些風險，我還是很愛這份工作。那年夏天我騎的是羅斯公司（Ross）出的十速公路車。一開始不是很好騎，而且我摔過一次車，但它不是破車，還是能騎。記得我還得簽署一些文件，確保快遞公司會賠償我在履行職責時可能受到的傷害。公司發給我一個黑色信差包、一個可以掛在包包背帶上的呼叫器、一個書寫板夾和一疊束好的快遞單，讓我記錄經手郵件以及在收件時讓客戶簽名。我在信差包裡放了好幾枝筆和一袋十美分硬幣，呼叫器響起或者送完一件可以再送下一件時，我就能找公共電話打回公司等候調派。上下班時間很彈性，只要在合理範圍內。我通常早上九點整上工，大約晚上六點鐘下工。我不確定自己一天總共騎多少英里，但里程數夠讓我渾身大汗，疲憊但很舒暢——就是十九歲年輕人沖個澡就能消除的疲憊，回家後還有力氣再出門跟朋友聚會喝啤酒。那是我花最長時間騎單車的時光，也證實了我的猜疑：我騎到根本不想下車。

快遞工作乾脆直接。到　家公司取了貨件，然後送到另一家公司。在沒有電子郵件、甚至沒有傳真機的年代，單車快遞服務快速有效率。如果有信件、備忘錄或報告要很快送到市區另一頭，就打電話叫快遞，數分鐘後，一個臭汗淋漓、看起來不太體面的人會到你的辦公室取件。常常會有沉甸甸的文件要收送，包括超大牛皮紙信封袋，或是捲起裝進硬紙筒的大疊建築圖說。你收件後請客戶簽個名，將貨件塞進信差包，回到外頭，解開單車鎖，風馳電掣以最快速度將貨件送往目的地——愈快愈好，這樣才能再收送下一件。單車快遞員的薪資是每小時固定鐘點費外加每件的抽成，收送愈多件就賺愈多錢。所以你騎車時會很賣力。

無論如何，大致是這個概念。我的作業方式不同。不可諱言：我騎很慢。不是因為我很懶散，我只是心有旁騖。我忙著享受騎單車的感覺，沉浸在戶外氛圍，同時在腦中努力想創作幾首歌。有時候我碰到看似有趣的陌生街道，會特地繞路騎去看看。還有其他人事物會讓我分心：店鋪櫥窗、歷史事件紀念牌匾、街頭鬥毆，或過馬路的漂亮女生。如果得蒙歌曲之神眷顧，讓我忽然想到一句很棒的歌詞，我會停在路旁把歌詞寫下來。我可能在某處看到長椅，就坐下來待一會兒。一家金融服務公司可以容許晚幾分鐘收到經過公證的合約，但是藝術不能等。

我的閒散作風終究引起注意。有一次我送完件，打電話回公司等調派，接電話的人語氣帶有一絲嚴厲。「你不想賺錢嗎？」派案的人問道。「想啊，當然想。」我慚愧地回答，但我沒說實話。我不用付房租，大學學費和生活都由我父親支應。我打工當快遞賺的錢只是零用錢，或許可以攢下一點存進銀行戶頭，我賺的已經綽綽有餘。

其他快遞員比較認真。對他們來說，送快遞是他們的職業，至少是份真正的工作，是還在思考職涯發展時做的差事。當快遞員也是一種生活方式，一種次文化。聽說快遞員會相約去牙買加平原（Jamaica Plain）那一區的幾間酒吧，但我跟同事還沒有熟絡到知道是哪幾間，也沒膽子開口問人。不過我知道另一個快遞員下班後的聚集處，是波士頓南站（South Station）附近一條不大的街道上一小段人行道，距離我去繳快遞單和領微薄薪水的派件站點只有數步之遙。平日每天晚上六點左右，那個街區就會擠滿快遞員，他們或斜倚單車或坐在人行道上，邊閒聊工作上的事，邊喝便宜的罐裝啤酒、抽香菸和吸大麻。

場面既誘人，又令人膽怯。我有時會在下班後過去那裡，只在圈子外圍待著，這樣既可以觀察大家又不會引人注意。我會把單車翻倒，將車子座墊朝下放在人行道上，假裝在檢查車輪或是在修理某個小地方。如果有人注意到我也不會太在意，不會覺得需要跟我打招呼互動或受到打擾。幾乎所有快遞員都年僅二十幾歲，大多數看起來都像龐克搖滾樂手或亡命之徒，頂著刺蝟頭，戴了耳環和鼻環。我顯然高攀不起這群人，他們更年長且更睿智。他們比我更熟悉單車相關的知識，無疑對於其他大多數事物也了解更深。

紐約的快遞員大多是非裔和拉丁裔。但波士頓就是波士頓，快遞員幾乎清一色是白人，而且絕大多數是男性。不過也有例外，有一位常出現在街區的快遞員是女生，年紀大概二十出頭，我一直不知道她叫什麼名字。她的眼睛很藍，頭剃得很光，像辛妮．歐康諾（Sinéad O'Connor），渾身散發凜冽決絕的氣息。我覺得她好迷人，但不算是愛慕或迷戀。我不想當她的男朋友，我是想成為她，或像她那樣的人。我也很想要她那輛單車。那是我看過最醜的單車，也是我看過最華麗、最具末日感的破車，我記得是單速車，看起來就像「瘋狂麥斯」（Mad Max）系列電影裡的道具。是黑色的……是吧？那輛單車根本不會有人想買，車架上纏了一層又一層黑色膠帶，貼滿各種我不認得的樂團貼紙。可能就是因為有膠帶和貼紙，整輛車才不致於散掉。單車上有數不清的刮傷凹痕，這些傷疤證明了它過去不為人知的豐功偉業。這輛車看起來好像曾遭火吻，或曾冒著槍林彈雨在戰區穿行。至於單車的主人，她是一名強壯的單車騎士。當她喝完啤酒、抽完菸騎車揚長而去，車輪似乎會在路面留下焦灼痕跡。

這幅畫面的效果實在太過強烈，以至於有一陣子我考慮過要剃個平頭，也許再穿個鼻環，當個偽龐克搖滾樂手。不過我沒有剪短頭髮，還是繼續留長。八月時我已經能綁比較有分量的馬尾，再讓一、兩綹長長的髮絲垂落臉前，營造出一點赫金斯的邪魅風。那年夏天的髮型沒有在任何女生身上發揮效果，但我想自己很快就會時來運轉。同時我騎單車四處遊逛，收送幾件包裹，作我的白日夢。我邊騎車邊寫歌。騎單車不疾不徐的節奏，踏板和車輪懶洋洋的轉動，蓊鬱綠樹與輕柔微風，我的呼吸與單車律動和周遭風景同步共時的方式——一切都帶有音樂性和韻律感，為我的曲調和歌詞創作帶來靈感。

某天晚上下班後，我去找劍橋的朋友，在外頭待到很晚。直到凌晨我才離開，但我沒有直接回家。我在市區裡繞來繞去，騎的是白天送快遞走的路線。橫越麻州大道大橋（Mass. Ave. Bridge；或稱哈佛大橋），經過後灣區的優美街道：燈塔街、馬爾伯勒街（Marlborough Street）、聯邦大道（Commonwealth Avenue）、柏克利街（Berkeley）、克拉倫登街（Clarendon）、達特茅斯街（Dartmouth）和艾克斯特街（Exeter）。爬坡上到燈塔山區再下來，上坡無比折磨，下坡美妙夢幻，然後進入空無一人的金融區。那天晚上暖和有風，我喝了幾杯，覺得繆思女神似乎在星空中以嘹亮嗓音合唱。騎車過程中，一首歌逐漸成形。不是什麼傳世金曲，卻是我生平寫過或我能寫下最好的一首歌。歌曲名稱很棒：〈我愛浪漫情愫〉（I Love Romance）。我寫的歌詞通常字句華麗雕琢、大玩文字遊戲，自以為這樣很聰慧機智。但這次我盡量讓字句簡單一些。

汽車十千
星辰萬千
天際綻放光芒
璀璨閃爍
美妙夜晚
我想墜入情網
這一曲能否與妳共舞？
我愛浪漫情愫

曾有一男子
在此路邁步
戴鴨舌帽拄手杖

今石板路下
他黃色枯骨
輸水管線間夾藏

這一曲能否與妳共舞？
我愛浪漫情愫

如今將歌詞打字出來——看到年輕蹩腳創作者的作品顯示在筆電螢幕不帶溫度的白色畫面上——用心雕琢的程度和表現過頭的野心都讓我大為吃驚。我不太記得一九八八年的我到底以為自己在表達什麼，但顯然我在追求某種遠大目標，努力想要以某種風趣機智、老練世故、簡略得很藝術的方式，向世人昭告我對愛、歷史、記憶和死亡的所思所想——諸如此類的東西。我為歌詞配上緩慢的搖擺節拍和幾個小七和弦，是我邊彈吉他邊自己土法煉鋼譜出來的。我想要營造世故、憂傷又不祥的氛圍，類似由湯姆．威茲（Tom Waits）演唱寇特．威爾（Kurt Weill）於威瑪共和時期（Weimar）所作夜總會音樂的風格，我那陣子很常聽威茲的唱片。我知道，〈我愛浪漫情愫〉必定是我首張專輯的第四首歌，它低調而雋永，是一首內行人鍾愛的冷門歌。

如今，我明白這首歌其實在寫騎單車，在寫夜空下騎車經過市區街道時腦中湧現的思緒——有無限可能的那種狂放感覺，靈光乍現時脫口而出「啊哈！人生奧祕真是美妙！」，讓一個白人青年天真善感、矯揉造作、完全活在自己世界的靈魂為之劇烈振動——而在憂傷的天際線下，伴隨著踏板穩定轉動的節奏以及在黑暗中疾馳帶來的刺激，一切感受又更加強烈。

有好些年，〈我愛浪漫情愫〉這首歌一直在我的「作品集」裡。我不是很成功的快遞員，但我當快遞員的表現還是比當音樂家出色，絕不會有其他工作能帶給我更多樂趣。八月下旬，開學在即，我回到威斯康辛大學麥迪遜分校（University of Wisconsin–Madison），和五個好朋友一起搬進校外學生租屋密集區裡的一棟房子。我將那輛羅斯十速公路車留在波士頓，但我回到麥迪遜隔天，就到市區買了一輛二手單車，記得那輛車要四十美元。

之三：車禍

記得我九還十歲的時候，想騎單車輾過一些小石頭，忽然感覺前輪卡住，我大力一轉車手把，就連人帶車跌倒，左邊身體著地後擦過柏油路面。那時是夏季，我在康乃狄克州，那天早上下著毛毛雨，我騎的是彩帶被我剪掉的紅色老單車。我是在繼外祖父母的房子附近騎車，道路兩旁林木茂密，不會有其他人在一天中那個時候路過。周圍的幽深森林枝枒虯結，是我讀奇幻小說時會想到的場景，在那種地方，你會想像可能出現哈比人聚落或《納尼亞傳奇》（*Narnia*）裡的獅子聚集的巢穴。我大概是邊騎車邊胡思亂想著那些故事情節，總之，我騎得很快，而且那一下摔得不輕。摔到地面時，我滑出去很長一段，整個人朝對角線方向衝撞拋甩，在雨水濡溼的路面上刮下一層皮。沒有撞到頭，骨頭也沒斷，但是手臂和大腿的擦傷處燙得像有火在燒，彷彿有熱鍋在燒灼我的皮肉。單車車友稱為「路疹」（road rash）。單車翻倒在我身後約十五碼處，而在我和單車之間的柏油路段一片血肉模糊，像是黑色畫布上的抽象表現主義滴彩畫。

那可能是我第一次騎單車出車禍，也可能不是。我摔車的次數可能比一般單車族多，不過對於這類事件，我的印象往往模糊不清。有幾次事故在身上留下印記。大概十六歲時騎單車飆車摔倒，結果左手無名指的指骨關節骨折。直到今天，這隻指頭還是有點變形，有一個指節腫成球狀。（我要結婚時得買特大號的婚戒才戴得上；珠寶匠在戒指內側焊了金屬珠子以免戒指滑脫。）另一次摔車是在大學時代，小腿前側留下一個乒乓球大小的腫塊。我不記得那次是怎麼摔的了，但還記得抬起傷腳坐在朋友住的校外公寓裡，當時是用從冷凍庫隨手抓到的一包東西充當冰敷袋：伯宰牌（Birds Eye）三色豆。

我太太說我有易出事體質，統計數據或許支持這個說法，但我不太相信。在我看來，這是所謂「平均法則」（law of averages）：如果你常騎單車出門，就比較容易三不五時撞到東西。如果你大多在紐約市騎單車，那又特別適用。過去數十年，紐約市建置了長數百英里的自行車道；據說市政府計畫要再增加數百英里的自行車道，以及增加設有圍欄以隔絕機動車輛的自行車道數量。但目前為止，紐約的自行車基礎設施仍然不足，單車族不得不和實務上近乎有罪不罰的機動車輛一起擠在喧囂混亂的道路。

每年在紐約有數千名單車騎士遭到汽車撞傷，其中只有極少數汽車駕駛人面對法律責任。即使是單車騎士喪命的事故，情況也一樣。紐約人已經很習慣看到「幽靈單車」（ghost bike）[6]，是為了紀念車禍死去的單車騎士而在事故地點所立的紀念物。幽靈單車漆成全白，往往有鮮花裝飾或附有一張護貝過的死者遺照。無論第幾次瞥見這些紀念物，心中都會油然而生一股驚恐。它提醒你，騎單車經過的你是多麼脆弱。在你周圍怒吼咆哮的汽車和貨車有權力驟下判斷：無論你這個城市單車騎士有多麼經驗豐富、小心謹慎，能不能安然無恙抵達目的地可能純粹是運氣問題。若你橫死街頭，在你倒地處會立起一輛幽靈單車，否則紐約人對任何車禍消息只會聳聳肩以對。有單車騎士不幸在車禍中喪命時，市府高層偶爾會硬擠幾滴「鱷魚的眼淚」。但很顯然，在紐約市官僚和大部分市民眼中，單車騎士在車禍中亡故很不幸但無可避免——在屬於機動車輛的馬路上騎單車爭道這種行為不僅愚蠢，而且為社會所不容，出人命則是完全可預期的結果。「可不可以殺死單車騎士？」二〇一三年《紐約時報》一篇專欄文章如此提問。[7]該篇作者丹尼爾．杜安（Daniel Duane）的結論是「可以」：在美國，「即使明顯是你的錯，司法系統讓你可以事實上（de facto）合法殺人，只要你開汽車而被害人騎單車，而且你沒有明顯酒醉或肇事逃逸。」

換句話說，紐約是一個很「美國」的地方。汽車將大家聯合為一，是少數僅存能將分裂的國家維繫住的共通熱情，就如同州際公路系統連接大西洋和太平洋兩岸，將緬因州的波特蘭、無數偏鄉小鎮和金門海峽（Golden Gate）連結在一起。紐約常被認為是美國國內的例外，是一個漂浮在北美大陸外海的城邦，它自成一格，根據略微「歐洲風」的規則運作。紐約與汽車的關係似乎是很好的例子。相較於美國其他大城市居民，紐約人擁有的汽車數量少了三成，很多人認為在紐約開車不切實際而且不合時宜——與城市的精神背道而馳。

但是紐約的單車族心知肚明，紐約跟哈德遜河以西任何地方一樣以汽車為中心。汽車文化讓政治上意見分歧的紐約人團結一致。會在掀背車上貼「全球思維，在地飲食」貼紙的上西區自由派，和史坦頓島（Staten Island）上在屋頂掛起藍線美國旗（thin blue line flag）的川普支持者本應水火不容，但兩方也有達成共識的時候，他們都支持路邊免費停車，反對收取「塞車費」（congestion pricing），瞧不起馬路上像蚊子一樣嗡嗡嗡的單車族。汽車優先文化內建於紐約市法規和各家報紙專欄，最著名的首推媒體大亨梅鐸（Murdoch）擁有的《紐約郵報》（*New York Post*），它堅決反對單車，極力塑造單車有害交通安全、尤其會危害行人的形象。該報社的主張與一百二十五年前的論調大同小異，當時威廉・藍道夫・赫斯特（William Randolph Hearst）和約瑟・普立茲（Joseph Pulitzer）兩家八卦小報專欄裡全是關於邪惡飆車族的報導。這或許解釋了為什麼很多紐約人認為，單車族是對平靜心靈和人身安全的一大威脅，即使相關數據和常識都顯示，真正的危險來自一坨坨在馬路上稱霸的三千磅重鋼鐵。紐約人被汽車或貨車撞上的機率當然比被單車撞上更高，被撞的後果也更為嚴重。

換言之，在紐約騎單車就是要面對危險和敵意，很多在其他情況下可能樂意騎單車的居民絕不會以身涉險。但在紐約確實有超過一百萬名單車族，而且數字持續成長，有一部分功勞要歸給紐約市的「Citi Bike」公共自行車系統。紐約單車族騎車時小心翼翼策略性兼防禦性前進，慢慢學會遊戲的各種竅門撇步：路面上出現大凹坑時如何放慢速度減輕震動，如何掃視路旁汽車的照後鏡，以防汽車忽然起步切入車道或猛然打開車門。

單車族必須養成一種心態：你必須培養雲淡風輕的宿命觀，告訴自己，身為單車族，你只是更明白災厄無處不在；在大道上走逛的人隨時都有可能被掉下的鋼琴砸中，或陰錯陽差被衝上人行道的汽車撞上，而你比他們更能洞察世事無常。有一點千真萬確：單車騎士比任何人，尤其比所有車輛駕駛人都了解機動車輛。「汽車讓人變笨，就如同財富讓人變笨，」散文家尤拉・畢斯（Eula Biss）寫道，「汽車就像一群有權有勢的男人在互相對話。汽車有時會客氣地容忍單車的存在，有時候緊張兮兮跟在後頭，大多數時候完全忽視，偶爾表示尊重，往往根本沒看到單車。從這方面來看，在馬路上騎單車與一個女人置身一群男人中的處境異曲同工。」[8]

因此紐約單車族面對的情況是福非禍。他們享有變得機警敏銳、明察秋毫等福利，而自己坐進會滾動的大箱子裡把自己綁住、只透過擋風玻璃看世界的人則無福消受。騎單車時，「狗又變回狗了，牠們會撲咬你的雨衣衣角；路面坑洞變得與你切身相關。」記者比爾・愛默生（Bill Emerson）寫道。[9]或許也可以說，從騎在單車上居高臨下的視角來看，城市變得格外有城市感，更激烈生猛，更像嘉年華會。凶險環境讓感覺更加敏銳，讓周圍景色充滿張力，一切都顯得鮮活多變。在單車上放眼望去，紐約露出仕紳化之前的昔日風貌，變回從前那個衰老又火爆的城市：老派嘻哈紐約、龐克搖滾紐約、戴蒙・魯尼恩（Damon Runyon）筆下快活但危機四伏的紐約。要以這個理由說服別人在尖峰時間騎單車擠進皇后大道（Queens Boulevard）的致命車流，或許沒有什麼說服力。但是對我們這些有「單車魂」的人來說，反對騎單車的理由更糟。騎單車可能會害你送命，但是不騎單車、整天步履蹣跚地生活——根本不是人過的日子。

所以我繼續騎車，偶爾會遇上飛來橫禍，有時直逼面前，有時來自身後。一九九〇年代，我騎在雀兒喜區（Chelsea）的第十大道（Tenth Avenue）上，在一座教堂前方遭人追撞：竟是守護天使教堂（Church of the Guardian Angel）。肇事駕駛揚長而去，兩名修女從教堂附設教區學校跑出來。我身體四肢有些擦傷，但傷勢不怎麼嚴重——天主保祐。大約十年前，那時是二〇〇六年六月，我再次遭人追撞，這次是在布魯克林高地（Brooklyn Heights）的卡德曼廣場西街（Cadman Plaza West），是上下布魯克林大橋（Brooklyn Bridge）的要道，車流絡繹不絕，撞我的是一輛龐大驃悍的休旅車。那是我人生中最嚴重的一場車禍。重摔在地造成左肩嚴重脫臼，關節唇（即環繞肩窩的一圈軟骨）撞得粉碎。附近消防站的消防小隊最先趕到現場，一名消防員告訴我：「朋友，你的手臂不在該在的位置。」數天後，外科醫師打入鋼釘固定我的肩關節，使用我的自體移植組織重建粉碎的關節唇。我的左手臂活動範圍後來一直受到侷限，盂肱關節活動時會吱嘎作響，一遇氣壓變化就隱隱作痛。

我不能每次出車禍都怪罪城市街道。小時候在康乃狄克州摔車那次，還有跟丹尼．麥嘉斯寇一起去蘇格蘭森林那次大出洋相，都不是在城市裡。但是有幾場車禍絕對與城市環境脫不了關係。城市單車族的宿敵是汽車車門，這些巨大的重金屬附件會在你騎過時猛然甩出，對單車騎士發動攔腰攻擊。我被車門攔腰攻擊過幾次，最嚴重的一次是在曼哈頓中城（midtown Manhattan）第八大道快到第十五街處，一名男乘客猛然開門衝下計程車，那時我剛好騎到乘客下車那側的車門旁，左膝蓋骨被重重撞了一下。我永遠不會知道自己是怎麼一拐一拐離開現場卻沒有骨折，但我休養好幾個星期，還去找針灸師陳醫生（Dr. Chan）看了五、六次診，走路才總算不需要拐杖。對於那次事故，我主要留下的印象是聲音。我在感覺到之前就先聽到——在大腦接收到脊髓飛速傳來的感覺訊號並解讀為疼痛之前，我提早十億分之一秒聽見了。先是車門在鉸鏈上轉動的吱呀聲，然後是駭人的喀吱碎裂聲，彷彿堅果鉗夾碎一顆胡桃仁。

之四：鎖車

大城市裡的單車族還可能遇上其他災厄。一九九九年夏天時我住在東村（East Village），某天出門時發現，我的單車不翼而飛。

當時是早上六點鐘。前一晚我和平常一樣將單車鎖上。我將鋼鏈穿過前輪輻條之間，拉著鋼鏈先繞纏在停車牌示的綠色金屬柱桿上，再拉回來穿過菱形車架中央並繞上管一圈。然後我將鋼鏈拉緊，在其中兩個鏈環扣上堅固的鋼製掛鎖，將單車鎖縛在桿柱上。停車處是在B大道（Avenue B）與東十街交會的轉角，對面是湯普金斯廣場公園（Tompkins Square Park），再過去一點有一間二十四小時營業的食品雜貨店。那天早上發現單車不見之後，我看到雜貨店其中一名員工在店外整理一箱箱便宜花束，就問他有沒有剛好看見有人偷走鎖在柱子上的單車——就是那邊那根柱子。

有，他告訴我；有，他看到了。兩小時前，大約凌晨四點，幾個人開著平台貨斗型貨車在人行道旁停下。他們站到貨斗上夠高，伸手就能碰到桿柱頂端的停車牌示。其中一個人拿出扳手，擰開鎖在牌示上的螺絲。他的同夥將我的單車抬了起來，此時前輪和車架上還纏著鋼鏈，他們合力將整輛車慢慢向上挪移抬高到離地約十二英尺越過桿柱。接著他們將單車放上貨斗，開車離去。

雜貨店店員陳述事實時直截了當但滿臉疲憊，顯然對這件事沒有太大的興趣。他也不覺得這是從法律角度來看需要旁人出面干預的事件——例如開著貨車到處搜括別人的單車很惡劣，而且嚴格來說還犯法。事實上，竊賊比目擊證人還有公德心，那個拆下牌示的男人把牌示又裝回去鎖好才離開現場。

偷竊單車是肆虐全球的瘟疫。每年失竊的單車高達數千萬輛。在美國，單車竊案只占所有竊盜罪案的百分之五左右，從相關數據已見端倪：單車被偷的車主大多沒有報警。偷單車不需要什麼技術或詭計。單車鎖可以鋸開、砸爛或剪斷，可以用鉗子撬開，或用壓縮空氣罐一直噴，噴到單車鎖結凍後用鐵鎚敲爛。大多數情況下，警方都幫不上忙，他們認為不值得將人力和資源花在處理單車失竊這種小事。簡而言之，偷單車是歹徒的夢想：容易達成，而且幾乎完全不受執法機關追究。是犯罪，卻不用受罰。

我從不考慮斥資購買昂貴單車，這是理由之一。如果小偷可以為了盜走一輛破爛休閒自行車耐心拆除街道設施，那麼一輛要價不菲的炫麗單車在萬惡「高譚市」（Gotham）能夠存活多久呢？在B大道那次竊案之前數年，我有一輛新車被偷，而且就發生在我從店裡買走車子數小時之後。那輛新車是崔克的「800 Sport」，是外形不太漂亮的低中階登山車，只要兩百五十美元。但車子是全新的，亮綠色車架毫無瑕疵。那天晚上，我從雀兒喜區的公寓騎車去探望我媽，她那時候已經搬回紐約，又住進晨邊高地社區，就在百老匯大道西邊的一百一十四街。我在她住的那個街區盡頭靠近河濱大道（Riverside Drive）處找到一根柱子，就用氪石牌（Kryptonite）U型鎖將單車鎖在柱子旁。這麼做很蠢，U型鎖好撬開的程度人盡皆知。（網路上還有教學影片示範如何用原子筆撬開U型鎖。）我在我媽家吃了晚餐，下樓一看——**車不見了**。

來得容易的，去得也快。今晚我會將停在公寓外頭的單車鎖住，用一條加固錳鋼鏈條纏住前後輪和車架再纏繞於路燈柱，最後加個掛鎖鎖住。這個鎖法是我在B大道上所用方法的升級耐用版，理論上防盜效果更佳。但要是哪個惡棍無賴帶了適合的工具，而且真的有膽花那麼長的時間拆路燈，這種鎖法也擋不了。明天我起床時，可能會看到單車還在原本停的地方，也可能它早已不翼而飛：或許被肢解拆分，或被賣給不肖業者銷贓，或它的踏板已在陌生人腳下起起落落。

之五：騎遊者

話雖如此。儘管在紐約騎單車要承擔種種風險，且大環境日趨惡劣，但還是有一群像我們這樣的人，相信騎單車是紐約生活經驗的精髓所在，我們知道住在紐約卻不騎單車的人只能體驗到一半的紐約，只能隔著一段距離霧裡看花，像是透過剛剛被大力搖晃過的玻璃水晶球窺看。原因不只在於騎單車是最有效率、樂趣最多但傷亡風險也相當高的通勤方式，或在大塞車到完全堵死時還能繼續做自己的事的最佳交通方式。騎單車也是理解紐約、摸清紐約、沉浸其中、將之吸納吞沒的最好方法。

單車教你地形地貌，讓你得悉地形學的種種基本事實。四百年的挖掘、疏濬和開鑿重新形塑了「紐約市群島」，讓多個地塊變得扁平。但在紐約五個行政區多條街道下方，仍是冰河所遺留的冰磧斜坡尖峰以及三疊紀（Triassic）的地殼板塊。「騎單車最能領略一個國家的起伏輪廓，因為你得賣力騎上丘坡再滑行下坡。」海明威（Ernest Hemingway）寫道。[10]騎單車也讓你體會隱藏在地名中的地形——布魯克林高地有點「高度」，而莫瑞丘（Murray Hill）無疑是座「山丘」。行人跟機動車輛駕駛人或許幾乎不會留意，但辛苦爬上坡又輕鬆滑下坡的紐約單車族會注意到，地勢高低起伏如何與久遠的過去連結，這裡之前是荷蘭屬地，再之前是萊納佩人（Lenape）的土地，更久以前有乳齒象出沒。單車為你講述的，是一則依地質年代表開展的紐約城故事。

但是騎單車也是洞悉今日紐約奧祕最好的方法。如今已是紐約人的墨西哥作家瓦雷麗婭・路易瑟利（Valeria Luiselli）自創新詞「騎遊者」（cycleur）來描述騎單車的漫遊者（flaneur），其人刻意漫無目的地在城市中隨興漂移（dérive）。「騎遊者發現騎單車是一種沒有最終成果的職業，」路易瑟利寫道，「他享有的古怪自由，只有思考或寫作所享有的自由差堪比擬……騎著單車自在遨遊，這是觀察城市、成為城市的目擊者兼同謀最剛好的步調。」[11]

什麼是最剛好的步調？很久很久以前，單車宣稱能夠飛奔疾馳。（最早普及的單車名稱「velocipede」源自拉丁文「velox pedis」〔健步如飛〕，而法文表達單車的詞語「vélo」還保留了這個意思。）如今單車以其緩慢而備受推崇，許多人大力支持「慢騎」[12]和其他放慢速度的生活方式（「慢食」、「緩慢性愛」），並主張單車是超高速資訊時代的一帖解藥。

但是對紐約騎遊者來說，理想的步調是不快也不慢。如此莊重從容的步調讓你將風景盡收眼底，或如路易瑟利所說：「彷彿透過電影鏡頭觀看。」[13]去一趟雜貨店有了電影感，推軌鏡頭（tracking shot）中出現了天際線、街道和人行道。你瞥見地平線上層疊聳立的辦公大樓，一雙鞋帶打結的帆布鞋吊掛在電話電纜線上，一隻松鼠叼著吃剩的貝果跳出垃圾桶後蹦跳飛奔而去。店面和招牌、廣告標語、街頭塗鴉、數百張臉孔以及另外數百名滑手機「低頭族」的頭頂，你一覽無遺。騎單車可以同時享受步行時和開車時最棒的體驗：你可以走馬看花一覽模糊的全景，或放慢速度留意細節。

換句話說：單車座墊是靜觀世間萬物來去的優良位置。坐在單車上，你就跟球星勒布朗・詹姆士（LeBron James）一樣高。我通常會讓自己再變高一點：我很常在飛輪慣性轉動時站起來，踩在不動的踏板上保持平衡，從這個高度可以俯瞰路上所有休旅車的車頂。除非踩高蹺、玩彈跳桿或駕駛腳踏式雙翼飛行器，否則沒有任何靠一己之力移動的交通工具能夠提供這麼高闊的視野。從這個高度望見的紐約無比美好。

之六：遜咖

至於在高處的我看起來如何：可能不怎麼美觀。嚴格來說，我不知道怎麼騎單車。一名專業單車手，尤其是注重如何騎得又快又好的自行車選手，看著我騎單車的身姿，可能會把我批得一無是處。單車圈內稱笨拙的單車騎士為「遜咖」（turkey），很不幸，我是其中之一。無論正確的騎乘姿勢、適當的踩踏板技巧甚至最佳的車架尺寸，我從不去講究。我依據某個校正準則調整座墊高度，將踏板轉動到六點鐘方向，然後確認此時膝蓋算是打直。關於專業技術方面的考量，我大概就做到這個程度。

碰到上坡或逆風，我的表現就難登大雅之堂。我會狼狽地哼哼唧唧，喘得上氣不接下氣。我拖拖拉拉不愛找技師修車的事眾所皆知，而我的單車到最後也開始哼唧呻吟：齒輪發出唧嘎怪聲，鏈條喀哩喀啦作響，煞車皮發出殺豬般的尖銳嚎叫。什麼「靜默駿馬」，不提也罷。

但這些精微細節都不是重點。我的單車騎行活動包括全年無休、風雨無阻的市區通勤和外出旅行，我本身自成一門粗莽藝術，我願意以自身技術和任何人一較高下。我擅長在水洩不通的街道鑽縫穿隙，我知道怎麼樣在車流中順勢借力或是逆勢而行。抄捷徑；經由路口加油站右轉；急轉插入停好汽車輪胎擋泥板之間的狹窄縫隙，然後越過緣石騎上人行道——我在執行這類動作時不假思索，有如嫻熟技藝的專家依循本能行事。

這樣的景象或許並不賞心悅目。但話說回來，又有誰在看？瓦雷麗婭．路易瑟利指出：「單車騎士得以在行人眼皮子底下飛掠而過，對汽車駕駛則無足輕重，他於是享有隱身的特殊自由。」[14] 其實不是真的如此，但感覺確實如此，這樣就夠了。騎在單車上，尤其你如果每次經過店家櫥窗都習慣逼視眼前倒影，你不僅能逃過其他人的監督眼神，還能逃過自我審查的嚴厲目光。騎單車時，我小家子氣的虛榮心消失。我進入禪的境界，在這個優雅美妙之境，我不在意自己是否看起來很廢。

之七：幻肢

不能騎單車的日子實在討厭。有時候就是會碰到這樣的日子。也許是暴雨造成市區淹水，或者全城降下大雪，而你與人有約，必須體面現身，不能是剛騎單車行經八十個街區那種狼狽樣。也許你的單車送修，也許你的單車失竊。當你習慣到哪裡都騎單車，不能騎單車的狀態會讓你手足無措、坐立難安。失去車輪，你覺得自己像被截肢。

在地鐵上，你只覺得擁擠侷促、心虛鬼祟、百無聊賴。在計程車上，你投向路上呼咻駛過單車的眼神充滿怨恨。走在路上，你可能覺得自己好像在流沙河中辛苦跋涉。騎單車得以窺知紐約隱藏的真相，但也會被種種假象矇騙，對於距離和尺度產生錯誤的印象。騎單車時一眨眼間就到的路程，在不得不徒步或搭大眾運輸時，卻成了史詩級的艱鉅旅程。下了單車會發現，紐約變大了，但也變得不那麼偉大繁華，而是專門打擊你、挫敗你的地方。景色變得乏味無趣，你的心智也變得遲鈍無聊。

夜裡你才獲得安慰。睡夢中，你再次跨上單車，騎行於熟悉的街道。也或許那些街道變得迷幻，而你騎著飛天單車飛越一座科幻城市或幻化成銀河的飄浮紐約，群星在車輪下鋪展如毯，而帝國大廈（Empire State Building）尖頂上的火星就像雞尾酒牙籤上的櫻桃。赫伯特．威爾斯於一八九六年如此描述深夜騎行的單車騎士：「雙腿仍然保留肌肉記憶，它們踩了一圈又一圈似乎永不停止，你騎著不斷變化生長的奇妙夢之單車穿越夢鄉幻境。」[15]

之八：路口見

我們家大兒子在某個週末下午學會騎單車。那天早上他接到消息：有人看到他最好的朋友在社區裡騎單車。我兒子學騎車學得比較慢，但想到好朋友搶先抵達這個里程碑，就讓他很受不了。當天他就學會騎單車了，他當時六歲。

多年來他都會坐上單車，但不是騎士，他搭我的單車，是我騎單車穿梭市區時的旅伴。有一段時期我會讓他坐在拖車裡，就是那種可以掛在單車後方在路上拖行的小車。後來我改用兒童座椅，讓他坐在我身後數英寸處。我們四處悠遊：去學校、去公園，往北到威廉斯堡和綠點區（Greenpoint），或過幾座橋到曼哈頓。去「上城」，去「下城」。路上我們閒話家常：聊紐約，聊歷史，聊學校的事，聊中華料理，聊腳踏車。有一次，我提起一篇自己讀到的文章，講一名騎長程的單車騎士立志要騎等同從地球到月球來回一趟那麼長的距離。我兒子想知道我們是不是也能做到：從家裡到他唸的小學要騎多少趟，才會等於來回月球一趟的距離？我們計算了老半天，得到大概的數字：大約要五十萬趟。我們決定設立一個比較可行的目標。

但後來他學會自己騎車，嚐到自由和危險的滋味。從此我們一起在市區騎車，我自己騎馬路，但規定他只能騎在人行道上，我的考量是讓他在沒有汽車的安全地帶和我並駕齊驅。但這樣的安排讓他覺得不耐煩。他會在人行道上風馳電掣超前一大段，早早抵達下個路口，同時我還陷在車陣裡。「路口見啦。」他會這麼說，然後呼咻一下就不見人影。有一段時間，我堅持要他停在路口，等我到了再一起過馬路。不久後我們就清楚，這麼做毫無意義。他很小心，他說，不會被撞。而且，是我騎太慢，他何必停下來等我？

現在他是個帥氣青少年了，長得幾乎和我一樣高。座騎也晉級了，他改騎一輛配備拉風白色車架和二十六英寸輪組的復古風BMX單車。他自學翹孤輪、獨輪點跳和其他特技。他經常不分日夜騎著單車滿市區跑來跑去，找朋友、出去玩，天知道是跑去什麼地方忙些什麼。他已經邁入人既在也不在的青春期階段，是家裡幽魂般的存在，偶爾飄進屋裡吃飯、睡覺，也許寫點作業、講幾句話，然後又飄走了——跳上BMX單車前往不知何方。如果家裡有青少年喜歡騎單車在紐約呼嘯穿行，為人家長者會焦慮更甚。但我沒有立場叫他別這麼做，而且這已經不算很糟的情況，他也有可能開車。

最近我和騎著單車的大兒子在馬路上不期而遇，感覺相當怪異。在我們家那條路上再過十幾個街區的地方，他和朋友各騎著一輛單車，這種「捕獲野生青少年」的景象很稀奇。我和太太帶著小兒子出門散步，忽然就看到大兒子意氣風發騎車橫越斑馬線：我們家的大男孩此時比平常看起來更像個年輕男人。那次相遇十分短暫。「哈囉。」他說，寒暄幾句後就說：「我們要走啦。」於是我兒子和他的朋友就騎走了，兩輛單車一下子飛馳無蹤。

我們有時候還是會一起騎單車。偶爾全家會一起出動：大兒子領頭，我和太太尾隨在後。車隊路線如下：穿越布魯克林區，抵達某家書店或亞洲菜餐廳。我身後還是裝著兒童座椅，但換了一位乘客：還不會騎單車的小兒子。他對學騎單車還很猶豫，但他已經大到擠不進兒童座椅了；學會騎車只是時間早晚的問題。很快他也會自己騎單車上路，先衝到路口等我。

之九：優雅老去

不久之前我看到一則關於智利（Chile）鄉下婦人艾蓮娜．賈維茲（Elena Galvez）的新聞，是那種發人深省、網友會瘋狂轉傳的報導。[16]賈維茲已經九十多歲，她為了將家裡母雞生的蛋送去市場，每週騎單車騎數百英里。賣雞蛋是她唯一的收入來源；她唯一的交通工具是一輛破舊的休閒自行車，也是她口中的「伴侶和朋友」。「沒了這輛車，我什麼都不是。」賈維茲說。她認為長壽的祕訣是騎單車。她堅稱，如果她能活到一百歲，一定是那輛單車的功勞。

銀髮族也能騎單車。很多長者為了保持運動習慣，會去打高爾夫或進行其他上流階級運動。但這種休閒活動會讓人遠離人生。高爾夫球場是假的至福樂土、高牆內的花園，與廣大的世界隔絕開來。單車卻可以讓老化的身體保持健康，更重要的是，騎單車時會置身鮮活變動的外在世界。

當我想像自己上了年紀以後的人生——當我召喚在自己所謂黃金時期的理想化形象——同樣的柔焦影像會反覆出現，彷彿俗氣電影裡的蒙太奇畫面在我腦海中搬演：暮色下寧靜的紐約街道上，我和妻子騎著單車偕行。回想自己年輕時那些虛榮自負的想法，實在令人羞愧難當。但我必須承認自己從年輕到老其實沒什麼變：如今讓我大作白日夢的，仍是差不多相同那些東西。我不再渴望成為搖滾明星——對我個人和整個社會都是好事。但是單車在我的人生中仍居首要地位，我想我也仍舊熱愛浪漫韻事。住在很棒的城市，有輛不錯的單車，老去的身體依舊健朗靈活，還有妻子騎著她的單車與我相伴，這就是我嚮往的迎向夕陽之旅。如果我能保持好運，沒有被拐彎的貨車壓扁、被優步（Uber）無人駕駛汽車擦撞，或在騎單車或走路時遇上什麼劫難，那麼也許就能成為那種偉大且高尚（或者謙遜但尊貴）的生物：騎單車的老人。

第十四章

墳場

聖馬丁運河（Canal Saint-Martin）水抽乾後自淤泥露出的單車。二〇一七年於巴黎。

每隔十年左右，巴黎市政府會將聖馬丁運河的水抽乾。這條近三英里的水道穿越巴黎右岸一塊長條地帶朝南流去，最初會開鑿是因為巴黎深受霍亂和痢疾所苦，希望利用運河提供乾淨用水。然而運河在建成後兩百年來卻有著截然不同的用途，事實上根本背離初衷。它成了垃圾場，一個巨大的液態垃圾桶。因此定期抽乾運河水就是揭露真相的時刻。當水位下降，先前數千個夜晚裡被踢進、拋進或偷偷扔進運河裡的東西便暴露無遺。

二〇一六年抽乾運河時，大批人群聚集在步道橋上和岸邊，觀看清除作業人員賣力在淤泥中前進並清除垃圾。[1]垃圾滿坑滿谷。床墊、行李箱、路牌、交通錐、洗脫烘洗衣機、裁縫用人體模型、桌椅、浴缸、馬桶、老舊收音機、桌上型電腦。人員也從汙泥中拖拉出數種絕不適合下水的交通工具，有嬰兒車、購物推車、至少一張輪椅和數輛輕型機車。

如今，與運河相鄰的巴黎第十區街道走在潮流最前端，街上時髦咖啡館和餐廳林立。但夜深以後，仍可依稀感覺到這一帶往昔陰暗溼冷的氣氛，這一區從前是勞工階級聚居區，容易藏汙納垢，常成為黑色電影（noir film）和冷硬派推理小說的場景。在這些廉價通俗小說中，聖馬丁運河的淤泥時常顯露不為人知的祕密。喬治・西默農（Georges Simenon）《馬格雷探長與無頭屍命案》（*Maigret and the Headless Corpse*）這則懸疑謀殺故事，就是從警方在瓦爾米堤岸（Quai de Valmy）打撈起一具無頭屍展開。二〇一六年的運河大掃除中，沒有發現任何人類遺骸，但確實在最北邊其中一處水閘發現一把手槍。市政府稍晚宣布，在運河中還發現一把步槍。

除了葡萄酒瓶和手機，運河裡最多的東西就是單車。九年前，即二〇〇七年，巴黎市「自由單車」（Vélib'）公共單車出租系統開始營運，而運河水一抽乾，就可以看到半埋於運河底部淤泥層中數十輛

「自由單車」的遺骸。還有無數輛其他單車，款式、年代各異，有些似乎是先遭到嚴重破壞後投入運河水葬。有些單車的車輪扭曲變形，有些根本沒有車輪。也有單車的車輪和車架完好無缺，但是龍頭和車手把消失無蹤：「無頭屍」無誤。

有些單車可能是意外落水。有無數種場景可能導致單車在意想不到的情況下落入水中，而這類事故確實會發生。單車騎士深夜迷路，或在濃霧中認錯方向，從曳船道誤騎入運河。單車騎士喝醉酒，經過橋上時失足落水。小偷騎單車逃離警方追捕，急轉彎時不小心落水。幸運一點的落水騎士能夠想辦法回到岸上，有時候還能救回他們的單車，但這類事故也可能引致不幸的後果。在報紙檔案庫瀏覽，就能看到多則搭配聳動標題的駭人報導：「船塢失足：單車騎士於塔爾伯特港（Port Talbot）溺斃」；「河中驚現騎單車浮屍」；「騎單車女孩溺斃，好友現場目擊」；「男孩運河溺斃，尋獲遺體及單車」；「橋梁護欄旁遭強風吹襲，女騎士失足落河溺斃」；「格洛斯特（Gloucester）男子半夜騎單車上班途中魂斷運河」；「單車騎士溺斃，落水原因成謎？」有些深陷憂鬱的人則是刻意騎著單車沒入水中。二〇一六年秋天，一名三十八歲跨性別女子在紐約州雪城（Syracuse）附近德威特（DeWitt）的公寓留下遺書。她接著前往附近的州立公園，用手銬將自己的手銬在登山車上，然後騎車沉入湖泊。遺體一週後被人尋獲，仍與登山車銬在一起。[2]

至於聖馬丁運河裡的單車，似乎可以合理假設其中大部分最後會在水底，既不是出於事故，也不是悲劇使然。有些人喜歡惡作劇，而單車是絕佳道具。周圍有這麼多單車，你可以大偷特偷、惡意破壞，不會有任何法律後果。有一種人具有愛耍流氓的傾向，他們或許將對有知覺眾生施加暴力的衝動，昇華為毀壞路上看到的任何無生命物體，而單車就成了他們眼中的誘人目標。也可能是單車類似生命體的

「鐵馬」特質，兩百年來讓人類深受吸引又深感不安，因此引發某些人內心深處的破壞欲。[3]類似「自由單車」的單車共享系統如今在全球蓬勃發展，各個城市的街道上也出現愈來愈多單車，這些單車就成了破壞分子眼中最好下手的對象，因為它們不是私人財產。無樁式（dockless）共享單車可以停在人行道上，不需鎖在站點停車柱，於是砸車輪、摔車架、剪斷煞車線等等「展現自我」的行為施展起來更加順利無阻。有些人的手段更是異想天開：把單車懸掛在鍛鐵欄杆上、架在紅綠燈和公車候車亭頂端，或是插入高高的樹梢上，讓單車看起來像是棲於巢中的翼手龍。

將單車扔進水中則是一種專門運動，能夠帶來獨特的興奮和滿足感。網路上有許多惡作劇者自拍的影片，他們或沿著堤岸將單車推入湖中，或將單車扛上堤岸欄杆後丟入水中，或將單車拋進湍急河流。其中一部影片裡，一名青少年扛起一輛久經風霜的藍色BMX單車對著鏡頭。[4]「邁克（Mike），這是你的車，」他說，「一直在我家車庫裡，其實我不想要了，所以我要推它去跳池塘，希望你不會介意。」男孩推著單車助跑一小段之後大力一推，單車從木板上衝出去翻了個跟頭後落水。影片背景傳來歡呼笑鬧聲，搖搖晃晃的鏡頭捕捉了單車快速殞命的一刻，只見後輪在水面上載浮載沉片刻，之後就遭池塘吞沒無蹤——一齣凶殺鬧劇。老實說：看起來很好玩。

顯然很多人都覺得好玩。在某些地方，將單車拋下水就像是傳染病。一位在劍橋郡（Cambridgeshire）彼得伯勒市（Peterborough）長大的英格蘭人回憶一九六〇年代時，當地男孩會偷走單車之後狂飆兜風，胡鬧行為最後以「將單車投入奈恩河（River Nene）」的儀式收尾。直到「一艘小船……被水底下堆積成山的單車擋住無法通行」[5]，男孩的惡作劇才事跡敗露。在阿姆斯特丹，落水的單車在市內一百六十五座運河內一度堆到非常高，甚至會在平底駁船駛過時刮擦船底。解決方法是「釣單車」（fietsen vissen）。以前這種工作是由拾荒者定期划小船在運河上撈釣——用末端裝了鉤子的長竿勾起單車，再轉賣給廢料回收商。一九六〇年代，「釣單車」事務改由阿姆斯特丹的運河主管機關負責。如今，整隊市府人員駕駛的船隻上配備連接液壓爪鉤的吊車，以拖網方式打撈運河底的單車。情況雖然已經沒有以前那麼嚴重，但每年從運河裡撈起的單車仍然多達一萬五千輛。這番阿姆斯特丹獨有的奇景永遠都能吸引群眾圍觀：巨大金屬鉤爪白水中升起，抓撈起的一堆車輪、車架和車手把置物籃仍不停滴水。撈起的單車會投入載運廢物的平底船，由船隻運往廢料回收場。據說，很多單車回收後都成了啤酒罐的原料。

無論在阿姆斯特丹或巴黎，沒有人確知運河裡為什麼會有那麼多單車，或它們是如何進到運河裡。市府官員將問題很含混地歸因於蓄意破壞和竊盜。酒精肯定也扮演某種角色，而其中可能有某種生態系統在運作：從運河撈出的一輛單車回收後被製成啤酒罐，罐子裡的啤酒被一個阿姆斯特丹人喝光，而這個人縱情狂歡整晚之後腳步歪斜走回家途中，瞄見一輛單車，忽然覺得有一股衝動，於是抓起單車將它扔進運河。作家彼得．喬丹（Pete Jordan）精采迷人的著作《我在自行車之城》（*In the City of Bikes*）談到阿姆斯特丹和騎單車，書中有數頁討論投單車入運河的行為，認為這種行為與該市政治上動盪不安的歷史有關。[6] 一九三〇年代，共產主義者為了惡整法西斯主義者，將他們的單車投入王子運河（Prinsengracht）；阿姆斯特丹於二戰遭德軍占領期間，反抗軍領袖號召市民將單車投入運河，以免遭納粹分子沒收後納為己用。喬丹也引用了一九六三年的荷蘭小說《單車奔月》（*Fietsen naar der maan*），小說中把投單車入河描繪成安排縝密的盜竊行為：一名專門在運河中打撈單車的回收業者趁夜裡偷偷將單車推入運河，隔天早上再來撈起單車賣到贓物市場。

阿姆斯特丹的情況或許用簡單的算術就能說明：這座城市內有大約兩百萬輛單車和總長三十英里的運河，依照邏輯推估，總會有幾輛單車掉進運河。阿姆斯特丹人需要扔掉舊單車的時候，水道往往是最方便的垃圾場。荷蘭《忠誠報》（*Trouw*）曾形容阿姆斯特丹的運河是「我們帶遊客坐船參觀的傳統垃圾桶。」[7]

這種習俗並非荷蘭獨有。二〇一四年，東京公園管理處（Tokyo Parks Department）發現東京西郊井之頭公園（Inokashira Park）中央的大池塘出現外來種魚類。當局認為這些魚類應是原飼主帶到池邊放生的，可能對自然環境造成危害，遂決定抽乾池水後將這些外來種移除。但抽乾池水後，卻發現竟還有一個「外來侵入種」：數十輛單車。這個意外的發現讓東京很多人大為吃驚。長久以來，清潔隊人員就曾抱怨，街巷和停車場都有人棄置不要的單車。但是大部分人卻不清楚：還有將單車投入水裡這種不為人知，或者就定義而言該說是「隱藏版」的習俗。在全球各地的池塘、湖泊和運河，又或是多瑙河（Danube）、恆河（Ganges）、尼羅河（Nile）或密西西比河（Mississippi）河裡，還埋藏了多少輛單車呢？

合理推測還埋藏了很多，而隨著共享單車系統持續增生，相關數字似乎也跟著增加。「自由單車」系統營運的第一年，巴黎警方從塞納河撈出數十輛共享單車。羅馬有太多共享單車遭投入台伯河（Tiber），提供單車共享系統的公司於是停止服務。在共享單車系統進駐波士頓和周圍郊區後不久，《波士頓環球報》（*Boston Globe*）於二〇一八年刊出報導：「無樁式單車接連葬身水底」。[8]

從墨爾本（Melbourne）、香港、聖地牙哥、西雅圖到瑞典的馬爾摩（Malmö），有多座城市皆面臨類似問題。在英國倫敦和曼徹斯特的運河，以及泰晤士河、康河（Cam）、埃文河（Avon）、泰恩河（Tyne）等河川，都曾打撈到共享單車。[9]（監管英格蘭及威爾斯水道的運河暨河流基金會〔Canal & River Trust〕曾公開水下攝影的影片，從影片中可看見魚群懶洋洋地從運河河底長滿藻類的腳踏車輪旁邊游過。[10]）二〇一九年二月一大早，曼哈頓上西區某個公共自行車站點出現一輛單車，這輛公共單車先前顯然在哈德遜河裡待了一陣子。車上遍布藤壺和各種軟體動物，輻條上還掛滿海藻。新聞網站「高譚人」（Gothamist）請哈德遜河川管理機關的專家估算該輛單車沉在河底的時間有多長，專家表示：「從車手把上的牡蠣來看，保守估計這輛單車從去年八月開始就在河底，也有可能是去年六月。」[11]

關於單車棄置河中和打撈作業最戲劇化的報導來自中國。二〇一六到二〇一七年間，中國當時最大的兩家共享單車公司「ofo小黃車」和「摩拜」（Mobike）從中國南方江河打撈起的自家無樁式單車多達數千輛。在一部廣為流傳的影片中，上海一名男子在繁忙的人行天橋上將一輛「摩拜」單車投進黃浦江。[12]還有其他網友瘋傳的影片則捕捉了一群孩子破壞共享單車、老婦人掄起鐵鎚猛砸共享單車等畫面。中國的共享單車面臨失竊、拆解、被塞入汽車底下、埋入工地、放火焚燒的下場。大眾惡意破壞共享單車的浪潮，引發中國社會的深切反省。《紐約時報》二〇一七年的報導寫道：「常聽到有人形容共享單車是面『照妖鏡』，將中國人的真正本性暴露無遺。」[13]

或許這面照妖鏡照出的，是關於我們這個時代更宏大的真理。那名在上海投單車入江的男子是從香港移居到上海，他告訴記者他還用鐵鎚砸爛了九輛「摩拜」單車。男子說他對於摩拜公司侵犯使用者隱私感到憤怒：「『摩拜』單車裡的晶片不安全，會洩露個人資料，像是租借者的所在位置。」[14]

基於政治理由而去破壞共享單車洩憤，該名男子絕不是唯一一人。理論上，共享單車服務不僅能讓城市生活變得更便利宜人，也能讓社會更環保、更公平也更自由。事實上，很多共享單車系統是由公部門與私人企業合作經營，資金來自跨國銀行，而車輪擋泥板上就印著顯眼的銀行標誌。無樁式共享單車產業由科技公司主宰，這些公司往往在相關法規未臻健全、基礎建設也未到位時，就在街道和人行道上塞滿共享單車。大多數無樁式單車系統須透過應用程式操作，也向使用者提出數位時代大家熟悉的交易：以個人隱私為代價，換得方便省事。應用程式蒐集使用者的個人資訊，單車則內建全球定位晶片和無線通訊裝置，以每數秒鐘更新一次的頻率將使用者所在地點資訊上傳至系統中。會監視使用者的共享單車——就一種曾有望賦予個人前所未有的自由的機器而言，真是意想不到的逆轉。

在至少十億美元的創投資金支持下，中國出現超過七十家無樁式共享單車新創公司[15]，在二〇一六到二〇一七年間有數百萬輛共享單車進駐各個城市。供給遠遠超過需求，單車真的是堆積如山。在北京、上海、廈門等城市外圍，原本空蕩蕩的偌大停車場放滿了數以萬計遭扣押的共享單車，一輛輛單車堆疊到數層樓那麼高，其中多數仍是全新。這些地方被稱為「單車墳場」，但在無人機拍下的空拍照和影片中卻多半宛如花海：鮮黃亮橙、嫣桃嫩粉的車架遍布數英畝，彷彿鋪展於大地的鮮豔地毯。[16]對歷史有概念的人看到這些圖像，可能會想到歷史上典型的投機泡沫：十七世紀荷蘭共和國（Dutch Republic）舉國深陷「鬱金香狂熱」（tulipmania）。無論如何，遭棄置、火焚、投河或堆成垃圾山的共享單車講述了一則關於二十一世紀的故事，然而到目前為止，還難以看清這則故事的意義和結局。無論未來的發展如何，必然會有無數單車「陣亡」。

各地當然一直都有單車墳場。走進工業區裡某一條偏僻街道，可能會無意中看到一間廢金屬回收場，再仔細一瞧，很可能會認出散落於廢料堆中的單車和單車零件。布魯克林區有一座很大的廢料回收場，與我住的那棟公寓僅有一個街區之隔。從早到晚，大型夾子怪手轟隆隆運轉聲響不斷，從一旁格瓦納斯運河（Gowanus Canal）上的駁船來回裝卸一堆堆金屬廢料。廢料被放入壓縮打包機中，壓縮成重五百磅的方塊。有時我會在巨大壓縮方塊中瞥見單車車架、車輪和其他零件，全都壓得扁平活像化石遺骸。數年前，紐約州環保局（Department of Environmental Conservation）發現「廢料外溢」，即廢料場將殘屑倒入運河一百餘次，於是開罰八萬五千美元。[17]或許河水黏糊糊的格瓦納斯運河，就如同聖馬丁運河和阿姆斯特丹老城區如詩如畫的運河，水面下方也埋藏著大量單車。

就我所知，我以前的某一輛單車可能就在運河裡。我忽然想到，我擁有過的單車至少有二十輛，而我只能確定其中一輛的下落，就是那輛此刻鎖在一座路燈旁的黑色休閒自行車——距離那座吵鬧的廢料場約一個半街區。過去那些失竊的單車，我當然不知道它們下場如何。但我不記得自己曾送出或賣出單車，也不記得自己曾將單車丟進垃圾堆裡。我確定自己以前搬家時，曾有一、兩回將單車留在舊住處的地下室。

至於其他輛的下落，我一無所知。單車壽終時會去哪裡？單車很牢固耐用，但也可拋可棄：如果你不介意當個沒有公德心的人，很容易就能擺脫不要的單車。至少在富足的已開發世界，單車並不昂貴，車子壞了或添購新車後，車主多半會丟棄舊車——棄置戶外讓路人騎走，或留給清潔隊清除。

還有一些單車被遺棄在更荒涼的地點，它們躺倒在地，在風吹日曬雨淋下日漸殘破以至凋亡。在城市裡，常常可以看到已經廢棄但仍以鏈條或U型鎖鎖在桿柱或欄杆旁的單車。通常會有「禿鷹」前來瓜分殘骸，拆走一個車輪、兩個車輪或車手把，能拆的全部拆走。單車遭洗劫後的樣子令人不忍卒睹。破損大盤的鏈條垂落，反光片碎片四散一地，輻條和煞車線斜插歪翹，有如漫畫家喬治・布斯（George Booth）筆下人物的「炸毛」髮型。我想起湯姆・威茲的名曲〈破舊的單車〉（Broken Bicycles）：「破舊的單車／鏈條斷支離／手把盡鏽蝕／雨中任潑淋……／草地上橫陳／如朽骸枯骨。」[18]這首歌寫的是愛情破滅，歌詞只是隱喻，卻像是新聞報導。草地上那些破舊的單車如果與大多數單車無異，主要以鋼鐵或鋁合金製成，就表示製造的成分來自地下，是從礦場採掘出的礦石或沉積岩。構成單車的零碎片屑如今又回歸大地：布滿氧化鋁表面的鐵鏽薄片和白堊細粒，也許被風吹散，也許在雨水沖刷下流入下水道。

有些廢棄單車得以重獲新生。我家附近的廢料場先將金屬廢料壓縮成塊，再運送至回收場。回收場先將廢料清洗、分類，放入熔爐加熱至融化後進行淨化處理，這些廢料最終會被鑄造或滾壓成可循環利用的金屬片板。鋼和鋁是世界上回收率最高的材料。以阿姆斯特丹為例，廢棄單車車架回收後可再製成飲料罐或某種食品容器或包材。再生鋼和再生鋁可用來製造飛機、汽車，也確實用來製造單車，其他用途還包括製造街道上各種公共設施、蓋房子和建造公寓大樓。在我內心的那個神祕主義者，喜歡想像市景是由老舊單車所構成：騎士騎著老舊單車「轉生」而成的新單車，行經內部大小梁、鋼筋皆以回收車架製成的摩天大樓，上方飛過的噴射機則是以單車零件回收後再生的材料組成。金屬回收再生過程中會產生有害環境的廢棄物，但有些副產品可以回收再利用，例如鑄鋁產生的熔渣可以和瀝青、混凝土混合作為填料。因此某些地方的道路本身就是一種單車墳場，單車族週日出遊時，正是騎行於以單車骨骸再造的地景。

第十五章

群眾運動

「黑人的命也是命」運動現場騎單車的示威民眾。布魯克林區，二〇二〇年六月。

一九八九年六月四日，北京市民早上醒來，發現古老城市的中心出現了一座單車墳場。

坦克車趁夜開入市中心，中國人民解放軍沿路開槍掃射，擊斃數百名甚至可能多達數千名同胞，其中有許多連續五十天占據偌大天安門廣場示威要求民主改革的民眾。關於天安門鎮壓民眾的事件，於六月五日下午拍攝的「坦克人」照片成了永難抹除的影像記憶：在天安門廣場北邊的長安街上，一名身分不詳的示威者獨自挺身阻擋成排坦克車前進。如今，這些照片和幾乎所有涉及六四事件的資料在中國皆遭查禁封鎖。而在一九八九年的春天到夏天，中國民眾會常常在電視上看到截然不同的畫面。

解放軍奪回天安門廣場控制權後，首要任務是抹除一切痕跡。聚集在天安門廣場的群眾人數一度多達百萬，其中大多數是學生，軍隊將他們留下的幾乎所有痕跡，不論枕頭、毯子、帳篷、標語牌板、旗幟或示威群眾命名為「民主女神」的三十三英尺高石膏像，全部毀壞殆盡並將殘餘物集中成數堆，再放火焚燒或以直升機運走。接下來數天以至數週，電視上不斷播放恢復秩序的景象：天安門廣場如今放眼望去，一片潔淨空蕩。或者近乎空蕩。至少還有一個景象提醒世人記得這場示威運動和血腥殘暴的結局，這個大屠殺之後的場景在緩慢掃過天安門廣場的橫搖鏡頭下反覆出現：數十輛遭坦克車輾壓毀損的單車堆積如小山。[1]

中國政府無疑想要人民看見這堆殘骸，將它傳達的訊息銘記在心。天安門廣場的示威群眾是一支單車大隊。六四事件的導火線是前任中共中央總書記胡耀邦的死訊，他在一九八七年因支持民主改革而被迫辭職。希望推動改革的中國人民視胡耀邦為英雄，當他心臟病發逝世的消息於一九八九年四月十五日傳到北京各大學，學生開始聚集並臨時發起悼念和示威活動。據說北京師範大學一名學生「騎著單車拿了個擴音器指揮陷入混亂的群眾」[2]，人群很快開始朝天安門廣場行進。其中一名示威者是三十歲的記者張伯笠，他那時是北京大學的作家班學員。張伯笠明白示威學生「需要向政府提出要求」[3]，於是他停下腳步拿出紙筆，很快列出呼籲政府施行民主、保障新聞自由、反對貪官汙吏等要求，這些訴求於是成了六四運動的基礎。「我寫下七項要求，」張伯笠回憶道，「然後騎單車追上其他人。」[4]

接下來數天，又有數千人湧入天安門廣場，人群擠滿人民大會堂、安放毛澤東遺體的毛主席紀念堂，以及其他中共權力中樞與象徵所在的廣場。廣場中央聳立著十層樓高的人民英雄紀念碑，民眾在碑上掛起巨幅胡耀邦肖像。四月二十二日，胡耀邦的國葬儀式於人民大會堂舉行，超過十萬名學生聚集在外，要求與時任國務院總理的李鵬會面。中國各地皆發生抗議示威活動，中共中央政治局內部展開激烈辯論，李鵬和其他強硬派敦促最高領導人鄧小平採取高壓手段強力鎮壓示威群眾。四月二十六日，中共黨報《人民日報》發布社論，稱天安門示威運動的目的是要「搗亂全國」，「是一場有計畫的陰謀，是一次動亂」。[5]

但有更多示威者湧入天安門廣場，很多人騎著單車前來。大多數的人騎單車速的城市自行車，也有些人是騎後面拖著載貨平板的三輪人力車。騎單車的示威者帶來寫了標語的旗幟和牌板，旗幟在他們身後隨風飄盪。一名觀察者將他們比擬為高桅帆船組成的艦隊——大批單車彷彿參加賽船會，浩浩蕩蕩駛入北京的大街小巷。[6]有些示威者騎車時互相勾著手臂，透過這種雜技招式展現團結精神和力量。

五月十日，學生舉行大規模「單車遊行」，以表態支持要求保障新聞自由的記者。有超過一萬名示威者騎單車參與遊行，長二十五英里的遊行路線是沿著北京古城牆遺跡繞行前往天安門廣場。當時住在北京的美國學生金培力（Philip J. Cunningham）也加入遊行隊伍，當天與其他人一起從北京大學校園出發。他在回憶錄《天安門明月》（*Tiananmen Moon*，2009）中記述，遊行在群眾違反警方禁令、成功衝入廣場時達到高潮：

> 當天最激動亢奮的時候，就在大家瘋狂衝進天安門廣場那一刻。拚著一股桀驁不馴之氣，我們一大群人呈巨大橫排，蜂擁衝入已成禁地的廣場。……騎在單車上放眼望去，景象無比壯觀。在我們身前和身後，紅色旗幟和各校標語在半空中飛揚，隨著疾馳的單車大隊飄盪鋪展。這些旗幟和標語明明是繫在單車上，或由騎車技術高明的示威者高舉，卻讓人有種錯覺，以為它們就像魔法師學徒的飛天掃帚，有魔力能夠自己飛到空中。[7]

如果說因為有單車和三輪車，天安門靜坐示威才得以延續，絕非言過其實。廣場上的民眾利用單車來豎立旗桿和搭設帳篷，三輪車的載貨平板上下成了民眾打地鋪的位子，一輛輛單車和三輪車將源源不斷的物資補給運入天安門廣場，車子也成了小吃攤和飲料攤。超過三千名示威者開始絕食抗議後，醫師和護理師在單車車手把上掛了自製的紅十字，騎車趕到天安門廣場當志工。民眾也將載貨三輪車改造成戰地行軍床運送病弱不支者。

政府於五月二十日宣布北京戒嚴，大眾運輸全面停止營運，之後單車更是變得不可或缺。示威者騎單車來回各大學校園傳遞訊息、交流情報。學生在天安門正對面立起的民主女神像，則是從中央美術學院以三輪人力車載運各部位到廣場後再組裝完成，屹立的女神像剛好面對極具象徵意義的二十英尺高毛主席肖像。

六月三日晚上，解放車坦克車隊行經北京市區道路前往天安門廣場，市民將單車堆在路中間形成路障，試圖阻擋坦克前進。當軍隊在六月四日清晨進入廣場，有些示威者騎著單車逃命。有些人則留下來捨命頑抗，將自己的單車砸向巨大的裝甲車輛。現場目擊者指出，那天晚上單車和三輪車救了很多人的命。一些英勇的示威者冒著槍林彈雨，騎單車火速載走傷者，將他們送進醫院。也有一些人沒那麼幸運，他們或中彈倒地，或被坦克履帶輾過，在毀壞的單車堆中喪命。

三年後的一九九二年，在北太平洋另一邊，與中國相距約六千英里處。十月的某個晚上在舊金山市場街南區（SoMa），一條兩側小型公寓、修車廠和小工廠林立的狹窄巷道上，有數十人聚集在一起。[8] 在納托瑪街（Natoma Street）四百九十八號一樓鐵捲門後就是「單速」（Fixed Gear）的營業空間，這家未合法登記的單車店兼「單車美容沙龍」吸引了全市的單車快遞員和單車愛好者。這天晚上聚集的人群是來觀賞當地電影工作者泰德．懷特（Ted White）拍攝的紀錄片《飆車族回歸》（*Return of the Scorcher*）[9]，影片記錄「激進單車史」並推動單車復興，支持以騎單車作為社會和環境生態種種弊病的解方。

懷特前一年曾和紐約單車設計師喬治．布利斯（George Bliss）一同前往中國，目的是去記錄全世界人口最多國家的單車文化。歷經六四天安門事件的鎮壓，中國的單車叛亂分子遭到徹底壓制。懷特和布利斯抵達廣州時，在這個人口三百五十萬的珠江河畔港口城市發現另一批單車大隊：這個由廣大通勤族、孩童和老人組成的平民單車大隊無所不在，他們每天騎車在街上來往穿行。

中國是「自行車王國」[10]，單車普及程度之高、規模之宏大前所未見。有一種說法稱中國人對單車的親近熟悉感源自傳統農業社會：數世紀以來，中國中部和南部產稻區的農民都以「踩踏板」的方式驅動水車灌溉稻田。但是中國人最初認識單車的紀錄，卻是清朝外交人員出使歐洲時看見外國奇異「自行車」的報告。「街衢遊人有祇（只）用兩輪貫以短軸……馳行疾于（於）奔馬。」一名於同治五年（一八六六年）受命率團訪歐的清廷使節如此描述在巴黎所見情景。[11]*

一八九〇年代，開始有人將安全腳踏車引進中國，上海大都會的菁英分子和旅華外國人小圈子裡風靡一時。但是單車並未搏得一般民眾青睞，原因之一可能是單車被定位為西洋舶來品。義和團運動（自一八九九年至一九〇一年）爆發後，民間的反帝國主義情緒持續高漲，單車背負了與傳教士和殖民強權官員有所關聯的汙點。但單車無法普及也受到其他因素影響，尤其是毫不親民的高昂價格。中國二十世紀初期最著名的單車騎士莫過於清朝末代皇帝溥儀，他在位時曾下令移除紫禁城所有宮門門檻，方便他騎單車來去宮殿之間。[12]

中國的傳統封建遺緒很快就會走入歷史；溥儀於一九二四年遭逐出紫禁城，從此開始一段接一段的流亡人生。然而單車不僅沒有消失，反而繁盛興旺。一九三〇到四〇年代，中國時局動盪不安，工業卻蓬勃發展。國產單車製造業開始發展，單車價格隨之下降，騎單車成了中華民國邁向現代化的中產階級偏好的交通工具。到了一九四八年，全國上下約有五十萬輛單車[13]，其中上海就有二十三萬輛。[14]

接著進入一九四九年：共產黨革命勝利，成立中華人民共和國。中華人民共和國於立國之初就推廣使用單車這種日常工具，認為單車有助振興經濟。毛澤東提出第一個「五年計畫」以推動全國經濟發展，為中國的單車產業擘畫了宏大的發展願景。接下來十年，小工廠合併成大企業，單車製造廠商獲得政府特別配給原料。單車和中國其他日常生活必需品一樣，由政府依據憑票配給制分發給人民，但政府鼓勵民眾騎單車，除了發放特別票證，也為上下班需要通勤的勞工提供補助。無論北京的狹窄胡同，或內陸農業地區的蜿蜒田間小徑，中國的街景和地景本來就很適合騎單車。中國政府更進一步在城市中布建新穎基礎設施，包括在蘇聯風格大道上闢建與機動車輛車道分離的寬闊自行車道。

中國的單車數量在十年內增加一倍，單車在文化上也有了全新地位。單車成了中國的象徵，代表「一個幾乎不保證舒適安逸，但是能夠安穩度日的平等社會體系」。[15]最後單車幾乎成為家庭必備品，與手表、縫紉機、收音機合稱「三轉一響」[16]，是那個年代中國成年男子結婚成家必備的「四大件」。國營工廠源源不絕生產全新單車，這些無變速單車樣式陽春但很牢固，黑色車架樸實無華，品牌名稱卻都有一股神祕氣息，隱含豪華耐用的意味：鳳凰牌、雉雞牌、紅旗牌、飛達牌、金獅牌、山河牌和百丘牌。

其中地位最崇高的是上海自行車廠生產、有「中國的福特和通用汽車」[17]之稱的「永久牌」，以及名副其實的國民自行車「飛鴿牌」。飛鴿牌自行車相當笨重，是仿效一九三二年英國萊禮公司城市自行車來打造。飛鴿牌公司總部在中國東北部的天津市，原為彈藥廠，於一九五〇年由毛澤東下令改建為自行車廠。文化大革命後餘波盪漾，鄧小平於一九七八年掌權，他承諾「讓每家都擁有一輛飛鴿」[18]：隨著全民都有結實耐用的單車可騎，中國也邁入改革開放時期。據說在此時期，飛鴿牌自行車成為全世界最多人使用的機械式交通工具。

相關數據似乎也為這個說法提供佐證。一九八〇年代，飛鴿牌自行車廠年產四百萬輛，有一萬名員工。[19]到了八〇年代晚期，中國每年的單車銷量已經達到三千五百萬輛，超過全球機動車輛總銷量。[20]僅

＊譯註：語出清廷官員斌椿訪歐後所寫遊記《乘查筆記》（或稱《乘槎筆記》）。

僅在北京，就有八百萬輛單車在街道上穿梭，北京道路有百分之七十六的空間皆被單車占據。中國的單車大軍陣容之龐大難以測度，騎著單車前往天安門廣場示威的芸芸百姓只是其中極小的一部分，全國單車數量於一九八九年已達到兩億兩千五百萬。這些數據代表單車與中國在文化上的牽繫，單車成為中國和「中國性」（Chineseness）的核心要素，在國家神話的形塑中占有一席之地。保羅．史梅瑟斯特指出：「單車是一九六〇年代中國官方推行的文化中密不可分的一環，以致於大部分國民從以前到現在一直相信單車是中國人發明的。」21

這就是泰德．懷特於一九九一年秋天帶著攝影機，偕同友人喬治．布利斯前往朝聖的自行車王國。那年懷特二十八歲，布利斯三十七歲，兩人都熱愛單車並在倡議運動中打頭陣，希望在美國各個城市推動單車復興。他們知道一八九〇年代那時候，美國各地大街小巷是數百萬單車族的天下。懷特和布利斯的夢想是重建單車大軍，光復已由汽車文化稱霸的美國城市。兩人曾待過荷蘭、丹麥和歐洲北部其他單車重鎮，他們確信在中國能夠獲得更多啟發——找到另一種他們渴望在美國建立或重建的單車友善社會願景。

當懷特和布利斯從香港搭乘渡輪抵達廣州市，下船後看見的卻是截然不同的單車文化。四面八方都有大批單車絡繹不絕往來穿行，陣容無比龐大的車流甚至看不見盡頭。車流中的騎士有老有少，有男有女，全都騎著著名的黑色城市自行車。也有載貨的單車和三輪車，以貨架和載貨平板載運打包成捆的貨物。抵達廣州沒多久，懷特就看到一名半身癱瘓人士駕駛手搖自行車（hand cycle）呼嘯而過。懷特長久以來懷抱「自行車多樣性」（velodiversity）的理想，認為道路應該要容許各式各樣的單車和類似單車的交通工具通行。廣州市本身彷彿某種由踏板驅動的巨大機器，由反覆伸展收縮的人類肌腱以及無數呼咻轉動的曲柄、鏈條和輪子提供動力。

當天和之後數天，懷特扛著攝影機走在路上，以鏡頭捕捉眼前奇景。一年後，即一九九二年十月，數十名觀眾齊聚舊金山納托瑪街上的「單速」公司，觀看影片畫面中的廣州市單車大軍如潮水洶湧而出。那晚前來觀看《飆車族歸來》的觀眾跟泰德．懷特是同好：他們都是單車族，有快遞員、藝術家和在單車上加裝兒童座椅的年輕家長，這些「城市波希米亞族」認為騎單車既是日常活動，也是政治主張。觀眾中有一些人是另一項新運動的成員，他們志在提升舊金山單車族的能見度，每個月最後一個週五會舉辦市區單車遊行活動。

一九九二年九月二十五日，即紀錄片觀賞活動數週前，約六十名單車騎士聚集在舊金山碼頭附近的賀曼廣場（Justin Herman Plaza，即今碼頭廣場〔Embarcadero Plaza〕）準備展開第一次單車遊行，他們預備沿著市區的繁忙要道市場街（Market Street）向西南前進。「在市區馬路上永遠要搏命求生，你不覺得疲累厭煩嗎？」活動傳單上印著這個問句。[22]以前當然有過類似支持單車、抗議汽車的遊行。但是舊金山人的政治批判一針見血，他們深刻意識到體制是如何被設計成重汽車輕單車，為此義憤填膺：「為什麼法律上將單車視同汽車，但是開汽車的人卻視騎單車的人為眼中釘，認為他們只會擋路？」遊行活動主辦人懷抱的願景是團結力量大，集合單車族一起騎車上路宣示自己的用路權利：「想像有二十五、五百甚至上千輛單車一起朝市場前進！」

聚集在「單速」公司的觀眾在《飆車族歸來》中看到的是另一種單車大軍：廣州市的大批通勤族騎

單車過橋，在多條大道分散開來，前往各自的目的地。影片中穿插紐約單車設計師喬治・布利斯的受訪片段。布利斯表示他在中國領會到「一大早起來跳上單車，在車鈴叮鈴作響中和另外一百萬人一起出門工作是什麼感覺。」布利斯補充說這部影片無法完整呈現在廣州騎單車的體驗：「只看影片的感受不同，沒辦法體會那種車流鋪天蓋地，同時從四面八方朝你迎面撲湧，而你置身其中只能隨波逐流的感覺。」路上的車輛都有某種默契，遵循在街道上自然而然發展出的不成文規則，例如機動車輛必須禮讓數量遠遠超過它們的單車，布利斯對此印象特別深刻。布利斯描述廣州單車族如何在沒有交通號誌的情況下，順利通過繁忙的十字路口：「在路口等待的單車騎士愈來愈多，然後大家就一起通過，像是形成『單車臨界量』。」

「單車臨界量」這個詞語讓在場觀眾很有共鳴。發起每月單車遊行活動的主辦團隊原本將活動命名為「通勤團塊」（Commute Clot）——好記是好記，但會引發負面觀感，讓人聯想到凝結堵塞城市命脈的血塊。「單車臨界量」給人的感覺大不相同，既展現力量，也帶有示威的意味。看完《飆車族歸來》數天後，主辦團隊製作了新的傳單，邀請單車族「形成單車臨界量」。在舊金山單車界相當活躍的作家克里斯・卡爾森（Chris Carlsson）於十一月印行小冊《關於單車臨界量的臨界評論》（*Critical Comments on the Critical Mass*）[23]，頌讚剛開始推行的「單車臨界量」運動為「真人之間的真正政治得以開展的公共空間」，並設想舊金山未來將會脫胎換骨，成為自行車道、人行步道、復育溪河等「荒野生態廊道」縱橫交織的城市。「我們應該以選擇騎單車自豪，我們可以也應該大肆炫耀，」卡爾森寫道，「我們的『單車臨界量』應該集結臨界大眾，而且應該發揮**臨界**的關鍵影響力！」

單車的未來會如何發展？單車的未來又如何預示整個世界的前途？我們的城市會跟三十年前的北京和廣州一樣，與轆轆而行的數百萬輛單車共生共榮？或者未來的單車族會發現，自己的處境與一九九二年舊金山的單車族並無二致，在馬路上不受歡迎，只能搏命求生？

沒有呼之欲出的簡單答案。歷史拐彎逆轉的方式怪異難測。參與第一次「單車臨界量」遊行騎在市場街上的單車騎士只是數十人集結成的同盟，他們絕對料想不到，地方示威所帶動的風潮將席捲全球。此後數年，在全球六大洲超過六百個城市的市民發起了數千場「單車臨界量」遊行。「單車臨界量」運動者並未遺忘初衷：「單車臨界量」不是組織，而是一個概念，沒有領導者或固定成員。九〇年代初期，舊金山的參與者建立了「影主制度」（xerocracy）的傳統，即任何人都能發起運動，自主規畫遊行路線和發放影印地圖——這種去中心化的方法，在策略上讓警方難以藉由鎖定特定發起人阻撓示威活動，而在意識型態上也展現了運動的非階級式原則。

歷經多年發展，「單車臨界量」運動策略不斷演變，不同城市之間也交流仿效。參與者多半會採行「塞路」（corking）手段，即安排人員停駐在十字路口擋住車流，讓其他參與者在紅燈亮時繼續前行。還有「舉車」（bike lift），即參與者下單車後將車子高抬過頭。還有一種稱為「假死抗議」（die-in）的街頭示威方式也很引人注目：參與者帶著自己的單車在街上集體躺倒，模擬大屠殺的場景。這種手法最初可能出現在一九七〇年代的蒙特婁，由單車臨界量運動的元老級團體「全民騎單車」首創，用意是讓社會大眾想起遭汽車撞傷或撞死的單車騎士，並且提醒大眾在生態崩潰的年代，沒有人能倖免於難。但是假死抗議當然也會讓人聯想到其他駭人災劫，其中當然包括天安門廣場的單車墳場。

單車臨界量運動在全球遍地開花，雖然遇到來自執法單位、汽車駕駛人和政府官員的阻力，但無疑發揮了影響力。近年來，全球各個城市皆逐步推行友善單車的政策，即使在幾乎沒有發生任何改變的地方，單車汽車之爭和用路安全也成為熱門議題，在在顯示單車臨界量運動的深遠影響，而集體走上街頭大力倡議運動主張的參與者可說厥功至偉。

各地單車臨界量運動的參與者人數都不多，通常僅數十人，頂多數百人。也有數場的陣容比較浩大。在布達佩斯（Budapest），每年「世界地球日」（四月二十二日）和「世界無車日」（九月二十二日）兩天各有一場單車臨界量遊行，成千上萬的單車族會一起上街，市區的優雅大道和橋梁全被單車擠得水洩不通，令人聯想到單車稱霸的中國街景。說得確切一點，是昔日的中國街景。在此必須將歷史上另一次重大轉折也列入考量。過去三十年來，當世界各國的社運人士和政策制定者致力於效法中國打造單車文化，中國本身卻朝完全相反的方向發展——擁抱汽車文化，並且清除原本由大批單車族主宰，看似與腳下大地和頭頂天空一樣自然有機、無所不在的道路。

這番改變的起因，可以追溯至一九八九年春天以及天安門廣場上的事件。六四天安門事件發生之後，中國政府採取行動，除了掃蕩所有親民主運動的殘遺，也整肅中共內部支持民主自由的派系。同時，鄧小平和其他中共領導人也認同，中國需要新的社會契約。一九九〇年代，中國在鄧小平主導之下推動一系列經濟方面的「改革開放」措施，摒棄從前毛澤東時代提倡集體主義、反對競爭和消費的理想。政府解散人民公社，關閉國營工廠，推行新型態的市場經濟社會主義，鼓勵國際貿易、直接投資和私人企業的發展。鄧小平推行的這套體系奠基於一場霍布斯式（Hobbesian）交易：中國人民能夠獲得前所未有的個人財富，同時也棄絕基本的權利和自由，將政治和國家治理完全交由中國共產黨掌控，中共大權在握，不容挑戰。於是中國締造了經濟奇蹟，中國經濟在整個九〇年代蓬勃發展，邁入新千禧年之後，據專家預估將於二〇二八年前後超越美國，成為全世界第一大經濟體。[24]

在中國，人民對於政治議題敢怒不敢言。許多國民暗自唾棄中共的貪汙腐敗、政治宣傳和對異議分子的打壓。他們痛恨政府監控網路，將任何「顛覆性」言論封鎖消音，而全國人民無時無刻不處於結合臉部辨識系統和監視無人機的「天網」監控之下。中國最高領導人習近平主席積極效法毛澤東的「造神」舉動，近年來更推動社會各個階層學習「習思想」以加強意識型態管控，而人民私下提到習主席時可能會翻白眼以對。

但在一個曾經歷血腥殘暴政治鬥爭、物資匱乏、受饑荒摧殘的國家，大躍進和文化大革命的創傷仍在集體記憶中縈繞不去，人民普遍認為與國家的交易是值得的。就人身、財產等各方面的安全和物質生活舒適度的標準來看，現今中國人民的生活比天安門事件發生的時代，甚至比從前任何時期都更加優渥。中國一九八九年的人均國內生產毛額是三百一十美元[25]，低於斯里蘭卡（Sri Lanka）、幾內亞比索（Guinea-Bissau）和尼加拉瓜（Nicaragua）。三十年後，中國的人均國內生產毛額增長至一萬零兩百一十六美元[26]，脫離貧窮晉升中產階級的人口達數億之多，可說是世界首見。

新形成的中產階級人口高達四億且還在增加中，他們不僅達到先前世代無法想像的基本生活水準，衣食無虞、享有不錯的住房，還能享受可支配收入和各種可供消費的誘人商品——消費主義下的優渥生活充斥商品和陷阱。中國現今約有十六億手機用戶[27]，這個數字已經超過中國的人口總數；據報告指出，全中國有十億人在使用網路。[28]（其中至少三分之一的人上網時利用VPN跳板「翻牆」，繞過官方的「防火長城」網路審查系統。）他們購買名牌服飾和高級家居生活用品。其中有超過兩億人擁有汽車[29]：在新中國代表積極進取、功成名就和個人自由的奢侈品。

在與中國經濟奇蹟相關的各方面發展中，汽車的普及或許最神奇，或至少是影響最深遠的一項發展。直到一九八四年，購買小客車在中國仍屬違法行為；一九八九年發生六四事件時，每七萬四千名通勤工作者中只有一人擁有機動車輛。[30]依據九〇年代初期頒布的一系列政策方針，中國政府將汽車產業列為中國新經濟的「支柱產業」，擘畫了多項遠大計畫，旨在推動國內機動車輛製造業蓬勃發展，以及尋求與國外汽車製造商合資，目標是在二〇一〇年前生產三百五十萬輛汽車。如今回頭來看，這個目標似乎小得可笑。中國在二〇〇九年超越美國，成為全世界第一大汽車製造國和消費國[31]，中國國內生產的汽車數量達到將近一千四百萬輛。四年後，中國創下單一國家一年內售出最多小客車的紀錄：兩千萬輛。[32]

汽車文化展現在建築的各個層面。為了容納大量的機動車輛，中國徹底改頭換面，以無與倫比的驚人速度和規模改造地景和建成環境。如今，中國的高速公路路網總長達到十萬英里，是美國州際公路系統總長的兩倍。這些道路將全國蔓延發展的大城市從市區、近郊到遠郊相互連結，其中許多是全新發展的市鎮，數百萬居民是在最近數十年才從鄉下移居過來。（中國官方自豪誇稱全國現今有超過一百個人口達到百萬的城市。）這些新的城市聚落是為汽車打造，建設的尺度與傳統城市的生活模式或運輸工具難以相容。

同時，中國比較古老的城市也改造成適合汽車的環境。中國各地大肆拆毀後大興土木改建重塑，將住宅區和古老市中心夷平，建造了多線道馬路、高架橋和重要公路。許多城市大幅改建後完全變樣，很多在當地住了一輩子的居民發現自己迷失了方向——在自己的家鄉迷路，或是深信家鄉已經永遠失落。「有許多銘刻於城市空間的過往事件和回憶，如今全都沒了，」中國西南部雲南省省會昆明一名當地人告訴人類學家張鸝（Li Zhang），「現在要回顧只能看……檔案庫裡褪色的黑白相片。」[33]北京的八千條胡同名聞遐邇，數百年來民居生活蓬勃昌盛，但一九九〇年代之後，這些古老巷道約有九成遭到拆毀，蓋起了高樓大廈和多達八線道的環狀快速道路。要了解中國城市面貌改變幅度之鉅，學者那培思（Beth E. Notar）打的比方是必須想像「波士頓、紐約和華盛頓特區，加上芝加哥、亞特蘭大（Atlanta）、達拉斯、休士頓、丹佛（Denver）、鳳凰城（Phoenix）、西雅圖和舊金山大多數舊社區，在十年內全面夷平重建。」[34]

隨著老舊街道消失，曾經將衢道擠得水洩不通的單車大軍也不復存焉。相關數字透露了令人驚愕的改變。一九九六年，中國人民擁有的單車數達到歷史新高，全國共有五億兩千三百萬輛[35]，平均每戶擁有一．五輛單車。然而中國陷入「全民瘋汽車」熱潮後，單車使用人數呈現雪崩式下滑。全國汽車使用者人數在十年內就超越單車使用者人數，即使在一直以來有大批單車族來往穿行的古老城市，騎單車也淪為小眾活動。

中共施展中央政府權力、推動社會大幅改變的能力極其驚人，這只是其中一項措施。中國曾以國家之力創造出無與倫比的單車文化，單車是毛澤東和鄧小平執政下精密規畫和投資的結晶，但單車衰微同樣也是官方政策所促成。值得注意的是，中國大力推動汽車文化的同時，也在其他交通建設投入鉅額資金，包括斥資興建全世界規模最大的高速鐵路網，以及在各個城市建造地鐵系統和提供公車服務。換言之，中國並不執著於只推動汽車文化，只不過政府推行汽車文化的基礎是消滅路上所有單車，而且貫徹實行。官方等同在執行一項由中央構思、於各地城市執行的「去單車化」計畫。

中國於一九九四年開始施行《道路安全法》，法規中有一項條款允許地方政府收回先前分配給非機動車輛的道路空間。全國各地的市政府很快採取行動，將單車道改建成汽車道或汽車停車場。城市規畫者設定了讓馬路上不再出現單車的遠大目標。廣州市構成「單車臨界量」的大批單車族曾讓泰德．懷特和喬治．布利斯為之震撼，而在一九九〇年代初期，市政府提出交通總體規畫藍圖，目標是在二〇一三年前讓單車通勤族人數減少四成。[36]（後來市政府不僅提早達標，甚至提早十年超標：該市的單車使用率於二〇〇三年即減少約六成。[37]）其他城市端出的手段更是雷厲風行。二〇〇〇年代初期，上海市政府宣布市區內特定繁忙區域全面禁止單車進入。同一時期在東北部沿海的遼寧省，繁華的大連市自稱是一個「沒有自行車的城市」。[38]

在自行車往來如織的北京，變化尤其劇烈。一九九六年時，北京約有九百萬輛單車[39]，平均每戶二．五輛車[40]，所有人在市區內的往返路程有將近三分之二都是騎單車完成。[41]但十五年之內，全市單車數量銳減至不到四百萬，而市區內騎單車完成的路程只占全部的百分之十六．七。[42]某方面來說，這種變化反映了北京彷彿施打了激素般的急劇成長。北京現今的市區範圍是一九九〇年時的十倍有餘，幅員比羅德島州更廣闊。從前在共產黨制定的工作單位系統下，市民就住在工作場所附近，可以輕鬆騎單車通勤。但在市區無限擴展的二十一世紀北京，對數百萬市民來說，沒有汽車根本就無法生活。

隨著中國逐漸深陷於汽車文化無法自拔，中國的道路路況也逐漸惡化，與當年促使舊金山單車族發起「單車臨界量」運動的情況愈來愈像。堵車成了家常便飯，路上瀰漫汽車廢氣，而且危機四伏。汽車撞單車的事故時有所聞，而發生車禍時，單車騎士往往會成為眾矢之的。評論者認為單車是交通情況惡化的成因之一，這番論調導致更多自行車道關閉。由於社會上對單車族懷抱敵意，有更多單車族被迫改開汽車，買不起車子的人則改搭大眾運輸。學者葛倫・諾克里夫（Glen Norcliffe）和高菠陽於二〇一八年指出，北京出現了一種紀念這種發展的嶄新地景特徵：「成千上萬遭棄置」的單車「在公寓大樓外頭和其他地方堆積如山，無人聞問」。[43]或許可以說，這些廢棄單車堆就是為失落的自行車王國豎立的紀念碑。

它們也紀念中國人心態上的改變——這種情感和意識型態改變的深刻程度，不下於形諸於文的政策轉向，或道路空間的重建改造。中國人不再熱愛單車。中國全國的汽車駕駛人不只是像一九九二年的舊金山汽車駕駛人一樣，「視騎單車的人為眼中釘，認為他們只會擋路」。那股反單車的情緒更為深沉，摻雜了恥辱和羞愧感後又更加扭曲。汽車在中國社會成為終極的地位象徵，無論數百甚至數千萬汲汲營營的中產階級國民，或是數百萬努力想晉升中產階級的國民，都將汽車視為心目中的聖杯，而單車在他們眼中則是很丟臉、很老氣、「給失敗者的」[44]、「給窮人的」[45]。對於現代生活方式而言，對於懷抱雄心壯志、追求向上流動的年輕人而言，單車可惡又可憎。注重流行時尚的中國女性如今「愛穿裙子，不再穿長褲騎自行車」[46]，與一八九〇年代的潮流剛好背道而馳，那個年代的女性最摩登的打扮是不穿裙子，改穿適合騎單車的布魯默褲。單車曾是「三轉」之一，是中國男性結婚成家必備的重要資產，如今卻成了求得好姻緣的阻礙。在中國熱門交友節目《非誠勿擾》二〇一〇年某一集，想追求一位二十歲女性參加者的男性參加者問對方，願不願意和他一起騎自行車。女生的回答後來演變成廣為流傳的網路金句：「我寧願坐在寶馬（BMW）裡哭，」她說，「也不願坐在自行車上笑。」[47]

如果想要搞懂全球汽車文化，或者為此想要思考二十一世紀全球化世界錯綜複雜的人類生活，位於中國工業心臟地帶、人口一千一百萬的湖北省武漢是很好的開端。武漢和許多中國城市一樣曾是單車城，但好幾百萬市民很久以前就棄二輪換四輪。如今的武漢是不折不扣的汽車城。武漢也曾是中國其中一座「底特律城」，是汽車製造業重鎮。中國每年製造數百萬輛汽車，其中約有一成由武漢的工廠生產。[48]名列中國「四大」汽車集團的東風汽車總部即坐落於武漢，多家外商汽車集團如本田（Honda）、日產（Nissan）、寶獅（Peugeot）、雷諾（Renault）和通用汽車皆在武漢設廠。武漢也是數百家汽車零件供應商的工廠所在地，產品出口至世界各地。

二〇二〇年冬天，武漢因成為另一種影響力擴及全球的起源點而惡名昭彰。已知第一個確診SARS-CoV-2新型冠狀病毒的病例，是於二〇一九年十二月出現在武漢。這種病毒的確切起源至今仍然無法釐清，也引發了激烈爭議。新型冠狀病毒不僅肆虐全中國，更傳播至其他各國造成全球疫情大流行，病毒傳播的方式顯而易見。在一個飛快運轉的世界，新冠病毒傳播的速度也飛快。病毒的傳播途徑，與武漢生產組裝的火星塞、觸媒轉化器、轉向系統等零件出口至全球各地的路徑如出一轍：或從上海－重慶高速公路離開武漢，或搭乘出口貨物用的貨櫃船飄洋過海，或搭乘波音和空中巴士客機在轟隆聲中飛往各地。

於是，隨著新冠病毒攻城掠地、勢如破竹，整個世界慢了下來，最終停擺。無論大都市或小城鎮，街道陷入死寂。馬路上空蕩蕩的，幾乎看不到幾輛汽車，公車和地鐵停駛，連天空中都看不到客機飛過。日常生活換上的超現實肌理令人驚駭。但死亡陰影籠罩、人心惶惶的時候，既新穎又古老的生活形態重現江湖。

封城期間，閉門不出的城市居民望向窗外，看到了恬靜的田園景象。動物進入無人的市中心遊逛：成群野豬漫步於以色列的海法（Haifa），山獅在智利首都聖地牙哥（Santiago）街道上現蹤。伊斯坦堡（Istanbul）周邊海上交通冷清、漁船禁止出海作業期間，有海豚出現在博斯普魯斯海峽（Bosporus），比平常更靠近海岸。在印度也出現類似景象，數十萬隻遷徙的紅鶴為孟買溼地染上一片嫣紅，一群群水牛沿著新德里（New Delhi）空無人車的公路自在漫步。

野生動物回歸城市的照片和影片在網路上流傳，其中也有不少是明顯假造（沒有任何海豚在威尼斯的運河裡嬉戲）。真也好，假也罷，對於在瘋狂大疫年代尋找意義的人類來說，這些圖像提供了現成的譬喻和某種程度的撫慰。也許一切終於回歸正軌；只要依循大自然的節奏重新校準，尋回更悠緩莊重且明智的步調，我們還是有可能讓人生變得更好。

世界已經在改變。還有其他群體也開始在城市中出沒，大批單車族再次上路。由於可搭乘的大眾運輸減少，城市人必須與周圍的人保持社交距離，地下室裡生鏽的三段式變速車又能再次披掛上陣。隨著封城相關規定放寬，全球數百萬民眾開始搬出舊單車或添購新單車。「單車和衛生紙有何共通之處？」《華盛頓郵報》（*The Washington Post*）於二〇二〇年春天提問——「兩者都在新冠疫情期間被搶購一空。」[49]

美國各地於二〇二〇年三月開始封城，二〇二一年四月，美國國內單車銷量與去年同期相比成長近六成。[50]單車店外的人行道上大排長龍。很多店家的庫存銷售一空，遲遲無法補貨，而疫情造成供應鏈中斷，製造商只能想辦法出貨。單車失竊案件劇增。（布魯克林一家單車店老闆告訴記者，在當前的情況下，避免單車失竊最好的方式就是「抱著單車一起睡」。[51]）許多人是為了休閒用途購買單車，想要以維持社交距離的方式運動。在疫情剛爆發前幾個月，一家推廣將廢棄鐵路改建為自行車道和步道的非營利組織發表報告，指出全美單車道的使用人數創新高。最出人意料的是，甚至在平常只有極少居民騎單車代步的城市如休士頓和洛杉磯，也出現大批單車通勤族。在疫情爆發後數週進行的研究發現，美國每十名成年人中有一人是在最近一年或更久以來第一次騎單車[52]，而大多數的人表示打算在疫情結束後繼續騎單車。

美國消費者新聞與商業頻道（CNBC）所稱在疫情肆虐之下發生的美國「交通行為劇變」（transit upheaval）[53]，只是全球更廣大的「新冠疫情單車熱潮」[54]的一部分。在聖多明哥（Santo Domingo）、利馬、米蘭、莫斯科、杜拜、貝魯特（Beirut）、阿必尚（Abidjan）、奈洛比（Nairobi）、新加坡、首爾等數百個城市，大批民眾開始騎單車代步。很多地方的新興單車族都善用既有的基礎設施，盡量騎上自行車道，或頻繁使用共享單車讓使用人數衝上新高。

但全球各個城市著手建置新的基礎設施，各地紛紛出現「新冠自行車道」（corona cycleway）。[55]政府動用緊急預備金，加緊通過計畫，提供各種補助和誘因鼓勵民眾騎單車。從墨西哥市、波哥大（Bogotá）、康培拉、開普敦（Cape Town）、雅加達、東京、雪梨到奧克蘭（Auckland），都出現了「快閃自行車道」。在菲律賓，原本於新冠疫情期間在馬尼拉市中心臨時設置的自行車道，擴建成長達兩百英里、行經馬尼拉大都會（Metro Manila）所轄十六個城市之中十二個城市的永久自行車道網。[56]印度的住房暨都市事務部（Ministry of Housing and Urban Affairs）指出為因應疫情期間席捲全國的「單車革命」，他們發起「印度自行車變革挑戰賽」（India Cycles4Change）[57]，號召各個地方政府藉由興建新的基礎設施、打造開闊街道、鼓勵婦女騎單車等措施「改造地方……成為單車友善城市」。[58]

在英國和歐洲，有些城市以最激進的手段為單車開路闢徑、索回空間。於二〇二一年春季發表的一份研究結果指出，自從新冠疫情在全球大流行，共有一百零六個歐洲城市興建了新的自行車道。[59]在狂熱擁護單車的安妮·伊達戈（Anne Hidalgo）市長領導之下，巴黎於疫情頭幾個月即增設數百英里長的臨時「新冠自行車道」（coronapiste），甚至規定里沃利路（Rue de Rivoli）禁行汽車，在這條著名大道上於是出現了兩英里長的單車大隊。伊達戈於隔年推行更驚人的計畫，預備禁止僅行經而不停靠的過境交通車輛（through traffic）進入巴黎多個區，如果實現，巴黎市中心大部分區域可能成為實質上的無汽車區。

這些改變在在證明新冠疫情危機影響之深遠，不僅讓事務優先順序得以重新排列，也解鎖更多政治上的可能性，賦予政策制定者和公民採取行動的勇氣。也許「賦予勇氣」的形容大錯特錯；也許真正驅動改變的是單純的恐懼，是新冠疫情引發的盲目恐慌。通勤族由於害怕搭公車、火車或計程車會染疫，於是看上單車這種有助保持社交距離的交通工具，騎單車就能跟所有忽然成為潛在傳染源的鄰人離得遠遠的。這批新興單車族騎在以交通錐、塑膠車阻和警用拒馬標示劃分的臨時單車道上，主管機關在驚慌匆忙間劃定了這些徑道，只求讓市民能再次順暢移動，讓只剩一口氣的各行各業能夠起死回生。無論如何，這番結果讓許多人得償宿願。雖然是因為發生一場世紀浩劫才得以實現，但「單車臨界量」參加者和其他運動者數十年來夢想的單車城市總算成真。著名英國折疊車品牌「布朗普頓」（Brompton）董事總經理威爾·巴特勒－亞當斯（Will Butler-Adams）接受英國廣播公司訪問時，也指出其中的矛盾弔詭。騎行於一個深陷於傷痛和恐懼的世界，單車騎士卻發現自己彷彿置身某種恬靜和樂的田園場景——空氣潔淨，街道安全，騎起車來輕鬆自在。如巴特勒－亞當斯所形容：他們正在體驗「城市原來可以是這樣的樂趣。」[60]

有些地方的道路和風俗習慣經歷了劇烈變動，其中也包括紐約。紐約的第一個新冠肺炎染疫者是在二〇二〇年三月一日確診。（後來的研究則揭露，新冠肺炎病毒早在一月就於紐約市五個區傳播開來。）紐約很快成為全球新冠疫情重災區之一。[61]四月六日，全市新冠肺炎確診案例超過七萬兩千例，至少兩千四百人染疫後亡故。四月七日，七百七十四名紐約人病逝。四月八日，死亡個案新增八百一十例。

紐約人終於意識到，瘟疫會帶來可怕的物流問題：有大量遺體需要處理。醫院太平間和公墓不堪負荷，紐約面臨的是官員形容為「等同持續發生九一一事件」的嚴峻情況。[62]多具遺體只能暫時存放於停在醫院外路口的冷凍貨櫃車上。四月九日，美聯社（Associated Press）無人機在布朗克斯區外海一小塊土地上空拍到將病逝者遺體埋入萬人塚的影片。那一小塊土地是哈特島（Hart Island）——長島灣（Long Island Sound）內一百零一英畝大的狹長小島，過去一百多年來皆是紐約窮人和無名氏埋骨的亂葬崗。

影片在網路上廣為流傳，觀者無不為之悚然。對紐約人來說，哈特島是個眼不見為淨的地方，是大都會之中的大墓園，在地理上和心理上都與活人的世界完全隔絕。哈特島長達數十年無人居住，幾乎不開放任何人進入，僅有少數幾班渡船定期展開「冥界之旅」載送亡者遺體以及殯葬人員前往，這些處理殯葬事務的人員則是自監獄選出的受刑人。美聯社影片中，工作人員穿戴全套防護裝備，將一副副棺材放入滿是泥濘的寬大溝坑。居高臨下的鳥瞰視角讓鏡頭前的景象顯得冷漠不帶感情，令人不寒而慄。當殯葬人員開始鏟土蓋住溝坑裡一個個樸素無華的木箱，那種勤奮、不拘小節的方式，彷彿修路工人鏟起瀝青填補路面坑洞。這只是對無間地獄的轉瞬一瞥。

死亡不再靜默，而是聲聲入耳。數百萬人困守四壁之內，救護車警笛聲在牆外日夜呼號。從我家客廳的窗戶，可以看到上下兩層道路幾乎空無人車。下方是布魯克林區街道，上方是以巨大鋼柱支撐、拉出一段長弧的格瓦納斯快速路（Gowanus Expressway）。街道和快速路通常擠得水洩不通，但疫情期間車流減少到只餘涓滴細流，大多是沿路鳴笛趕著將病患送往醫院的救護車。當警笛聲消失，全城陷入駭人的靜寂。你還是可以聽見鳥叫和風吹過時樹葉沙沙作響，偶爾還能聽見街道上響起落寞的腳步聲。每天到了晚上七點整，會突然響起一陣敲打喧鬧打破這股靜寂：居家防疫的紐約人會走到公寓陽台或從窗戶探出頭來，拿起鍋碗瓢盆一陣敲打，以敲擊聲向所有於市民待在家期間仍守在第一線辛苦工作的醫護人員、救護車司機和其他人員致敬。

仔細聆聽的話，也可以聽見其他聲響：電動腳踏車馬達的尖銳嗡嗡聲。騎車的是外送員，他們為居家隔離的住戶遞送餐飲。政府也將他們視為「必要」的第一線工作人員。不過不知道很多市民在敲鍋擊盆向防疫英雄致敬時，會不會想到剛剛幫他們把晚餐披薩或泰式炒河粉放在門口的年輕小伙子。

外送員大多是拉丁美洲移民，可能來自墨西哥、瓜地馬拉（Guatemala）、厄瓜多（Ecuador）或委內瑞拉（Venezuela）等國。他們騎的不是時髦的電動自行車，而是加裝可充電配件的改造單車。即使在非疫情期間，他們工作艱辛的程度也是全城數一數二。他們不只要面對嚴苛天氣和可能遭汽車撞傷的人身危險，也時常淪為單車竊盜案的受害者，甚至會遇到持槍或持刀歹徒強搶單車。如同許多零工經濟中的勞動者，他們的薪水不受基本工資保障，無法享有加班費、勞保等福利，他們也抱怨餐廳和外送平台公司會違法抽取一部分小費。外送員前去取餐時，大多數餐廳都拒絕讓他們借用廁所。

外送員主要居住的數個區如布魯克林、皇后區和布朗克斯，新冠肺炎染疫率在全紐約居冠。外送員幫忙維持全市餐飲業的生意，送餐餵飽數十萬紐約市民，而許多外送員最後都因染疫而住進隔離病房。紐約市看起來與南方國家的大城市並沒有太大的差異。達卡有人力車夫，而紐約有「拉丁裔外送員」（deliverista）：為了讓城市持續運轉，數萬名低下單車勞動階級工作者忍受種種艱辛、風險和剝削。

封城期間，路上的單車騎士不只有外送員。還有其他必要工作人員為防搭乘大眾運輸時染疫，也選擇騎單車通勤。疫情到了五月終於趨緩，紐約人紛紛踏出家門。在紐約也形成了與其他城市雷同的模式：自行車道大塞車，共享單車使用次數屢創新高。接著，在五月最後一週，在一千英里以外發生的事件引發大批紐約人結束居家防疫，騎著單車成群結隊上街頭。

五月二十五日晚上，喬治・佛洛伊德（George Floyd）遭控以二十美元假鈔購買香菸，於被捕過程中遭到明尼亞波利斯（Minneapolis）警官德瑞克・蕭文（Derek Chauvin）殺害。接下來數天以至數週，約有一千五百萬美國人走上街頭抗議，堪稱美國有史以來規模最大的示威運動。紐約的示威人群將市區擠得水洩不通，邊遊行邊呼喊口號。五月三十日至三十一日這個週末，抗議場面開始失控。示威者砸破店家玻璃，洗劫販售高價物品的零售店鋪，四處投擲汽油彈並放火焚燒警車。到了週一，即六月一日晚上，紐約市長白思豪（Bill de Blasio）宣布為了維持社會秩序，全市實施宵禁。

六月三日晚上，仍有「黑人的命也是命」運動示威者違抗晚上八點開始的宵禁上街抗議，有人看到紐約警方沒收他們的單車。在一段廣為流傳的影片中，可以看到不斷搖晃的鏡頭裡，一名警察牽走一輛顯然是沒收來的單車，接著傳來一名婦女的喊聲，她質問警察為什麼要沒收單車，還有這樣示威的人要怎麼回家。在另一段影片中可以看到三名警員在曼哈頓街上用警棍擊打一名單車騎士；該騎士最後是否遭到逮捕，或單車下落如何，觀眾皆難以得知。

接下來的日子裡，紐約市警察局（NYPD）持續採取反制單車的行動。《每日新聞》（*Daily News*）記者卡特琳娜・裘伊諾（Catherina Gioino）在推特貼文指出警方接到「特別注意單車騎士」的指令。[63]其他社群平台的貼文則記錄了單車騎士如何遭警方逮捕和暴力對待，受害者包括持有記者證的新聞工作者。根據白思豪市長的行政命令，紐約自二戰之後首次實行宵禁的目的是要遏止「襲擊傷人、蓄意破壞、毀損他人財物以及搶劫行為」。[64]至於為何紐約警方毆打示威者和沒收他們的單車，或者在某些狀況下任憑單車遭棄置於街頭的景象，都與上述要遏止的行為剛好相符，這個問題一直讓紐約市民大惑不解。

這些事件嚴格來說並不出人意料。敵視單車是紐約市警察局悠久的傳統，警方尤其敵視騎單車的示威群眾。多年來面對「單車臨界量」運動群眾，警方都以攻擊性手法強勢清場，有時甚至會採取粗暴手段。二〇〇八年，一名紐約市警官用身體衝撞一名單車臨界量運動參加者[65]；該警官由於使用暴力以及偽造證據試圖陷害單車騎士，遭判定犯有重罪。二〇〇四到二〇〇六年間，有許多單車臨界量運動參加者遭到警方錯誤拘留或逮捕，紐約市與八十三名運動參加者於二〇一〇年達成和解，付出近一百萬美元的賠償金。

在白思豪擔任市長時期，紐約市警察局不定時以開立罰單、處以罰鍰和沒收單車等手法強力取締單車騎士。（往往在發生交通事故，有單車騎士遭汽車撞到重傷甚至身亡後，警方才會展開這類取締行動，單車擁護者以「罰單閃電戰」（ticket blitz）[66]一詞來形容警方這種體制化檢討受害者的舉動。）白思豪市長和市警局多年來「向電動自行車宣戰」[67]，沒收了數百輛電動單車，大受影響的幾乎全是拉丁裔外送員。

在全美各地，執法機關與單車騎士之間的衝突不斷。在洛杉磯、舊金山、波特蘭、芝加哥、亞特蘭大、邁阿密和其他數十個城市，示威群眾騎單車上街遊行，很多情況下是和同樣騎著單車的警察對峙。過去數十年，自行車警隊已經成為警力中的固定配置。但在二〇二〇年的示威現場，美國人看到前所未見的景象：即使示威群眾並未陷入暴動，武裝自行車警察仍祭出粗暴鎮壓手段。

自行車警察朝群眾噴灑催淚瓦斯和胡椒噴霧、投擲閃光彈，並以警棍連續痛毆群眾，甚至將警用單車當成盾牌或攻城鎚。富士牌單車的北美洲經銷商「拜克」公司（BikeCo.）發出聲明，宣布由於看到產品遭到「不符合原廠意旨或設計用途」的方式運用，將暫停供售警用單車。[68]

紐約市警察局也成立了自家的「菁英」自行車警隊[69]，配發的制服風格介於忍者龜、《星際大戰》帝國風暴兵（storm trooper）和冰上曲棍球守門員裝備之間。警隊全名是「紐約市警察局戰略反應小組自行車隊」（NYPD Strategic Response Group [SRG] Bicycle Squad），專門負責人群控制。六月四日在布朗克斯區的「黑人的命也是命」示威運動中，警方介入並大規模逮捕群眾，自行車警隊也出動了，他們用單車撞擊、推擠甚至包夾圍堵示威者。人權觀察組織形容紐約市警察局於該次事件中的行動是「警察暴力」、「有計畫的攻擊」。[70]

專門揭發醜聞的「攔截」（The Intercept）新聞網站披露了紐約市警局自行車隊的「教官手冊」（Instructor Guide）[71]，一百七十三頁的手冊鉅細靡遺列出自行車隊的職責，其中包括在抗議現場扮演「戰力乘數」的角色並蒐集情資，以監控「群眾、帶頭者和／或活動策畫者」。手冊中也提供範例，說明「和平」群眾（「遊行或特定活動如跨年晚會」）與「暴亂」群眾（「占領華爾街、黑人的命也是命運動、反川普示威」）之間的差異，並介紹數種自行車警隊用以控制和制伏人群的「攻擊性」騎行動作（「甩尾飄移」、「行進中跳車」）。美國生活興起一股反烏托邦潮流，看來單車也難以倖免。

或許有些人會覺得驚訝，單車竟在「黑人的命也是命」運動中扮演如此吃重的角色。其實交通議題就是社會正義的議題。不良的交通政策以及更不良的基礎設施，舉凡火車和公車運輸服務不佳且行經低收入社區的班次不足，或汽車造成環境汙染並危害單車族和行人的安全，釀成的惡果都不成比例由黑人和拉丁裔族群承擔。研究人員發現黑人和拉丁裔單車騎士的交通事故死亡率，分別比白人單車騎士高出三十和二十三個百分點。[72]

相關研究結果也明確指出，非白人單車騎士遭到警方攔查、騷擾和逮捕的比例遠遠高出白人單車族。[73]在奧克蘭進行的一項調查發現，警方攔查的單車騎士中有百分之六十是黑人，而黑人在全市人口的占比為百分之二十八。[74]關於芝加哥[75]和坦帕（Tampa）[76]警方開罰單車騎士的研究，則發現不同族群收到罰單的情況呈現更加顯著的差異。在紐約，二〇一八到二〇一九年間因為在人行道上騎單車而遭警方開罰的單車騎士中，黑人和拉丁裔占百分之八十六，其中將近半數的年紀未滿二十五歲。[77]

這些統計數字反映的事實是，在美國很多城市，有色人種騎單車就是「事實上的」違法。儘管警方表面上宣稱執法時不會再「以貌取人」進行種族貌相判定（racial profiling），但是對警方來說，單車的存在就是警察進行種族貌相判定並施行攔停與拍搜（stop-and-frisk）的藉口。《洛杉磯時報》（*Los Angeles Times*）團隊分析了洛杉磯郡警察局（L.A. County Sheriff's Department）於二〇一七年到二〇二一年七月之間四萬四千多筆攔查單車騎士的紀錄，發現其中大多數攔查地點都在有許多非白人居住的低收入社區，十次攔查中就有七次攔下的是拉丁裔單車騎士。[78]《洛杉磯時報》報導指出洛杉磯郡警察「以騎在人行道等輕微違規或觸法行為」便逮捕單車騎士，「即使遭攔停的單車騎士並無任何可疑之處足以引起警方懷疑涉嫌不法，仍有高達八成五的單車騎士遭到搜查。大多數單車騎士遭留置於巡邏車後座，同時間警官會翻查騎士的私人物品或確認逮捕令事宜。」攔查單車事件有時可能以悲劇收場。二〇二〇年八月三十一日，在喬治・佛洛伊德喪命九十八天後，二十九歲的黑人男性迪戎・基茲（Dijon Kizzee）於洛杉磯郡南部的維斯蒙特（Westmont）因「騎單車逆向行駛」而被警方逮捕，過程中遭洛杉磯郡警官開槍擊斃。[79]驗屍報告指出基茲身中十六發子彈，從雙手、手臂、肩膀、胸部、下巴、背部和後腦勺皆有槍傷。

二〇二〇年在紐約，從夏季到秋季都有人騎單車上街抗議。外送員在紐約市警察局各分局前遊行示威，抗議警方對於大批電動自行車失竊和外送員遭受攻擊的案件袖手旁觀。[80]十月，數百名外送員聚集在市政府外頭，要求提高薪資和改善工作條件。此外還有其他的社會運動。紐約市街頭車友團（Street Riders NYC）於六月由六名來自布魯克林的黑人社運家組成，他們號召群眾騎單車在市區遊行，有數千名單車族響應。這些示威活動都是要響應「黑人的命也是命」運動，旨在爭取種族正義和經濟正義、倡議削減警局預算，以及瓦解美國這個「監獄國家」（carceral state）。不僅如此，示威運動也應對了種族和移動能力（mobility）的政治議題，一方面推崇普世共通的「騎單車的自由」，另一方面至少也幽微地批判長年來忽視交通平等議題及非白人單車族所承受獨特重擔的白人單車社運界。

或許最具革命性的新形態單車抗議行動，就是絕不把抗議掛在嘴上。「單車生活」（bikelife）一詞原本指的是紐約和巴爾的摩（Baltimore）等城市的越野摩托車和四輪全地形越野車（four-wheeled ATV）「騎士幫派」，他們在城市街頭和公路上表演「翹孤輪」、原地轉圈等瘋狂特技並拍攝影片而聲名大噪。二〇一〇年代初期，哈林區（Harlem）二十歲出頭的單車快遞員達諾・梅爾斯（Darnell Meyers）[81]受到「單車生活」的特技啟發，開始在網路上傳自己的特技影片。[82]但他表演時騎的不是摩托車，而是老派的「So Cal Flyer」：由知名的SE公司製造的復古風BMX單車。這款單車很大台，但採用輕量鋁製車架、大輪圈和粗厚輪胎，還加裝適合表演特技的穩固「火箭筒」（peg），而梅爾斯的招式更是五花八門、層出不窮。他可以在單車向前疾馳的同時站在座墊或車手把上；可以騎行時身體斜傾「壓車」讓單車幾乎貼地，只以後輪輪側滑行，彷彿駕著衝浪板或魔毯；可以大力一拉將前輪翹至幾乎與地面垂直，只以後輪觸地保持平衡，在踩踏板的同時將手向後伸輕拂地面，彷彿乘船時以指尖掠過湖面。

梅爾斯的招牌特技表演最震撼人心的不是招式，而是地點：他在紐約街道絡繹不絕的車流之中表演。他對自己高超的翹孤輪技巧相當得意，常翹高前輪一連騎過數個街區，並為自己取了個綽號「街霸達哥」（DBlocks）。他在Instagram平台的帳號吸引了大批使用者追蹤，他也開始發文邀請單車同好一起到市區團練。其實這也不是什麼新鮮事。「街霸達哥」最早在十一歲時突然迷上單車，當時他看到鄰居小孩成群騎單車穿梭於哈林區。但是他的「練車」同好人數迅速增加：BMX單車車友成群結隊，數十甚至數百人一起到大道上練車，其中多數是年輕黑人男性，他們將前輪抬離路面，連續騎好幾英里路表演一個又一個驚險花招，並藉由在社群平台發布動態消息記錄自己的豐功偉業。

如今，這場以主題標籤「#bikelife」為人所知的「單車生活」練車運動已經傳遍全球。全球六大洲都有人上街練車，還因為出現在饒舌歌曲的影片中而在流行音樂界走紅。「單車生活」練車運動就像直線加速賽（drag racing）和滑板運動，都能提供一種胡作非為的刺激感，並吸引某些有個性的青少年和年輕人，主要原因在於這種活動能夠激怒當局。紐約市警察局一直以來強力取締練車運動，沒收參與者的單車之外，據稱也曾騎輕型機車衝撞參與者以阻撓他們練車。（「攔截」新聞網站披露的紐約市警局自行車隊手冊中，也將控管「街頭練車活動」列入自行車隊的佳績。[83]）

但是「單車生活」練車運動不只是單純的青少年叛逆行為。現場看見數百名黑人少年練車，以十多人並排前進的隊形翹孤輪過橋、下公路、駛入禁行單車的道路，就如同見證一場兩百年來單車發展史上任何一場宣示騎單車代表自由和反抗的激進遊行。練車運動參與者和先前數個世代的單車運動人士一樣，主張道路屬於所有人——但是他們的作風強勢張揚，讓單車臨界量運動相較之下顯得優雅老派。

當然，「單車生活」運動牽涉更大的政治議題。某方面來說，「黑人的命也是命」運動是一場關於移動能力和何人能自由來去何處的道德聖戰。這場運動譴責監看和管控黑人移動的體系，這個體系認為黑人光是出現在公共空間就是一種非法入侵，是可處有期徒刑甚至死刑的罪行。而藉由「單車生活」練車活動，美國社會遭受妖魔化和過度執法最甚的成員主張他們絕對有權利自由移動。街頭練車將黑人身體的脆弱性加以戲劇化，練車者騎著三十二磅重的單車在亂哄哄的車流中衝鋒陷陣，周圍盡是重量為單車百倍的汽車。但是練車者展現了叛逆無畏的精神，將危險的騎行路程變成精湛演出，而他們用手機錄影自行記錄被假定屬於違法的行為並將證據上傳網路，即是透過自我監看來表達對當局的不屑。「單車生活」街頭練車者翹高前輪在城市中呼嘯穿行，宛如座下駿馬立起前腳的騎士，謳歌身為黑人單車騎士的樂趣、風格和膽大妄為。

面對美國新一波單車熱潮，敵視單車的一方以老派的惡言謾罵回敬。文化戰爭如火如荼，以「尖銳言詞」像圖釘扎輪胎般攻擊單車這招歷史悠久，保證能夠激怒自由派人士。新冠疫情爆發第一年，抨擊單車的言論不僅一如從前在社群平台和右派媒體的圈子裡迴盪，甚至在至高無上的最高法院也轟聲隆隆。二〇二〇年十一月，最高法院對「天主教紐約布魯克林教區訴古莫案」的裁定出爐，紐約州長安德魯・古莫（Andrew Cuomo）為防止疫情擴大所頒布之限制宗教集會人數的命令無效。州長的命令中將「單車修理店鋪」列入民生所需必要產業，並將騎單車、飲用葡萄酒和針灸治療都列入「世俗」的增添生活樂趣活動清單，最高法院大法官尼爾・戈薩奇（Neil Gorsuch）在協同意見書中對此大加嘲諷：「根據州長所言，上教堂或許不盡安全，但出門再買一瓶葡萄酒、逛街選購新單車，或是整個下午探索末梢穴位和經絡就不會有問題。」[84]

這種論調屢見不鮮，後續更是層出不窮，尤其是在喬・拜登（Joe Biden）在二〇二〇年總統大選中擊敗川普入主白宮，任命敏銳機智、滿懷抱負的工作狂彼得・布塔朱吉（Pete Buttigieg）擔任運輸部長之後。布塔朱吉曾明智地指出：「我認為很多美國人並沒有意識到……我們在單車和行人安全上有多麼落後」；「如果我們的決策不要以汽車為本，而是以人為本，情況就會好多了。」[85]這對右派名嘴來說無疑是現成的題材，他們緊咬不放，連續數個新聞週期都以「民主黨要來對付你家汽車」為主軸大作文章。記者拍到布塔朱吉騎單車去參加內閣會議後，右派媒體以假新聞誣指他「假裝」騎單車，其實只是從司機駕駛的車子下來「騎個幾英尺」讓狗仔隊拍照。

粗獷的美國汽車文化和剛發端的美國法西斯主義自然一拍即合。二〇二一年春天，共和黨占議會多數的奧克拉荷馬州（Oklahoma）和愛荷華州通過法案，免除駕車衝撞抗議人群的駕駛人的罪責。[86] 新冠疫情進入第二年，到了夏季，美國全國的氣氛極度不祥，幾乎到了荒誕可笑的程度。無論走到何處，放眼望去似乎盡是頹圮敗壞的景象以及衰敗沉淪的徵兆。新冠疫苗問世，但Delta變種病毒株也來了。全球數十億人迫切希望施打第一劑疫苗的同時，卻有一半符合接種資格的美國人因為聽了瘋狂的陰謀論，對送到眼前的疫苗不屑一顧。想來在反疫苗人士之中，應該也有不少人堅稱一月六日白人民族主義分子衝進美國國會大廈（U.S. Capitol）的暴動事件是反法西斯陣營刻意栽贓嫁禍。

同時，地球上的鉅子大亨準備奔向太空。二〇二一年七月二十日，世界首富傑夫・貝佐斯（Jeff Bezos）搭乘一架造型類似陽具、名為「新雪帕德」（New Shepard）的火箭飛升至太空邊緣，進行十分鐘的次軌道（suborbital）飛行之後返回地球。貝佐斯搭乘的太空船外形神似國中男廁牆上的陰莖和睪丸塗鴉，讓人懷疑貝佐斯不可能不懂這個笑點——然後你想起他是傑夫・貝佐斯。在富豪的太空競賽中，英國富豪理查・布蘭森（Richard Branson）在貝佐斯出發九天前搶先一步，搭乘自家維珍銀河公司（Virgin Galactic）的超音速飛機「團結號」（VSS Unity）完成了次軌道航行。還有特斯拉公司（Tesla）創辦人伊隆・馬斯克（Elon Musk），即使「星艦」（Starship）原型火箭多次試射皆以爆炸殞落告終，他仍舊不屈不撓，在兩條戰線持續努力：一方面由旗下專門研究「太空運輸」的太空探索科技公司

（SpaceX）致力於火星殖民計畫，另一方面則讓同樣由他創辦的「鑽洞公司」（Boring Company）——取名是神來一筆或奇蠢無比就見仁見智——帶頭發展全新的地下運輸系統，目標是讓無人駕駛的特斯拉電動車穿梭於「超迴路」（Hyperloop）隧道網載運旅客往來不同城市。

也不能怪這些億萬富豪不是想要上太空，就是想要挖地洞。地球正經歷各種惡劣天氣。就在貝佐斯搭乘新雪帕德號啟航的那一天早上，我踏出公寓大門，解開單車鎖後騎車上路。很快我就發現自己雙眼刺痛、喉嚨發癢，而天空霧茫茫的，似乎染上一層橙紅色調。美國西岸數週以來已發生數十起野火，燃燒面積達數百萬英畝。奧勒岡州「靴統野火」（Bootleg Fire）的熊熊火海產生的極端熱氣快速上衝，形成挾帶濃厚煙霧的火積雲（pyrocumulus cloud），野火煙塵乘著狂風向東飄散三千英里後落下，籠罩整個布魯克林區。氣象牽一髮而動全身，天氣變化不再侷限於當地。

數週後，又一個當前時代的徵兆從天而降。九月一日週三晚上，紐約下起大豪雨，排洩不及的雨水將市區淹成一片水鄉澤國。颶風艾達（Hurricane Ida）於四十八小時前侵襲路易斯安那州，而這波暴雨只是颶風餘威。街道上雨水和汙水漫溢，汽車載浮載沉，淹水的布魯克林－皇后區快速路（Brooklyn-Queens Expressway）宛如威尼斯運河。滾滾洪流沖破地鐵站天花板，在月台和列車上傾瀉如瀑。紐約市有十三人在雨災中罹難，幾乎都是積水開始高漲時受困在公寓地下室的皇后區移民。推特上一部多人轉傳的影片裡，一名Grubhub餐飲外送員冒著傾盆大雨，在淹成大河、水深及腰的布魯克林區牽著單車前進。[87]可以看到單車車手把上掛著一個塑膠提袋：他正要去外送餐點。後來大家才得知，原來為了鼓勵外送員在這種可能有生命危險的情況下繼續工作，有些外送平台提供「劇烈天氣獎金」[88]：一單多付數美元。

九月二日早上，陽光普照、輕風徐徐，在理應百年一遇卻變成每月一次的氣候事件發生後，翌日的澄藍天空讓人覺得好荒謬。紐約大都會運輸署（MTA）已連夜關閉淹水的地鐵站，紐約人一覺醒來，再次騎上單車。當天Citi Bike公共自行車使用人次為十二萬六千三百六十次，創下營運八年以來單日騎乘人次最高紀錄。地球北極和南極的冰山都在融化，森林野火肆虐，政治制度失靈，一場全球大流行的疫情動搖日常生活的根基，而在世事紛亂動盪的當下，嶄新的全球單車文化正在成形。現今的單車熱潮無疑是歷史上最盛大的一波，全球各地數百萬甚至更多的單車族共襄盛舉，這是一場規模無比龐大的群眾運動。但是會不會勢單力薄，會不會還是來得太遲？

過去二十年，中國異議藝術家艾未未創作了一系列的雕塑，作品名稱發人深省：《永久自行車》（*Forever Bicycles*）。[89]系列作品中的第一件於二〇〇三年完成，是將數十輛拆除車手把、踏板和鏈條的單車拼裝組合成單一環形結構——某種單車銜尾蛇（ouroboros），或達達主義（Dada）怪胎單車。艾未未後續完成的系列作品以驚人規模不斷進化，他為不同場址量身打造不同的「永久自行車」裝置藝術，運用數百甚至數千輛單車組成巍然聳立、於觀者上方形成弧形的巨大對稱構造。作品帶來令人暈眩的視覺效果，當觀眾抬頭仰望，映入眼簾的是由車架和車輪構成、無邊無際的迷幻世界。

作品中隱含藝術史相關指涉：不僅向馬塞爾．杜象致敬，或許也呼應艾雪（M. C. Escher）利用錯視原理的無限循環主題。還有其他寓意。作品名稱「永久自行車」語帶雙關，指涉知名的上海永久牌自行車，以及同樣於一九六〇到七〇年代，即在艾未未年輕時稱霸中國道路的飛鴿牌自行車。（艾未未創作此系列多件作品時，皆使用了永久牌單車。）

以單車構成的龐大裝置藝術中只見車、不見人，熟悉艾未未的人絕不會懷疑其中的政治意涵，作品令人聯想到昔日消失無蹤的單車大軍，包括那些一起騎單車去天安門廣場的民眾。但艾未未也在對最深奧的單車典故以及對單車的由衷熱愛發聲。「永久自行車」向單車形式純粹而歷久彌新的美獻上宛如交響樂章般的詩意詠嘆：構成作品的所有單車——或者該說一輛單車、「永恆單車」的無盡折射——在高空盤旋，彷彿飄浮於穹蒼之中。

當然，單車或許並非永恆。在這個大崩毀的年代，又有什麼是永恆的？但是單車頑強堅韌，總有辦法捲土重來。近年來，中國對於自行車王國的衰亡有了不同的想法。中國大力擁抱汽車文化，對環境和社會造成的一連串衝擊也全在預料之中：環境汙染加劇，溫室氣體排放量增加，肺部疾病和其他呼吸系統疾病盛行率升高，國民陷入肥胖危機，還有件數不斷攀升的車禍事故。如今中國交通的危險程度在全世界數一數二，交通事故是中國四十五歲以下國民的頭號死因。

單車一直是中國經濟不可或缺的要角。中國是目前世界上最大的單車和單車零件製造國和出口國，近年更展開遠大計畫，希望在國內推動單車復興。中共政府多年來以龐然規模為汽車修路闢道，如今又開始為單車打造最先進的基礎建設，包括在北京和沿海城市廈門興建單車專用快速路。[90]

中國單車復興的另一個重要環節，是共享單車系統。中國最早推行共享單車成果不盡理想，二〇一〇年代後半一度繁盛之後急速衰敗，只留下市郊堆積成垃圾山的廢棄「摩拜」單車和 ofo 小黃車。但在二〇一五年之後，尤其是自從新冠疫情爆發，共享單車產業重新找到商機，龍頭企業出資成立新的共享單車品牌，在規範相對比較周全的市場運作。「哈囉出行」（投資方包括電商巨頭阿里巴巴集團）和

「美團單車」（於二〇一八年收購「摩拜」單車）皆為無樁式共享單車系統，兩個品牌進駐中國各個城市，大受新世代的城市上班族歡迎，他們也許沒那麼嚮往擁有汽車，也沒有太多與單車有關的創傷記憶。電動自行車在共享單車系統中占比愈來愈高，成為中國單車復興的重點之一，而中國目前的共享和私有電動自行車總數已經達到驚人的三億輛。

從歷史角度來看，這可說是一件大事。根據產業趨勢預測，全球電動自行車的市場規模將於二〇二七年成長至七百億美金[91]，電動自行車的興起在單車文化中，可能是自安全腳踏車問世之後意義最重大的一項發展。

一輛只需要最低限度的人類肌力和腳踏力量就能行進的單車，代表本質上產生了大幅轉變，**何謂單車**的概念將會徹底改變。但回到實際層面，最重要的是有非常多人真的很喜歡騎電動自行車，而且以電動自行車為中心調整自己的生活。電動自行車在中國顯然繼承從前典型的黑色城市自行車，成了新一代「國民車」。

不過以前那種城市自行車還是處處可見。在中國可能有數百萬輛這種單車，很可能多達數億輛，堪用狀態各自不同。很久以前，當時還沒有疫情，我在北京騎過一輛這種單車。我住在市中心一家很大的國營旅館，距離紫禁城和天安門廣場不遠，旅館裡有五、六輛一九九〇年代的永久牌老單車供住客借用。我踩著單車在市區四處遊逛，一路上特別留意還有沒有它的同類。在保留下來的胡同住宅區裡，我瞄見許多輛破爛的城市自行車或靠著牆，或斜倚在條板箱上，有永久牌、飛鴿牌、金獅牌和其他牌子。有那麼一會兒，我幻想這些都是老人家騎了數十年的愛車，車主因為不忍心與愛車分離，才將它們放在那裡。後來我才知道，很多人將塵封的老單車從儲藏室裡拖出來，是要擺在胡同裡占位子好停汽車。

然而，在北京還是看得到有人騎經典的老單車。通常是中年人或老年人，看起來家境不特別寬裕。很多中國人從來不曾晉升有車階級，也絕不會去騎電動自行車。在北京的批發市場和辛苦的勞動階級居住的區域，載貨單車和三輪車無所不在。老派的單車買賣也還存在。在路邊還是可以看到修理單車的店鋪，他們經營的「店面」就只是擺設在街角的數個混凝土塊，無論「落鏈」、爆胎或前叉歪掉都能快速修復。在這些地方，自行車王國從未衰亡，腳踏的力量依舊至高無上，從前的單車文化在此顯得完整無缺，似乎從來不曾改變。

事實上，以「中國的單車文化」來描述並不精確，好像有一個單一整體，甚至能夠涵蓋一切的文化。只有複數的多元單車文化——族繁不及備載，多到難以用一套宏大理論加以概括。對於某些北京年輕人來說，單車的迷人是因為它屬於次文化，他們喜歡單車的古怪冷門。

北京單車界某些景象在中國的情境脈絡裡顯得別具異國風味，或許會讓一些外國人覺得相當主流。近年來在北京出現許多專騎公路車的車友社團。這些車友騎的是高級競技車（racing bike）和長途旅行單車，會相約一起去北京北邊和西邊的山上練車。社團成員幾乎清一色是男性，而他們專注於可以量化和比較的運動成績，例如騎乘距離、最快速度和攻頂幾座山，如果形容他們明顯展現爭強好勝的男性氣概，似乎還算公允。他們是玩真的：頂級裝備和配件、鈦合金車架、「科技」車衣車褲，一應俱全。在兩個世代之前，根本無法想像騎單車在中國會成為讓人顯得與眾不同的活動。如今，北京的自行車友更加世故練達。如今在古老首都的街道上，身穿萊卡材質車衣車褲、戴著閃亮自行車帽和昂貴感光變色太陽眼鏡的自行車友是新奇事物的代言人：騎單車新潮有型，是一種生活風格，專屬有品味又財力雄厚的族群。

北京也有其他新出現的單車次文化，是某天下午我騎單車在市中心東側東城區閒逛，在一個街角偶然發現的。在時髦店家林立的胡同裡，我看到一家「綠香蕉」（Natooke）客製化單車店，店裡只販售單速車，老闆伊泉（Ines Brunn）是長年旅居中國的德國人。伊泉是單車界名人，她有物理學碩士學位，是專業單車特技演員，曾到世界各地表演和生活。她創立了「綠香蕉」向北京人推廣單速車，顯然非常成功。店內有許多髮型標新立異的迷人年輕男女進進出出，看起來有點像布魯克林區精品單速車商場的顧客。

但就我所知，無論在布魯克林或其他任何地方，都找不到類似「綠香蕉」的店家，它無疑是我這輩子看過最美的一家單車店。不管視線投向哪裡，色彩繽紛的單車部件或在架上一字排開，或琳瑯掛滿牆面：車架、前叉、輪圈、輪胎、花鼓、輻條、大盤、車手把、握把套，有紅、有藍、有黃、有紫、有粉紅，看得人眼花撩亂。這家店令人著迷之處在於車子完全客製化，每個部件的顏色都可以自選。「綠香蕉」的單速車輕量靈巧，可以客製出各種繽紛的色彩組合，散發卡通般的趣味感，而我剛剛在店門外鎖在路邊的全黑永久牌單車沉重結實，彷彿無名的巨型黑船，專門用來載運中國的普羅大眾——兩者之間在符號學上的差異之懸殊，令我不禁愕然。還有一點讓我大為震驚：我竟然好想在「綠香蕉」訂一輛客製車。我在店內佇立良久，我確信自己當下眼神狂野，思索著我會選擇的色彩組合，還有我究竟要如何把一輛甚至兩輛客製化單速車運回紐約。

店裡也提供計時租車的服務，於是我決定租一輛單速車騎幾個小時看看。店員讓我騎的那輛有著白色車架和車輪，其他多個配件的顏色都是類似《芝麻街》裡科米蛙（Kermit the Frog）那種綠色。我牽著單速車從停在胡同裡的永久牌單車旁邊走過，接著朝北前進。我要走約十分鐘去地壇公園，那裡綠樹成蔭，還有石板徑道，前一天我在那裡愜意地待了好幾個小時。地壇建於十六世紀，是明清皇帝祭祀土地神的壇廟，公園裡十分靜謐，帶著一點慵懶氣息，正符合我的需求：場地夠大，可以安心試騎。我只有高中時騎過一次單速車，只騎了一下子，而且不怎麼順利，騎單速車需要一點時間適應。

大多數單車的花鼓上都裝有飛輪，由於兩者搭配的運作，讓踏板可以在車輪轉動、單車持續行進的同時保持不動。有了飛輪，騎士不一直踩踏板也能前進——也就是滑行（coast），這是騎單車時最夢幻也最愉快的感覺。（歷史學家伊恩．博爾認為「freewheeling」〔意指「慣性滑行」或「隨心所欲」〕是單車為英語貢獻的最偉大詞語。[92]）

單速車則不同，它的傳動系統配置是飛輪直接鎖死在後輪的花鼓上，因此無法滑行。當你踩踏板前進，後輪開始轉動，單速車開始前行。只要後輪持續轉動，無論你是否主動踩踏板，踏板都會在後輪帶動下持續轉動。兩者的關係清楚明確，就是相互帶動：踏板讓車輪轉動，車輪讓踏板轉動。

忠實愛好者主張單速車才是真正的單車、「最單車」的單車，是純粹主義者的唯一選擇。單速車最直接且有效地運用它的人類發動機，在能量傳遞的過程中沒有任何外部硬體介入。比起騎乘其他類型的單車，騎單速車更能深刻體會人車融合為一的感覺。

單速車愛好者會誇稱單速車還有其他優點。騎單速車時可以更充分掌控車子。單車特技演員表演時多半騎單速車，因為這種單車可以倒踩踏板「假騎」。單速車速度也很快。由於單速車的運作效率極高，在比率相同的情況下，單速車騎士能夠維持比變速車騎士更高的踩踏頻率（cadence；或稱「迴轉速」）。有些人會稱單速車為「場地車」（track bike），這是單速車的傳統名稱，這種單車原本是專為在室內自由車競技場（velodrome）和戶外比賽而設計。單速車的速度快，因此在一九八〇到九〇年代特別受到紐約那些玩命飆車快遞員的青睞。

還有美學考量。單速車優美簡潔，遵循現代主義建築師路斯（Loos）「少即是多」的風格，不像變速車必須配備完整傳動系統而顯得雜亂。單速車是最基本的單車——是單車的濃縮精華版。

典型的單速車並不配備煞車系統。（「綠香蕉」店內販售有煞單速車及無煞單速車；我租的那輛是無煞款。）對於單速車新手來說，艱難的不是怎麼騎車，而是騎到一半怎麼煞車。要讓車子安全煞停，你必須施加反方向的力量，用雙腿倒踩踏板再加上以身體的重量去對抗轉動的曲柄。這個動作我以前很常做：我以前在家裡騎的是一輛裝了腳煞花鼓的休閒自行車，就是用同樣的倒踩踏板動作來煞車。但是腳煞花鼓是一個與單車內部花鼓結合的裝置；只要倒踩踏板，煞車裝置就會作動，能幫騎乘者省很多力。

至於要讓一輛無煞單速車停下來，就是完全不同等級的任務，需要更大的力氣和更高明的技巧。有數種不同的方法可以運用。最基本的是倒踩踏板，藉由穩定施加反方向的力量讓單速車慢下來。你也可以「跳煞」（skip stop），身體抬離座墊後，將後輪連續數次拉高離地。或者車速很快的話，你可以「滑胎」或「滑行煞車」（skid）——這招看起來比較炫，要非常用力倒踩踏板鎖死後輪，讓車子滑行直到停下。聽起來都滿簡單的，但是單速車煞車很講究手感，是需要肌肉記憶才能完成的動作。這是一種技能。

不具備某種技能的話，就必須想辦法習得。我在下午兩點左右到達地壇公園，人來人往，但還不到熱鬧繁忙。整座公園籠罩在午飯後小睡片刻的氣氛。有幾位年輕媽媽推著嬰兒車，還有老人家一群群圍坐桌旁，在玩類似西洋棋的象棋。小小的健身區有一些人，那裡裝設了飛猴單槓（monkey bar）、雙槓和一台健身腳踏車。我在公園裡繞了一下，發現一條很長、很不錯的徑道，而且沒什麼人。當時是九月，但天氣有點像夏天，還吹著暖風。多少算是適合騎單車的理想天氣。

我一甩右腿跨上單速車，身體向上抬坐上座墊，很緩慢刻意地踩著踏板，車子開始前進。我加緊踩踏累積一點衝勢，讓單車前進了約四十英尺。接著我倒踩踏板，像是要啟動腳煞花鼓。

但是我感受到單車反推的力道。踏板不肯屈服，還是兀自向前轉動，於是我將身體前傾，將臀部抬離座墊變成跨站在車上。我跨在上管上方——坦白說，就生理而言是不太舒服的姿勢——同時兩腳拖過地面，努力想讓車子慢下來，有點像開著石器時代四輪車的卡通《摩登原始人》主角弗林史東（Fred Flintstone）。單速車最後停了下來。

綜合考量之下，這實在不是很好的煞車方法。我明白自己需要做的，是將動作練得更流暢。煞住單速車該做的，不是以前煞住家裡那輛休閒自行車那樣猛然倒踩。我應該做的是**扎扎實實**倒踩踏板，在踏板上穩定施力直到改變車輪的轉動方向為止。於是我再次上車，將車子調頭後向前騎，然後再試一次——試到第三次，踏板還是不聽話。兩腳飛騰起來，我將身體抬離座墊，大力將車手把先向右扭再向左扭，搖搖晃晃的。我跨在上管上曲起兩腿，為了讓車子慢下來但又要保持車身直立，雙腳在路面上狼狽蹬刨。

好不容易，單速車停住了。我朝周圍瞟了瞟。**有誰看到嗎？**看到的路人可能會認定自己見證了一回單車首航：眼前的男人是有生以來第一次試騎單車。但是在公園這一隅走動的人寥寥可數，在我右手邊，十幾名年紀稍長的婦女在練太極拳。對於公園裡一名騎單車的外國人，對於他的存在和掙扎，所有人似乎都漠不關心。

我忽然想到，騎一輛沒有加裝狗嘴套（toe strap）的單速車，也許是讓自己陷入不利的處境。狗嘴套這種小配件可以將騎乘者的雙腳固定在踏板上，可以幫助煞車，甚至有人認為騎單速車一定要有狗嘴套才煞得住車子。有了狗嘴套，就能防止我現在碰到的問題，即兩腳往上時會被拋離踏板，而騎乘者就能在控制得更好的情況下對踏板施加更強的力道，在後腳向下踩的同時將前腳向上拉。話又說回來，過去幾年我看過不少單速車騎士，他們沒有裝狗嘴套也騎得很順。我得出結論，問題不是缺乏配備，也不是我的技巧拙劣。問題在於我的信心不足。這種畏首畏尾的態度是行不通的，我得放膽一搏。

於是我又將單車調頭。我將車頭對準長長的石板徑道另一頭，將身體重心放在座墊上，再次出發，這次踩踏板的動作平穩順暢。

前後車輪駛過地面嗡嗡作響。單車破空而行。頭上的銀杏枝葉隨風擺動。毫無疑問，「綠香蕉」的車子棒極了，好看又好騎。

我騎了約二十五碼，逐漸加快速度。差不多是時候了。我將重心向後移，大腿呈內八字抵住上管，身體猛然一退。但我再次感覺踏板回推的力道，我的雙腳再次拋飛起來，車子左搖右晃，我得抓緊車手把用力擺扭好幾下才穩住。

我的兩腳試圖找回踏板。現在唯一的辦法，似乎是與單車和平共處，不是對抗到底。如果熟悉單車的歷史，這樣的場景會讓你憶起過去：十九世紀那些單車騎士言之鑿鑿，說他們的腳蹬車和簸顛號是難以馴服的野獸，是有自我意志的機器。兩腳終於回到踏板上。是我在騎車，或是車在騎我？很難分清。無論如何，單速車向前駛去，速度愈來愈快。當前情況讓我面臨艱難的抉擇：我可以緊急跳車——找一塊看起來最柔軟的路面縱身一躍——或是抓緊到指節發白讓車子帶著我向前衝。不管有沒有我，單車在路上兀自前行。

致謝

撰寫本書的過程中，我蒙受非常多人的幫助，可能有人記得很清楚（也許印象無比深刻）是以何種方式惠予莫大幫助，也可能有人在這幾頁看到自己的姓名時會有些驚訝。本書能夠完成，他們每一位都厥功至偉。我心中的感激難以言喻，謹能以短短數語敬致謝忱。

首先要感謝多位人士忍受我沒完沒了的問題、不吝分享個人見聞，並允許我寫下他們的人生故事：謝謝穆罕默德・阿布・巴夏、賽義德・曼祖魯・伊斯拉姆、索南・策林、芭芭拉・薩索、比爾・薩索、葛瑞格・賽普、茱恩・賽普、丹尼・麥嘉斯寇、哈利・雷森牧師、泰德・懷特，以及喬治・布利斯。

謝謝我的經紀人Elyse Cheney，謝謝她從此書發想到成書的過程一路引導，我非常感謝她對我的百般包容，以及給予無限支持和寶貴建議。也要謝謝Cheney Agency的團隊，謝謝Alex Jacobs、Claire Gillespie、Allison Devereux、Isabel Mendia和Danny Hertz。

我非常幸運能與Crown出版社合作，感謝所有促成和參與本書出版工作的人員。謝謝最棒的編輯Libby Burton，謝謝她的清晰頭腦、敏銳判斷和耐心體貼。謝謝Aubrey Martinson，謝謝她費心確認從編輯到出版各個環節一切順利。謝謝傑出的出版人暨編輯Gillian Blake，她的支持對我來說意義非凡。謝謝David Drake和Annsley Rosner。謝謝Evan Camfield、Bonnie Thompson、Stacey Stein和Melissa

Esner。我也要向 Rachel Klayman 和 Molly Stern 致謝，謝謝她們在很久、很久以前就相信我能寫成此書。

在此特別感謝在我的旅程中給予協助的所有人士。謝謝在達卡協助翻譯讓採訪工作更順利的黎珐．伊斯拉姆．艾夏，也謝謝她不吝分享她對家鄉達卡的精闢見解。也謝謝 K. Ahmed Anis 和 Imran Khan 在達卡提供協助。

感謝 Ina Zhou 擔任中國的在地嚮導（fixer）並協助翻譯，謝謝她在我採訪後於中國停留的數個月仍在各方面慷慨提供協助。我也很感謝在中國不吝給予我許多指點的各位：Andrew Jacobs、Xu Tao、Li Tao 和 Shannon Bufton。

謝謝 Dhamey Norgay，在他的協助之下，我得以造訪不丹各地並完成所有任務。謝謝你，Dhamey。

謝謝 Jake Rusby 讓我參觀他在南倫敦的工作室，欣賞他手工打造的優美單車，並與我分享單車設計和工程學相關的寶貴知識。

謝謝慕尼黑（Munich）的 Rasoulution 運動行銷公關公司團隊，謝謝他們費心安排我在蘇格蘭採訪丹尼．麥嘉斯寇的行程。

我也要向北緯七十八度的朗伊爾那些膽大無畏的單車騎士致謝，謝謝他們讓我大開眼界，見識到冬季騎單車的美麗和瘋狂。

謝謝 Franchesca Alejandra Ocasio 和「狂派卵巢幫」（Ovarian Psycos）團員讓我跟著她們在洛杉磯四處騎行，這番體驗讓我對單車和政治相關議題大為改觀。

謹在此向紐約公共圖書館（New York Public Library）、布魯克林公共圖書館（Brooklyn Public Library）、紐約大學博斯特圖書館（Elmer Holmes Bobst Library at NYU）、美國國會圖書館（Library of

Congress）、大英圖書館（British Library）、英國皇家地理學會（Royal Geographical Society），以及法國國家圖書館（Bibliothèque Nationale de France）的每位館員致謝。

謝謝 Omar Ali 和 Cobble Hill Variety 郵遞影印公司的每位人員；也謝謝布魯克林和其他地方一百家（也許有一千家）咖啡店的工作人員。

特別感謝諸多研究單車的學者、社運人士及熱血車友，本書因他們的精闢想法和專業知識而受益無窮。我很榮幸得以和其中幾位人士直接聯絡，至於其他人士，我僅得以拜讀其著述。我對他們由衷感激，另外也很感謝其他多位作者，他們的著作皆列於本書注釋。謝謝伊恩・博爾、Zack Furness、Melody Hoffmann、Adonia Lugo、Aaron Golub、Gerardo Sandoval、Evan Friss、James Longhorst、保羅・史梅瑟斯特、彼得・考克斯、蘭迪・瑞斯尼基、漢斯・艾哈德－萊辛、東尼・哈德蘭、Tiina Männistö-Funk、Timo Myllyntaus、葛倫・諾克里夫、瑪格麗特・古洛夫、羅伯・特平、Steven Alford、Suzanne Ferriss、Nicholas Oddy 以及 Carlton Reid。謝謝 Gary Sanderson、Jennifer Candipan 和 Evan P. Schneider。鄭重感謝國際自行車歷史研討會（International Cycling History Conference）。

謝謝我最珍視的《紐約時報雜誌》（*The New York Times Magazine*）工作夥伴 Nitsuh Abebe、Jake Silverstein、Jessica Lustig、Bill Wasik、Sasha Weiss 和 Erika Sommer；謝謝他們對我的寫作事業給予莫大支持，並以不同方式幫忙我度過寫書的最後階段。

感謝眾多家人、朋友、同事和其他與我相識的人士，謝謝他們為我加油打氣、出謀獻策、提供參考資料及其他協助。謝謝多位傑出作者以優秀作品和深刻洞見帶給我諸多啟發：Gillian Kane、Ann Powers、Carl Wilson、Whitney Chandler、Dan Adams、Craig Marks、Eric Weisbard、Julia Turner、

Michael Agger、John Swansburg、Adam Gopnik、Dana Stevens、Josh Kun、Stephen Metcalf、Ali Colleen Neff、Karl Hagstrom Miller、Sean Howe、Jennifer Lena、Karen Tongson、Garnette Cadogan、Nathan Heller、Daphne Brooks、Forrest Wickman、Emily Stokes、Eddy Portnoy、Eric Harvey、Mark Lamster、Erin MacLeod、Joe Schloss、Frankie Thomas、Miles Grier、Steve Waksman、Ari Kelman、Ken Wissoker、Jason King、John Shaw、Ari Y. Kelman、Christopher Bononos、David Greenberg、Joey Thompson、Steacy Easton、Stuart Henderson、George Rosen和Seth Redniss。

在此也要向我的父親Marc Rosen、母親Susan Rosen，以及在我人生中扮演父母親角色的Roberta Stone和Amy Hoffman致謝，因為有他們的愛護和支持，我才得以完成本書。謝謝我最棒的岳父母Rick Redniss和Robin Redniss。

謹將本書獻給我深愛的蘿倫．芮尼斯（Lauren Redniss）、莎夏．羅森和席歐．羅森。

注釋

導言

1. “A Revolution in Locomotion,” *New York Times*, August 22, 1867.
2. Artist unknown, *Voyage à la lune*, publisher unknown (France, c. 1865–1870). 位在美國華盛頓特區的國會圖書館（Library of Congress）「印製品與照片部」（Prints and Photographs Division）典藏一份此手工上色石版畫作的印製品，線上瀏覽請至：loc.gov/item/2002722394/。
3. John Kendrick Bangs, *Bikey the Skicycle and Other Tales of Jimmieboy* (New York: Riggs, 1902), 35–37.
4. Robert A. Heinlein, *The Rolling Stones* (New York: Ballantine, 1952), 68–69.
5. Lydia Rogue, ed., *Trans-Galactic Bike Ride* (Portland, Ore.: Elly Blue, 2020).
6. Benjamin Ward Richardson, “Cycling as an Intellectual Pursuit,” *Longman's Magazine* 2, no. 12 (May–October 1883): 593–607.
7. 關於美國太空總署其他的「月球單車」構想，參見：Amy Teitel, “How NASA Didn't Drive on the Moon,” April 6, 2012, AmericaSpace, americaspace.com /2012/04/06/how-nasa-didnt-drive-on-the-moon/。
8. 關於威爾森完整的月球交通工具構想，以及更多他心目中太空交通願景的細節，見：“Human-Powered Space Transportation,” *Galileo* no. 11–12 (June 1979): 21–26。
9. 同前注，24。
10. 同前注，22。
11. 同前注，25。
12. 同前注，26。
13. 登祿普關於發明充氣輪胎的記述見：John Boyd Dunlop, *The Invention of the Pneumatic Tyre* (Dublin: A. Thom & Company, 1925)；另見：Jim Cooke, *John Boyd Dunlop* (Tankardstown, Garristown, County Meath, Ireland: Dreolín Specialist Publications, 2000)。
14. Jim Cooke, “John Boyd Dunlop 1840–1921, Inventor,” *Dublin Historical Record* 49, no. 1 (Dublin: Old Dublin Society, 1996), 16– 31.
15. Dunlop, *Invention of the Pneumatic Tyre*, 9.
16. 同前注，15。
17. See Charles Barlow, Esq., ed., *The Patent Journal and Inventors' Magazine*, vol. 1 (London: Patent Journal Office, 1846): 61. 順帶一提，湯姆森還發明了鋼筆。
18. Cooke, *John Boyd Dunlop*, 16.
19. T. R. Nicholson, *The Birth of the British Motor Car, 1769–1897, vol. 2, Revival and Defeat, 1842–93* (London: Macmillan, 1982), 241.

序章

1. H. G. Wells, *A Modern Utopia* (New York: Charles Scribner’ s Sons, 1905), 47.
2. 這段生動描述出自派翠克・歐魯克所著文章，原文刊於一九八四年《汽車與駕駛人雜誌》（*Car and Driver Magazine*），另亦收錄於歐魯克文集：P. J. O’ Rourke, *Republican Party Reptile: The Confessions, Adventures, Essays and (Other) Outrages of P. J. O’Rourke* (New York: Atlantic Monthly Press, 1987), 122–27。歐魯克此篇與他大多數作品一樣半諷刺半認真，是以誇張手法呈現嚴肅觀點，後來發表了另一篇嚴詞抨擊單車的評論：“Dear Urban Cyclists: Go Play in Traffic,” on *The Wall Street Journal*’ s op-ed page, April 2, 2011。
3. “The Winged Wheel,” *New York Times*, December 28, 1878.
4. “Champion of Her Sex,” *World* (New York), February 2, 1896.
5. See “Mark of the Century,” *Detroit Tribune*, May 10, 1896.
6. James C. McCullagh, ed., *Pedal Power in Work, Leisure, and Transportation* (Emmaus, Penn.: Rodale, 1977), x.
7. Lance Armstrong, ed., *The Noblest Invention: An Illustrated History of the Bicycle* (Emmaus, Penn.: Rodale, 2003).
8. Sharon A. Babaian, *The Most Benevolent Machine: A Historical Assessment of Cycles in Canada* (Ottawa, Ont.: National Museum of Science and Technology, 1998).
9. 此句箴言常見於單車文獻「名言錦句」和網路迷因，一般認為語出美國單車設計師暨作家格蘭特・彼得森（Grant Peterson）。見：Chris Naylor, *Bike Porn* (Chichester, West Sussex, Eng.: Summersdale, 2013)。
10. See, e.g., Michael Kolomatsky, “The Best Cities for Cyclists,” *New York Times*, June 24, 2021, nytimes.com/2021/06/24/realestate/the-best-cities-for-cyclists.html; Leszek J. Sibiliski, “Why We Need to Encourage Cycling Everywhere,” *World Economic Forum*, February 5, 2015, weforum.org/agenda/2015/02/why-we-need-to-encourage-cycling-everywhere/.
11. See David Edgerton, *The Shock of the Old: Technology and Global History Since 1900* (New York: Oxford University Press, 2007).
12. From Mark Twain, “Taming the Bicycle” (1886). Anthologized in Mark Twain, *Collected Tales, Sketches, Speeches & Essays: 1852–1890* (New York: Library of America, 1992), 892–99.
13. Julio Torri, “La bicicleta,” in *Julio Torri: Textos* (Saltillo, Coahuila, Mex.: Universidad Autónoma de Coahuila, 2002), 109. 引文原文為西班牙文，由筆者譯為英文。
14. 單車在美墨邊境移民行動及邊境巡邏中扮演的角色，見：Kimball Taylor, *The Coyote’s Bicycle: The Untold Story of Seven Thousand Bicycles and the Rise of a Borderland Empire* (Portland, Ore.: Tin House Books, 2016)。
15. *Evening Post* (New York), June 11, 1819.
16. *Columbian Register* (New Haven), July 10, 1819.
17. “A Terrible Disease,” *Neenah Daily Times* (Neenah, Wisc.), July 17, 1893.
18. “Reformers in a New Field,” *San Francisco Chronicle*, July 2, 1896.
19. Alexa Delbosc, Farhana Naznin, Nick Haslam, and Narelle Haworth, “Dehumanization

of Cyclists Predicts Self-Reported Aggressive Behaviour Toward Them: A Pilot Study," *Transportation Research, Part F: Traffic Psychology and Behaviour* 62 (April 2019): 681–89.

20. "Bicycles—Global Market Trajectory & Analytics," Research and Markets, January 2021, researchandmarkets.com/reports/338773/bicycles_global_market _trajectory_and_analytics.
21. Joseph Lelyveld, "Dadaists in Politics," *New York Times*, October 2, 1966. Cf. Alan Smart, "Provos in New Babylon," *Urbânia* 4, August 31, 2011, urbania4.org/2011/08/31/provos-in-new-babylon/.
22. 參見伊恩·博爾（Iain Boal）於二〇一〇年在哥本哈根博物館（Museum of Copenhagen）發表的演說內容，可至Vimeo網站觀看演說影片，特別參考五段中的第三段："The Green Machine—Lecture by Iain Boal, Bicycle Historian. Part 3 of 5," Vimeo, 2010, vimeo.com/11264396。
23. See, e.g., Mikkel Andreas Beck, "How Hitler Decided to Launch the Largest Bike Theft in Denmark's History," *ScienceNordic*, October 23, 2016, sciencenordic.com/denmark-history-second-world-war/how-hitler-decided-to-launch-the-largest-bike-theft-in-denmarks-history/1438738.
24. "Riding to Suffrage on a Bicycle," *Fall River Daily Herald* (Fall River, Mass.), June 8, 1895.
25. See, e.g., Daniel Defraia, "North Korea Bans Women from Riding Bicycles . . . Again," CNBC, Jan 17, 2013, cnbc.com/id/100386298; "Saudi Arabia Eases Ban on Women Riding Bikes," Al Jazeera, April 2, 2013, aljazeera.com/news/2013/4/2/saudi-arabia-eases-ban-on-women-riding-bikes.
26. Andree Massiah, "Women in Iran Defy Fatwa by Riding Bikes in Public," BBC, September 21, 2016, bbc.com/news/world-middle-east-37430493.
27. Hannah Ross, *Revolutions: How Women Changed the World on Two Wheels* (New York: Plume, 2020), 99. See also: "Khamenei Says Use of Bicycles for Women Should Be Limited," Radio Farda, November 27, 2017, en.radiofarda.com/a/iran-women-bicycles-rstricted-khamenei-fatwa/28882216.html.
28. "Women Banned from Riding Bikes in Iran Province Run by Ultra-Conservative Cleric," Radio Farda, August 5, 2020, en.radiofarda.com/a/women-banned-from-riding-bikes-in-iran-province-run-by-ultra-conservative-cleric/30767110.html.
29. Ross, *Revolutions*, 99. Also: "Iran's Regime Bans Women from Riding Bicycles in Isfahan," National Council of Resistance of Iran, May 15, 2019, ncr-iran.org/en/news/women/iran-s-regime-bans-women-from-riding-bicycles-in-isfahan/.
30. "Iranian Cyclists Endure Physical, Sexual Abuse and Bans," *Kodoom*, July 30, 2020, features.kodoom.com/en/iran-sports/iranian-cyclists-endure-physical-sexual-abuse-and-bans/v/7164/.
31. Zack Furness的著作極富開創性，值得特別提出：Zack Furness, *One Less Car: Bicycling and the Politics of Automobility* (Philadelphia: Temple University Press, 2010)；另亦參見：Paul Smethurst, *The Bicycle: Towards a Global History* (New York: Palgrave Macmillan, 2015)；Steven A. Alford and Suzanne Ferriss, *An Alternative History of Bicycles and Motorcycles: Two-Wheeled Transportation and Material Culture* (Lanham, Md.: Lexington Books, 2016)

；and Iain Boal, "The World of the Bicycle," in *Critical Mass: Bicycling's Defiant Celebration*, ed. Chris Carlsson (Oakland, Calif.: AK Press, 2002), 167–74。

32. See Paul Ingrassia, *Engines of Change: A History of the American Dream in Fifteen Cars* (New York: Simon & Schuster, 2012), 5–6; "1896 Ford Quadricycle Runabout, First Car Built by Henry Ford," *The Henry Ford*, thehenryford.org/collections-and-research/digital-collections/artifact/252049/#slide=gs-212191.
33. See Peter J. Hugill, "Good Roads and the Automobile in the United States 1880–1929," *Geographical Review* 72, no. 3 (July 1982): 327–49; Charles Freeman Johnson, "The Good Roads Movement and the California Bureau of Highways," *Overland Monthly* 28, no. 2 (July–December 1896): 442–55.
34. Michael Taylor, "The Bicycle Boom and the Bicycle Bloc: Cycling and Politics in the 1890s," *Indiana Magazine of History* 104 (September 2008): 213–40.
35. Iain A. Boal, "The World of the Bicycle," in *Critical Mass: Bicycling's Defiant Celebration*, ed. Chris Carlsson (Oakland, Calif.: AK Press, 2002), 171.
36. Elizabeth Flanagan, Ugo Lachapelle, and Ahmed El-Geneidy, "Riding Tandem: Does Cycling Infrastructure Investment Mirror Gentrification and Privilege in Portland, OR and Chicago, IL?," *Research in Transportation Economics* 60 (December 2017): 14–24.
37. See, e.g., Melody L. Hoffmann, *Bike Lanes and White Lanes: Bicycle Advocacy and Urban Planning* (Lincoln: University of Nebraska Press, 2016); Adonia E. Lugo, *Bicycle/Race: Transportation, Culture, & Resistance* (Portland, Ore.: Microcosm, 2018); Aaron Golub, Melody L. Hoffmann, Adonia E. Lugo, and Gerardo F. Sandoval, eds., *Bicycle Justice and Urban Transformation: Biking for All?* (New York: Routledge, 2016); Tiina Männistö-Funk and Timo Myllyntaus, *Invisible Bicycle: Parallel Histories and Different Timelines* (Leiden, Neth.: Brill, 2019); and Glen Norcliffe, Critical Geographies of Cycling (New York: Routledge, 2015).
38. See Mikael Colville-Andersen, *Copenhagenize: The Definitive Guide to Global Bicycle Urbanism* (Washington, D.C.: Island Press, 2018). 此書係集結作者大受歡迎的網站上文章而成，雖然號稱「全球單車都市主義權威指南」（The Definitive Guide to Global Bicycle Urbanism），但鮮少論及亞洲、非洲和拉丁美洲城市。
39. Mikael Colville-Andersen, *Cycle Chic* (London: Thames & Hudson, 2012).
40. Emily Atkin, "The Modern Automobile Must Die," *New Republic*, August 20, 2018, newrepublic.com/article/150689/modern-automobile-must-die.
41. "Tyres Not Tailpipe," *Emissions Analytics*, January 29, 2020, emissionsanalytics.com/news/2020/1/28/tyres-not-tailpipe.
42. World Bank, "The High Toll of Traffic Injuries: Unacceptable and Preventable," Open Knowledge Repository, 2017, openknowledge.worldbank.org/handle/10986/29129.
43. Iris Murdoch, *The Red and the Green* (New York: Viking, 1965), 29.
44. 此句所改編的箴言「四足者善，兩足者惡」（Four legs good, two legs bad）出自喬治・歐威爾的著作《動物農莊》（*Animal Farm*）。
45. Ivan Illich, Energy and Equity (New York: Harper & Row, 1974), 60.

46. 這是賈伯斯最愛講的金句之一，他在一九九〇年的紀錄片《記憶與想像：通往美國國會圖書館的新途徑》（*Memory and Imagination: New Pathways to the Library of Congress*）就講過同一句話；影片連結："Steve Jobs, 'Computers Are Like a Bicycle for Our Minds'—Michael Lawrence Films," YouTube, youtube.com/watch?v=ob_GX50Za6c。

第一章

1. See Thomas Gray, "Elegy Written in a Country Churchyard," poets.org/poem/elegy-written-country-churchyard.
2. Alfred Jarry, *La passion considérée comme course de côte—et autres speculations* (1903; repr., Montélimar, France: Voix d'Encre, 2008). 英譯參見：*Bike Reader: A Rider's Digest*, notanothercyclingforum.net/bikereader/contributors/misc/passion.html.
3. Walter Sullivan, "Leonardo Legend Grows as Long-Lost Notes Are Published," *New York Times*, September 30, 1974.
4. 漢斯・艾哈德－萊辛駁斥「達文西的單車」說法的論述面面俱到且饒富趣味：Hans-Erhard Lessing's "The Evidence Against 'Leonardo's Bicycle,' " presented at the Eighth International Conference on Cycling History, Glasgow School of Art, August 1997；文章連結：Cycle Publishing, cyclepublishing.com/history/leonardo%20da%20vinci%20bicycle.html。
5. Tony Hadland and Hans-Erhard Lessing, *Bicycle Design: An Illustrated History* (Cambridge, Mass.: MIT Press, 2014), 501.
6. Curzio Malaparte, "Les deux visages de l'Italie: Coppi et Bartali," *Sport-Digest* (Paris) no. 6 (1949): 105–09. 英譯見：Lessing, "The Evidence Against 'Leonardo's Bicycle.' "。
7. Paul Smethurst, *The Bicycle: Towards a Global History* (New York: Palgrave Macmillan, 2015), 53.
8. 阿塔莫諾夫騙局細節見：Derek Roberts, *Cycling History: Myths and Queries* (Birmingham: John Pinkerton, 1991), 27–28; Slava Gerovitch, "Perestroika of the History of Technology and Science in the USSR: Changes in the Discourse," *Technology and Culture* 37, no. 1 (January 1996): 102–34; "Artamonov's Bike," *Clever Geek Handbook*, clever-geek.imtqy.com/articles/1619221/index.html; "The Story of a Hoax," historyntagil.ru/, historyntagil.ru/people/6_82 .htm; "Artamonov's Bike: Legends and Documents," historyntagil.ru/, historyntagil.ru/history/2_19_28.htm。另見國立俄羅斯公共科學技術圖書館（State Public Scientific and Technical Library of Russia）網站謄錄後公開的一篇一九八九年學術論文：B. C. Virginsky, S. A. Klat, T. V. Komshilova, and G. N. Liszt, "How Myths Are Created in the History of Technology: On the History of the Question of 'Artamonov's Bicycle,' " State Public Scientific and Technical Library of Russia, gpntb.ru/win/mentsin/mentsin2b5c1.html。
9. Roberts, *Cycling History*, 28.
10. L. Baudry de Saunier, *Histoire générale de la vélocipédie* (Paris: Paul Ollendorff, 1891).
11. 同前注，7。引文由筆者從法文譯為英文。
12. Hadland and Lessing, *Bicycle Design*, 494.
13. 同前注，494。

14. 本書中關於德萊斯生平和他發明的「滑跑機器」，主要參考漢斯．艾哈德－萊辛的重要研究結果。See Hadland and Lessing, *Bicycle Design*, 8–21; Hans-Erhard Lessing, *Automobilität—Karl Drais und die unglaublichen Anfänge* (Leipzig: Maxime-Verlag, 2003); Hans-Erhard Lessing, "Les deux-roues de Karl von Drais: Ce qu'on en sait," *Proceedings of the International Cycling History Conference* 1 (1990): 4–22; Hans-Erhard Lessing, "The Bicycle and Science—from Drais Until Today," *Proceedings of the International Cycling History Conference* 3 (1992): 70–86; Hans-Erhard Lessing, "What Led to the Invention of the Early Bicycle?," *Proceedings of the International Cycling History Conference* 11 (2000): 28–36; Hans-Erhard Lessing, "The Two-Wheeled Velocipede: A Solution to the Tambora Freeze of 1816," *Proceedings of the International Cycling History Conference* 22 (2011): 180–88. 其他資料也很有幫助：David V. Herlihy, *Bicycle: The History* (New Haven, Conn.: Yale University Press, 2004)以及網站Karl Drais: All About the Beginnings of Individual Mobility, karldrais.de/；另亦參考網路上的德萊斯生平簡介：mannheim.de/sites/default/files/page/490/en_biography.pdf。
15. 德萊斯所記述滑跑機器「本質和特性」的英譯版本見："The Velocipede or Draisena," *Analectic Magazine* (Philadelphia) 13 (1819)。
16. Herlihy, *Bicycle: The History*, 24.
17. 同前注。
18. William K. Klingaman and Nichols P. Klingaman, *The Year Without Summer: 1816 and the Volcano That Darkened the World and Changed History* (New York: St. Martin's, 2013).
19. Smethurst, *The Bicycle*, 56.
20. Hadland and Lessing, *Bicycle Design*, 495–96.
21. Harry Hewitt Griffin, *Cycles and Cycling* (New York: Frederick A. Stokes, 1890), 3.
22. 同前注，2。
23. Charles G. Harper, *Cycle Rides Round London* (London: Chapman & Hall Ltd., 1902), 208.

第二章

1. See Roger Street, *The Pedestrian Hobby-Horse at the Dawn of Cycling* (Christchurch, Dorset, Eng.: Artesius, 1998), 102–03.
2. 在費爾本關於賽事的記述中，最後表明無法判斷何人勝出的句子開了個雙關語玩笑。費爾本寫道：「難以辨別是哪一位貴族紳士搶先抵達泰伯恩以一頸之差險勝（win by the neck），戰況難分難解，兩位選手同樣有資格登上冠軍寶座。」（底線為費爾本原文所加。）如羅傑．史崔特（Roger Street）指出，此句似乎語帶嘲諷，刻意指涉「從前設在海德公園東北隅附近的泰伯恩絞刑台」。見前注，103。
3. *The Modern Velocipede: Its History and Construction* (London: George Maddick, 1869), 3.
4. 關於丹尼斯．強生的腳蹬車歷史及技術，此書討論十分精采：Tony Hadland and Hans-Erhard Lessing, *Bicycle Design: An Illustrated History* (Cambridge, Mass.: MIT Press, 2014), 22–25。
5. *Star* (London), June 8, 1819.

6. Street, *The Pedestrian Hobby-Horse at the Dawn of Cycling*, 53–55.
7. 例如一八一九年五月八日《薩福克紀事報》（*The Suffolk Chronicle*）（英格蘭薩福克郡伊普斯威奇〔Ipswich〕）報導一場「四位業餘車手參加的盛大腳蹬車賽事」，賽道長五十英里，「勝者獨得二十五堅尼」。同年在伊普斯威奇舉行的另一場腳蹬車比賽，爭取獎金的選手身穿「賽馬騎師服」；另一場在約克的比賽中，「駕著紈褲戰馬的車手對決騎驢子的對手」；而在愛爾蘭北部的倫敦德里（Londonderry），腳蹬車賽事皆在賽馬場舉行。
8. Hadland and Lessing, *Bicycle Design*, 505. 其中一個「練習騎車的場地」是丹尼斯・強生開辦的腳蹬車學校，與他在長畝街（Long Acre）上接單製作新車的工作室相距不遠。
9. *Morning Advertiser* (London), May 6, 1819.
10. 一八一九年三月，以腳蹬車為主題的喜劇《加速機；或現代休閒鐵馬》（*The Accelerators; or, The Modern Hobby-Horses*）於川堤劇院（Strand Theatre）首演，同年三月二十七日的倫敦《泰晤士報》（*The Times*）刊出廣告〈布洛赫斯小姐之夜；無與倫比的川堤劇院上映〉（Miss E. BROADHURST's Night; STRAND THEATRE, the *Sans Pareil*）。當時坊間傳唱的一些歌曲如〈倫敦時尚、蠢人愚行、紈褲子弟和休閒鐵馬〉（London Fashions, Follies, Dandies, and Hobby Horses）、〈騎著一匹真驢子，騎著休閒鐵馬或腳蹬車〉（Riding on a Real Jackass, the Velocipedes, Alias Hobby Horses），則流露對於腳蹬車這項新發明的猜疑態度。
11. John Gilmer Speed, ed., *The Letters of John Keats* (New York: Dodd, Mead, 1883), 67.
12. *Morning Post* (London), August 16, 1819.
13. "Miscellaneous Articles," *The Westmorland Gazette and Kendal Advertiser* (Kendal, Cumbria, Eng.), June 26, 1819.
14. Street, *The Pedestrian Hobby-Horse at the Dawn of Cycling*, 103–4.
15. *Morning Advertiser* (London), March 25, 1819.
16. Quoted in Street, *The Pedestrian Hobby-Horse at the Dawn of Cycling*, 67.
17. "Ode on the Dandy-Horses," *Monthly Magazine; or, British Register* (London), 48, part 2 (December 1, 1819): 433.
18. "Lewes," *Sussex Advertiser* (Lewes, Sussex, Eng.), May 31, 1819.
19. *Gorgon: A Weekly Political Publication* (London), March 27, 1819.
20. Robert Poole, *Peterloo: The English Uprising* (New York: Oxford, 2019), 1.
21. Venetia Murray, *An Elegant Madness: High Society in Regency England* (New York: Viking, 1999), 9.
22. 同前注，9。
23. "Lines Spoken by Mr. Liston, Riding on a Velocipede on Tuesday Night, *Star* (London), June 17, 1819.
24. Roger Street, *Before the Bicycle: The Regency Hobby-Horse Prints* (Christchurch, Dorset, Eng.: Artesius, 2014) 一書收錄八十幅當時腳蹬車主題版畫作品的全彩重製圖。
25. *Public Ledger and Daily Advertiser* (London), May 19, 1819.

26. Artist possibly George Cruikshank, R***l Hobby's!!!, published by J. L. Marks, London, c. April 1819. 手繪上色蝕刻版畫；9 x 13½〃。該版畫其中一件藏於大英博物館（British Museum）；圖檔連結：britishmuseum.org/collection/object/P_1868-0808-8435。
27. *Public Ledger and Daily Advertiser* (London), March 19, 1819.
28. "Important Caution," *Windsor and Eton Express* (Windsor, Berkshire, Eng.), August 1, 1819. 文中指稱「倫敦外科醫師正式聲明腳蹬車會造成致命的破裂病」。
29. Hadland and Lessing, *Bicycle Design: An Illustrated History*, 508–09.
30. David V. Herlihy, *Bicycle: The History* (New Haven, Conn.: Yale University Press, 2004), 34.
31. *Morning Advertiser* (London), April 13, 1819.
32. "[The velocipede] has been put down by the Magistrates," *Public Ledger and Daily Advertiser* (London), March 19, 1819.
33. *Columbian Register* (New Haven, Conn.), July 10, 1819.
34. *The Sun* (London), May 17, 1820.
35. "Land Conveyance by Machinery," *Morning Post* (London), July 22, 1820.
36. "Steam-Boats," *Caledonian Mercury* (Edinburgh, Scotland), June 26, 1819.
37. Charles C. F. Greville, *The Greville Memoirs: A Journal of the Reigns of King George IV and King William IV*, ed. Henry Reeve, vol. 1 (New York: D. Appleton, 1886), 131.
38. "Extracts," *Perthsire Courier* (Perth, Perthshire, Scotland), April 16, 1822.
39. *The Mechanics' Magazine* (London) 12 (1830), 237.
40. 戴維仕的講稿收於此書附錄：Hadland and Lessing, *Bicycle Design: An Illustrated History*, 503–17。

第三章

1. Quoted in Jeremy Withers and Daniel P. Shea, eds., *Culture on Two Wheels: The Bicycle in Literature and Film* (Lincoln: University of Nebraska Press, 2016), 143.
2. Excerpt from *MoMA Highlights: 375 Works from the Museum of Modern Art, New York* (New York: Museum of Modern Art, 2019) for Marcel Duchamp's *Bicycle Wheel*, Museum of Modern Art website, moma.org/collection/works/81631.
3. Joseph Masheck, *Adolf Loos: The Art of Architecture* (New York, I. B. Tauris, 2013), 26.
4. See Sheena Wilson, Adam Carlson, and Imre Szeman, eds., *Petrocultures: Oil, Politics, Culture* (Montreal: McGill–Queen's University Press, 2017).
5. Roderick Watson and Martin Gray, *The Penguin Book of the Bicycle* (London: Penguin Books, 1978), 97.
6. Lewis Mumford, *The Culture of Cities* (New York: Harcourt, Brace, Jovanovich, 1970), 444.
7. Robert Penn, *It's All About the Bike: The Pursuit of Happiness on Two Wheels* (New York: Bloomsbury, 2010), 112.
8. 本章中關於單車車輪的討論主要參考此部權威鉅著：Jobst Brandt, *The Bicycle Wheel*, 3rd ed. (Palo Alto, Calif.: Avocet, 1993)。

9. Max Glaskin, *Cycling Science* (London: Ivy, 2019), 112.
10. 可至YouTube網站聆賞札帕的表演："Frank Zappa Teaches Steve Allen to play the Bicycle (1963)," youtube.com/watch?v=QF0 PYQ8IOL4。
11. Penn, *It's All About the Bike*, 89.
12. Sheldon Brown, "Sheldon Brown's Bicycle Glossary," sheldonbrown.com/gloss_da-o.html.
13. See, e.g., "Bicycle Life Cycle: Dissecting the Raw Materials, Embodied Energy, and Waste of Roadbikes," *Design Life-Cycle*, designlife-cycle.com/bicycle; Margarida Coelho, "Cycling Mobility—A Life Cycle Assessment Based Approach," *Transportation Research Procedia* 10 (December 2015), 443–51; Papon Roy, Md. Danesh Miah, Md. Tasneem Zafar, "Environmental Impacts of Bicycle Production in Bangladesh: a Cradle-to-Grave Life Cycle Assessment Approach," *SN Applied Sciences* 1, link.springer.com/content/pdf/10.1007/s42452-019-0721-z.pdf; Kat Austen, "Examining the Lifecycle of a Bike—and Its Green Credentials," Guardian (London), March 15, 2012, theguardian.com/environment/bike-blog/2012 /mar/15/lifecycle-carbon-footprint-bike-blog.
14. See Zacharias Zacharakis, "Under the Wheels," *Zeit Online*, December 4, 2019, zeit.de/wirtschaft/2019-12/cambodia-bicycles-worker-exploited-production-working-conditions-english?utm_referrer=https%3A%2F%2Fwww.google.com%2F; "Global Bike Manufacturers Guilty of Using Child Labour, Claims Green Mag," *bikebiz*, October 3, 2003, bikebiz.com/global-bike-manufacturers-guilty-of-using-child-labour-claims-green-mag/.
15. "The Past Is Now: Birmingham and the British Empire," *Birmingham Museum and Art Gallery*, birminghammuseums.org.uk/system/resources/W1siZiIsIjIw MTgvMTIvMDcv MXVocndzcjBkcV9UaGVfUGFzdF9pc19Ob3dfTGFyZ2VfUHJpbnRfTGFiZWxzLnBkZ iJdXQ/The%20Past%20is%20Now%20Labels.
16. Maya Jasanoff, *The Dawn Watch: Joseph Conrad in a Global World* (New York: Penguin Books, 2017), 208.（中譯本：瑪雅・加薩諾夫著，張毅瑄譯，《黎明的守望人：殖民帝國、人口流動、技術革新，見證海洋串起的全球化世界》，貓頭鷹出版。）
17. See, e.g., Kenneth O'Reilly, *Asphalt: A History* (Lincoln: University of Nebraska Press, 2021), 60–62, 206–7.
18. Lance Armstrong, ed., *The Noblest Invention: An Illustrated History of the Bicycle* (Emmaus, Penn.: Rodale, 2003), 142.
19. 關於單車的相關技術演進和相互扞格的各方說法，此書的論述相當詳盡公允：Tony Hadland and Hans-Erhard Lessing, *Bicycle Design: An Illustrated History* (Cambridge, Mass.: MIT Press, 2014)。
20. Jerome K. Jerome, "*Three Men on a Boat*" *and* "*Three Men on the Bummel*" (New York: Penguin, 1999), 205.
21. *Norfolk Journal* (Norfolk, Neb.), February 18, 1886.
22. David Arnold and Erich DeWald, "Cycles of Empowerment? The Bicycle and Everyday Technology in Colonial India and Vietnam," *Comparative Studies in Society and History* 53, no. 4, (October 2011), 971–96.

23. "A Study: Viet Cong Use of Terror," *United States Mission in Vietnam* (May 1966), pdf.usaid.gov/pdf_docs/Pnadx570.pdf. 據稱一九五〇年代最早於西貢（Saigon；今胡志明市）發生的數次單車炸彈事件，是由認識美國情報單位人員並獲得美國支持的越南民族主義分子程明世（Trinh Minh Thé）所策動，此說法指出這麼做的目的是想將恐怖爆炸案嫁禍給胡志明（Ho Chi Minh），藉以引起民眾對共產黨的反感。格雷安・葛林（Graham Greene）的小說《沉靜的美國人》（*The Quiet American*）即影射這段越南歷史中的真實人物和事件。See, e.g., Sergei Blagov, *Honest Mistakes: The Life and Death of Trinh Minh Thé* (Hauppauge, New York: Nova Science Publishers, 2001), and Mike Davis, *Buda's Wagon: A Brief History of the Car Bomb* (New York: Verso, 2007).
24. 登山車於一九七〇年代的源起見：Charles Kelly, *Fat Tire Flyer: Repack and the Birth of Mountain Biking* (Boulder, Colo.: VeloPress, 2014)及Frank J. Berto, *The Birth of Dirt: Origins of Mountain Biking*, 3rd ed. (San Francisco: Van der Plas / Cycle Publishing, 2014)。See also John Howard, *Dirt! The Philosophy, Technique, and Practice of Mountain Biking* (New York: Lyons, 1997); Hadland and Lessing, *Bicycle Design*, 433–45 and 139–55; Margaret Guroff, *The Mechanical Horse: How the Bicycle Reshaped American Life* (Austin: University of Texas Press, 2016), 139–55; and Paul Smethurst, *The Bicycle: Towards a Global History* (New York: Palgrave Macmillan, 2015), 61–65.
25. 關於「動手改裝單車文化」的精采分析，見：Zack Furness, *One Less Car: Bicycling and the Politics of Automobility* (Philadelphia: Temple University Press, 2010), 153–58。
26. Hugh Kenner, *Samuel Beckett: A Critical Study* (New York: Grove, 1961), 123.
27. Théodore Faullain de Banville, *Nouvelles odes funambulesques* (Paris: Alphonse Lemerre, 1869), 130.
28. Flann O'Brien, *The Third Policeman* (Funks Grove, Ill.: Dalkey Archive, 1999), 85.

第四章

1. Will H. Ogilvie, "The Hoofs of the Horses," *Baily's Magazine of Sports and Pastimes* 87 (1907): 465.
2. Jeremiah 47:3, New International Version (2011 translation), accessed at biblia.com/books/niv2011/Je47.3.
3. Charles B. Warring, "What Keeps the Bicycler Upright?," *Popular Science Monthly* (New York) 38 (April 1891): 766.
4. Sylvester Baxter, "Economic and Social Influences of the Bicycle," *Arena* (Boston) 6 (1892): 581.
5. David Perry, *Bike Cult: The Ultimate Guide to Human-Powered Vehicles* (New York: Four Walls Eight Windows, 1995), 98.
6. Robert Penn, *It's All About the Bike: The Pursuit of Happiness on Two Wheels* (New York: Bloomsbury, 2010), 49.
7. 此部鐵路文化史研究中的經典發人深省：Wolfgang Schivelbusch, *The Railway Journey: The Industrialization of Time and Space in the Nineteenth Century* (Berkeley: University of

California Press, 1977)。

8. David V. Herlihy, *Bicycle: The History* (New Haven, Conn.: Yale University Press, 2004), 24.
9. Paul Pastnor, "The Wheelman's Joy," *Wheelman* (Boston) 3, no. 2 (November 1883): 143.
10. J. T. Goddard, *The Velocipede: Its History, Varieties, and Practice* (New York: Hurd and Houghton, 1869), 20.
11. 此句語出捏造「捷飛車」發明故事的法國作家路易・波德里・德・索尼耶，轉引自 Christopher S. Thompson, *The Tour de France: A Cultural History* (Berkeley: University of California Press, 2006), 144。
12. Charles E. Pratt, *The American Bicycler: A Manual for the Observer, the Learner, and the Expert* (Boston: Houghton, Osgood, 1879), 30.
13. Jerome K. Jerome, "A Lesson in Bicycling," *To-Day: A Weekly Magazine Journal* (London), December 16, 1893, 28.
14. Mark Twain, "Taming the Bicycle" (1886). Anthologized in Mark Twain, *Collected Tales, Sketches, Speeches & Essays: 1852–1890* (New York: Library of America, 1992), 892–99.
15. Charles Williams, *Anti-Dandy Infantry Triumphant or the Velocipede Cavalry Unhobby'd*, published by Thomas Tegg, London, 1819. 手繪上色蝕刻版畫；9½ x 13½〃。該版畫其中一件藏於大英博物館；圖檔連結： britishmuseum.org/collection/object/P_1895-0408-22.
16. *Inverness Journal and Northern Advertiser* (Inverness, Inverness-Shire, Scotland), May 28, 1819.
17. Goddard, *The Velocipede*, 20.
18. "The Velocipede Mania," *New York Clipper*, September 26, 1868.
19. 該則漫畫引自Herlihy, *Bicycle: The History*, 99，原刊於*Le journal amusant* (Paris), October 29, 1868。
20. "Liverpool Velocipede Club: Bicycle Tournament and Assault at Arms, in the Gymnasium, Saturday Afternoon Next" (advertisement), *Albion* (Liverpool), April 19, 1869. Cf. "A Bicycle Tournament," *Illustrated London News*, May 1, 1869.
21. Arsène Alexandre, "All Paris A-Wheel," *Scribner's Magazine* (New York), August 1895.
22. Basil Webb, "A Ballade of This Age," *Wheelman* (Boston) 3, no. 2 (November 1883): 100.
23. Mark Twain, *A Connecticut Yankee in King Arthur's Court* (New York: Harper & Brothers, 1889), 365.
24. Charles H. Muir, "Notes on the Preparation of the Infantry Soldier," *Journal of the Military Service Institution of the United States* 19 (1896): 237.
25. Martin Caidin and Jay Barbree, *Bicycles in War* (New York: Hawthorn, 1974), 66.
26. Frederik Rompel, *Heroes of the Boer War* (London: Review of Reviews Office, 1903), 155.
27. Siegfried Mortkowitz, "Bicycles at War," *We Love Cycling*, October 14, 2019, welovecycling.com/wide/2019/10/14/bicycles-at-war/.
28. Pieter Gerhardus Cloete, *The Anglo-Boer War: A Chronology* (Pretoria: J. P. van der Walt, 2000), 186.

29. “The Man 2 on the Wheel,” *The Sketch: A Journal of Art and Actuality* (London), August 30, 1899.
30. *North-Eastern Daily Gazette* (Middlesbrough, North Yorkshire, Eng.), July 1, 1895.
31. “Safety in the Safety,” *Morning Journal-Courier* (New Haven, Conn.), June 5, 1899.
32. 關於十九世紀晚期美國各城市單車支持和反對陣營間的大戰，以下專書的記述相當精采：Evan Friss, *The Cycling City: Bicycles and Urban America in the 1890s* (Chicago: University of Chicago Press, 2015)；Cf. Friss’s *On Bicycles: A 200-Year History of Cycling in New York City* (New York: Columbia University Press, 2019)。
33. “Wheel Gossip,” *Wheel and Cycling Trade Review* (New York), October 30, 1891.
34. “Cyclers’ Street Rights,” *New York Times*, July 24, 1895.
35. Karl Kron, *Ten Thousand Miles on a Bicycle* (New York: Karl Kron, 1887), 3.
36. “Horse Against Bicycle,” *Daily Alta California* (San Francisco), April 15, 1884.
37. See Garry Jenkins, *Colonel Cody and the Flying Cathedral: The Adventures of the Cowboy Who Conquered the Sky* (New York: Picador USA, 1999).
38. Jenkins, *Colonel Cody and the Flying Cathedral*, 59.
39. 美國自行車聯盟及「造好路運動」相關文章及書籍：Michael Taylor, “The Bicycle Boom and the Bicycle Bloc: Cycling and Politics in the 1890s,” *Indiana Magazine of History* 104, no. 3 (September 2008): 213–40；Carlton Reid, *Roads Were Not Built for Cars: How Cyclists Were the First to Push for Good Roads and Became the Pioneers of Motoring* (Washington, D.C.: Island Press, 2015)；James Longhurst, *Bike Battles: A History of Sharing the American Road* (Seattle: University of Washington Press, 2015)；Martin T. Olliff, *Getting Out of the Mud: The Alabama Good Roads Movement and Highway Administration, 1898–1928* (Tuscaloosa: University of Alabama Press, 2017)；Friss, *The Cycling City*；及Lorenz J. Finison, *Boston’s Cycling Craze, 1880–1900: A Story of Race, Sport, and Society* (Amherst: University of Massachusetts Press, 2014)。
40. “Novelties of a Great Bicycle Parade,” *The Postal Record Monthly* 10, nos. 10–11 (October–December 1897): 233.
41. 快速搜尋美國自行車手聯盟活動和世紀之交的單車社團聚會相關報導，即能夠得知此現象歷史悠久且極為普遍，值得進一步探究。可以在重要的報紙檔案庫如newspapers.com或是美國國會圖書館的「Chronicling America: Historic American Newspaper」報紙資料庫（chroniclingamerica.loc.gov）搜尋「blackface」、「minstrel show」、「wheelmen」等關鍵字。另亦參見：Jesse J. Gant and Nicholas J. Hoffman, *Wheel Fever: How Wisconsin Became a Great Bicycling State* (Madison: Wisconsin State Historical Society Press, 2013), 86。
42. 引自Sister Caitriona Quinn, *The League of American Wheelmen and the Good Roads Movement, 1880–1912* (academic thesis), August 1968；檔案連結：john-s-allen.com/LAW_1939-1955/history/quinn-good-roads.pdf。
43. Albert A. Pope, *A Memorial to Congress on the Subject of a Road Department* (Boston: Samuel A. Green, 1893), 4.

44. “Hay and Oats,” *Sun* (New York), January 22, 1897.
45. J. B. Bishop, “The Social and Economic Influence of the Bicycle,” *Forum* (New York), August 1896.
46. “The Steel Horse—the Wonder of the Nineteenth Century,” *Menorah Magazine* 19 (1895): 382–83.
47. See Ann Norton Greene, *Horses at Work: Harnessing Power in Industrial America* (Cambridge, Mass.: Harvard University Press, 2008), 259–65. Cf. Clay McShane and Joel A. Tarr, *The Horse in the City: Living Machines in the Nineteenth Century* (Baltimore: Johns Hopkins University Press, 2008).
48. Hank Chapot, “The Great Bicycle Protest of 1896,” in *Critical Mass: Bicycling's Defiant Celebration*, ed. Chris Carlsson (Oakland, Calif.: AK Press, 2002), 182.
49. Mikael Colville-Andersen, *Copenhagenize: The Definitive Guide to Global Bicycle Urbanism* (Washington, D.C.: Island Press, 2018), 231.
50. “Driving Kills—Health Warnings,” *Copenhagenize*, July 27, 2009, copenhagenize.com/2009/07/driving-kills-health-warnings.html.
51. Robert J. Turpin, *First Taste of Freedom: A Cultural History of Bicycle Manufacturing in the United States* (Syracuse, N.Y.: University of Syracuse Press, 2018), 169–70.
52. 一九五一年「金・奧崔西部腳踏車」廣告掃描檔連結：onlinebicyclemuseum.co.uk/wp-content/uploads/2015/04/1951-Monark-Gene-Autry-14.jpg.
53. 同前注。
54. 於YouTube平台可一窺（一聽）「躂蹄飛」：“Trotify in the Wild” (2012), youtube.com/watch?v=cfyC6NJqt2o。

第五章

1. “Bicycle Craze,” *Akron Daily Democrat* (Akron, Ohio), August 29, 1899.
2. “Bicycle Disrupts a Home: Suit for Divorce the Outgrowth of a Woman's Passion for Wheeling,” *Wichita Daily Eagle* (Wichita, Kansas), October 31, 1896.
3. “No New Woman for Him: Mr. Cleating Got Tired of Washing Dishes and Chopped Up His Wife's Bicycle,” *The World* (New York, New York), July 21, 1896.
4. “A Youth Ruined by a Bicycle Mania,” *The Essex Standard* (Colchester, Essex, Eng.), August 29, 1891.
5. “Gay Girls in Bloomers: Father Objects to New Woman Tendencies and Takes Them Home,” *The Journal and Tribune* (Knoxville, Tennessee), July 21, 1895.
6. *The Des Moines Register* (Des Moines, Iowa), September 2, 1896.
7. “Wedded as They Scorched: A Pair of Amorous Bicyclists Married While They Flew Along on Wheels,” *The Allentown Leader* (Allentown, Pennsylvania), September 9, 1895.
8. “Bicycle Problems and Benefits,” *The Century Illustrated Monthly Magazine* (New York, New York), July 1895.

9. "The World Awheel: The Wheel Abroad: Royalty on Wheels," *Munsey's Magazine* (New York, New York), May 1896.
10. *The Muncie Evening Press* (Muncie, Indiana), February 17, 1897.
11. "The Almighty Bicycle," *The Journal* (New York, New York), June 7, 1896.
12. "Social and Economic Influence of the Bicycle," *The Forum* (New York, New York), August 1896.
13. *The Anaconda Standard* (Anaconda, Montana), July 5, 1897.
14. "Abuse of the Wheel," *The Oshkosh Northwestern* (Oshkosh, Wisconsin), August 23, 1895.
15. "A Bicycle Malady," *Buffalo Courier* (Buffalo, New York), September 3, 1893.
16. "Bicycle-riding," *The Medical Age* (Detroit, Michigan), March 25, 1896.
17. "Bike Deformities: Some of the Effects of Too Close Devotion to the Wheel," *The Daily Sentinel* (Grand Junction, Colorado), May 7, 1896.
18. "Want the Scorcher Suppressed," *Chattanooga Daily Times* (Chattanooga, Tennessee), July 25, 1898.
19. *Toronto Saturday Night* (Toronto, Canada), October 17, 1896.
20. "Bicycle Makes Women Cruel," *The Saint Paul Globe* (Saint Paul, Minnesota), June 14, 1897.
21. "Is It the New Woman?," *The Chicago Tribune* (Chicago, Illinois), October 7, 1894.
22. "Miss Smith's Smithereen," *The Nebraska State Journal* (Lincoln, Nebraska), July 12, 1896.
23. "Sexual Excitement," *The American Journal of Obstetrics and Diseases of Women and Children* (New York, New York), January 1895.
24. "As to the Bicycle," *The Medical World* (Philadelphia, Pennsylvania), November 1895.
25. "The Bicycle and Its Riders," *The Cincinnati Lancet-Clinic* (Cincinnati, Ohio), September 1897.
26. "Woman Scorcher Nabbed," *The Sun* (New York, New York), May 2, 1896.
27. "Her First Bloomers Created a Scene," *Cheltenham Chronicle* (Cheltenham, Gloucestershire, U.K.), April 18, 1896.
28. "Press Dispatch, Cambridge, England, May 21," *Public Opinion* (New York, New York), May 27, 1897.
29. "The Horseless Vehicle the Next Craze," *The Glencoe Transcript* (Glencoe, Ontario, Canada), June 18, 1896.
30. "To Take the Place of the Bicycle," *The Philadelphia Times* (Philadelphia, Pennsylvania), November 22, 1896.
31. *Comfort* (Augusta, Maine), September 1899.
32. *Fort Scott Daily Monitor* (Fort Scott, Kansas), July 8, 1896.

第六章

1. 安格斯・麥嘉斯寇的生平簡述見：James Donald Gillis, *The Cape Breton Giant: A Truthful Memoir* (Montreal: John Lovell & Son, 1899)。雖然書名主打「真實」（truthful），此書

內容中的傳說和誇張渲染成分居多——既然書中主角是巴納姆馬戲團的台柱，取材算是頗為適切。

2. P. T. Barnum, *Struggles and Triumphs; or, Forty Years' Recollections of P. T. Barnum* (Buffalo, N.Y.: Courier Company, 1882), 161.
3. 本章中所有關於丹尼・麥嘉斯寇的生平事蹟以及直接引述，皆出自筆者的訪問紀錄，另行標註者除外。另見丹尼・麥嘉斯寇的自傳：Danny MacAskill, *At the Edge: Riding for My Life* (London: Penguin, 2017)。
4. David R. Ross, *On the Trail of Scotland's History* (Edinburgh: Luath, 2007), 10.
5. Terry Marsh, *Walking the Isle of Skye: Walks and Scrambles Throughout Skye, Including the Cuillin*, Fourth Edition (Cicerone: Kendal, Cumbria, Eng.), 15.
6. Otta Swire, Skye: *The Island and Its Legends* (Edinburgh: Berlinn, 2017).
7. *Chainspotting—Full Movie—1997—UK Mountain Bike Movie*, youtube.com/watch?v=L_A2exFmvn0.
8. *Inspired Bicycles*—Danny MacAskill April 2009, youtube.com/watch?v=Z19zFlPah-o.
9. 影片連結（兩部影片接續播放）：*First Bike Trick EVER. Edison All*, youtube.com/watch?v=aZjd9pBmLoU.
10. See Viona Elliott Lane, Randall Merris, and Chris Algar, "Tommy Elliott and the Musical Elliotts," *Papers of the International Concertina Association* 5 (2008): 16–49. See also Margaret Guroff, *The Mechanical Horse: How the Bicycle Reshaped American Life* (Austin: University of Texas Press, 2016), 111–14.
11. "The Elliotts: A Family of Trick Cyclists," *Travalanche*, December 7, 2012, travsd.wordpress.com/2012/12/17/the-elliotts-a-family-of-trick-cyclists/.
12. 該首詩標題為「獻給艾氏姊弟」，作者署名「安妮・E.卡普隆太太」（Mrs. Anne E. Capron），另附副標題：「著迷於巴納姆馬戲團的艾氏姊弟單車特技表演的女子筆」。筆者手邊僅有剪報的電子檔，可惜並無其他來源或出處資料。致研究相關主題或對歌頌少年少女單車特技詩篇有興趣的讀者：如您有意瀏覽剪報，請不吝賜知，我會將電子檔傳給您，來信請寄jody@jody-rosen.com。
13. See, e.g., "The Child-Performers," *New-York Tribune*, March 29, 1883; "Why P. T. Barnum Was Arrested," *New York Times*, April 3, 1883; and *Brooklyn Daily Eagle*, April 3, 1883.
14. "Barnum's Arrest," *Daily Evening Sentinel* (Carlisle, Penn.), April 3, 1883.
15. "Mr. Barnum Not Cruel to the Little Bicycle Riders," *Brooklyn Daily Eagle*, April 5, 1883.
16. "Barnum Not Guilty," *New York Times*, April 5, 1883.
17. "The Elliott Children," *New York Herald*, April 5, 1883. Quoted in Guroff, *The Mechanical Horse*, 113.
18. Lane, Merris, and Algar, "Tommy Elliott and the Musical Elliotts," 42–43.
19. Berta Ruck, *Miss Million's Maid: A Romance of Love and Fortune* (New York: A. L. Burt, 1915), 377.
20. See David Goldblatt, "Sporting Life: Cycling Is Among the Most Flexible of All Sports,"

Prospect Magazine, October 19, 2011, prospectmagazine.co.uk/magazine/sporting-life-9. 穿著貼身戲服的特技演員照片見：commons.wikimedia.org/wiki/File:Kaufmann%27s_Cycling_Beauties.jpg。

21. Sarah Russell, "Annie Oakley, Gender, and Guns: The 'Champion Rifle Shot' and Gender Performance, 1860–1926" (Chancellor's Honors Program Projects, University of Tennessee, Knoxville, 2013), 28; trace.tennessee.edu/utk_chanhonoproj/1646.
22. Wade Gordon James Nelson, "Reading Cycles: The Culture of BMX Freestyle" (PhD thesis, McGill University, August 2006), 63; core.ac.uk/download/pdf/41887323.pdf.
23. "The King of the Wheel," *Sketch: A Journal of Art and Actuality* (London), September 7, 1898.
24. "Secrets of Trick Cycling," *Lake Wakatip Mail* (Queenstown, Otago, N.Z.), July 24, 1906.
25. William G. Fitzgerald, "Side-Shows," *Strand Magazine* (London) 14, no. 80 (August 1897): 156–57.
26. Frank Cullen with Florence Hackman and Donald McNeilly, *Vaudeville Old & New: An Encyclopedia of Variety Performers in America*, vol. 1 (New York: Routledge, 2004), 558–59.
27. YouTube影片連結："A Bear and a Monkey Race on Bicycles, Then Bear Eats Monkey," youtube.com/watch?v=cteBe4gCUKo。
28. Isabel Marks, *Fancy Cycling: Trick Riding for Amateurs* (London: Sands & Company, 1901), 5–6.
29. "Fancy Bicycle Riding," *Indianapolis News*, April 10, 1896.
30. 筆者手邊有剪報的電子檔，這篇報導以五十五字描述倫敦上流社會流行的「馬術障礙賽花招」和「時髦單車學校」，報導中明確標示是轉載自倫敦發行之婦女雜誌《爐灶與家園》的文章。遺憾的是筆者無法查出此份剪報究竟出自哪份報紙、其確切的發表日期或最初刊載原文的雜誌期數，這篇短文耐人尋味，但其電子足跡似乎已湮埋於光陰的流沙或對應的數位世界渦流之中。致研究相關主題或有興趣的讀者：如您有意瀏覽剪報，請不吝賜知，我會將電子檔傳給您，來信請寄jody@jody-rosen.com。
31. "Prince Albert as Trick Cyclist," *Yorkshire Evening Post*, June 18, 1912.
32. See "Code of Ordinances, City of Memphis, Tennessee," specifically "Sec. 12-84-19.—Instruction in operating automobiles, and other vehicles and trick riding prohibited"; available online at library.municode.com/tn/memphis /codes/code_of_ordinances?nodeId=TIT11VETR_CH11-24BI.
33. "The Way to Make a Hit in Vaudeville," *Broadway Weekly* (New York), September 21, 1904.
34. "Fatal Accident to a Lady Trick Cyclist," *Stonehaven Journal* (Stonehaven, Kincardineshire, Scotland), June 20, 1907.
35. "Trick Cyclist Killed in Paris," *Nottingham Evening Post* (Nottingham, Nottinghamshire, Eng.), March 19, 1903.
36. "Chas. H. Kabrich, the Only Bike-Chute Aeronaut: Novel and Thrilling Bicycle Parachute Act in Mid-air" (publicity poster), Library of Congress, loc .gov/resource/var.0525/.
37. 廣告海報圖檔連結：Alamy, alamy.com/stock-photo-the-great-adam-forepaugh-and-sells-bros-

americas-enormous-shows-united-83150063.html.

38. "Most Daring Performance," *Morning Press* (Santa Barbara, Calif.), September 13, 1906.

39. See "Ray Sinatra and His Cycling Orchestra—Picture #1," Dave's Vintage Bicycles: A Classic Bicycle Photo Archive, nostalgic.net/bicycle287/picture1093.

40. 單車特技當然不只是運動或表演，也是具有強大社會功能的民俗藝術。社會心理學家雷克斯・烏佐・伍葛吉（Rex Uzo Ugorji）和妮娜亞・阿胥尼吾（Nnennaya Achinivu）於一九七七年發表針對單車於奈及利亞（Nigeria）東南部烏姆阿洛（Umuaro）村落生活中所扮演角色的研究結果，指出有傳統的「攜帶魔法物品（juju）的魔術單車手」，這些特技單車表演團每逢節慶就會從阿巴市（Aba）前往鄉村表演。See Rex Uzo Ugorji and Nnennaya Achinivu, "The Significance of Bicycles in a Nigerian Village," *The Journal of Social Psychology* 102, no. 2 (1977), 241–46.

41. *Danny Macaskill: The Ridge*, youtube.com/watch?v=xQ_IQS3VKjA.

42. *Danny MacAskill's Imaginate*, youtube.com/watch?v=Sv3x VOs7_No.

43. *Danny MacAskill: Danny Daycare*, youtube.com/watch?v=jj0CmnxuTaQ.

44. *Martyn Ashton—Back on Track*, youtube.com/watch?v=kX_hn3Xf90g.

45. "Have Long Sought Mastery of Air," *Clinton Republican* (Wilmington, Ohio), June 6, 1908.

46. Reprinted in Waldemar Kaempffert, *The New Art of Flying* (New York: Dodd, Mead, 1911), 233.

第七章

1. Vi Khi Nao, *Fish in Exile* (Minneapolis: Coffee House, 2016), 131.

2. "Man Admits to Sex with Bike," UPI, October 27, 2007, upi.com/Odd_News/2007/10/27 /Man-admits-to-sex-with-bike/10221193507754/; "Bike Sex Case Sparks Legal Debate," BBC News, November 16, 2007, news.bbc.co.uk/2/hi/uk_news/scotland/glasgow_and_west/7098116.stm; " 'Cycle-Sexualist' Gets Probation," UPI, November 15, 2007, upi.com/Odd_News/2007 /11/15/ Cycle-sexualist-gets-probation/26451195142086/.

3. Bike Smut, bikesmut.com.

4. Andrew H. Shirley, *Fuck Bike #001* (2011), vimeo.com/20439817.

5. *Bikesexual*, bikesexual.blogsport.eu/beispiel-seite/.

6. 同前注。

7. "Bicycling for Women from the Standpoint of the Gynecologist," *Transactions of the New York Obstetrical Society from October 20, 1894 to October 1, 1895*, published by *The American Journal of Obstetrics* (New York: William Wood, 1895), 86– 87.

8. Harry Dacre, "Daisy Bell (Bicycle Built for Two)" (New York: T. B. Harms, 1892).

9. James Joyce, *Finnegans Wake* (Ware, Hertfordshire, Eng.: Wordsworth Editions, 2012), 115.

10. Georges Bataille, *Story of the Eye by Lord Auch*, trans. Joachim Neugroschel (San Francisco: City Lights, 1978), 32–34.

11. C. C. Mapes, "A Review of the Dangers and Evils of Bicycling," *The Medical Age* (Detroit), November 10, 1897.

12. 此段原文為法文，由筆者譯為英文。Maurice Leblanc, *Voici des ailes!* (Paris: Ink Book, 2019), 49–51, e-book.
13. Steve Hunt, "Naked Protest and Radical Cycling: A History of the Journey to the World Naked Bike Ride," Academia.edu, academia.edu/35589138/Naked_Protest_and _Radical_Cycling_A_History_of_the_Journey_to_the_World_Naked _Bike_Ride, 4.
14. Philip Carr-Gomm, *A Brief History of Nakedness* (London: Reaktion, 2010), 12.
15. World Naked Bike Ride, Portland, Oregon, "Why," pdxwnbr.org/why/.
16. P. J. O'Rourke, "Dear Urban Cyclists: Go Play in Traffic," *Wall Street Journal*, April 2, 2011.
17. Cf. Dag Balkmar, "Violent Mobilities: Men, Masculinities and Road Conflicts in Sweden," *Mobilities* 13, no. 5 (2018): 717–32.
18. Adriane "Lil' Mama Bone Crusher" Ackerman, "The Cuntraption," in *Our Bodies, Our Bikes*, ed. Elly Blue and April Streeter (Portland, Ore.: Elly Blue Publishing / Microcosm, 2015), 75–76.
19. Zoë Sofoulis, "Slime in the Matrix: Post-phallic Formations in Women's Art in New Media," in *Jane Gallop Seminar Papers*, ed. Jill Julius Matthews (Canberra: Australian National University, Humanities Research Centre, 1993), 97.
20. Jet McDonald, "Girls on Bikes," *Jet McDonald*, jetmcdonald.com/2016/12 /08/girls-on-bikes/.
21. See Henry Miller, *Henry Miller's Book of Friends: A Trilogy* (Santa Barbara, Calif.: Capra Press, 1978), 223.

第八章

1. 「海克拉號」船長威廉・帕里對此段旅程的記述參見：William Edward Parry, *Narrative of an Attempt to Reach the North Pole, in Boats Fitted for the Purpose, and Attached to His Majesty's Ship Hecla, in the Year MDCCCXXVII* (London: John Murray, 1828)。
2. *Morning Advertiser* (London), February 1, 1827.
3. R. T. Lang, "Winter Bicycling," *Badminton Magazine of Sports & Pastimes* 14 (January–June 1902): 180.
4. 同前注，189。
5. Tom Babin, Frostbike: *The Joy, Pain and Numbness of Winter Cycling* (Toronto: Rocky Mountain Books, 2014)一書中關於冬季單車運動的綜述精采生動。
6. 在此網站可看到該照片："Early Ice Bike," *Cyclelicious*, cyclelicio.us/2010/early-ice-bike/。強力推薦，值得一看。
7. *Brooklyn Daily Eagle*, January 12, 1869.
8. See, e.g., "The Cyclist in a Winter Paradise," *Sunday Morning Call* (Lincoln, Neb.), January 24, 1897. Cf. *Bicycle: The Definitive Visual History* (London: DK, 2016), 62–63.
9. "Ice-Bicycle Attachments," *Hardware: Devoted to the American Hardware Trade*, November 25, 1895.
10. "Chicago Ice Bicycle Apparatus . . ." (advertisement), *Gazette* (Montreal), November 23, 1895, 6.
11. "Ice-Bicycle Attachments," *Hardware: Devoted to the American Hardware Trade*, November

25, 1895.

12. “Klondike Bicycle Freight Line,” *Boston Globe*, August 2, 1897.
13. “To Klondyke by Bicycle,” *Democrat and Chronicle* (Rochester, N.Y.), July 30, 1897.
14. A. C. Harris, *Alaska and the Klondike Gold Fields: Practical Instructions for Fortune Seekers* (Cincinnati: W. H. Ferguson, 1897), 77.
15. 同前注，442–43。一八九七年，紐澤西州紐華克（Newark）的創業家查爾斯．布林克霍夫（Charles H. Brinkerhoff）宣布為了解決路況極差的問題，預備「以鋼鐵在山腰簡單鋪設……通往克朗代克的自行車道」，聲稱這條自行車道會採用特殊設計，「讓騎單車上坡的騎士幾乎感覺不到自己在爬坡」。布林克霍夫的計畫還包括打造舒適的休息站：「每隔二十五英里就會設置一處有燈光照明和電力的休息站，提供桌椅和餐飲服務，讓前往淘金的旅人能夠稍事休憩並補充體力。」當然，這項計畫始終未曾實行。See “A Bicycle Route to the Klondike,” *Buffalo Courier-Record*, November 28, 1897.
16. Jennifer Marx, *The Magic of Gold* (New York: Doubleday, 1978), 410.
17. Terrence Cole, ed., *Wheels on Ice: Bicycling in Alaska, 1898–1908* (Anchorage: Alaska Northwest Publishing, 1985), 6.
18. 同前注，14。
19. 同前注，10。
20. 同前注，14–15。
21. 赫希伯格於一九五〇年代應妻子之請，以第一人稱記述寫下克朗代克之旅經過，內容生動有趣，收錄於：Cole, ed., *Wheels on Ice*, 21–23。
22. 同前注，22。
23. Patrick Moore, “Archdeacon Robert McDonald and Gwich’in Literacy,” *Anthropological Linguistics* 49, no. 1 (Spring 2007): 27–53.
24. Cole, ed., *Wheels on Ice*, 23.
25. “(OFFICIAL) Eric Barone—227,720 km/h (141.499 mph)—Mountain Bike World Speed Record—2017,” youtube.com/watch?v=7gBqbNUtr3c.
26. Patty Hodapp, “How a Mountain Biker Clocked 138 MPH Riding Downhill,” *Vice*, April 16, 2015, vice.com/en/article/yp77jj/how-a-mountain-biker-clocked-138-mph-riding-downhill.

第九章

1. See Michael S. Givel, “Gross National Happiness in Bhutan: Political Institutions and Implementation,” *Asian Affairs* 46, no. 1 (2015), 108.
2. “Cycling in Bhutan,” *Inside Himalayas*, April 11, 2015, insidehimalayas.com/cycling-in-bhutan/.
3. Karma Ura, *Leadership of the Wise: Kings of Bhutan* (Thimphu, Bhutan: Centre for Bhutan Studies, 2010), 108.
4. “Countries with the Highest Average Elevations,” *World Atlas*, worldatlas.com/articles/countries-with-the-highest-average-elevations.html.

5. Devi Maya Adhikari, Karma Wangchuk, and A. Jabeena, "Preliminary Study on Automatic Dependent Surveillance-Broadcast Coverage Design in the Mountainous Terrain of Bhutan," in *Advances in Automation, Signal Processing, Instrumentation, and Control*, ed. Venkata Lakshmi Narayana Komanapalli, N. Sivakumaran, and Santoshkumar Hampannavar (Singapore: Springer, 2021), 873.
6. Madhu Suri Prakash, "Why the Kings of Bhutan Ride Bicycles," *Yes! Magazine* (Bainbridge Island, Wash.), January 15, 2011, yesmagazine.org/issue/happy-families-know/2011/01/15/why-the-kings-of-bhutan-ride-bicycles.
7. 引自筆者訪問策林・托傑的紀錄。本章中所有直接引用的字句皆出自筆者於不丹的訪問紀錄，另行標註者除外。
8. 國歌歌詞英譯引自：Dorji Penjore and Sonam Kinga, *The Origin and Description of the National Flag and National Anthem of the Kingdom of Bhutan* (Thimphu, Bhutan: Centre for Bhutan Studies, 2002), 16。
9. See, e.g., "Bhutan, the Vaccination Nation: A UN Resident Coordinator Blog," *UN News*, May 23, 2021, news.un.org/en/story/2021/05/109242; Madeline Drexler, "The Unlikeliest Pandemic Success Story," *The Atlantic*, February 10, 2021, theatlantic.com/international/archive/2021/02/coronavirus-pandemic-bhutan/617976/.
10. 見不丹國會網站提供之pdf檔：The Constitution of the Kingdom of Bhutan, National Assembly of Bhutan website, nab.gov.bt/assets/templates/images/constitution-of-bhutan-2008.pdf。
11. Mark Tutton and Katy Scott, "What Tiny Bhutan Can Teach the World About Being Carbon Negative," CNN, October 11, 2018, cnn.com/2018/10/11/asia/bhutan-carbon-negative/index.html; "Bhutan Is the World's Only Carbon Negative Country, So How Did They Do It?," *Climate Council*, April 2, 2017, climatecouncil.org.au /bhutan-is-the-world-s-only-carbon-negative-country-so-how-did-they-do-it/.
12. Jeffrey Gettleman, "A New, Flourishing Literary Scene in the Real Shangri-La," *New York Times*, August 19, 2018.
13. Lauchlan T. Munro, "Where Did Bhutan's Gross National Happiness Come From? The Origins of an Invented Tradition," *Asian Affairs* 47, no. 1 (2016): 71–92.
14. See, e.g., Rajesh S. Karat, "The Ethnic Crisis in Bhutan: Its Implications," *India Quarterly* 57, no. 1 (2001), 39–50; Vidhyapati Mishra, "Bhutan Is No Shangri-La," *New York Times*, June 28, 2013, nytimes.com/2013/06/29/opinion/bhutan-is-no-shangri-la.html; Kai Bird, "The Enigma of Bhutan," *The Nation*, March 7, 2012, thenation.com/article/archive/enigma-bhutan/.
15. Bill Frelick, "Bhutan's Ethnic Cleansing," *Human Rights Watch*, February 1, 2008, hrw.org/news/2008/02/01/bhutans-ethnic-cleansing.
16. Maximillian Mørch, "Bhutan's Dark Secret: The Lhotshampa Expulsion," *The Diplomat*, September 21, 2016, thediplomat.com/2016/09/bhutans-dark-secret-the-lhotshampa-expulsion/.
17. Munro, "Where Did Bhutan's Gross National Happiness Come From?," 86.
18. Elizabeth Robins Pennell, *Over the Alps on a Bicycle* (London: T. Fisher Unwin, 1898), 105.
19. 同前注。

20. 同前注，11。

第十章

1. Seán O'Driscoll, "Electric Camels and Cigars: Life on the Titanic," *Times* (London), April 21, 2017, thetimes.co.uk/article/electric-camels-and-cigars-life-on-the-titanic-8kznbpcnw.
2. Walter Lord, *A Night to Remember* (New York: Henry Holt and Company, 1955), 40.
3. See Lawrence Beesley, *The Loss of the S.S. Titanic: Its Story and Its Lessons* (Boston: Houghton Mifflin Company, 1912), 12–13.
4. See "Specification of the Patent Granted to Mr. Francis Lowndes, of St. Paul's Churchyard, Medical Electrician; for a new-invented Machine for exercising the Joints and Muscles of the Human Body," in *The Repertory of Arts, Manufactures, and Agriculture*, vol. 6 (London: printed for the proprietors, 1797), 88–92.
5. See Marlene Targ Brill, *Marshall "Major" Taylor: World Champion Bicyclist, 1899-1901* (Minneapolis: Twenty-First Century Books, 2008), 70.
6. Luther Henry Porter, *Cycling for Health and Pleasure: An Indispensable Guide to the Successful Use of the Wheel* (New York: Dodd, Mead, 1895), 138.
7. 該篇報導原刊載於倫敦發行的文藝雜誌《帕摩爾街》（*Pall Mall*），由美國五金產業刊物一篇文章引述："Trade Chat from Gotham," *Stoves and Hardware Reporter* (St. Louis and Chicago), August 1, 1895, 22。
8. 以「戶外生活主題廉價雜誌」為號召的倫敦《漫遊者週刊》（*The Rambler*）於一八九七年刊登此位富創業精神的室內腳踏車騎士的故事，篇名為〈屋子裡的單車：腳踏車的居家妙用〉（The Cycle in the House: Curious Domestic Uses of the Bicycle）；剪報圖檔連結：upload.wikimedia.org/wikipedia/commons/thumb/0/09/Home_cycling _trainer_1897.jpg/640px-Home_cycling_trainer_1897.jpg.
9. "Meet the Man Cycling the UK Using Virtual Reality," BBC News, August 16, 2016, bbc.com/news/av/uk-37099807.
10. "The Human Machine at the Head," *Mind and Body: A Monthly Journal Devoted to Physical Education* (Milwaukee, Wisc.) 12 (March 1905–February 1906), 54–55; "Experiments on a Man in a Cage," *New York Journal*, June 18, 1899; and Jane A. Stewart, "Prof. Atwater's Alcohol Experiment," *School Journal* (New York) 59 (July 1, 1899–December 31, 1899), 589–90. Also: W. O. Atwater and F. G. Benedict, "The Respiration Calorimeter," *Yearbook of the United States Department of Agriculture: 1904* (Washington, D.C.: Government Printing Office, 1905), 205–20. Available online at naldc.nal.usda.gov/download/IND43645383/PDF.
11. James C. McCullagh, ed., *Pedal Power in Work, Leisure, and Transportation* (Emmaus, Penn.: Rodale, 1977).
12. 同前注，ix。
13. 同前注，58。
14. 同前注，x。

15. 同前注，62–64。
16. 同前注，144。
17. "Exercise Bike Market: Global Industry Trends, Share, Size, Growth, Opportunity and Forecast 2021–2026," Imarc Group, available online at imarcgroup.com/exercise-bike-market.
18. 葛伯格此句及其他引用語句皆出自其著作：Andrea Cagan and Johnny G, *Romancing the Bicycle: The Five Spokes of Balance* (Los Angeles: Johnny G Publishing, 2000), 77。
19. "Who We Are," SoulCycle, soul-cycle.com/our-story/.
20. Abby Ellin, "SoulCycle and the Wild Ride," *Town and Country*, April 21, 2021, townandcountrymag.com/leisure/sporting/a36175871/soul-cycle-spin-class-scandals/.
21. Eric Newcomer, "Peloton Attracts a Record 23,000 People to Single Workout Class," *Bloomberg*, April 24, 2020, bloomberg.com/news/articles/2020-04-24/peloton-attracts-a-record-23-000-people-to-single-workout-class.
22. "Cycling on the International Space Station with Astronaut Doug Wheelock," youtube.com/watch?v=bG3hG3iB5S4.
23. "Ed Lu's Journal: Entry #7: Working Out," SpaceRef, July 29, 2003, spaceref.com/news/viewsr.html?pid=9881.

第十一章

1. Harry Dacre, "Daisy Bell (Bicycle Built for Two)," (New York: T. B. Harms, 1892).
2. Kristen Pedersen, "The Pali Highway: From Rough Trail to Daily Commute," Historic Hawai i Foundation, August 22, 2016, historichawaii.org/2016/08/22/thepalihighway/.
3. 本章中所記述關於芭芭拉・布勒希（布勒希為娘家姓）和比爾・薩索的故事，皆出自筆者訪問薩索夫婦的紀錄，另行標註者除外。
4. See Michael McCoy and Greg Siple, *America's Bicycle Route: The Story of the TransAmerica Bicycle Trail* (Virginia Beach, Va.: Donning , 2016); and Dan D'Ambrosio, "Bikecentennial: Summer of 1976," Adventure Cycling Association, February 15, 2019, adventurecycling.org/blog/bikecentennial-summer-of-1976/.
5. John Denver, "Sweet Surrender," from the album *Back Home Again* (RCA Records, 1974).
6. See John L. Capinera, ed., *Encyclopedia of Entomology*, 2nd edition (Springer: Dordrecht, Netherlands, 2008), 141–44.
7. See Thomas C. Cox, *Everything but the Fenceposts: The Great Plains Grasshopper Plague of 1874–1877* (Los Angeles: Figueroa Press, 2010); and Jeffrey A. Lockwood, *Locust: The Devastating Rise and Mysterious Disappearance of the Insect that Shaped the American Frontier* (New York: Basic Books, 2015).
8. 本章中關於葛瑞格・賽普的人生經歷、旅遊經驗，以及他和妻子茱恩、友人柏頓夫婦合力籌辦「獨立兩百週年單車遊美行」的點點滴滴，皆出自筆者訪問賽普夫婦的紀錄以及與他們的通訊，另行標註者除外。
9. D'Ambrosio, "Bikecentennial: Summer of 1976."

10. McCoy and Siple, *America's Bicycle Route*, 25.
11. June J. Siple, "The Chocolate Connection: Remembering Bikecentennial's Beginnings," *Adventure Cyclist*, June 2016, 27.
12. Thomas Stevens, *Around the World on a Bicycle* (1887; repr. Mechanicsburg, Penn.: Stackpole, 2000).
13. Margaret Guroff, *The Mechanical Horse: How the Bicycle Reshaped American Life* (Austin: University of Texas Press, 2016), 128.
14. 同前注，128。
15. 同前注，135。
16. 同前注，135。
17. "Remembering the Survival Faire, Earth Day's Predecessor," *Bay Nature*, March 24, 2020, baynature.org/article/remembering-the-survival-faire-earth-days-predecesor/.
18. Sam Whiting, "San Jose Car Burial Put Ecological Era in Gear," *San Francisco Chronicle*, April 20, 2010, sfgate.com/green/article/San-Jose-car-burial-put-ecological-era-in-gear-3266993.php.
19. Guroff, *The Mechanical Horse*, 133.
20. Peter Walker, "People Power: the Secret to Montreal's Success as a Bike-Friendly City," *Guardian*, June 17, 2015, theguardian.com/cities/2015/jun/17/people-power-montreal-north-america-cycle-city.
21. McCoy and Siple, *America's Bicycle Route*, 26.
22. 同前注，26。
23. 「單車遊美行」活動相關統計數據取自：Greg Siple, "Bikecentennial 76: America's Biggest Bicycling Event," in *Cycle History 27: Proceedings of the 27th International Cycling History Conference* (Verona, New Jersey: ICHC Publications Committee, 2017), 110–15；以及McCoy and Siple, *America's Bicycle Route*, 48。
24. McCoy and Siple, *America's Bicycle Route*, 48.
25. "Flute-Toting Cyclist Bridget O'Connell Gilchrist Shares Bikecentennial Memories," Adventure Cycling Association, June 29, 2015, adventurecycling.org/resources/blog/bridget-gilchrist-my-favorite-places-to-sleep-outdoors-were-pine-forests-corn-fields-and-near-a-babbling-brook/.
26. "Bikecentennial 76 Shuttle Truck Driver Remembers Cyclists' Appreciation," Adventure Cycling Association, September 21, 2015, adventurecycling.org/resources/blog/bike centennial-76-shuttle-truck-driver-remembers-cyclists-appreciation/.
27. 薇瑪・雷姆席和其兄艾伯特・舒茲的故事係參考此篇優美的回憶錄寫成："Theresa Whalen Leland: Remembering Bikecentennial 1976," Adventure Cycling Association, June 1, 2015, adventurecycling.org/resources/blog/theresa-whalen-leland-remembering-bikecentennial-1976/。
28. Siple, "Bikecentennial 76," 115.
29. McCoy and Siple, *America's Bicycle Route*, 45.
30. 同前注，46。

31. “Theresa Whalen Leland: Remembering Bikecentennial 1976.”
32. 感謝薩索夫婦不吝提供他們往來信件的影本。

第十二章

1. See, e.g., “The Global Liveability Index 2021,” *Economist Intelligence*, eiu.com/n/campaigns/global-liveability-index-2021/.
2. Md Masud Parves Rana and Irina N. Ilina, “Climate Change and Migration Impacts on Cities: Lessons from Bangladesh,” *Environmental Challenges* 5 (December 2021), available online at sciencedirect.com /science/article/pii/S2667010021002213?via%3Dihub; and Poppy McPherson, “Dhaka: The City Where Climate Refugees Are Already a Reality,” *Guardian* (London), December 1, 2015, theguardian.com/cities/2015/dec/01/dhaka-city-climate-refugees reality.
3. See K. Anis Ahmed, “Bangladesh's Choice: Authoritarianism or Extremism,” *New York Times*, December 27, 2018, nytimes.com/2018/12/27/opinion/bangladesh-election-awami-bnp-authoritarian-extreme.html.
4. Cascade Tuholske, Kelly Caylor, Chris Funk, Andrew Verdin, Stuart Sweeney, Kathryn Grace, Pete Peterson, and Tom Evans, “Global Urban Population Exposure to Extreme Heat,” *PNAS* 118, no. 41 (2021), pnas.org/content/pnas/118/41/e2024792118.full.pdf.
5. Naziba Basher, “5 Things to Do While Stuck in Traffic,” *Daily Star* (Dhaka), August 28, 2015.
6. K. Anis Ahmed, *Good Night, Mr. Kissinger: And Other Stories* (Los Angeles: Unnamed Press, 2014), 27.
7. See, for example, “Dhaka's Noise Pollution Three Times More Than Tolerable Level: Environment Minister,” *Daily Star* (Dhaka), April 28, 2021, thedailystar.net/environment/news/dhakas-noise-pollution-three-times-more-tolerable-level-environment-minister-2085309; “Noise Pollution Exceeds Permissible Limit in Dhaka,” *New Age* (Dhaka), January 11, 2020, newagebd.net/print/article/96222.
8. Rezaul Karim and Khandoker Abdus Salam, “Organising the Informal Economy Workers: A Study of Rickshaw Pullers in Dhaka City,” *Bangladesh Institute of Labour Studies-BILS*, March 2019, bilsbd.org/wp-content/uploads/2019/06/A-Study-of-Rickshaw-Pullers-in-Dhaka-City.pdf, 21.
9. 同前注，12。
10. Rob Gallagher, *The Rickshaws of Bangladesh* (Dhaka: University Press, 1992), 1–2.
11. Karim and Salam, “Organising the Informal Economy Workers,” 25.
12. Gallagher, *The Rickshaws of Bangladesh*, 6.
13. Tony Hadland and Hans-Erhard Lessing, *Bicycle Design: An Illustrated History* (Cambridge, Mass.: MIT Press, 2014), 14.
14. 關於單車貨架、拖架和其他載物設計發展史，見前注，ibid., 351–84。
15. *Harrison E. Salisbury's Trip to North Vietnam: Hearing Before the Committee on Foreign*

Relations, United States Senate, Ninetieth Congress, First Session with Harrison E. Salisbury, Assistant Managing Editor of The New York Times (Washington, D.C.: U.S. Government Printing Office, 1967). Available online at govinfo.gov/content/pkg/CHRG-90shrg74687/pdf/CHRG-90shrg74687.pdf.

16. 同前注，11。
17. 同前注，16。
18. "The Trick Cyclist on the Road," *Yorkshire Post and Leeds Intelligencer* (Leeds, Yorkshire, Eng.), August 4, 1905.
19. Peter Cox and Randy Rzewnicki, "Cargo Bikes: Distributing Consumer Goods," in *Cycling Cultures*, ed. Peter Cox (Chester, Cheshire, Eng.: University of Chester Press, 2015), 137.
20. 例如莉茲．坎寧（Liz Canning）二〇一九年的電影作品《單車媽媽》（*MOTHERLOAD*）：「此部獲獎紀錄片藉由載貨單車這個交通工具，探索現今數位時代以及氣候變遷下的親職」：motherloadmovie.com/welcome.。
21. 法國攝影師亞蘭．德洛姆（Alain Delorme）拍攝的傑出系列作品《圖騰》（*Totems*；2010）記錄了上海三輪車夫載運成山貨物的現象，見：alaindelorme.com/serie/totems。
22. Glen Norcliffe, *Critical Geographies of Cycling* (New York: Routledge, 2015), 221.
23. 227 "The passenger-carrying cycle—in its various passenger rickshaw forms: Cox and Rzewnicki, "Cargo Bikes: Distributing Consumer Goods," 133.
24. 人力車的歷史背景，特別是在東亞和中國的發展變遷，見：David Strand, *Rickshaw Beijing: City People and Politics in the 1920s* (Berkeley: University of California Press, 1989)。南亞的人力車綜論見：M. William Steele, "Rickshaws in South Asia," *Transfers* 3, no. 3 (2013), 56–61。See also: Tony Wheeler and Richard l'Anson, *Chasing Rickshaws* (Hawthorn, Victoria, Australia: Lonely Planet Publications, 1998).
25. 達卡人力車的歷史背景見：Gallagher, *The Rickshaws of Bangladesh*；及*Of Rickshaws and Rickshawallahs*, ed. Niaz Zaman (Dhaka: University Press, 2008)。
26. See Musleh Uddin Hasan and Julio D. Davila, "The Politics of (Im)Mobility: Rickshaw Bans in Dhaka, Bangladesh," *Journal of Transport Geography* 70 (2018), 246–55; Mahabubul Bari and Debra Efroymson, "Rickshaw Bans in Dhaka City: An Overview of the Arguments For and Against," published by *Work for a Better Bangladesh Trust and Roads for People*, 2005, wbbtrust.org /view/research_publication/33; Mohammad Al-Masum Molla, "Ban on Rickshaw: How Logical Is It?," *Daily Star* (Dhaka), July 7, 2019, thedailystar.net/opinion/politics/news/ban-rickshaw-how-logical-it-1767535.
27. Shahnaz Huq-Hussain and Umme Habiba, "Gendered Experiences of Mobility: Travel Behavior of Middle-Class Women in Dhaka City," *Transfers: Interdisciplinary Journal of Mobility Studies* 3, no. 3 (2013).
28. 對於達卡人力車夫生活和勞動條件的社會學和經濟學分析，見：M. Maksudur Rahman and Md. Assadekjaman, "Rickshaw Pullers and the Cycle of Unsustainability in Dhaka City," 99– 118；Syed Naimul Wadood and Mostofa Tehsum, "Examining Vulnerabilities: The Cycle Rickshaw Pullers of Dhaka City," Munich Personal RePEc Archive, 2018, core.ac.uk/download/

pdf/214004362.pdf；Meheri Tamanna, "Rickshaw Cycle Drivers in Dhaka: Assessing Working Conditions and Livelihoods"(Master's Thesis, International Institute of Social Studies, Erasmus University, The Hague, Netherlands), 2012, semantic scholar.org/paper/Rickshaw-Cycle-Drivers-in-Dhaka%3A-Assessing-Working-Poor/4708d8065f3ee07c02dd39e6e939a4e57e10e050；Sharifa Begum and Binayak Sen, "Pulling Rickshaws in the City of Dhaka: A Way Out of Poverty?," *Environment & Urbanization* 17, no. 2 (2005), journals.sagepub.com/doi/pdf/10.1177/095624780501700202。

29. Hafiz Ehsanul Hoque, Masako Ono-Kihara, Saman Zamani, Shahrzad Mortazavi Ravari, Masahiro Kihara, "HIV-Related Risk Behaviours and the Correlates Among Rickshaw Pullers of Kamrangirchar, Dhaka, Bangladesh: a Cross-Sectional Study Using Probability Sampling," *BMC Public Health* 9, no. 80 (2009), pubmed.ncbi.nlm.nih.gov/19284569/.
30. Joynal Abedin Shishir, "Income Lost to Covid, Many Take to Pulling Rickshaws in Dhaka," *The Business Standard*, August 31, 2021, tbsnews.net/economy/income-lost-covid-many-take-pulling-rickshaws-dhaka-295444.
31. Mahbub Talukdar, "Hafiz and Abdul Hafiz," trans. Israt Jahan Baki, in Zaman, ed., Of Rickshaws and *Rickshawallahs*, 57.
32. 引用穆罕默德・阿布・巴夏的語句及其他有關巴夏的資訊，皆出自筆者的訪問紀錄，另行標註者除外；訪談內容由黎珐・伊斯拉姆・艾夏（Rifat Islam Esha）翻譯。
33. Khaled Mahmud, Khonika Gope, Syed Mustafizur, Syed Chowdhury, "Possible Causes & Solutions of Traffic Jam and Their Impact on the Economy of Dhaka City," *Journal of Management and Sustainability* 2, no. 2 (2012), 112–35.
34. See "Government to Ban Battery-Run Rickshaws, Vans," *Dhaka Tribune*, June 20, 2021, dhakatribune.com/bangladesh/2021/06/20/govt-to-ban-battery-run-rickshaws-vans; Rafiul Islam, "Battery-Run Rickshaws on DSCC Roads: Defying Ban, They Keep on Running," *Daily Star* (Dhaka), January 30, 2021, thedailystar.net/city/news/defying-ban-they-keep-running-2036221.
35. Dilip Sarkar, "The Rickshawallah's Song," trans. M. Mizannur Rahman, in Zaman, ed., *Of Rickshaws and Rickshawallahs*, 31.
36. Md. Abul Hasam, Shahida Arafin, Saima Naznin, Md. Mushahid, Mosharraf Hossain, "Informality, Poverty and Politics in Urban Bangladesh: An Empirical Study of Dhaka City," *Journal of Economics and Sustainable Development* 8, no.14 (2017), 158–82; "Slum Conditions in Bangladesh Pose Health Hazards, and Malnutrition Is a Sign of Other Illnesses," *Médecins Sans Frontières*, October 13, 2010, msf.org/slum-conditions-bangladesh-pose-health-hazards-and-malnutrition-sign-other-illnesses.
37. Hal Hodson, "Slumdog Mapmakers Fill in the Urban Blanks," *New Scientist*, October 23, 2014, newscientist.com/article/mg22429924-100-slumdog-mapmakers-fill-in-the-urban-blanks/.
38. "Toxic Tanneries: The Health Repercussions of Bangladesh's Hazaribagh Leather," *Human Rights Watch*, October 8, 2012, hrw.org/report/2012/10/08/toxic-tanneries/health-repercussions-bangladeshs-hazaribagh-leather; Sarah Boseley, "Child Labourers Exposed to Toxic Chemicals

Dying Before 50, WHO Says," *Guardian*, March 21, 2017, theguardian.com/world/2017/mar/21/plight-of-child-workers-facing-cocktail-of-toxic-chemicals-exposed-by-report-bangladesh-tanneries.

39. See "Poor Bangladesh Kids Work to Eat, Help Families," *Jakarta Post*, June 14, 2016, thejakartapost.com/multimedia/2016/06/14/poor-bangladesh-kids-work-to-eat-help-families.html; Jason Beaubien, "Study: Child Laborers In Bangladesh Are Working 64 Hours a Week," NPR, December 7, 2016, npr.org /sections/goatsandsoda/2016/12/07/504681046/study-child-laborers-in-bangladesh-are-working-64-hours-a-week; Terragraphics International Foundation, "Hazaribagh & Kamrangirchar, Bangladesh," terragraphics international.org/bangladesh.
40. Mahbub Alam and Khalid Md. Bahauddin, "Electronic Waste in Bangladesh: Evaluating the Situation, Legislation and Policy and Way Forward with Strategy and Approach," *PESD* 9, no. 1 (2015), 81–101; Mohammad Nazrul Islam, "E-waste Management of Bangladesh," *International Journal of Innovative Human Ecology & Nature Studies* 4, no. 2 (April–June, 2016), 1–12.
41. Sonya Soheli, "Canvas of Rickshaw Art," *Daily Star* (Dhaka), Mar. 31, 2015, thedailystar.net/lifestyle/ls-pick/canvas-rickshaw-art-74449.
42. "Bangladesh Court Sentences Five to Death for Killing American Blogger," *New York Times*, February 16, 2021, nytimes.com /2021/02/16/world/asia/bangladesh-sentence-avijit-roy.html.
43. 引用賽義德．曼祖魯．伊斯拉姆的語句皆出自筆者的訪問紀錄，另行標註者除外。
44. *Of Rickshaws and Rickshawallahs*, 91.
45. See, e.g., "Rickshaw Art of Bangladesh," in *Of Rickshaws and Rickshawallahs*, 83–92.

第十三章

1. Boris Suchan, "Why Don't We Forget How to Ride a Bike?," *Scientific American*, November 15, 2018, scientificamerican.com/article/why-dont-we-forget-how-to-ride-a-bike/.
2. Paul Fournel, *Need for the Bike*, trans. Allan Stoekl (Lincoln: University of Nebraska Press, 2003), 26.
3. Robert J. Turpin, *First Taste of Freedom: A Cultural History of Bicycle Manufacturing in the United States* (Syracuse, N.Y.: University of Syracuse Press, 2018), 1.
4. 同前注，85。
5. 插畫圖檔連結：saturdayeveningpost.com/wp-content/uploads/satevepost/bike_riding _lesson_george_hughes.jpg。
6. 紀念性質的幽靈單車不只是紐約常見的景象，也出現在世界上其他城市，可說是一種全球現象。幽靈單車作為藝術品，不僅具有直指人心的力道，也呼應過往歷史，讓人聯想到荷蘭無政府主義者發起的游擊式單車共享「撥挑運動」中的白色單車。「撥挑運動」參與者將單車漆成全白，意在以單車的「單純潔淨」與「威權主義汽車的浮華骯髒」形成對比。See Robert Graham, *Anarchism: A Documentary History of Libertarian Ideas. Volume Two: The Emergence of the New Anarchism* (1939–1977) (Montreal: Black Rose Books, 2009), 287.

7. Daniel Duane, "Is It O.K. to Kill Cyclists?," *New York Times*, November 9, 2013, nytimes.com/2013/11/10/opinion/sunday/is-it-ok-to-kill-cyclists.html.
8. Eula Biss, *Having and Being Had* (New York: Riverhead Books, 2020), 248.
9. Bill Emerson, "On Bicycling," *Saturday Evening Post*, July 29, 1967.
10. Ernest Hemingway, *By-Line Ernest Hemingway: Selected Articles and Dispatches of Four Decades* (New York: Touchstone, 1998), 364.
11. Valeria Luiselli, "Manifesto à Velo," in *Sidewalks*, trans. Christina MacSweeney (Minneapolis: Coffee House, 2014), 36.
12. See e.g., Ian Cleverly, "The Slow Cycling Movement," *Rouleur*, June 15, 2021, rouleur.cc/blogs/the-rouleur-journal/the-slow-cycling-movement.
13. Luiselli, *Sidewalks*, 37.
14. 同前注，34。
15. H. G. Wells, *The Wheels of Chance: A Bicycling Idyll* (New York: Grosset & Dunlap, 1896), 79.
16. "Cerrillos' 90-Year-Old Cyclist Shows No Signs of Slowing Down," Reuters, September 9, 2016, reuters.com/article/us-chile-elderly-idCAKCN11F2HK.

第十四章

1. Marine Benoit, "Les improbables trouvailles au fond du canal Saint-Martin," *L'Express*, January 5, 2016, lexpress.fr/actualite/societe/environnement/en-images-les-improbables-du-trouvailles-au-fond-du-canal-saint-martin_1750737.html; Mélanie Faure, "Vidé, le canal Saint-Martin révèle ses surprises," *Le Figaro*, January 20, 2016, lefigaro.fr/actualite-france/2016/01/20/01016-20160120ARTFIG00416-vide-le-canal-saint-martin-revele-ses-surprises.php; and Henry Samuel, "Pistol Found in Paris' Canal St-Martin as 'Big Cleanup' Commences," *Telegraph*, January 5, 2016, telegraph.co.uk/news/worldnews/europe/france/12082794/Pistol-found-in-Paris-Canal-St-Martin-as-big-clean-up-commences.html.
2. Douglass Dowty, "DA: DeWitt Woman Handcuffed Herself to Bike, Rode into Green Lake in Suicide," Syracuse.com, March 22, 2019; originally published on October 17, 2016, syracuse.com/crime/2016/10 /fitzpatrick_woman_committed_suicide_at_green_lakes.html.
3. 一九四〇年《泰晤士報》某篇未署名的文章中即顯露類似的破壞欲，該篇文章的作者分析「在我們每一個人心中」都潛伏著「想要毀滅一切的惡魔」，並描述「亂摔平底鍋和床架欄杆、拔起圍欄、將單車大卸八塊」帶來的「興奮狂喜」。*The Times* (London), July 20, 1940. Quoted in Peter Thorsheim, "Salvage and Destruction: The Recycling of Books and Manuscripts in Great Britain During the Second World War," *Contemporary European History* 22, no. 3, "*Special Issue: Recycling and Reuse in the Twentieth Century*" (2013), 431–52.
4. "Throwing My Friends [sic] Bike into a Lake," youtube.com/watch?v=OcysvVwDFK8.
5. Mike Buchanan, *Two Men in a Car (a Businessman, a Chauffeur, and Their Holidays in France)* (Bedford, Bedfordshire, Eng.: LPS), 2017, 34.
6. Pete Jordan, *In the City of Bikes: The Story of the Amsterdam Cyclist* (New York: Harper

Perennial, 2013). See chapter 18, "A Typical Amsterdam Characteristic: The Bike Fisherman," 327–42.

7. 同前注，332。
8. Steve Annear, "Dockless Bikes Keep Ending Up Underwater," *Boston Globe*, July 13, 2018.
9. See, e.g., "What Lurks Beneath the Waterline?," Canal & River Trust, March 24, 2016, canalrivertrust.org.uk/news-and-views/news/what-lurks-beneath-the-waterline; "Bikes, Baths and Bullets Among Items Found in Country's Waterways," *Guardian* (London), March 24, 2016; and Isobel Frodsham, "Fly-tippers Dump Hundreds of Bikes, a Blow Up Doll and a GUN in Britain's Canals and Rivers to Avoid a Crackdown on the Streets," *Daily Mail* (London), April 16, 2017, dailymail.co.uk/news/article-4415872/Fly-tippers-dump-GUN-Britain-s-canals.html.
10. "What Lurks Beneath?," Canal & River Trust video, youtube.com/watch?v=NkTuGmigJZM.
11. Jen Chung, "Barnacle Bike Was Likely in the Hudson River Since Last Summer," *Gothamist*, February 26, 2019, gothamist.com/news/barnacle-bike-was-likely-in-the-hudson-river-since-last-summer.
12. "Footage Shows Man Throwing Shared Bikes into River, Claim They Disclose Privacy Information," youtube.com/watch?v=EsidHmfEpKg.
13. Javier C. Hernández, "As Bike-Sharing Brings Out Bad Manners, China Asks, What's Wrong with Us?," *New York Times*, September 2, 2017, nytimes.com/2017/09/02/world/asia/china-beijing-dockless-bike-share.html.
14. See YouTube video caption for "Footage Shows Man Throwing Shared Bikes into River."
15. Hernández, "As Bike-Sharing Brings Out Bad Manners."
16. "Drone Footage Shows Thousands of Bicycles Abandoned in China as Bike Sharing Reaches Saturation," *South China Morning Post* YouTube channel, youtube.com/watch?v=Xlms-8zEcCg. See also Alan Taylor, "The Bike-Share Oversupply in China: Huge Piles of Abandoned and Broken Bicycles," *Atlantic*, March 22, 2018.
17. Reuven Blau, "Two Scrap Metal Recyclers Busted for Dumping Waste into Gowanus Canal; One Slapped with $85K Fine," *Daily News* (New York), December 4, 2012.
18. Tom Waits, "Broken Bicycles," from the album *One from the Heart* (CBS Records, 1982).

第十五章

1. Fred Strebeigh, "The Wheels of Freedom: Bicycles in China" originally published in *Bicycling*, April 1991, available at strebeigh.com/china-bikes.html.
2. "Voices from Tiananmen," *South China Morning Post* (Hong Kong), June 3, 2014.
3. Louisa Lim, "Student Leaders Reflect, 20 Years After Tiananmen," NPR, June 3, 2009, npr.org/templates/story/story.php?storyId=104821771.
4. 同前注。
5. Liang Zhang (Andrew J. Nathan and Perry Link, eds.), *The Tiananmen Papers: The Chinese*

Leadership's Decision to Use Force Against Their Own People—In Their Own Words (New York: Public Affairs, 2001), 76.

6. Strebeigh, "The Wheels of Freedom."
7. Philip J. Cunningham, *Tiananmen Moon: Inside the Chinese Student Uprising of 1989* (Lanham, Md.: Rowman & Littlefield, Inc., 2009), 50.
8. 關於一九九二年十月晚上於舊金山「單速」公司舉行的觀影活動以及泰德・懷特與喬治・布利斯於一九九一年造訪中國的記述，皆出自筆者訪問泰德・懷特的紀錄。See also Ted White, "Reels on Wheels," in *Critical Mass: Bicycling's Defiant Celebration*, ed. Chris Carlsson (Oakland, Calif.: AK Press, 2002), 145–52.
9. Ted White, *Return of the Scorcher* (1992, USA, 28 minutes). 可於線上觀覽紀錄片及導演訪談："Return of the Scorcher 1992 Bicycle Documentary: A Cycling Renaissance," youtube.com/watch?v=K1DUaWJ6KGc。
10. 關於單車在中國的歷史，見：Qiuning Wang, *A Shrinking Path for Bicycles: A Historical Review of Bicycle Use in Beijing*, Master's Thesis, University of British Columbia, May 2012；Xu Tao, "Making a Living: Bicycle-related Professions in Shanghai, 1897–1949," *Transfers* 3, no. 3 (2013), 6–26；Xu Tao, "The popularization of bicycles and modern Shanghai," *Shilin* 史林 (Historical Review) 1 (2007): 103–13；Neil Thomas, "The Rise, Fall, and Restoration of the Kingdom of Bicycles," *Macro Polo*, October 24, 2018, macropolo.org/analysis/the-rise-fall-and-restoration-of-the-kingdom-of-bicycles/；Hua Zhang, Susan A. Shaheen, and Xingpeng Chen, "Bicycle Evolution in China: From the 1900s to the Present," *International Journal of Sustainable Transportation* 8, no. 5 (2014): 317–35；及Anne Lusk, "A History of Bicycle Environments in China: Comparisons with the U.S. and the Netherlands," *Harvard Asia Quarterly* 14, no. 4 (2012): 16–27。Paul Smethurst, *The Bicycle: Towards a Global History* (New York: Palgrave Macmillan, 2015), 105–20.
11. Tony Hadland and Hans-Erhard Lessing, *Bicycle Design: An Illustrated History* (Cambridge, Mass.: MIT Press, 2014), 38.
12. Henry Pu Yi (Paul Kramer, ed.), *The Last Manchu: The Autobiography of Henry Pu Yi, Last Emperor of China* (New York: Skyhorse Publishing, 2010), 16.
13. Wang, *A Shrinking Path for Bicycles*, 1.
14. Gijs Mom, *Globalizing Automobilism: Exuberance and the Emergence of Layered Mobility, 1900–1980* (New York: Berghahn, 2020), 81.
15. Kevin Desmond, *Electric Motorcycles and Bicycles: A History Including Scooters, Tricycles, Segways, and Monocycles* (Jefferson, N.C.: McFarland, 2019), 142.
16. Evan Osnos, *Age of Ambition: Chasing Fortune, Truth, and Faith in the New China* (New York: Farrar, Straus and Giroux, 2014), 56.（中譯本：歐逸文著，潘勛譯，《野心時代：在新中國追求財富、真相和信仰》，八旗文化出版。）
17. Stephen L. Koss, *China, Heart and Soul: Four Years of Living, Learning, Teaching, and Becoming Half-Chinese in Suzhou, China* (Bloomington, Ind.: iUniverse, 2009), 167.
18. Hilda Rømer Christensen, "Is the Kingdom of Bicycles Rising Again?: Cycling, Gender, and

Class in Postsocialist China," *Transfers* 7, no. 2 (2017): 2.
19. Thomas, "The Rise, Fall, and Restoration of the Kingdom of Bicycles."
20. 同前注。
21. Smethurst, *The Bicycle*, 107.
22. 傳單掃描檔連結：FoundSF ("Shaping San Francisco's digital archive"), foundsf.org/index.php?title=File:First-ever-flyer.jpg。
23. 小冊掃描檔連結：FoundSF ("Shaping San Francisco's digital archive"), foundsf.org/index.php?title=File:Critical-Comments-on-the-Critical-Mass-nov-92.jpg。
24. Larry Elliott, "China to Overtake US as World's Biggest Economy by 2028, Report Predicts," *Guardian* (London), December 25, 2020, theguardian.com/world/2020/dec/26/china-to-overtake-us-as-worlds-biggest-economy-by-2028-report-predicts.
25. See "GDP per Capita (Current US$)—China," The World Bank, data.worldbank.org/indicator/NY.GDP.PCAP.CD?locations=CN.
26. 同前注。
27. "Number of Mobile Cell Phone Subscriptions in China from August 2020 to August 2021," Statista, statista.com/statistics/278204/china-mobile-users-by-month/.
28. Evelyn Cheng, "China Says It Now Has Nearly 1 Billion Internet Users," CNBC, February 4, 2021, cnbc.com/2021/02/04/china-says-it-now-has-nearly-1-billion-internet-users.html.
29. "China has over 200 million private cars," *Xinhua*, January 7, 2020, xinhuanet.com/english/2020-01/07/c_138685873.htm.
30. Marcia D. Lowe, "The Bicycle: Vehicle for a Small Planet," *Worldwatch Paper 90* (Washington, D.C.: Worldwatch Institute, 1989), 8.
31. "China Car Sales 'Overtook the US' in 2009," BBC News, January 11, 2010, bbc.co.uk/2/hi/8451887.stm.
32. Hilde Hartmann Holsten, "How Cars Have Transformed China," University of Oslo, September 28, 2016, partner.sciencenorway.no/cars-and-traffic-forskningno-norway/how-cars-have-transformed-china/1437901.
33. Li Zhang, "Contesting Spatial Modernity in Late-Socialist China," *Current Anthropology* 47, no. 3 (June 2006): 469. Available online at jstor.org/stable/10.1086/503063.
34. Beth E. Notar, "Car Crazy: The Rise of Car Culture in China," in *Cars, Automobility and Development in Asia*, ed. Arve Hansen and Kenneth Nielsen (London: Routledge, 2017), 158.
35. Thomas, "The Rise, Fall, and Restoration of the Kingdom of Bicycles."
36. Zhang, Shaheen, and Chen, "Bicycle Evolution in China," 318.
37. Wang, *A Shrinking Path for Bicycles*, 3.
38. Zhang, Shaheen, and Chen, "Bicycle Evolution in China," 318.
39. Wang, *A Shrinking Path for Bicycles*, 10.
40. 同前注，3。
41. 同前注，3。

42. 同前注，3。
43. Glen Norcliffe and Boyang Gao, "Hurry-Slow: Automobility in Beijing, or a Resurrection of the Kingdom of Bicycles?," in *Architectures of Hurry:—Mobilities, Cities and Modernity*, ed. Phillip Gordon Mackintosh, Richard Dennis, and Deryck W. Holdsworth (Oxon: Routledge, 2018), 88.
44. Debra Bruno, "The De-Bikification of Beijing," April 9, 2012, *Bloomberg CityLab*, bloomberg.com/news/articles/2012-04-09/the-de-bikification-of-beijing.
45. Anne Renzenbrink and Laura Zhou, "Coming Full Cycle in China: Beijing Pedallers Try to Restore 'Kingdom of Bicycles' amid Traffic, Pollution Woes," *South China Morning Post*, July 26, 2015, scmp.com/news/china/money-wealth/article/1843877/coming-full-cycle-china-beijing-pedallers-try-restore.
46. Philip P. Pan, "Bicycle No Longer King of the Road in China," *Washington Post*, March 12, 2001, washingtonpost.com/archive/politics/2001/03/12/bicycle-no-longer-king-of-the-road-in-china/f9c66880-fcab-40ff-b86d-f3db13aa1859/.
47. Osnos, Age of Ambition, 56.
48. Norihiko Shirouzu, Yilei Sun, "As One of China's 'Detroits' Reopens, World's Automakers Worry About Disruptions," Reuters, March 8, 2020, reuters.com/article/us-health-coronavirus-autos-parts/as-one-of-chinas-detroits-reopens-worlds-automakers-worry-about-disruptions-idUSKBN20V14J.
49. Emily Davies, "What Do Bikes and Toilet Paper Have in Common? Both Are Flying Out of Stores amid the Coronavirus Pandemic," *Washington Post*, June 15, 2020, washingtonpost.com/local/what-do-bikes-and-toilet-paper-have-in-common-both-are-flying-out-of-stores-amid-the-coronavirus-pandemic/2020/05/14/c58d44f6-9554-11ea-82b4-c8db161ff6e5_story.html.
50. Felix Richter, "Pandemic-Fueled Bicycle Boom Coasts Into 2021," Statista, June 16, 2021, statista.com/chart/25088/us-consumer-spending-on-bicycles/.
51. Kimiko de Freytas-Tamura, "Bike Thefts Are Up 27% in Pandemic N.Y.C.: 'Sleep with It Next to You,' " *New York Times*, October 14, 2020.
52. Adrienne Bernhard, "The Great Bicycle Boom of 2020," BBC, December 10, 2020, bbc.com/future/bespoke/made-on-earth/the-great-bicycle-boom-of-2020.html.
53. Natalie Zhang, "Covid Has Spurred a Bike Boom, but Most U.S. Cities Aren't Ready for It," CNBC, December 8, 2020, cnbc.com/2020/12/08/covid-bike-boom-us-cities-cycling.html.
54. John Mazerolle, "Great COVID-19 Bicycle Boom Expected to Keep Bike Industry on Its Toes for Years to Come," CBC News, March 21, 2021, cbc.ca/news/business/bicycle-boom-industry-turmoil-covid-19-1.5956400.
55. Liz Alderman, " 'Corona Cycleways' Become the New Post-Confinement Commute," *New York Times*, June 12, 2020, nytimes.com/2020/06/12/business/paris-bicycles-commute-coronavirus.html.
56. Regine Cabato and Martin San Diego, "Filipinos Are Cycling Their Way Through the Pandemic," *Washington Post*, March 31, 2021, washingtonpost.com/climate-solutions/interactive/2021/

climate-manila-biking/.

57. " 'India Cycles4Change' Challenge Gains Momentum," Press Release, Indian Ministry of Housing & Urban Affairs, June 2, 2021, pib.gov.in/PressReleaseIframePage.aspx?PRID=1723860.
58. Nivedha Selvam, "Can City Become More Bikeable? Corporation Wants to Know," *Times of India*, August 15, 2020, timesofindia.indiatimes.com/city/coimbatore/can-city-become-more-bikeable-corporation-wants-to-know/articleshow/77554660.cms.
59. Sebastian Kraus and Nicolas Koch, "Provisional COVID-19 Infrastructure Induces Large, Rapid Increases in Cycling," *PNAS* 118, no. 15 (2021), https://www.pnas.org/content/pnas/118/15/e2024399118.full.pdf.
60. Quoted in Bernhard, "The Great Bicycle Boom of 2020."
61. 紐約市新冠肺炎疫情相關統計數字見："New York City Coronavirus Map and Case Count," *New York Times*, nytimes.com/interactive/2020/nyregion/new-york-city-coronavirus-cases.html.
62. Alistair Bunkall, "Coronavirus: New York Could Temporarily Bury Bodies in Park Because Morgues Nearly Full," April 6, 2020, *Sky News*, news.sky.com/story/coronavirus-new-york-could-temporarily-bury-bodies-in-park-because-morgues-nearly-full-11969522.
63. Tweet, Catherina Gioino (@CatGioino), posted to Twitter, June 5, 2020, 1:35 a.m.: twitter.com/catgioino/status/1268778355169669122?lang=en.
64. "Emergency Executive Order No. 119," City of New York, Office of the Mayor, June 2, 2020. Available online at www1.nyc.gov/assets/home/downloads/pdf/executive-orders/2020/eeo-119.pdf.
65. Jen Chung, "10 Years Ago, a Cop Bodyslammed a Cyclist During Critical Mass Ride," *Gothamist*, July 27, 2018, gothamist.com/news/10-years-ago-a-cop-bodyslammed-a-cyclist-during-critical-mass-ride.
66. Jillian Jorgensen, "De Blasio Defends Ticket Blitz of Bicyclists Following Deadly Crashes," *New York Daily News*, February 19, 2019, nydailynews.com/news/politics/ny-pol-deblasio-nypd-bicycle-tickets-20190219-story.html.
67. Christopher Robbins, "De Blasio's 2018 War On E-Bikes Targeted Riders, Not Businesses," *Gothamist*, January 18, 2019, gothamist.com/news/de-blasios-2018-war-on-e-bikes-targeted-riders-not-businesses.
68. Jonny Long, "Fuji Bikes Suspend Sale of American Police Bikes Used in 'Violent Tactics' During Protests as Trek Faces Criticism," *Cycling Weekly*, June 6, 2020, cyclingweekly.com/news/latest-news/fuji-bikes-suspend-sale-of-american-police-bikes-used-in-violent-tactics-as-trek-faces-criticism-457378.
69. Larry Celona and Natalie O'Neill, "NYPD Bike Cops Break Out 'Turtle Uniforms' Amid George Floyd Protests," *New York Post*, June 4, 2020, nypost.com/2020/06/04/nypd-bike-cops-break-out-turtle-uniforms-amid-riots/.
70. " 'Kettling' Protesters in the Bronx: Systemic Police Brutality and Its Costs in the United States," *Human Rights Watch*, September 30, 2020, hrw.org/report/2020/09/30 /kettling-protesters-bronx/systemic-police-brutality-and-its-costs-united-states.

71. "SRG Bicycle Management Instructor's Guide," documentcloud.org/documents/20584525-srg_bike_squad_modules.
72. League of American Bicyclists and The Sierra Club, *The New Majority: Pedaling Towards Equity*, 2013, bikeleague.org/sites/default/files/equity_report.pdf.
73. Dan Roe, "Black Cyclists Are Stopped More Often than Whites, Police Data Shows," *Bicycling*, July 27, 2020, bicycling.com/culture/a33383540/cycling-while-black-police/.
74. "Biking While Black: Racial Bias in Oakland Policing," Bike Lab, May 20, 2019, bike-lab.org/2019/05/20/biking-while-black-racial-bias-in-oakland-policing/.
75. Adam Mahoney, "In Chicago, Cyclists in Black Neighborhoods Are Over-Policed and Under-Protected," *Grist*, October 21, 2021, grist.org/cities/black-chicago-biking-disparities-infrastructure/.
76. Kameel Stanley, "How Riding Your Bike Can Land You in Trouble With the Cops—If You're Black," *Tampa Bay Times*, April 18, 2015, tampabay.com/news/publicsafety/how-riding-your-bike-can-land-you-in-trouble-with-the-cops---if-youre-black/2225966/.
77. Julianne Cuba, "NYPD Targets Black and Brown Cyclists for Biking on the Sidewalk," June 22, 2020, nyc.streetsblog.org/2020/06/22/nypd-targets-black-and-brown-cyclists-for-biking-on-the-sidewalk/.
78. Alene Tchekmedyian, Ben Poston, and Julia Barajas, "L.A. Sheriff's Deputies Use Minor Stops to Search Bicyclists, with Latinos Hit Hardest," *Los Angeles Times*, November 4, 2021, latimes.com/projects/la-county-sheriff-bike-stops-analysis/.
79. Jessica Myers, "Family of Dijon Kizzee, a Black Man Killed by LA Sheriff's Deputies, Files $35 Million Claim," CNN, February 12, 2021, cnn.com/2021/02/11/us/dijon-kizzee-los-angeles-claim/index.html. See also: Leila Miller, "Dijon Kizzee Was 'Trying to Find His Way' Before Being Killed by L.A. Deputies, Relatives Say," *Los Angeles Times*, September 4, 2020, latimes.com/california/story/2020-09-04/dijon-kizzee-was-trying-to-find-his-way-relatives-say.
80. Claudia Irizarry Aponte and Josefa Velasquez, "NYC Food Delivery Workers Band to Demand Better Treatment. Will New York Listen to Los *Deliveristas* Unidos?," *The City*, December 6, 2020, thecity.nyc/work/2020/12/6/22157730/nyc-food-delivery-workers-demand-better-treatment. 關於紐約拉丁裔外送員所處困境，此篇整理得條理分明且觸動人心：Josh Dzieza, "Revolt of the Delivery Workers," *Curbed*, September 13, 2021, curbed.com/article/nyc-delivery-workers.html。See also Jody Rosen, "Edvin Quic, Food Deliveryman, 31, Brooklyn" in "Exposed. Afraid. Determined.," *New York Times Magazine*, April 1, 2020, nytimes.com/interactive/2020/04/01/magazine/coronavirus-workers.html#quic, and Jody Rosen, "Will We Keep Ordering Takeout?" in "Workers on the Edge," *New York Times Magazine*, February 17, 2021, nytimes.com /interactive/2021/02/17/magazine/remote-work-return-to-office.html.
81. See Rachel Bachman, "The BMX Bikes Getting Teens Back on Two Wheels—or One," *Wall Street Journal*, May 3, 2017, wsj.com/articles/the-bike-getting-teens-back-on-two-wheelsor-one-1493 817829.
82. 達諾・梅爾斯的Instagram個人主頁：instagram.com/rrdblocks/。

83. "SRG Bicycle Management Instructor's Guide," 8.
84. Heather Kerrigan, ed., *Historic Documents of 2020* (Thousand Oaks, Calif.: CQ Press, 2021), 694–95.
85. See Carlton Reid, "Design for Human Beings Not Cars, New U.S. Transport Secretary Says," *Forbes*, March 22, 2021, forbes.com/sites/carltonreid/2021/03/22/design-for-human-beings-not-cars-new-us-transport-secretary-says/?sh=156033 907d86.
86. Reid J. Epstein and Patricia Mazzei, "G.O.P. Bills Target Protesters (and Absolve Motorists Who Hit Them)," *New York Times*, April 21, 2021, nytimes.com/2021/04/21/us/politics/republican-anti-protest-laws.html.
87. Tweet, Unequal Scenes (@UnequalScenes), posted to Twitter, September 1, 2021, 10:16 p.m.: twitter.com/UnequalScenes/status/1433252530713243648.
88. Lauren Kaori Gurley and Joseph Cox, "Gig Workers Were Incentivized to Deliver Food During NYC's Deadly Flood," *Vice*, September 2, 2021, vice.com/en/article/5db8zx/gig-workers-were-incentivized-to-deliver-food-during-nycs-deadly-flood; Ashley Wong, "After Delivery Workers Braved the Storm, Advocates Call for Better Conditions," *New York Times*, September 3, 2021, nytimes.com/2021/09/03/nyregion/ida-delivery-workers-safety.html; and Alex Woodward, " 'We Deserve Better': New York's '*Deliveristas*' Working Through Deadly Floods Demand Workplace Protections," *Independent*, September 3, 2020, independent.co.uk/climate-change/news/new-york-flood-delivery-bike-b1914084.html.
89. See "Ai Weiwei's Bicycles Come to London," *Phaidon*, August 25, 2015, phaidon.com/agenda/art/articles/2015/august/25/ai-weiwei-s-bicycles-come-to-london/.
90. Don Giolzetti, "It's Complicated: China's Relationship With the Bicycle, Then and Now," *SupChina*, January 8, 2020, supchina.com/2020/01/08/its-complicated-chinas-relationship-with-the-bicycle/; Leanna Garfield, "China's Dizzying 'Bicycle Skyway' Can Handle over 2,000 Bikes at a Time—Take a Look," *Business Insider*, July 21, 2017, businessinsider.com/china-elevated-cycleway-xiamen-2017-7; Du Juan, "Xiamen Residents Love Cycling the Most in China," *China Daily*, July 17, 2017, chinadaily.com.cn/china/2017-07/17/content_30140705.htm.
91. "The Global E-Bike Market Size Is Projected to Grow to USD 70.0 Billion by 2027 from USD 41.1 Billion in 2020, at a CAGR of 7.9%," *Globe Newswire*, December 8, 2020, globenewswire.com/news-release/2020/12/08/2141352/0/en/The-global-e-bike-market-size-is-projected-to-grow-to-USD-70-0-billion-by-2027-from-USD-41-1-billion-in-2020-at-a-CAGR-of-7-9 .html.
92. See "The Green Machine—Lecture by Iain Boal, Bicycle Historian. Part 3 of 5" (2010), vimeo.com/11264396.

圖片出處

頁7：《「明燦號」單車》。亨利・布隆傑（又名亨利・葛赫）設計之廣告海報，一九〇〇年。感謝bicyclingart.com授權使用。

頁17：婦女騎單車載孩子自衛生所返家。圖片來源：Photo by Anthony ASAEL/Gamma-Rapho via Getty Images；經授權使用。

頁33：作者拍攝並授權使用。

頁53：圖片來源：據認創作者為William Heath，刊於*Thomas Tegg, Hobbies; or, Attitude is Everything, Dedicated with permission to all Dandy Horsemen*, 1819；The Art Institute of Chicago。

頁67：男子修理單車車輪。圖片來源：Photo by F. T. Harmon/Library of Congress/Corbis/VCG via Getty Images；經授權使用。

頁83：在建築設計網站「designboom」與首爾設計基金會（Seoul Design Foundation）合辦之「二〇一〇年首爾自行車設計大賽」（Seoul Cycle Design Competition 2010）中，韓國設計師金恩智設計的「馬兒」自三千多件參賽作品中脫穎而出，入圍設計類決選名單。

頁99：路易斯・達林普繪，《整條路上他們最大！》，一八九六年五月紐約《潑克》雜誌封面插畫。感謝bicyclingart.com授權使用。

頁117：極限攀岩車高手丹尼・麥嘉斯寇於二〇一二年九月十二日為《戶外》（*Outside*）雜誌於蘇格蘭格拉斯哥拍攝。圖片來源：Photo by Harry Borden/Contour by Getty Images；經授權使用。

頁143：《單車女王》，一八九七年於羅斯攝影工作室（Rose Studios）拍攝。圖片來源：美國國會圖書館。

頁155：斯利那加的單車騎士冒著暴雪於積雪路面前行，攝於二〇二一年一月二十三日。圖片來源：Photo by Saqib Majeed/SOPA Images/LightRocket via Getty Images；經授權使用。

頁173：不丹辛布的單車騎士自釋迦牟尼大佛像下方騎行而過，攝於二〇一四年。圖片來源：Photo by Simon Roberts；© Simon Roberts, 2014；經授權使用。

頁191：公共領域圖像。

頁207：芭芭拉・布勒希和比爾・薩索的一九七六年「獨立兩百週年單車遊美行」參加者識別證。感謝芭芭拉和比爾・薩索授權使用。

頁245：孟加拉首都達卡市郊大塞車景象，攝於二〇〇七年八月二十日。圖片來源：Photo by Frédéric Soltan/Corbis via Getty Images；經授權使用。

頁279：蘿倫・芮尼斯拍攝並授權使用。

頁309：聖馬丁運河抽乾河水及清理過程中可看到埋於水底的單車，攝於二〇一七年五月十日。圖片來源：Frédéric Soltan/Corbis via Getty Images；經授權使用。

頁321：布魯克林變裝皇后參加「驕傲遊行」，攝於二〇二〇年六月二十六日。圖片來源：Photo by Stephanie Keith/Getty Images；經授權使用。

國家圖書館出版品預行編目資料

雙輪上的單車史：從運輸、休閒、社運到綠色交通革命，見證人類與單車的愛恨情仇，以及雙輪牽動社會文化變革的歷史／裘迪．羅森（Jody Rosen）著；王翎譯．一版．台北市：臉譜，城邦文化出版；家庭傳媒城邦分公司發行, 2023.11

面；公分．（臉譜書房；FS0175）

譯自：Two wheels good : the history and mystery of the bicycle.

ISBN 978-626-315-384-4（平裝）

1. CST：腳踏車　2.CST：運輸工具　3.CST：歷史

447.32　　112015121